设／计／师／实／战／应／用／丛／书
设计师
实战应用
SHE JI SHI SHI ZHAN
YING YONG
U0148770
随书赠送 DVD-ROM
中文版
CS6
Photoshop
图像处理经典案例
一线科技 卓文 主编
上海科学普及出版社

图书在版编目（CIP）数据

中文版 Photoshop 图像处理经典案例 / 一线科技 卓文主编. — 上海：上海科学普及出版社，2013.11
（设计师实战应用）
ISBN 978-7-5427-5862-0

Ⅰ.①中… Ⅱ.①一… ②卓… Ⅲ.①图像处理软件 Ⅳ.①TP391.41

中国版本图书馆 CIP 数据核字（2013）第 198344 号

策　　划　胡名正
责任编辑　徐丽萍
统　　筹　刘湘雯

中文版 Photoshop 图像处理经典案例
一线科技 卓文 主编
上海科学普及出版社出版发行
（上海中山北路 832 号 邮政编码 200070）
http://www.pspsh.com

各地新华书店经销　北京市燕山印刷厂印刷
开本 787×1092　1/16　印张 21　字数 340000
2013 年 11 月第 1 版　2013 年 11 月第 1 次印刷

ISBN 978-7-5427-5862-0　定价：65.00 元
ISBN 978-7-89418-016-2/G.008（附赠 DVD-ROM 1 张）

内 容 提 要

本书由经验丰富的设计师执笔编写，详细地介绍了中文版 Photoshop CS6 在平面设计与图像处理方面的应用技巧。全书精心设计了常用的平面广告设计与图像处理案例，每个案例都有详细的操作步骤、制作方法和思路，并以相关的设计理论作支撑，使读者可以举一反三，将所学知识快速应用到实际的工作中去。

本书全面地讲解了 Photoshop CS6 在平面广告设计与图像处理方面的应用，主要内容包括企业标志设计、报刊广告设计、产品 DM 宣传单设计、包装设计、户外广告设计、海报宣传设计、精美封面设计、时尚界面设计。全书通过这些经典案例，深入讲解 Photoshop 的各项操作与设计方法，让读者在学习中既可掌握软件应用，又能积累实用的设计经验，快速成为 Photoshop 平面设计高手。

本书既适用于 Photoshop 初、中级水平的读者学习提高，同时也可以作为大中专院校相关专业及各类平面设计培训学校的教材和教学参考用书。

前言

Foreword

市面上的电脑书籍可谓琳琅满目、种类繁多。但是读者面对这些书籍往往不知道该如何选择，那么选择一本好书的根本方法是什么呢?

首先要看这本书所讲内容的实用性，所讲内容是否最新的知识，是否紧跟时代的发展；其次是看其讲解方法是否合理，是否易于接受；最后是看该书的内容是否丰富，物超所值。

丛书主要特色

作为一套面向初、中级读者的电脑图书，“设计师实战应用”丛书从经典案例制作、设计理论知识和软件使用技巧等角度出发，采用最新版本的软件，以全程图解的写作方式，使用简练流畅的语言、精美的版式设计，带领读者轻松愉悦地学习，让大家学后快速上手，全面掌握平面设计的精髓内容。

案例精美专业、学以致用

“设计师实战应用”丛书在案例选择上注重精美、实用，精选多个相应行业中的专业案例，再配合适合初学者轻松掌握的技能操作，以使读者掌握软件在这些行业中的应用，从而达到学以致用的目的。

全程图解教学、一学就会

“设计师实战应用”丛书在案例讲解过程中采用了“全程图解”的讲解方式，首先以简洁、清晰的文字对案例操作进行说明，再以图形的表现方式，将各种操作的效果直观地表现出来。形象地说，初学者只需“按图索骥”地对照图书进行操作练习和逐步推进，即可快速掌握软件使用的丰富技能。

语音教学视频、轻松自学

我们在编写本套丛书时，非常注重初学者的认知规律和学习心态。在每章学习过程中，都安排了一些设计理论知识和软件基本操作技能，通过理论联系实际，让读者不仅要知其然，而且还要知其所以然。

另外，我们还为书中的经典案例录制了配有语音讲解的演示视频，让读者通过观看视频即可轻松掌握相应知识。

本书内容结构

Photoshop CS6是目前最流行的平面设计软件之一，其功能非常强大，使用方便。Photoshop CS6凭借其高智能化、直观生动的工作界面和高速强大的图像处理功能，在平面设计与图像效果处理中应用极为广泛。

本书定位于Photoshop的初、中级读者，从平面广告设计与图像处理的专业角度出发，合理安排理论知识点，运用简练流畅的语言，结合专业实用的典型案例，由浅入深地对Photoshop CS6在广告设计与图像效果处理领域中的实际应用进行全面、系统的讲解，让读者在最短的时间内掌握最有用的知识，轻松掌握Photoshop在平面设计与图像效果处理领域中的相关理论知识和设计方法。

本书共9章，各章节的主要内容如下。

第1章：讲解Photoshop CS6的基础知识和基本操作，为后面的学习打下基础。

第2章：以企业标志设计为例，介绍标志设计的理论知识，以及咖啡馆标志、百货公司标志和集团公司标志的设计方法。

第3章：以报刊广告设计为例，介绍报刊广告设计的理论知识，以及博扬家纺广告、插花馆招生广告和房地产广告的设计方法。

第4章：以产品DM宣传单设计为例，介绍DM宣传单设计的基础知识，以及唇彩DM单广告、空气清新剂双面DM单和蛋糕房圣诞促销DM单的设计方法。

第5章：以包装设计为例，介绍包装设计的基础知识，以及雪糕包装和粽香楼包装的设计方法。

第6章：以户外广告设计为例，介绍户外广告设计的基础知识，以及商场促销户外广告和劲酒路牌广告的设计方法。

第7章：以海报宣传设计为例，介绍海报宣传设计的基础知识，以及电器宣传海报、儿童节公益海报和纯净水宣传海报的设计方法。

第8章：以精美封面设计为例，介绍封面设计的基础知识，以及书籍封面和图书立体效果的设计方法。

第9章：以时尚界面设计为例，介绍界面设计的基础知识，以及界面按钮、西餐厅订餐网页和楼盘门户网站的设计方法。

本书读者对象

本书内容丰富、图文并茂，专为初、中级读者编写，适合以下人群学习使用：

（1）从事初、中级Photoshop平面设计的工作人员。

（2）从事广告设计和图像处理的工作人员。

（3）对Photoshop图像设计有浓厚兴趣的爱好者与自学者。

（4）电脑培训班中学习Photoshop平面设计和图像处理的学员。

（5）大中专院校相关专业的学生。

本书创作团队

本书由一线科技和卓文编写，同时书中的设计实例由在相应的设计公司任职的专业设计人员创作，在此对他们的辛勤劳动深表感谢。由于编写时间仓促，书中难免存在疏漏与不妥之处，欢迎广大读者来信咨询指正，我们将认真听取您的宝贵意见，推出更多的精品计算机图书，联系网址：http://www.china-ebooks.com。

编　者

第01章 Photoshop CS6必知必会

第02章 企业标志设计

第03章 报刊广告设计

第04章 产品DM宣传单设计

第05章 包装设计

第06章 户外广告设计

第07章 海报宣传设计

第08章 精美封面设计

第09章 时尚界面设计

Chapter

第01章

Photoshop CS6必知必会

课前导读

本章将学习Photoshop CS6的基本操作，主要介绍工作界面的组成、图像文件的基本操作和图像文件的调整、图像查看方式、绘图辅助功能和颜色的选择与填充等知识，掌握这些知识，读者能为今后熟练使用Photoshop软件打下良好的基础。

本章学习要点

- 图像文件的基本操作
- 图像文件的调整
- 设置图像查看方式
- 设置绘图辅助功能
- 选择与填充颜色

精彩效果赏析

1.1 认识Photoshop CS6

Photoshop CS6是一款主要用于图像处理的专业软件，其操作简单易学，工作界面非常人性化，并集图像设计、扫描、编辑、合成以及高品质输出功能于一体，深受用户的好评，是目前最优秀的平面图形图像处理软件之一。

1.1.1 Photoshop CS6 概述

Photoshop CS6具有创新的个性化工作界面、多种工具以及面板，使用户能够迅速地掌握并运用Photoshop进行平面设计，制作出独具特色的图像效果。Photoshop CS6强大的图像处理功能主要体现在以下几个方面。

- 强大的色彩和色调处理功能：Photoshop CS6的图像色彩和色调处理功能非常强大，用户可以随意地对图像的颜色、亮度、对比度及饱和度等进行调整。
- 实用的图层功能：图层是Photoshop CS6处理图像的灵魂，许多图像都是基于图层来进行处理的。利用图层可以对图像进行合成与分解，从而创作出优秀的设计作品。
- 多样的文字编辑模式：Photoshop CS6中提供了多种文字编辑工具，使用户不仅可以简单、方便地输入文字信息，还可以通过各种工具和滤镜效果来制作出多种风格的特效文字。
- 方便的蒙版功能：在Photoshop CS6中为图层创建蒙版后，可以屏蔽图层中不需要编辑的部分图形，从而增加了图像处理的灵活性。
- 丰富的滤镜效果：在Photoshop CS6中提供了丰富的滤镜效果，用户可以利用滤镜命令制作出各种丰富多彩的艺术效果。

1.1.2 Photoshop CS6的工作界面

启动Photoshop CS6后，便可进入Photoshop CS6的工作界面，在它的工作界面中包含标题栏、菜单栏、工具箱、工具属性栏、面板、图像窗口和状态栏等内容，如下图所示。

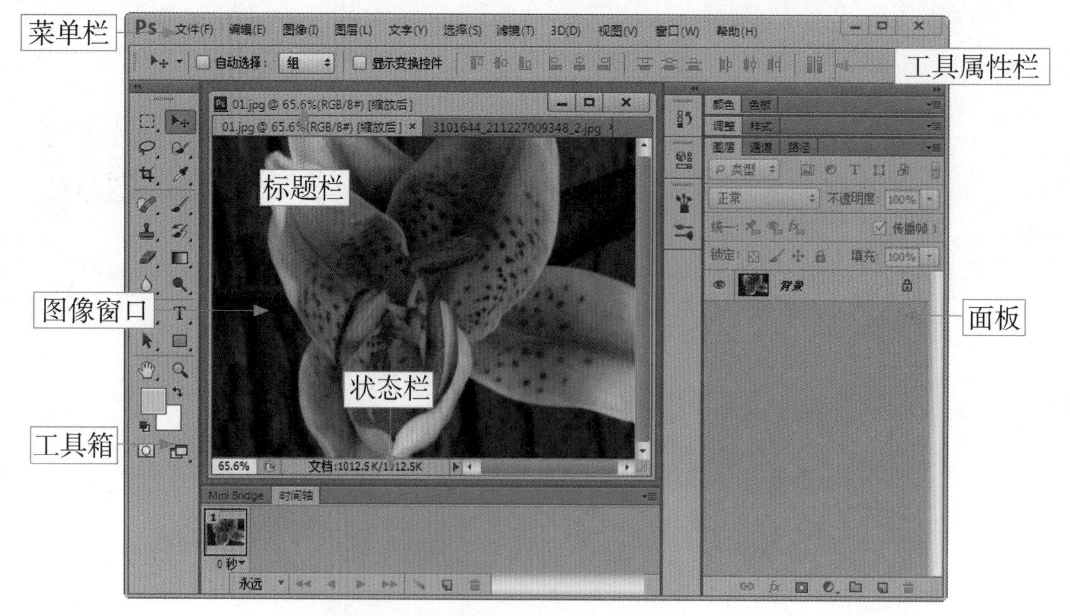

Photoshop CS6 的工作界面

1. 标题栏

标题栏位于图像窗口左上方，用于显示图像文件名称，当用户同时打开多个文件时，各文件以选项卡形式显示在标题栏中，单击对应的选项卡，即可切换到相应的文件。

2. 菜单栏

菜单栏由文件、编辑、图像、图层、文字、选择、滤镜、3D、视图、窗口和帮助菜单项组成，每个菜单项下内置了多个菜单命令（如左下图所示），有的菜单命令右侧标有符号，表示该菜单命令下还有子菜单，如右下图所示。

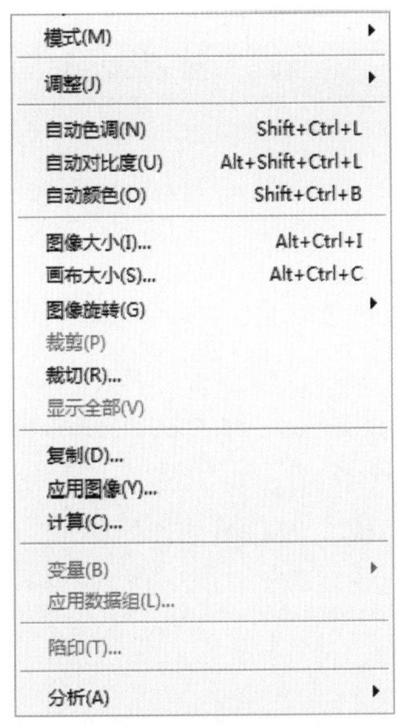

菜单

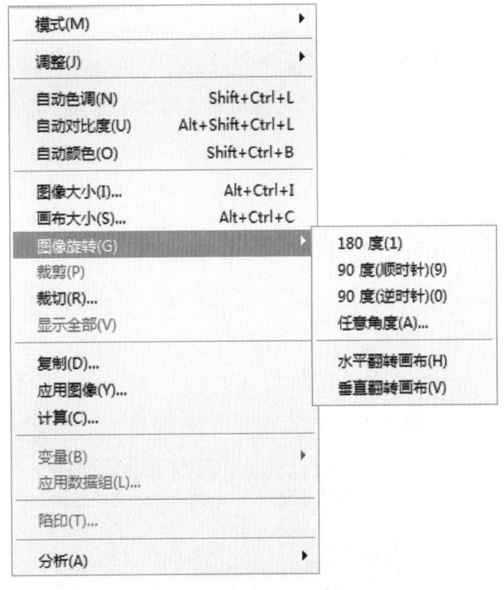

子菜单

3. 工具箱

工具箱在默认状态下位于Photoshop CS6工作界面的左侧，其中集合了图像处理过程中使用最频繁的工具，使用它们可以进行绘制图像、修饰图像、创建选区以及调整图像显示比例等操作。工具箱的位置并不是固定不变的，默认位置在工作界面左侧，通过拖动其顶部可以将其拖放到工作界面的任意位置。

在工具箱顶部有一个折叠按钮▸▸，单击该按钮可以将工具箱中的工具以紧凑形式排列。

要选择工具箱中的工具，只需单击该工具对应的图标按钮即可。仔细观察工具箱，可以发现有的工具按钮右下角有一个黑色的小三角，表示该工具位于一个工具组中，其下还有一些隐藏的工具，在该工具按钮上按住鼠标左键不放或使用右键单击，可显示该工具组中隐藏的工具，如右图所示。

工具箱

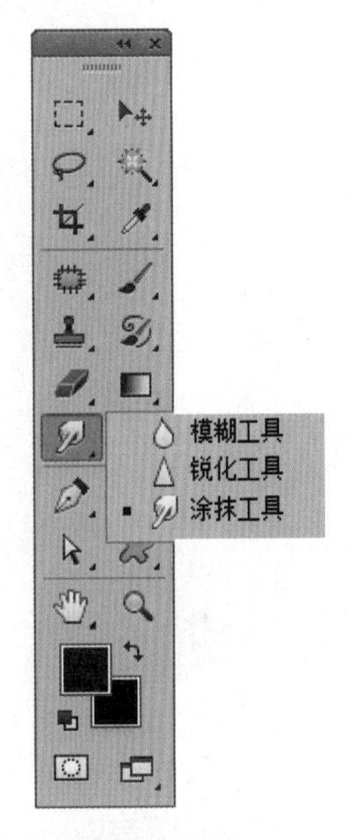

展开工具组

4. 工具属性栏

在Photoshop中，大部分工具的属性设置都显示在工具属性栏中，它位于菜单栏的下方。在工具箱中选择不同工具后，工具属性栏也会随着当前工具的改变而变化，用户可以很方便地利用它来设定该工具的各种属性。

在工具箱中分别选择矩形选框工具和渐变工具后，工具属性栏分别显示如下图所示的参数控制选项。

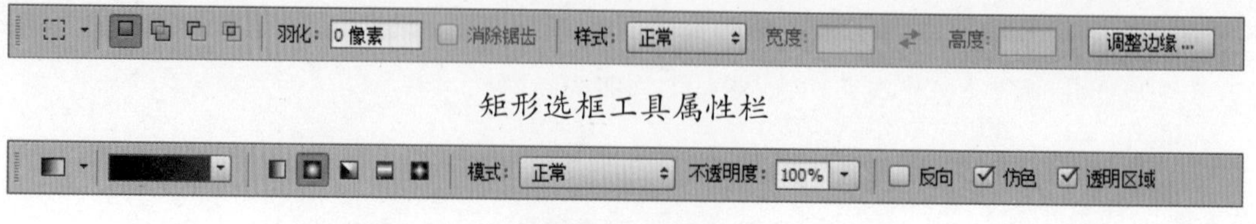

矩形选框工具属性栏

渐变工具属性栏

5. 面板

在Photoshop CS6中，面板是非常重要的一个组成部分，通过它可以进行选择颜色、编辑图层、新建通道、编辑路径和添加蒙版等操作。

选择“窗口”|“工作区”菜单命令，可以选择需要打开的面板。打开的面板都将依附在工作界面右侧（如左下图所示），单击面板右上方的三角形按钮，可以将面板紧缩为精美的图标，使用时直接单击所需面板对应的按钮，即可弹出面板，如右下图所示。

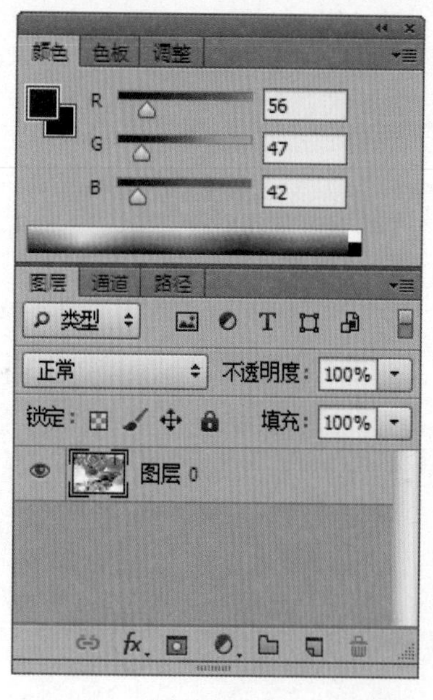

展开的面板

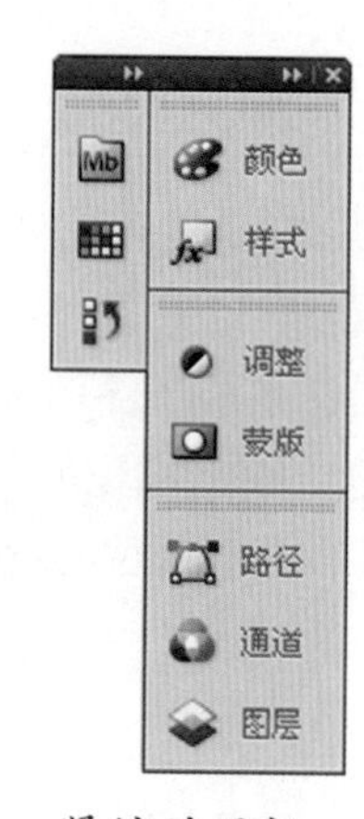

紧缩的面板

知识链接

在Photoshop中，用户可以通过快捷键快速展开所需的面板组。按【F6】键可显示或隐藏“颜色”面板组；按【F7】键可显示或隐藏“图层”面板组；按【F8】键可显示或隐藏“导航器”面板组；按【F9】键可显示或隐藏“历史记录”面板组。

面板组是可以拆分的，只需在某一面板上按住鼠标左键不放，然后将其拖曳至工作界面的空白处释放即可。下图所示为将“图层”面板组中的“图层”面板拆分后的效果。

拖动要拆分的面板

拆分后的面板

6. 图像窗口

图像窗口是对图像进行浏览和编辑操作的主要场所，具有显示图像文件、编辑或处理图像的功能。在图像窗口的上方是标题栏，标题栏中可以显示当前文件的名称、格式、显示比例、色彩模式、所属通道和图层状态，如果该文件未被存储过，则标题栏以“未命名”并加上连续的数字作为文件的名称。

7. 状态栏

状态栏位于图像窗口的底部，最左端的百分比值为缩放框，在其中输入数值后按下【Enter】键可以改变图像的显示比例；中间显示当前图像文件的大小；右端显示滑动条，如下图所示。

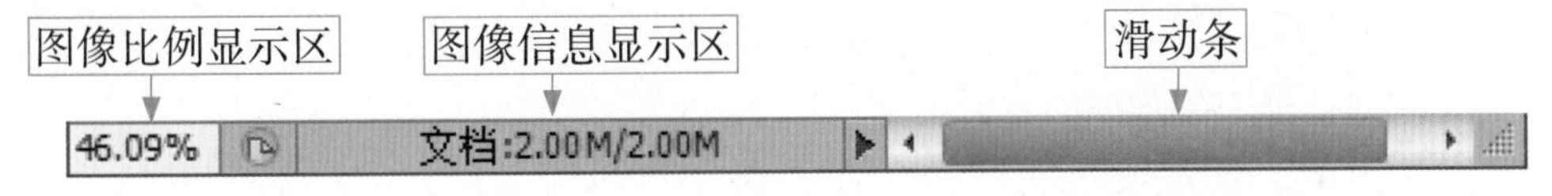

状态栏

用鼠标左键单击状态栏中图像信息显示区的任意位置，并按住鼠标左键不放，会弹出一个信息面板，该面板中会显示当前图像的宽度、高度、通道和分辨率等方面的信息，如下图所示。

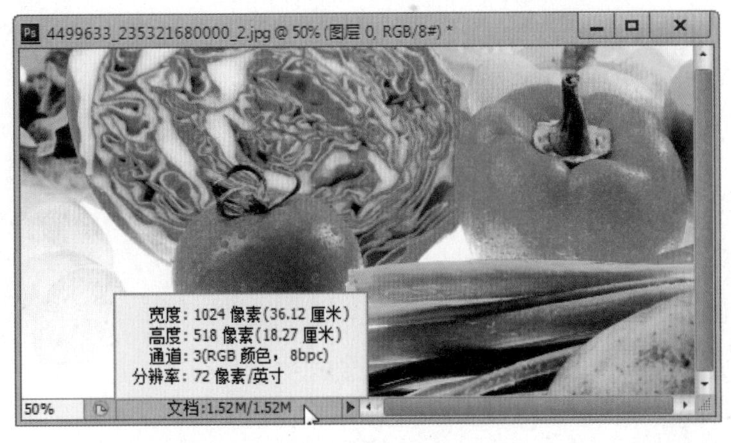

显示图像信息

1.2 图像文件的基本操作

在学习使用Photoshop处理图像前应先掌握图像文件的基本操作，其中包括新建图像文件、打开图像文件、保存与关闭图像文件等。

1.2.1 新建图像文件

通过“新建”命令可以新建一个空白的图像文件。选择“文件”|“新建”菜单命令或按下【Ctrl+N】组合键，打开“新建”对话框，用户可以根据需要对新建图像文件的大小、分辨率、颜色模式和背景内容进行设置，如下图所示。

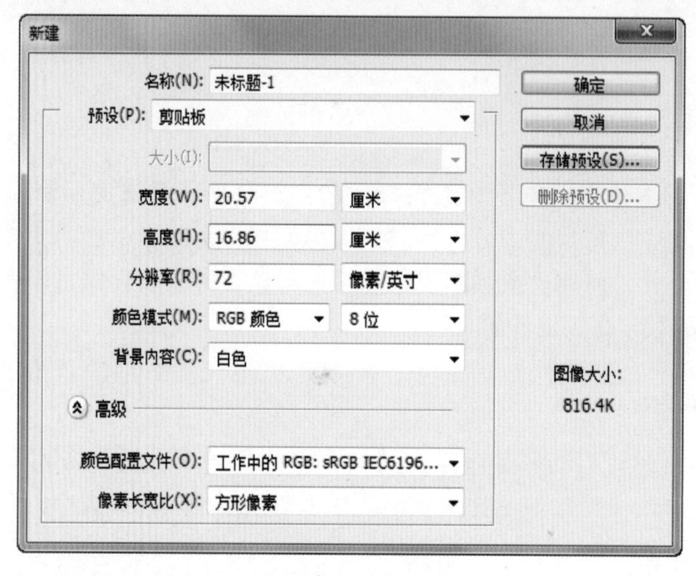

“新建”对话框

“新建”对话框中各选项的含义如下。

❁ 名称：用于设置新建文件的名称，为新建图像文件进行命名，默认为“未标题-X”。

❁ 宽度和高度：用于设置新建文件的宽度和高度，用户可以输入1 ~ 300000之间的任意一个数值。

❁ 分辨率：用于设置图像的分辨率，其单位有像素/英寸和像素/厘米两种。

❁ 颜色模式：用于设置新建图像的颜色模式，其中有“位图”、“灰度”、“RGB颜色”、“CMYK颜色”和“Lab颜色”5种模式可供选择。

❁ 背景内容：用于设置新建图像的背景颜色，系统默认为白色，也可设置为背景色和透明色。

❁ 高级：在“高级”选项区域中，用户可以对图像文件的“颜色配置文件”和“像素长宽比”两个选项进行更专业的设置。

1.2.2 打开图像文件

选择“文件”|“打开”菜单命令或按下【Ctrl+O】组合键，在打开的“打开”对话框中选择需要打开的文件名及文件格式（如下图所示），然后单击“打开”按钮，就可以打开已有的图像文件。

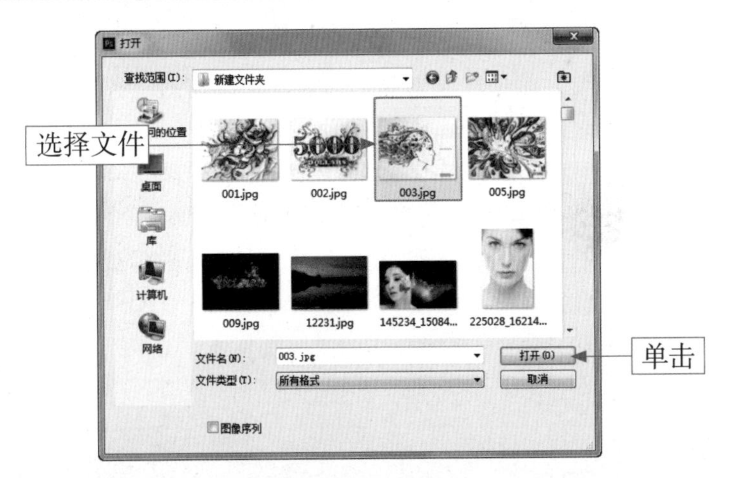

"打开"对话框

知识链接

选择"文件"|"打开为"菜单命令，可以在指定被选取文件的图像格式后，将文件打开；选择"文件"|"最近打开文件"菜单命令，可以打开最近编辑过的图像文件。

1.2.3 保存与关闭图像文件

当用户在Photoshop中绘制好图像后，即可将图像保存起来，以防止因为停电或是死机等意外造成文件丢失。

对于不同的图像文件，用户可以采用不同的方式进行保存。

- 选择"文件"|"存储为"菜单命令，用户可将修改后的图像文件进行格式、文件名或保存路径的重新设置后再保存，如下图所示。
- 保存一个已经存在的图像文件，而不需要修改图像的文件名或存放路径时，可直接选择"文件"|"存储"菜单命令或按下【Ctrl+S】组合键，此时系统会用修改后的文件直接覆盖原文件进行保存。

"存储为"对话框

要关闭某个图像文件，只需要关闭该文件对应的文件窗口即可。单击图像窗口标题栏最右端的“关闭”按钮 ×；或选择“文件”|“关闭”菜单命令；或按下【Ctrl+W】组合键；或按下【Ctrl+F4】组合键都可关闭图像文件。

1.3 图像文件的调整

在Photoshop CS6中，图像文件的调整操作是用户在进行图像处理前必须掌握的内容。图像文件的基本调整操作包括调整图像和画布大小、移动与复制图像、裁剪并删除图像、变换图像和旋转图像等，下面将介绍这些操作的具体操作方法。

1.3.1 调整图像大小

如果要改变图像文件的大小，可以通过改变图像的像素、高度、宽度和分辨率来实现。这里以缩小图像文件大小为例来介绍其操作方法。

打开一幅需要调整大小的素材图像（如左下图所示），选择“图像”|“图像大小”菜单命令，或者按下【Alt+Ctrl+I】组合键，打开“图像大小”对话框，可以查看到图像的像素大小和文档大小信息（如右下图所示），调整其中的参数即可改变图像大小。

图像文件

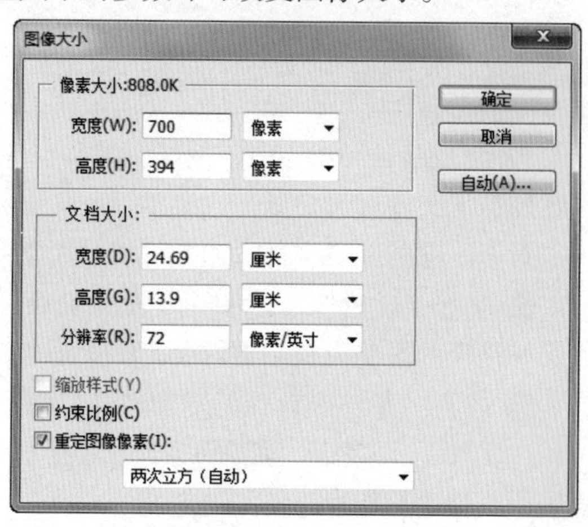

“图像大小”对话框

“图像大小”对话框中各选项的含义如下。

- 像素大小：设置图像的宽度和高度，可以改变图像在屏幕上的显示尺寸大小。
- 文档大小：以被输出的图像尺寸为基准，设置图像的宽度、高度和分辨率，可以改变图像的实际大小。
- 缩放样式：选中该选项，可以让图像中的各种样式按比例进行缩放。选中“约束比例”选项后，该选项才能被激活。
- 约束比例：选中该选项后，图像的宽度和高度将会被固定。
- 重定图像像素：选中该选项后，将激活“像素大小”选项区域中的选项，用户即可改变像素的大小。若取消该选项，图像的像素大小将不能被改变。

知识链接

选择“约束比例”复选框，在“宽度”和“高度”数值框后面将出现“链接”图标，表示改变其中一项设置时，另一项也将按相同比例改变。

1.3.2 调整画布大小

使用“画布大小”命令可以精确地设置图像的画布尺寸，添加或移去当前图像周围的画布区域，还可以通过减小画布区域来裁切图像，以满足绘图的需求。

打开一幅素材图像，右键单击图像窗口顶部的标题栏，在弹出的快捷菜单中选择“画布大小”命令，打开“画布大小”对话框（如下图所示），在该对话框中可以查看当前画布的大小。

选择命令

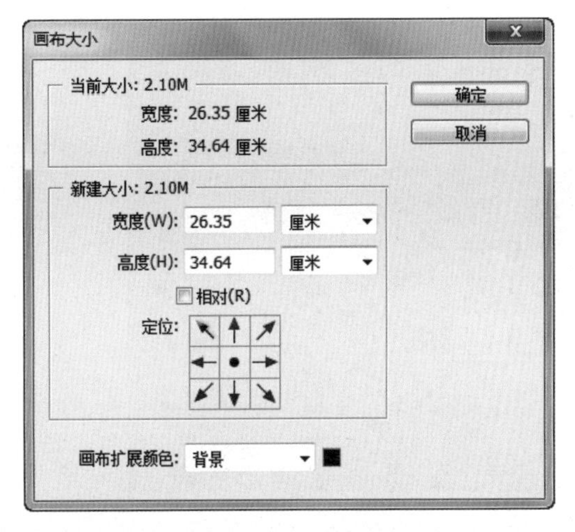

“画布大小”对话框

❁ 在“定位”栏中单击箭头指示按钮，可以确定画布扩展方向。

❁ 在“新建大小”选项区域中可以输入新的宽度和高度。

❁ 在“画布扩展颜色”下拉列表框中可以选择画布的扩展颜色。

❁ 单击“画布扩展颜色”右侧的颜色按钮，打开“拾色器（画布扩展颜色）”对话框，在其中可以设置扩展画布后的背景颜色。

1.3.3 移动与复制图像

打开需要移动的图像文件（如左下图所示），确定图像所在图层未被锁定，选取工具箱中的移动工具，在需要移动的图像上按住鼠标左键，并将图像拖动到需要的位置即可，如右下图所示。

素材图像

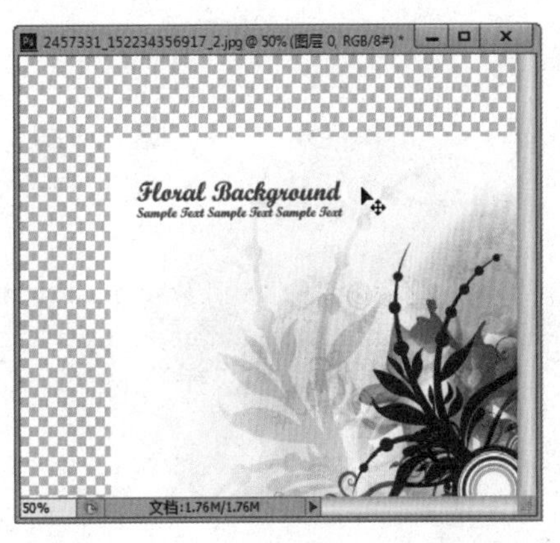

移动图像

复制图像可以方便用户快捷地制作出相同的图像，用户可以将图像中的图层、图层蒙版和通道等都复制过来。主要有3种方法进行复制，下面分别进行介绍。

1. 通过“图层”面板复制

在“图层”面板中复制图像，其实也就是复制图层，只需在“图层”面板中拖曳要复制图像所在的图层到面板底部的“创建新图层”按钮上（如左下图所示），释放鼠标后即可完成图像的复制，如右下图所示。

拖曳图层

复制的图层

2. 移动复制

选择要复制的图像，在画面中按住【Alt】键的同时拖动图像，即可实现图像的复制；也可以拖动一个图像窗口中的图像到另一个图像窗口中释放鼠标，实现两幅图像间的复制。

3. 特殊复制

应用这种复制前应先复制一个源图像到剪贴板中，然后创建选区作为源图像的存放区，最后选择“编辑”|“贴入”菜单命令，将剪贴板中的源图像放置到选区内，这时对图像进行任意变换，图像都只是在选区内显示。

1.3.4 裁剪并删除图像

使用工具箱中的裁剪工具能够整齐地裁切选择区域以外的图像，调整画布大小。用户可以通过裁剪工具来方便、快捷地获得需要的图像尺寸。裁剪工具的属性栏如下图所示。

裁剪工具属性栏

- 不受约束：单击该按钮，在弹出的下拉菜单中可以选择不受约束裁剪图像，或者裁剪的固定比例。
- x ：在文本框中输入数值，可以设置裁剪后图像的宽度和高度。

❁ [icon]按钮：单击该按钮，可以调整纵向或横向旋转裁剪框。

❁ [拉直]按钮：单击该按钮，可以通过在图像上绘制一条直线来拉直该图像。

❁ 视图：单击该选项右侧的下拉按钮，在弹出的菜单中可以设置裁剪工具的视图模式（如左下图所示），如选择“三等分”命令，在图像中绘制的裁剪框则将图像三等分划开，如右下图所示。

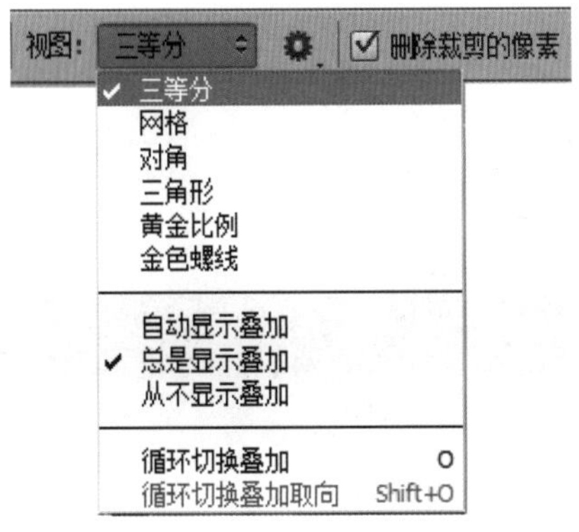

选择视图模式

裁剪图像

❁ [icon]按钮：单击该按钮，可以在弹出的面板中设置其他裁剪选项，如右图所示。

❁ 删除裁剪的像素：该选项用于确定是保留还是删除裁剪框外部的像素数据。

❁ [icons]：该组按钮分别用于复位裁剪框、图像旋转以及长宽比设置、取消当前裁剪操作、提交当前裁剪操作。

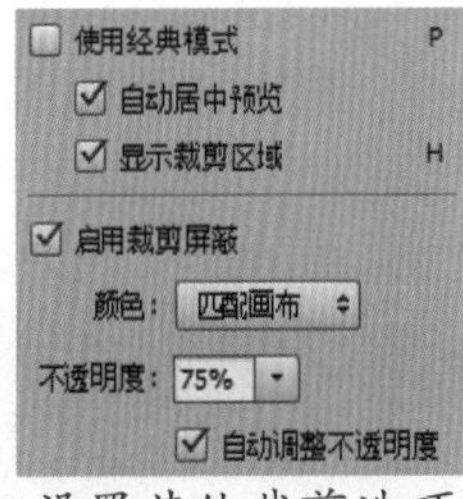

设置其他裁剪选项

1.3.5 自由变换图像

除了对整个图像进行调整外，还可以对文件中单一的图像进行操作，其中包括缩放对象、旋转与斜切图像、扭曲与透视图像、翻转图像等，这些操作都可以通过“自由变换”命令来实现。

选择“编辑”|“自由变换”菜单命令或按下【Ctrl+T】组合键，选区将自动弹出自由变换控制框（如左下图所示），通过该控制框可以对图像进行大小、角度和位置等方面的编辑，如右下图所示。

自由变换控制框

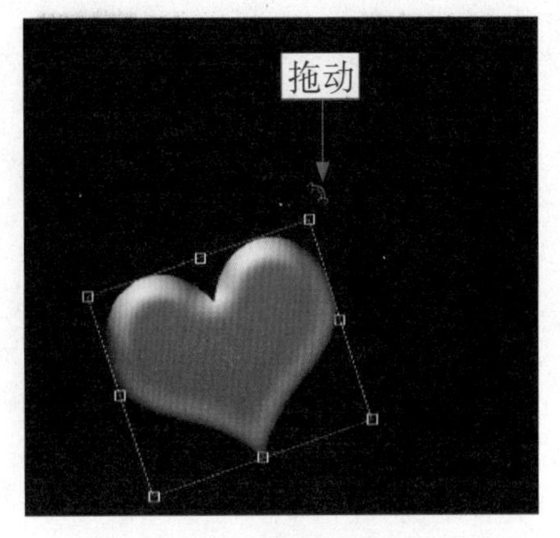

缩小并旋转图像

1.3.6 还原与重做操作

当用户在绘制图像时，常常需要进行反复的修改才能得到最好的效果，在操作过程中肯定会遇到需要撤销之前的步骤重新操作的情况，这时可以通过下面两种方法来撤销误操作。

❀ 方法一：选择“编辑”|“还原”菜单命令可以撤销最近一次进行的操作，选择“编辑”|“重做”菜单命令又可恢复该步操作；选择一次“编辑”|“后退一步”菜单命令可以向前撤销一步操作；选择一次“编辑”|“前进一步”菜单命令可以向后重做一步操作。

❀ 方法二：按下【Ctrl+Z】组合键可以撤销最近一次进行的操作，再次按下【Ctrl+Z】组合键又可以重做被撤销的操作；按一次【Shift +Ctrl+Z】组合键可以向前撤销一步操作；按一次【Alt +Ctrl+Z】组合键可以向后重做一步操作。

1.4 设置图像查看方式

Photoshop CS6是一个主要用于图像处理的软件，所以在图像的查看上也具有较强的功能，用户可以进行排列图像窗口、放大或缩小图像等操作。

1.4.1 使用导航器查看

在Photoshop中新建或打开一个图像文件后，“导航器”面板中便会显示当前图像的预览效果，左右拖动“导航器”面板底部滑条上的滑块，即可实现图像的缩小与放大显示，如下图所示。

导航器中的图像

放大显示图像

知识链接

当图像放大超过100%时，“导航器”面板的图像预览区中便会显示一个红色的矩形线框，表示当前视图中只能观察到矩形线框内的图像。将鼠标指针移动到预览区，此时指针变成✋形状，按住鼠标左键并拖动，可调整图像的显示区域。

1.4.2 切换与排列多图像窗口

当用户在Photoshop中打开多个图像窗口时，可以通过“窗口”菜单让图像按某种特定形式进行排列。

选择“窗口”|“排列”菜单命令，在打开的子菜单中可以选择所需的命令（如左下图所示），如选择“三联水平”命令，可以将图像文件排列成如右下图所示的样式。

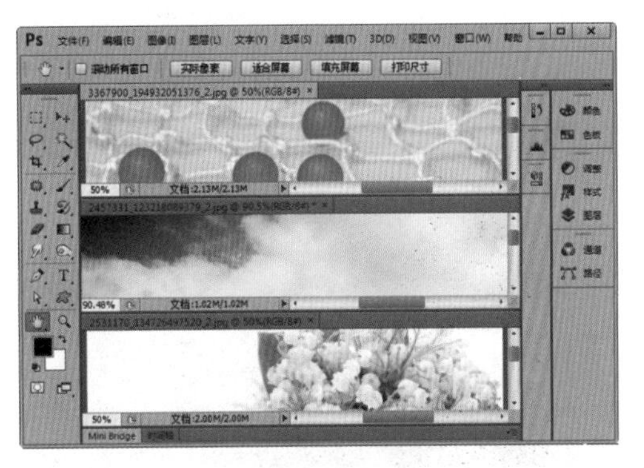

“排列”命令的子菜单　　排列窗口

1.4.3 缩放工具的设置与应用

在通常的情况下，Photoshop用户更习惯于通过工具箱中的缩放工具缩放图像。选择工具箱中的缩放工具🔍，并将鼠标指针移动到图像窗口中，此时鼠标指针会呈放大镜状态显示，放大镜内部有一个“十”字形。单击鼠标左键，图像会根据当前图像的显示大小进行放大，如果当前显示为100%，则每单击一次放大一倍，且单击处的图像放大后会显示在图像窗口的中心。

按住鼠标左键并拖动绘制出一个矩形区域（如左下图所示），释放鼠标后可将该区域内的图像满窗口显示，如右下图所示。

框选要放大的局部图像

放大后的局部图像

选中缩放工具后，按住【Alt】键，此时放大镜内部会出现一个“一”字形，然后单击鼠标，可以将图像缩小显示。

1.5 设置绘图辅助功能

在图像处理过程中，利用辅助工具可以使处理的图像更加精确，Photoshop中的辅助工具主要包括标尺、参考线和网格。

1.5.1 标尺的设置与应用

标尺可以方便用户随时查看图像的尺寸大小。选择“视图”|“标尺”菜单命令，或按【Ctrl+R】组合键，可在图像窗口顶部和左侧分别显示水平和垂直标尺，如左下图所示。

在标尺上单击鼠标右键，将弹出一个快捷菜单，在其中可以更改标尺的单位（如右下图所示），系统默认为厘米。再次按下【Ctrl+R】组合键可隐藏标尺。

显示标尺

显示标尺单位

1.5.2 参考线的设置与应用

使用参考线能为设计者在构图时提供精确的定位，而且参考线是浮动在图像上的直线，只是用于提供参考位置，不会被打印出来。

要利用参考线辅助绘图，首先应创建参考线。打开需要设置参考线的图像文件，选择"视图"|"新建参考线"菜单命令，打开"新建参考线"对话框，在其中可以设置参考线的取向和准确的位置（如左下图所示），单击"确定"按钮，即可在图像中得到参考线，如右下图所示。

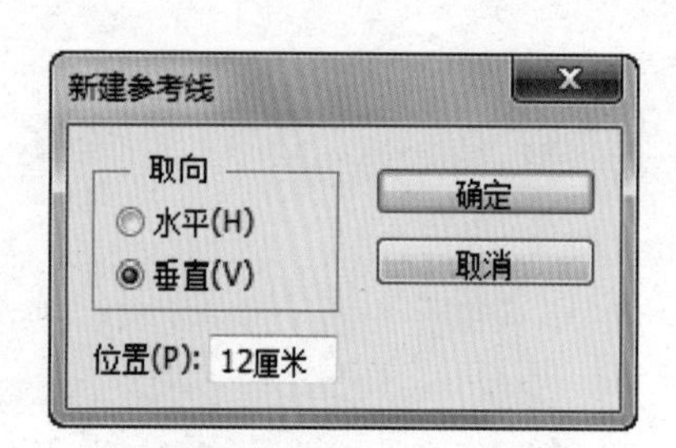

"新建参考线"对话框

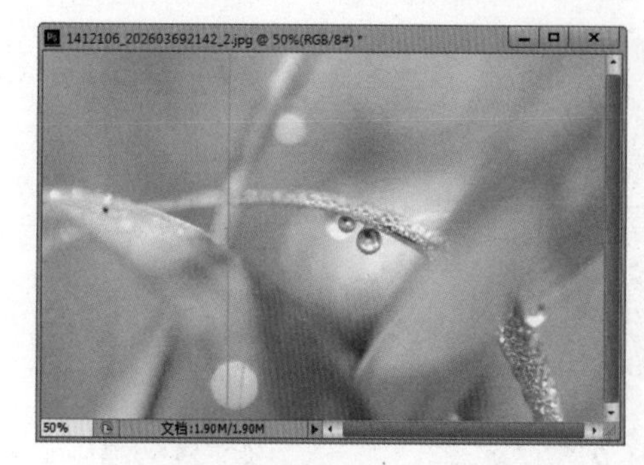

新建的参考线

在标尺中按住鼠标左键向画面内拖动，也可以得到参考线，如左下图所示。

双击参考线或者选择"编辑"|"首选项"|"参考线、网格和切片"菜单命令，打开"首选项"对话框，可以设置参考线的颜色和样式，如右下图所示。

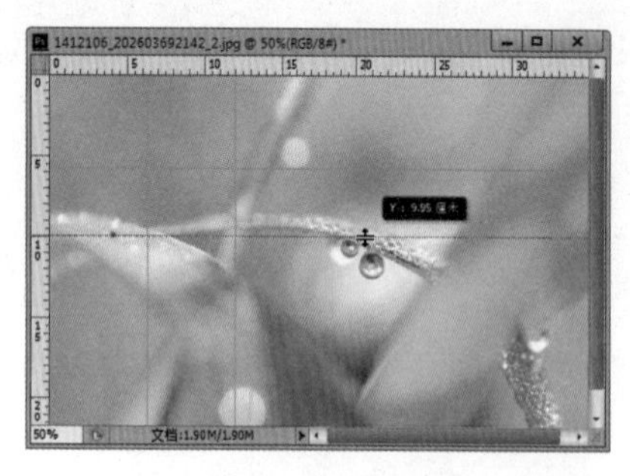

拖曳出参考线

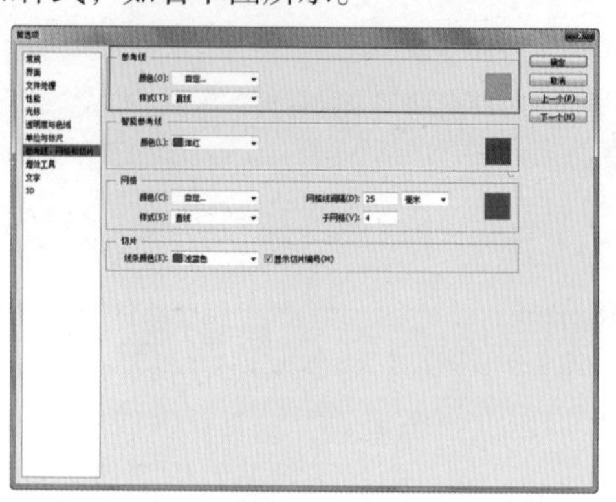

"首选项"对话框

1.5.3 网格的设置与应用

在图像中添加网格，可以帮助用户精确定位图像在窗口中的位置，辅助用户对图像进行修改和编辑。

打开图像文件，选择“视图”|“显示”|“网格”菜单命令或按下【Ctrl+’】组合键，可以在图像窗口中显示或隐藏网格线，显示网格线后如左下图所示。

按【Ctrl+K】组合键打开“首选项”对话框，在该对话框左侧选择“参考线、网格和切片”选项，即可在“网格”栏下设置网格的颜色、样式、网格线间距和子网格数量，如右下图所示。

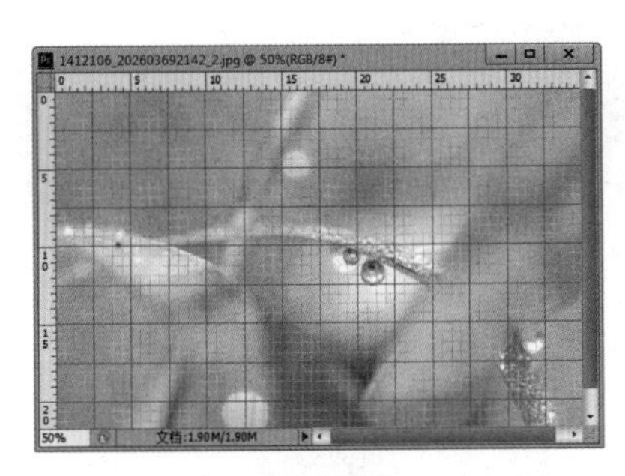

显示网格

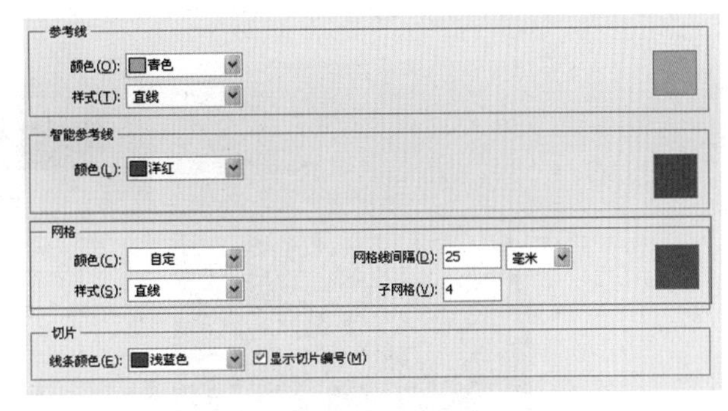

设置网格参数

知识链接

参考线和网格都具有吸附功能，这对于移动和对齐图像操作是非常有用的，但对创建选区操作也可能会有些影响，此时可按下【Ctrl+H】组合键暂时隐藏参考线和网格，当再次需要时再按【Ctrl+H】组合键将其显示即可。

1.6 选择与填充颜色

在Photoshop中对颜色的选择和填充非常重要，本节将详细介绍相关内容，包括“拾色器”对话框的使用、“颜色”面板组的使用，以及吸管工具、油漆桶工具和渐变工具的运用。

1.6.1 设置前景色与背景色

在Photoshop CS6中，前景色和背景色按钮都位于工具箱下方。默认状态下，前景色为黑色，背景色为白色（如下图所示）。单击工具箱下方的切换前景色和背景色按钮，可以使前景色和背景色互换；按下默认前景色和背景色按钮，能将前景色和背景色恢复为默认的黑色和白色。工具箱中的前景色和背景色按钮，可以让用户在图像处理过程中更快速、高效地设置和调整颜色。

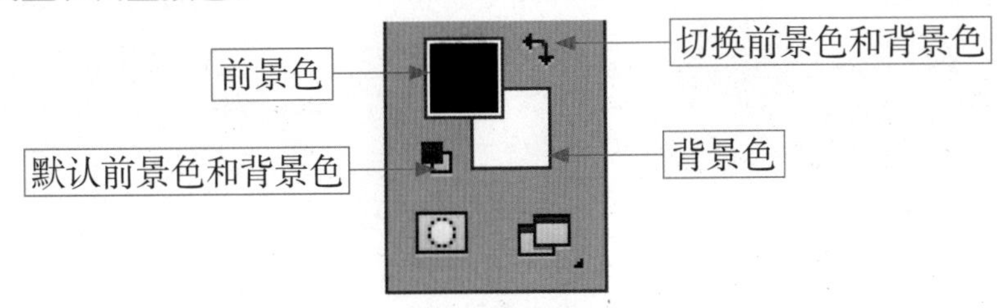

前/背景色按钮

1.6.2 使用“拾色器”对话框

用户可以通过“拾色器”对话框设置前景色和背景色，而且可以根据自己的需要设置任何颜色。

单击工具箱下方的前景色或背景色图标，即可打开如下图所示的“拾色器”对话框。在该对话框中拖动颜色滑条上的三角形滑块，可以改变左侧主颜色框中的颜色范围，用鼠标单击颜色区域，即可吸取需要的颜色，吸取后的颜色值将显示在右侧对应的选项中，设置完成后单击“确定”按钮即可。

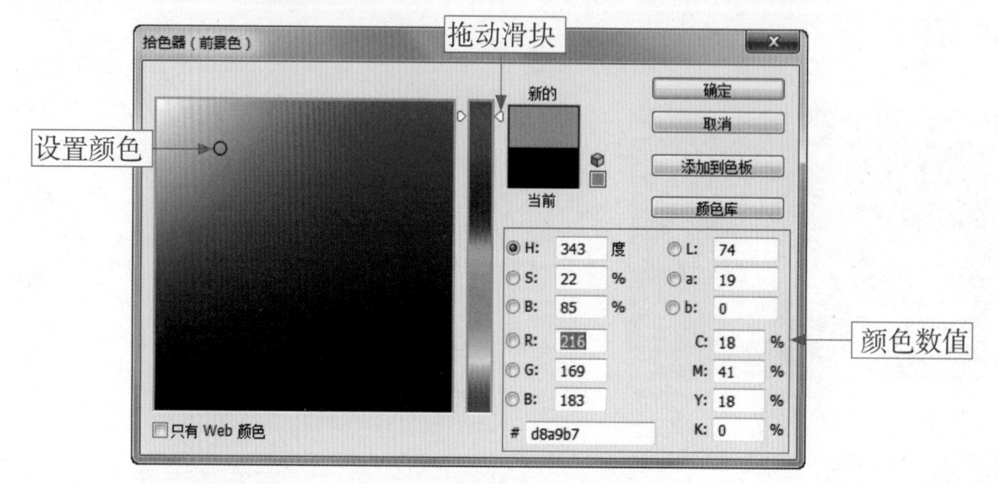

“拾色器”对话框

单击“拾色器”对话框中的“颜色库”按钮，在弹出的“颜色库”对话框中提供了17种颜色库，这些颜色库是全球范围内不同的公司或组织制定的色样标准，用户可以根据这些颜色样本或色谱来精确地选取颜色，如下图所示。

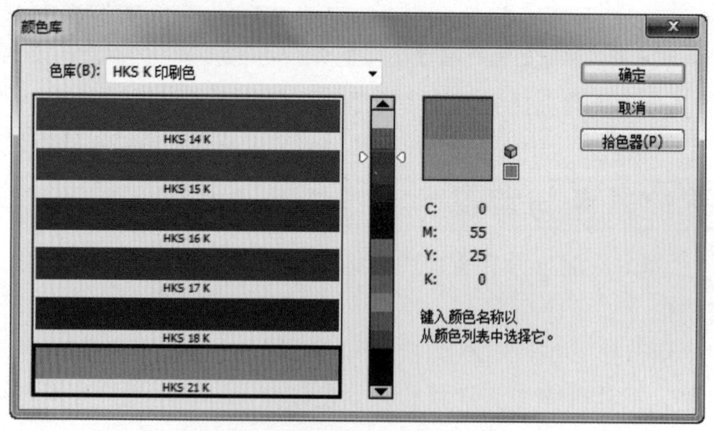

“颜色库”对话框

1.6.3 使用“颜色”和“色板”面板

在Photoshop CS6中调配颜色的方法有很多种，用户可以根据个人习惯和不同情况进行选择，以提高编辑和操作的速度。使用“颜色”面板，用户可以轻松地设置前景色和背景色。

选择“窗口”|“颜色”菜单命令，打开“颜色”面板，分别拖动R、G、B中的滑块即

可对颜色进行调整，调整过程中的颜色将应用到前景色框中。用户也可以直接在“颜色”面板下方的颜色样本框中单击鼠标左键，来获取需要的颜色，如左下图所示。

“色板”面板由众多调制好的颜色块组成。选择“窗口”|“色板”菜单命令，打开“色板”面板，该面板中的颜色都是预先设置好的，用户可直接使用鼠标单击其中的色块，来选取需要的颜色。

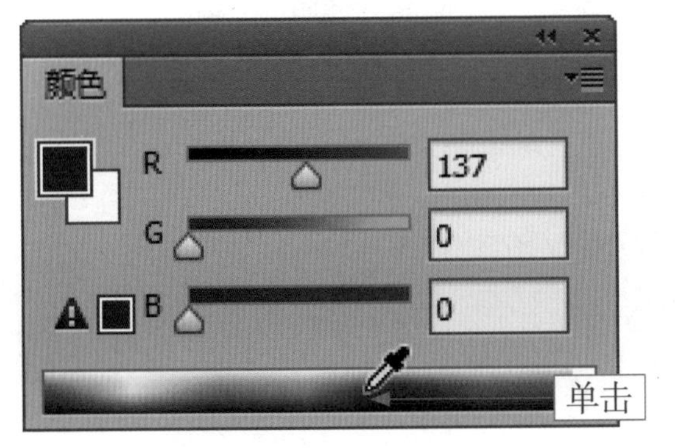

通过单击获取颜色

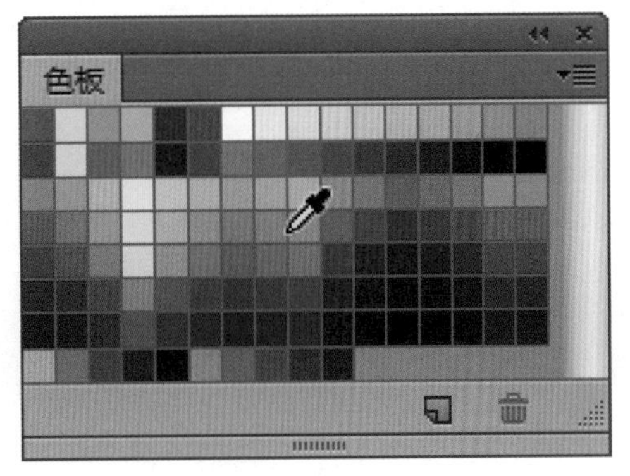

“色板”面板

知识链接

直接使用鼠标左键单击“色板”面板中的色块，可设置为前景色；按住【Ctrl】键的同时单击“色板”面板中的色块，可设置为背景色。

1.6.4 使用吸管工具

吸管工具主要用于帮助用户在图像或面板中拾取所需的颜色，系统会将通过吸管工具拾取的颜色作为前景色或背景色。

选择工具箱中的吸管工具，移动鼠标指针到图像中需要的颜色上单击，即可将单击处的颜色作为前景色，如左下图所示。如果在按住【Alt】键的同时单击，则可将单击处的颜色作为背景色。在图像中移动鼠标指针的同时，“信息”面板中也将显示鼠标指针对应的像素点的色彩信息，如右下图所示。

吸取颜色

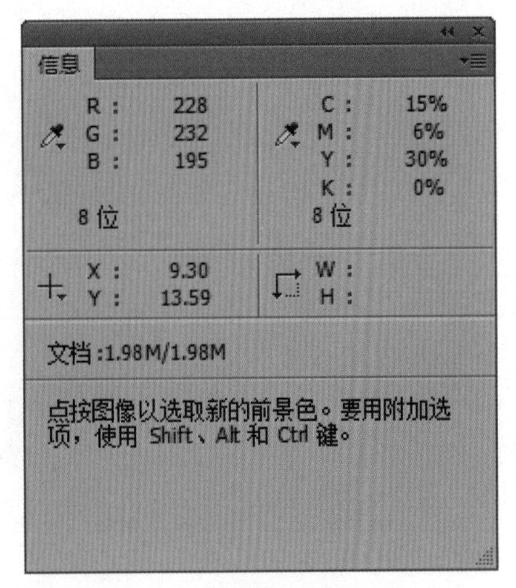

颜色信息

1.6.5 使用油漆桶工具

油漆桶工具主要用于填充图像区域，但它仅填充图像或选区中颜色相近的区域。单击工具箱中的油漆桶工具，然后在要填充的区域单击即可。

选择油漆桶工具后，其工具属性栏如下图所示。

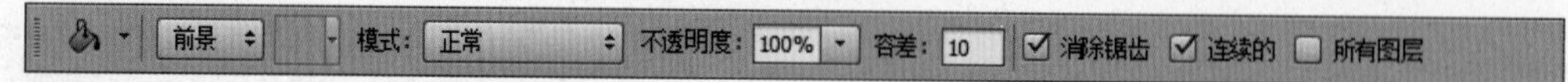

油漆桶工具属性栏

❀ 前景 下拉列表框：用来设置填充的内容，系统默认为前景色，也可在下拉列表中选择图案。当设置填充内容为图案后，工具属性栏中的选项变为可用，单击其右侧的按钮，可在弹出的下拉列表框中选择一种图案作为填充图案。

❀ 容差：用来设置填充时的范围，该值越大，填充的范围就越大。

❀ 消除锯齿：当选择该选项后，填充图像后的边缘会尽量平滑。

❀ 连续的：当选择该选项后，在填充颜色或图案时将填充与单击处颜色一致且连续的区域。

❀ 所有图层：当选择该选项后，在填充颜色或图案时将应用填充内容到所有图层中相同的颜色区域。

1.6.6 使用渐变工具

所谓渐变效果，就是具有两种或两种以上过渡颜色的混合色。使用渐变工具可以为图像填充色彩渐变的效果，用户可以选择Photoshop CS6中预设的渐变颜色，也可以自定义渐变色。选取渐变工具后，其工具属性栏如下图所示。

渐变工具属性栏

❀ ：单击其右侧的三角形按钮将打开渐变工具面板，其中提供了多种颜色渐变模式供用户选择，单击面板右侧的按钮，在弹出的下拉菜单中可以选择其他渐变集。

❀ 渐变类型：其中的5个按钮分别代表5种渐变方式，分别是线性渐变、径向渐变、角度渐变、对称渐变和菱形渐变，应用效果如下图所示。

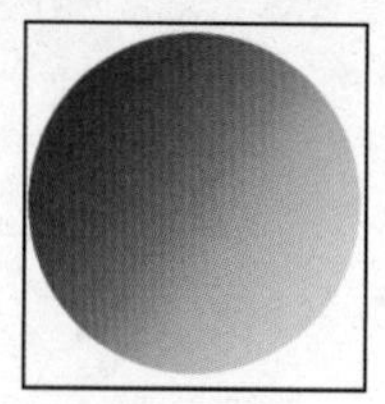

线性渐变

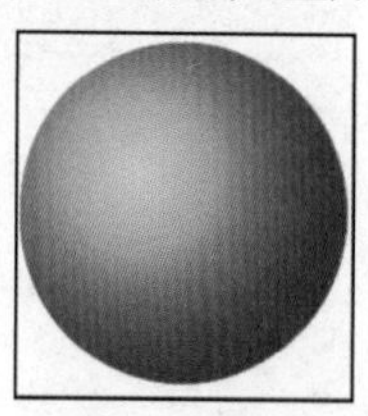

径向渐变

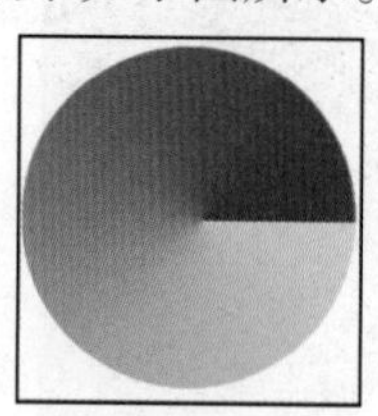

角度渐变

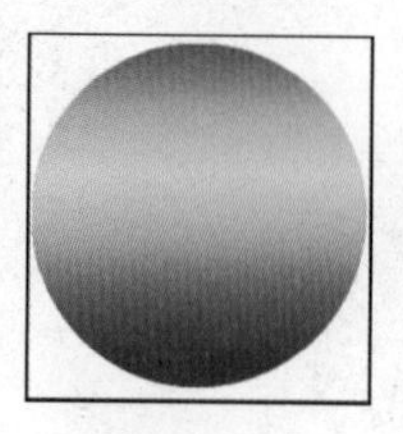

对称渐变

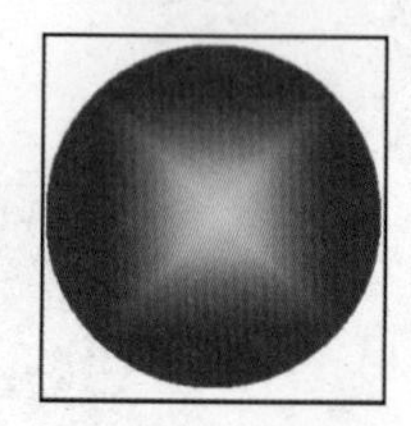

菱形渐变

❀ 模式：用于设置应用渐变时图像的混合模式。

❀ 不透明度：用于设置渐变时填充颜色的不透明度。

❀ 反向：选中此选项后，产生的渐变颜色将与设置的渐变顺序相反。

❀ 仿色：选中此选项，在填充渐变颜色时，将增加渐变色的中间色调，使渐变效果更加平缓。

❀ 透明区域：用于关闭或打开渐变图案的透明度设置。

Chapter

第02章

企业标志设计

课前导读

标志又称为商标或标徽，是为了让消费者尽快识别商品和企业形象而设计的视觉图形。标志造型简单、表现形式独特，识别性强，引人联想，能反映行业特征。设计时可以是文字的变形、字母的组合，也可以是某个抽象或具体的图形。本章将介绍标志设计的相关理论，并结合几个经典案例对企业标志的设计与制作进行详细讲解。

本章学习要点

- 标志设计理论
- 咖啡馆标志设计
- 百货公司标志设计
- 集团公司标志设计

2.1 标志设计理论

标志，是表明事物特征的记号。它以单纯、显著、易识别的物体、图形或文字符号为直观语言，具有表达意义、情感和指令行动等作用。

标志设计不仅是实用物体的设计，也是一种图形艺术的设计。它与其他图形艺术表现手段既有相同之处，又有自己独特的艺术规律。

2.1.1 标志设计原则

标志承载着企业的无形资产，是企业综合信息传递的媒介，所以标志设计需要遵循以下几点原则。

❁ 设计应在详尽了解设计对象的使用目的、适用范畴及有关法规等有关情况和深刻领会其功能性要求的前提下进行。

❁ 设计须充分考虑其实现的可行性，针对其应用形式、材料和制作条件采取相应的设计手段，同时还要顾及应用于其他视觉传播方式（如印刷、广告、影像等）或放大与缩小时的视觉效果。

❁ 设计要符合作用对象的直观接受能力、审美意识、社会心理和禁忌。

❁ 构思须慎重推敲，力求深刻、巧妙、新颖、独特，表意准确，能经受住时间的考验。

❁ 构图要凝练、美观、适形（适应其应用物的形态）。

❁ 图形、符号既要简练、概括，又要讲究艺术性。

❁ 色彩要单纯、强烈、醒目。

❁ 遵循标志设计的艺术规律，创造性地探求恰当的艺术表现形式和手法，锤炼出精当的艺术语言，使所设计的标志具有高度的整体美感，获得最佳视觉效果。标志艺术除具有一般的设计艺术规律（如装饰美、秩序美等）之外，还有其独特的艺术规律。左下图所示为国外一个矿泉水标志，右下图所示为国外一个旅游标志。

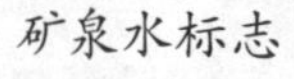

矿泉水标志

旅游标志

2.1.2 标志设计要素

我们在设计标志的过程中将用简洁的图形、线条及色彩来完成。下面介绍标志设计的三个要素。

1. 名称

一个优秀而又成功的标志，除了要有优美鲜明的图案，还要有与众不同且响亮动听的牌名。牌名不仅影响今后商品在市场上的流通和传播，还决定商标的整个设计过程和效果。如果商标有一个好的名字，能给图案设计人员更多的有利因素和灵活性，设计者就可能发挥更大的创造性。反之，则会带来一定的困难和局限性，也会影响艺术形象的表现力。因此，确定商标的名称应遵循“顺口、动听、好记、好看”的原则，要有独创性和时代感，要富有新意和美好的联想。例如，用联想的方式，为企业和产品性质树立明确的形象，或者体现商品的性质和效果。左下图所示为志愿者团体标志。

2. 图案

在绘制图案时需要注意，有一些固定图案是不能应用于标志中的，如各国名称、国旗、国徽、军旗及勋章，或是与其相同或相似的，都不能用作商标图案。国际和国内规定的一些专用标志，如红十字、民航标志、铁路路徽等，也不能用作商标图案。此外，取动物形象作为商标图案时，应注意不同民族、不同国家对各种动物的喜爱与忌讳。右下图所示为一个国外标志，不涉及任何政治、宗教、动物等敏感图案。

志愿者团体标志

国外标志

3. 色彩

色彩是形态的三个基本要素（形、色、质）之一。标志常用的颜色为三原色：红、黄、蓝，这三种颜色纯度较高，较为亮丽，更容易吸引人的眼球。色彩为工业设计学科中必须研究的基本课题，它的研究涉及物理学、生理学、心理学、美学与艺术理论等多门学科。下图所示为两款国外3D标志，在颜色的运用上丰富多变，非常漂亮。

绿色标志

彩色标志

2.2 咖啡馆标志设计

案例效果

源文件路径：
光盘\源文件\第2章

素材路径：
光盘\素材\第2章

教学视频路径：
光盘\视频教学\第2章

制作时间：
20分钟

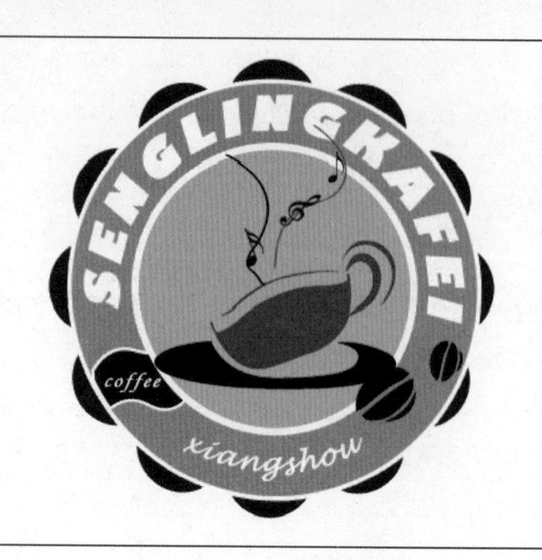

设计与制作思路

本实例制作的是一个咖啡馆的标志。咖啡一直给人一种温暖、轻柔、浪漫的感觉，并且有固定的颜色，让人一听到咖啡就能联想起相应的咖啡色系，所以在色彩上以土黄色、咖啡色为主，添加了一些绿色花瓣边缘作为点缀，能充分表现出咖啡的浪漫气息。在标志中间设计了一个抽象咖啡杯作为主要图形元素，让人能够从视觉上产生印象，并且吸引人记忆，起到宣传的目的。另外，还特别将文字以弧形的状态安排在标志图形中，除了能够与标志外形很好地结合外，还能起到视觉缓和的功能。

在制作过程中主要通过自定形状工具和椭圆工具绘制出标志的基本外形，然后再使用钢笔工具绘制出圆形中的抽象咖啡杯图形，结合不同颜色进行填充，让标志具有视觉刺激感，最后再输入文字，并对文字进行简单的排版，让文字能很好地凸显出来。

2.2.1 绘制标志造型

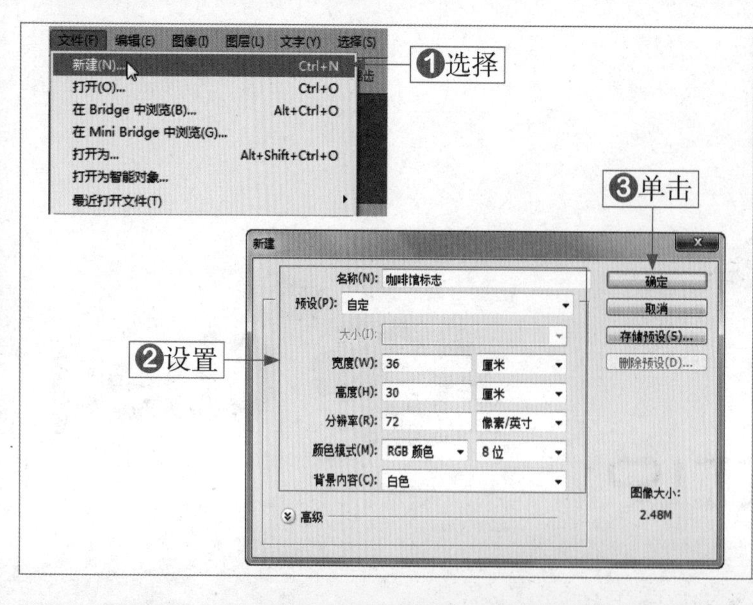

Step 01 新建文件❶选择“文件”|“新建”菜单命令，打开“新建”对话框。❷设置文件名称为“咖啡馆标志”，设置宽度为36厘米、高度为30厘米、分辨率为72。❸单击“确定”按钮，即可得到新建的空白图像文件。

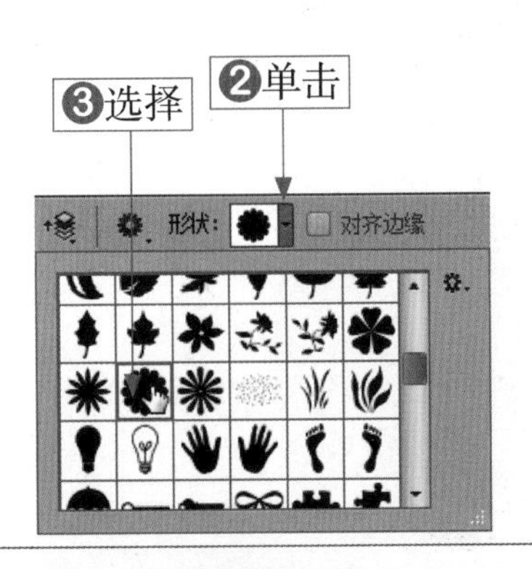

Step 02 选择图形❶单击"图层"面板底部的"创建新图层"按钮，新建图层1。❷选择自定形状工具，然后单击工具属性栏中"形状"右侧的三角形按钮。❸在弹出的下拉面板中选择"花6"图形。

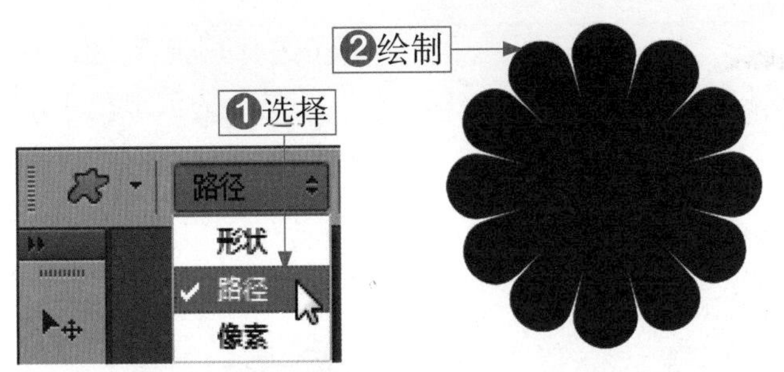

Step 03 绘制花瓣图像❶选择好图形后，在工具属性栏左侧选择"路径"模式。❷按住【Shift】键绘制出一个花瓣图形，再按下【Ctrl+Enter】组合键将路径转换为选区，并将其填充为绿色（R50，G74，B12）。

Step 04 绘制圆形❶新建图层2，选择椭圆选框工具，按住【Shift】键在花瓣图像中绘制一个正圆形选区。❷设置前景色为橘黄色（R229，G178，B53），按下【Alt+Delete】组合键填充选区。

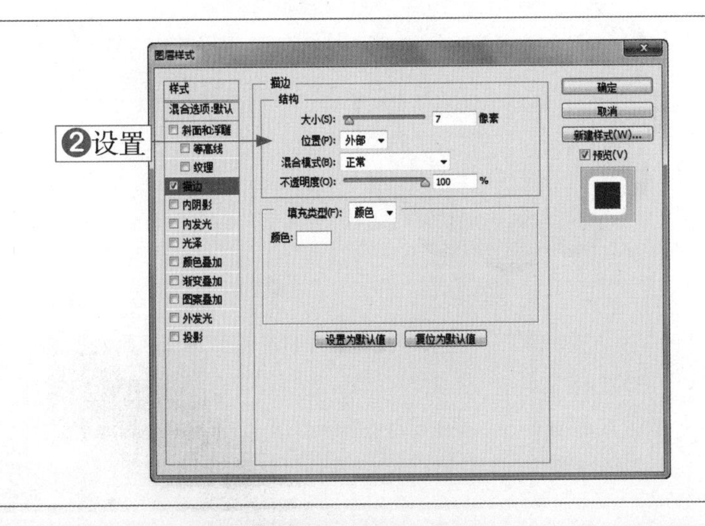

Step 05 添加图层样式❶选择"图层"|"图层样式"|"描边"菜单命令。❷打开"图层样式"对话框，设置描边大小为7像素、颜色为白色、位置为"外部"，其他参数设置如左图所示。

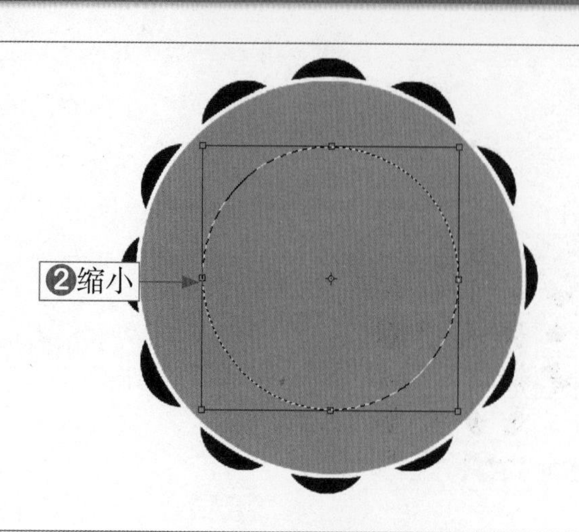

Step 06 缩小选区 ❶单击“确定”按钮，得到图像的描边效果。❷按住【Ctrl】键单击图层2，载入圆形选区，选择“选择”|“变换选区”菜单命令，出现变换控制框，按住【Shift+ Alt】组合键中心缩小选区。

Step 07 填充选区颜色 ❶设置前景色为淡绿色（R197，G207，B183）。❷按下【Alt+Delete】组合键填充选区。

知识链接

在填充选区颜色时，也可以设置背景色，然后按下【Ctrl+ Delete】组合键即可以背景色进行填充。

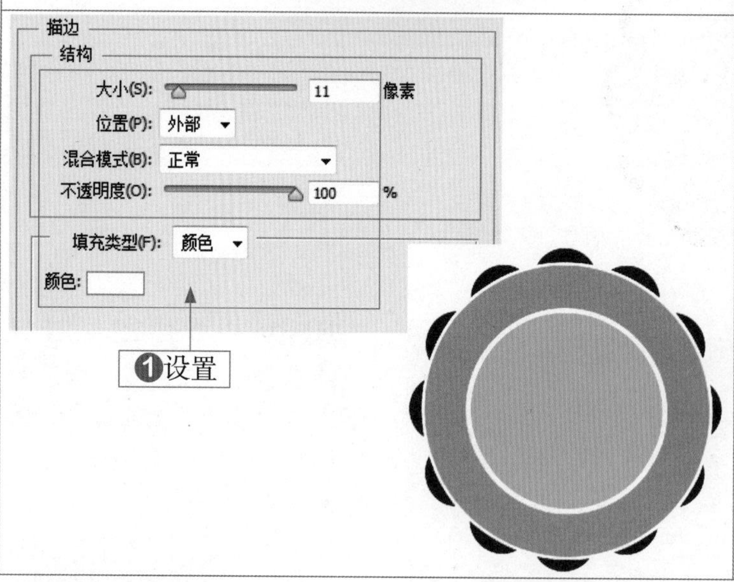

Step 08 填充选区颜色 ❶选择“图层”|“图层样式”|“描边”菜单命令，打开“图层样式”对话框，设置描边大小为11像素、颜色为白色、位置为“外部”，其他参数设置如左图所示。❷单击“确定”按钮，即可得到内部圆形的描边效果。

知识链接

除了使用菜单命令可以打开“图层样式”对话框外，在“图层”面板中双击该图层名称后面的灰色区域，也可打开“图层样式”对话框，打开后在左侧窗格中选择所需设置的选项，并在右侧窗格中进行相应的设置。

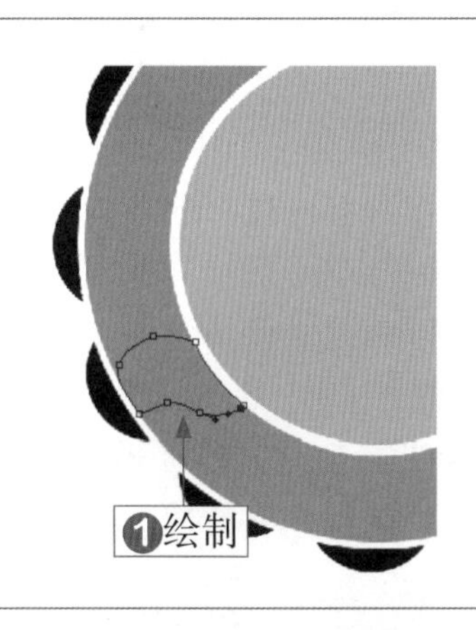

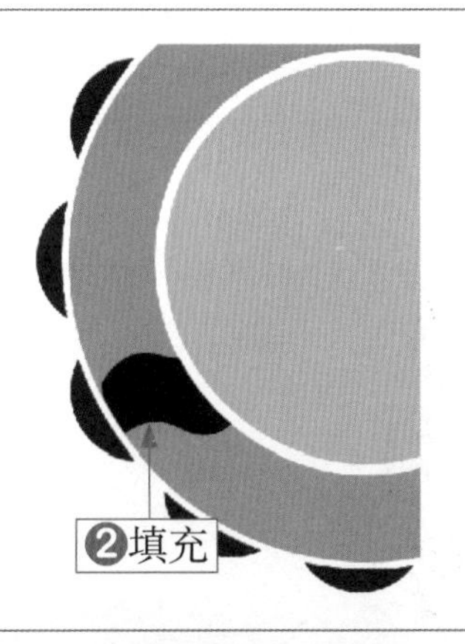

Step 09 绘制图形❶新建一个图层，选择钢笔工具，在圆形左下方绘制一个弯曲图形。❷按下【Ctrl+Enter】组合键将路径转换为选区，并将其填充为深红色（R71，G34，B28）。

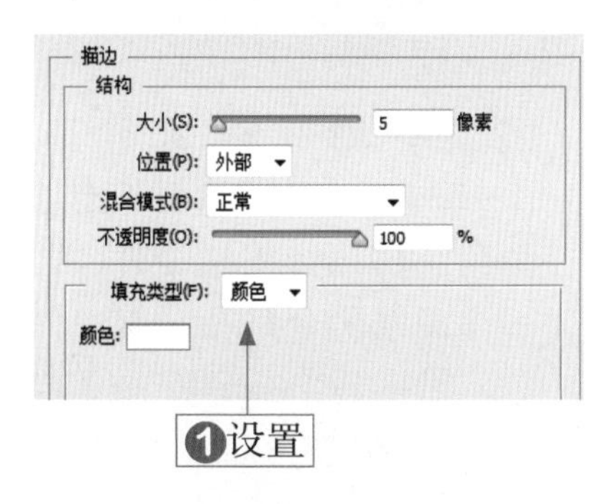

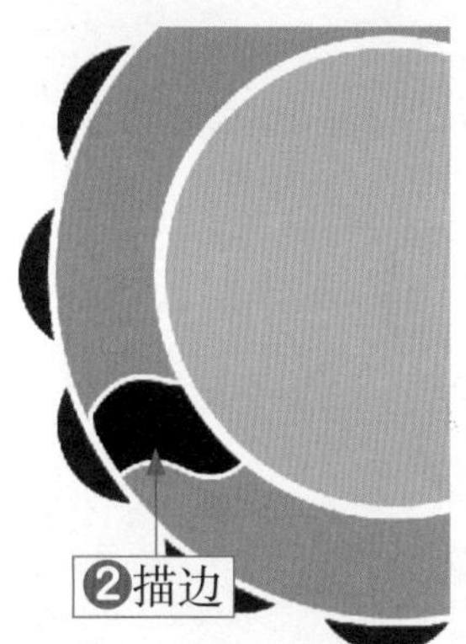

Step 10 描边图像❶选择“图层”|“图层样式”|“描边”菜单命令，打开“图层样式”对话框，设置描边大小为5像素、颜色为白色，其他参数设置如左图所示。❷单击“确定”按钮，得到图像的描边效果。

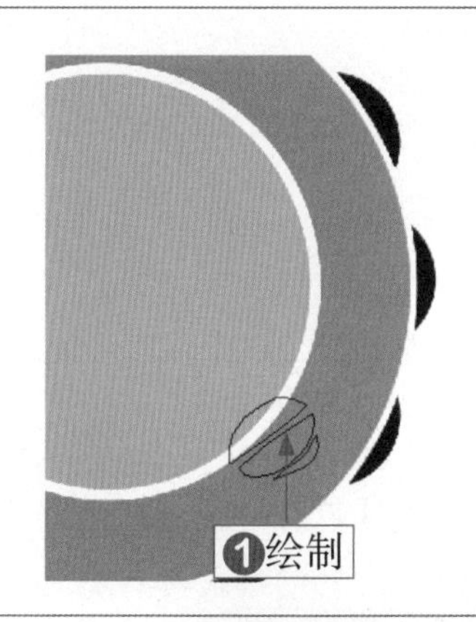

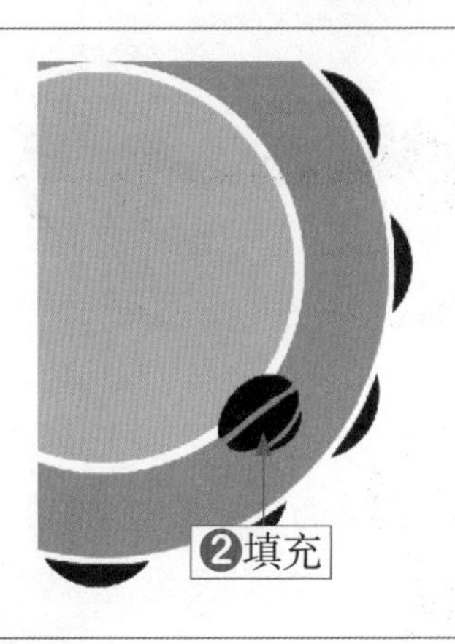

Step 11 绘制图像❶新建一个图层，选择钢笔工具，在圆形右侧绘制一个咖啡豆图形。❷按下【Ctrl+Enter】组合键将路径转换为选区，并将其填充为深红色（R71，G34，B28）。

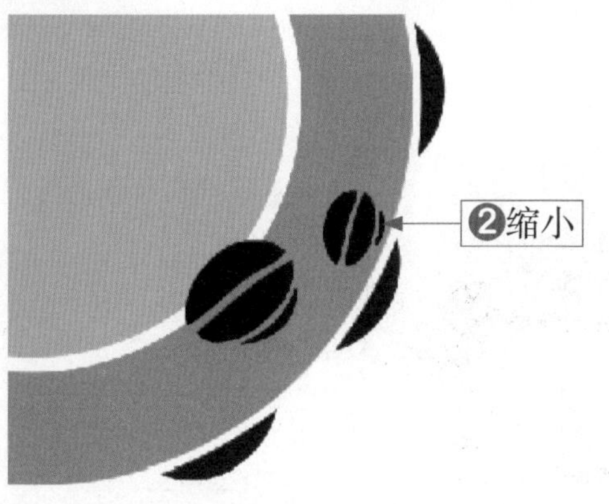

Step 12 复制并移动图像❶选择移动工具，按住【Alt】键移动复制一个咖啡豆图像。❷按下【Ctrl+T】组合键旋转并缩小后放到合适位置。

2.2.2 绘制圆形花瓣

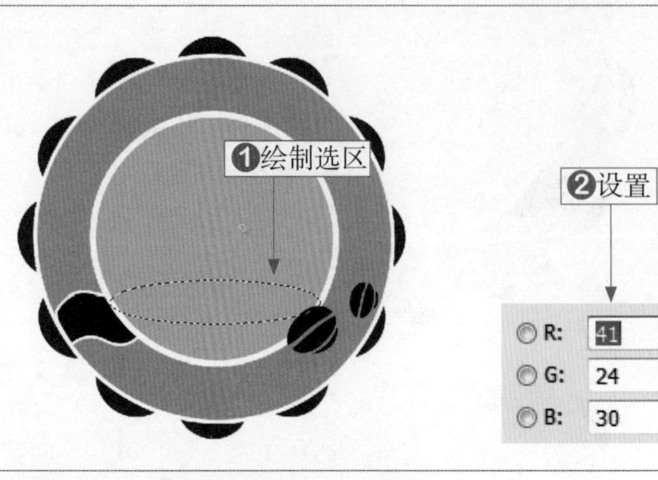

Step 01 绘制椭圆形选区❶新建一个图层，选择椭圆选框工具，在内部圆形下方绘制一个椭圆形选区。❷单击工具箱底部的前景色色块，打开“拾色器（前景色）”对话框，设置颜色为深红色（R41，G24，B30）。

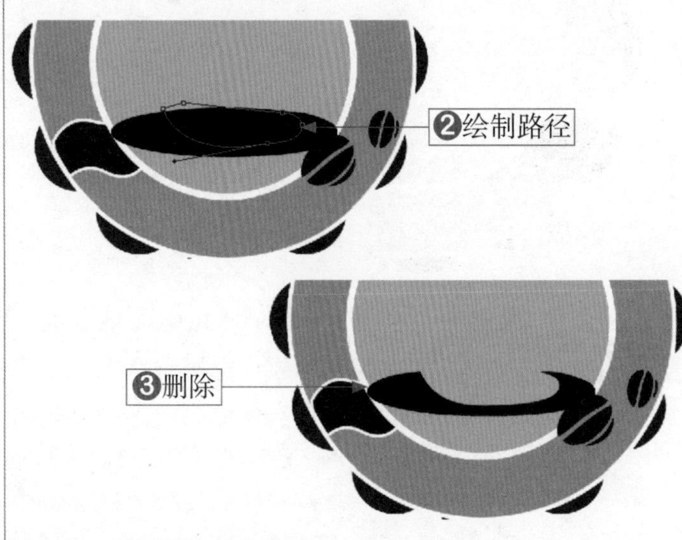

Step 02 删除图像❶按下【Alt+Delete】组合键填充选区颜色。❷选择钢笔工具，绘制一个曲线闭合路径，如左图所示。❸按下【Ctrl+Enter】组合键将路径转换为选区，然后再按下【Delete】组合键删除选区中的图像。

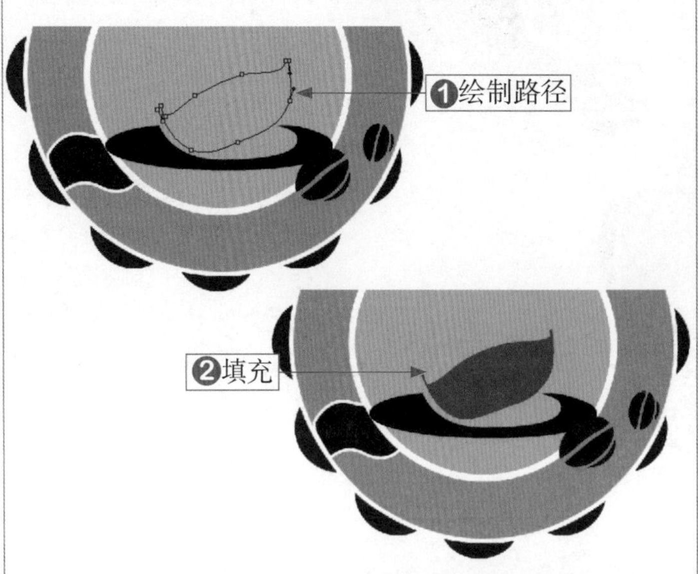

Step 03 绘制图像❶选择钢笔工具，绘制出咖啡杯的基本外形。❷按【Ctrl+Enter】组合键将路径转换为选区，将其填充为橘黄色（R166，G115，B26）。

经验分享

在使用钢笔工具绘制路径时，初学者刚开始都掌握不好曲线和控制杆的方向，这需要多加练习，对锚点的添加、转换和删除等操作才能运用自如。

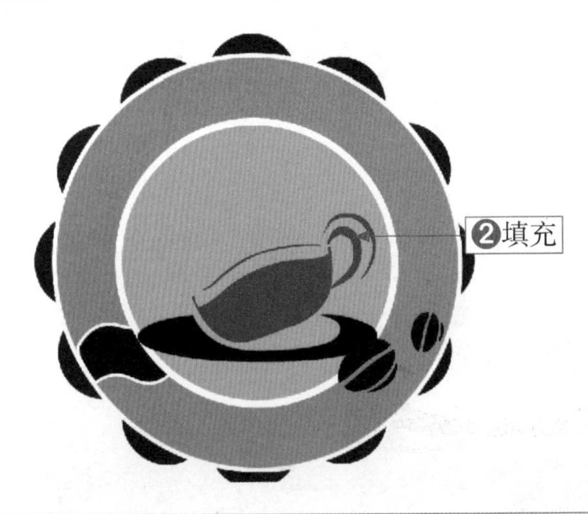

Step 04 绘制其他图像❶使用与步骤3相同的方法，选择钢笔工具，绘制出咖啡杯的耳把图形。❷将该图形填充为橘黄色（R166，G115，B26）。

经验分享

本实例中的咖啡杯绘制得较为抽象，主要是为了配合标志的设计，大家在今后的设计中也可以根据实际需要，采用抽象的设计方式，让图案更符合主题。

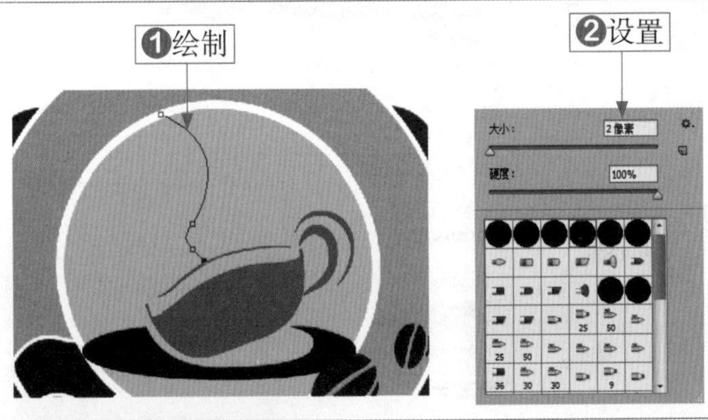

Step 05 绘制曲线❶选择钢笔工具，在咖啡杯上方绘制一条曲线。❷设置前景色为黑色，选择铅笔工具，在其工具属性栏中打开“画笔预设”选取器，设置画笔大小为2像素。

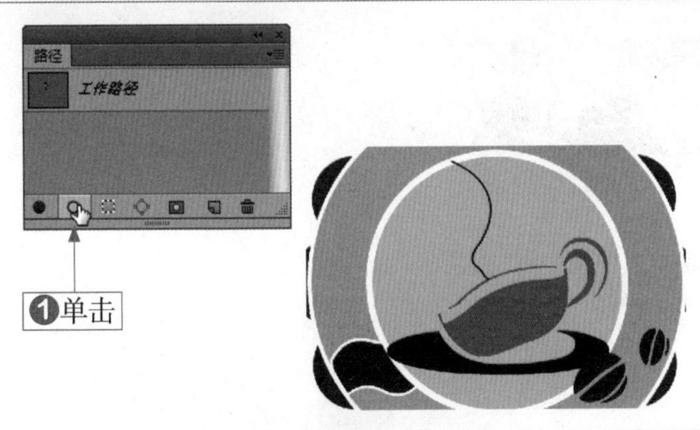

Step 06 描边路径❶切换到“路径”面板中，单击面板底部的“用画笔描边路径”按钮。❷得到描边后的图像效果。

Step 07 绘制另一条曲线径使用与步骤5相同的方法，再绘制一条曲线路径，并对其进行描边处理，描边的颜色设置为橘黄色（R166，G115，B26）。

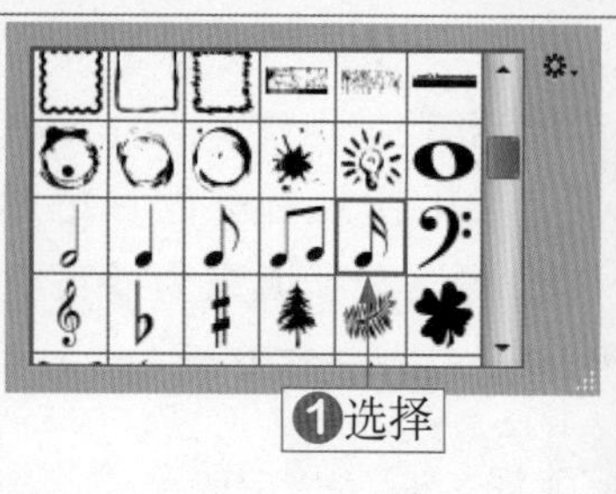

Step 08 绘制音符 ❶选择自定形状工具，单击属性栏中“形状”右侧的三角形按钮，分别在弹出的面板中选择“八分音符”、“十六分音符”和“高音谱号”。❷在咖啡杯上方的曲线中绘制出相应的音符图形，并将其填充为深红色（R71，G34，B28）。

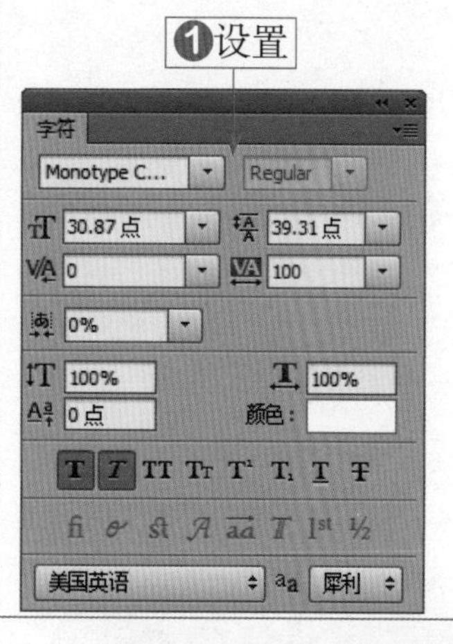

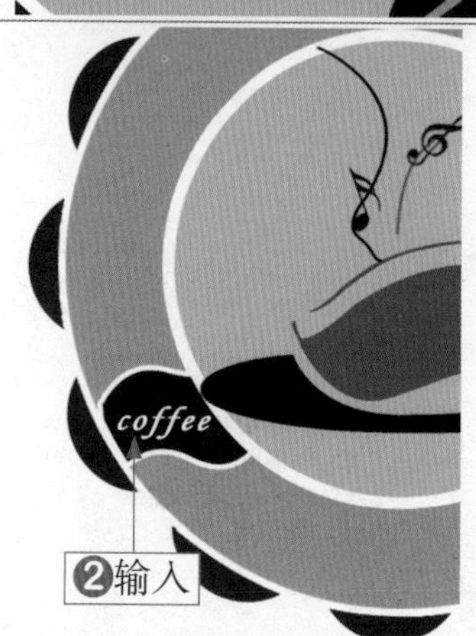

Step 09 输入文字 ❶选择横排文本工具，选择“窗口”|“字符”菜单命令，打开“字符”面板，在其中设置字体、字号等选项，并单击“仿粗体”和“仿斜体”按钮。❷在圆形左下方的深红色图形中输入文字“coffee”，并将其填充为白色。

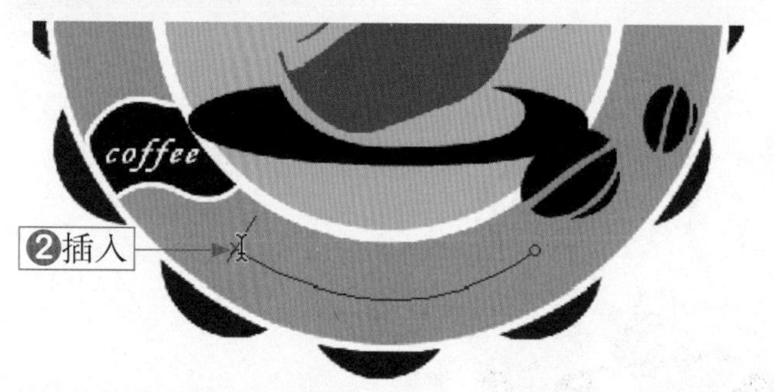

Step 10 绘制弧线 ❶选择钢笔工具，在圆形下方绘制一条弧线。❷选择横排文字工具，在弧线上方单击，将光标插入弧线中。

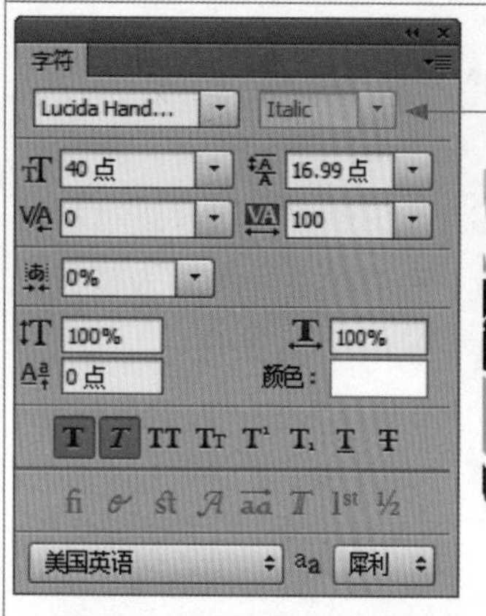

Step 11 输入文字 ❶打开“字符”面板，设置文字属性，并设置文字颜色为白色。❷在弧线中输入文字，效果如左图所示。

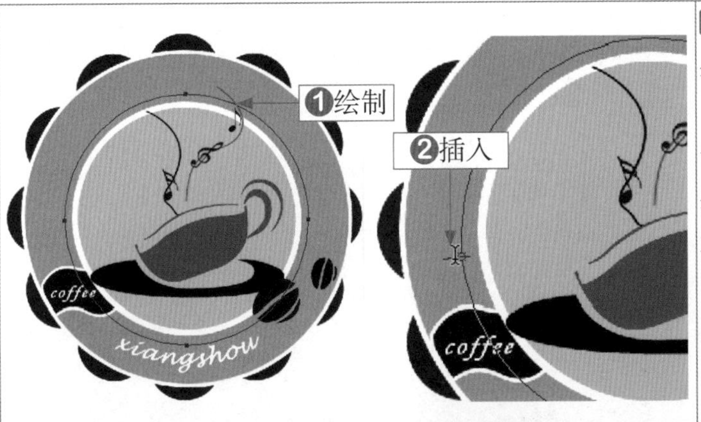

Step 12 绘制圆形❶选择工具箱中的自定形状工具，按住【Shift】键在标志图像中绘制一个圆形。❷选择横排文字工具，在圆形左侧中间处单击，将光标插入圆环外侧。

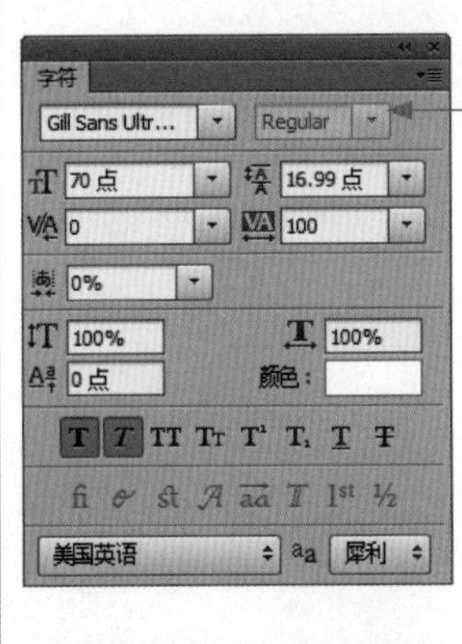

Step 13 输入文字❶打开“字符”面板，设置文字属性。❷在图像中输入文字，即可完成本实例的制作，得到的最终效果如左图所示。

2.3　百货公司标志设计

案例效果

源文件路径：
光盘\源文件\第2章

素材路径：
光盘\素材\第2章

教学视频路径：
光盘\视频教学\第2章

制作时间：
18分钟

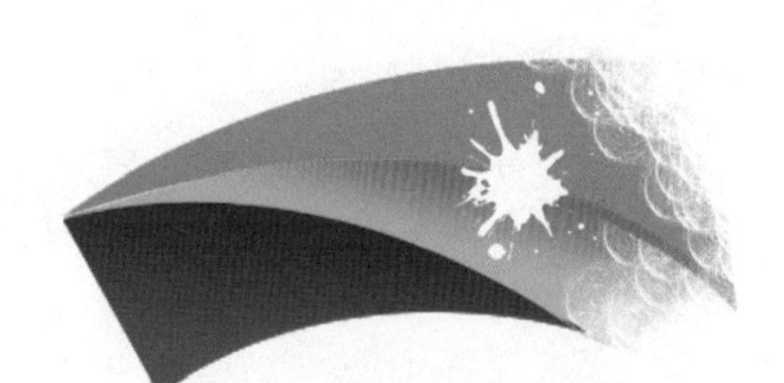

设计与制作思路

本实例制作的是一个三彩百货公司的标志。为了凸显百货公司的意义，在设计上采用了色彩鲜明的蓝色和橘黄色，视觉对比强烈，让人过目难忘，很好地起到了宣传、记忆的作用。

2.3.1 绘制标志造型

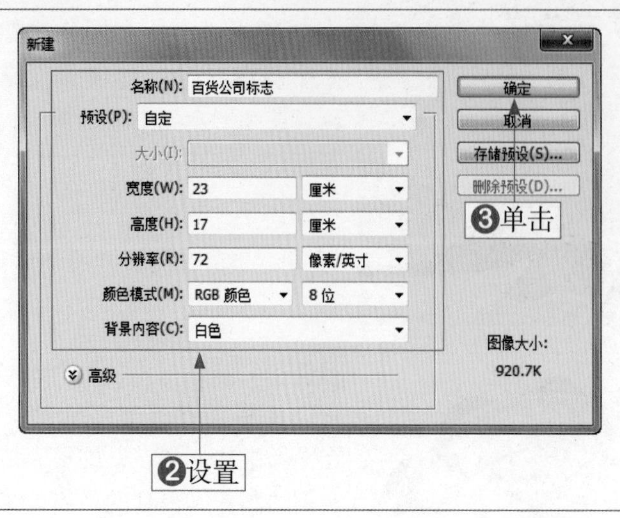

Step 01 新建文件❶选择“文件”|“新建”菜单命令，打开“新建”对话框。❷设置文件名称为“百货公司标志”，设置宽度为23厘米、高度为17厘米、分辨率为72。❸单击“确定”按钮，即可得到新建的空白图像文件。

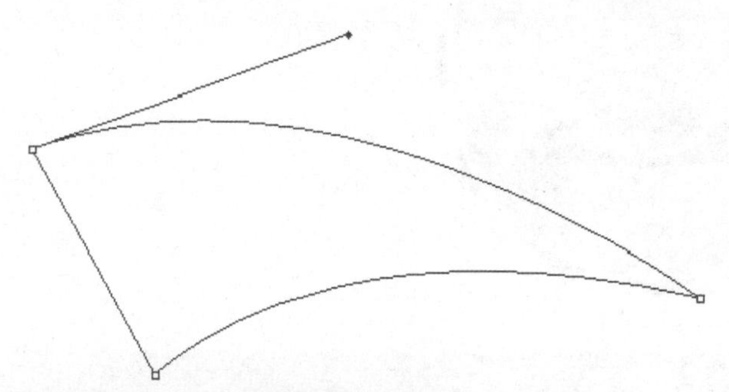

Step 02 绘制图形❶单击“图层”面板底部的“创建新图层”按钮，新建图层1。❷选择钢笔工具，在画面中绘制一个弯曲的三角形。

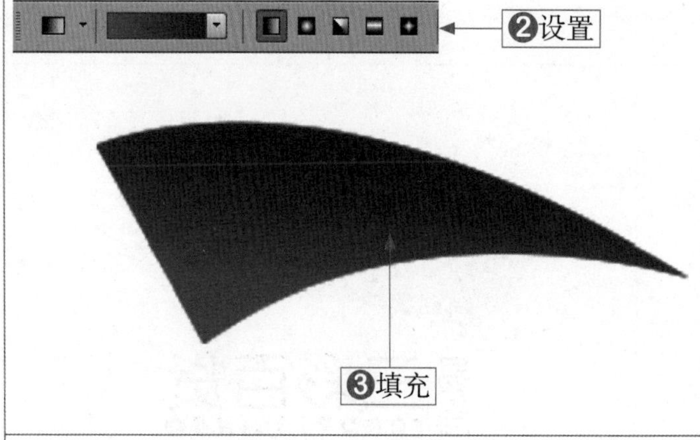

Step 03 渐变填充❶按下【Ctrl+Delete】组合键将路径转换为选区。❷选择渐变工具，在属性栏中设置渐变颜色为从蓝色（R2，G135，B236）到深蓝色（R4，G81，B143），再单击“线性渐变”按钮。❸在选区中从上到下拖动鼠标作渐变填充。

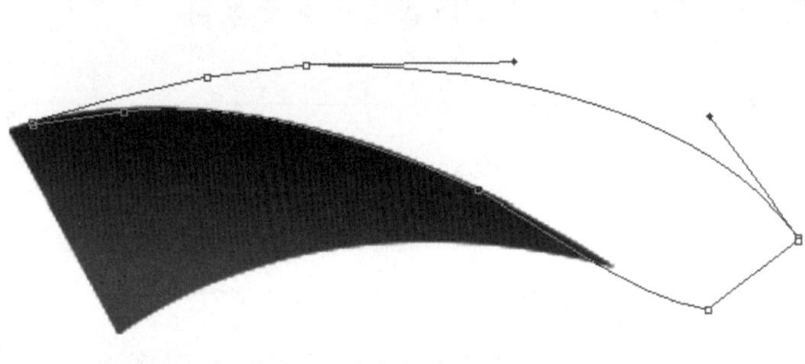

Step 04 绘制图形新建图层2，再使用钢笔工具绘制一个弯曲的三角形。

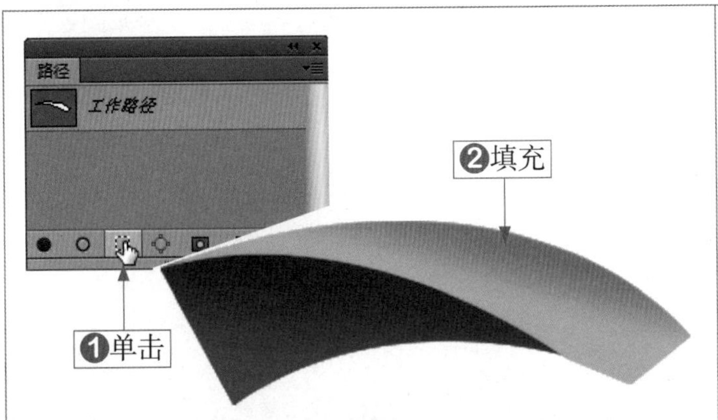

Step 05 渐变填充❶单击“路径”面板底部的“将路径作为选区载入”按钮。❷选择渐变工具，为选区应用线性渐变填充，设置颜色为从淡蓝色（R121，G225，B252）到天蓝色（R34，G169，B234）。

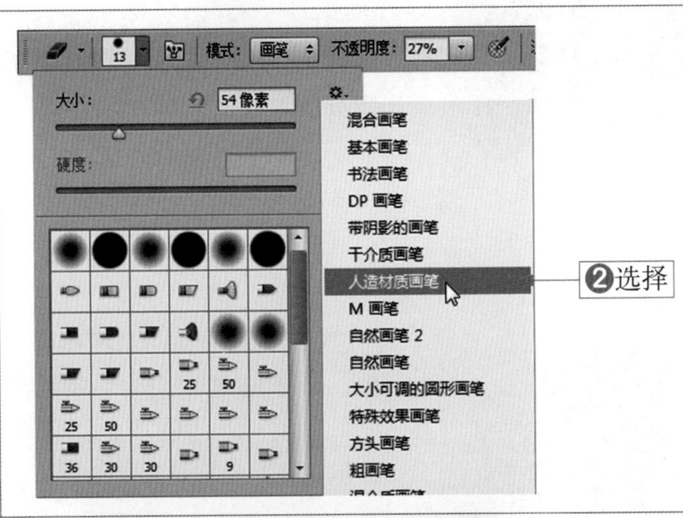

Step 06 选择命令❶选择橡皮擦工具，在属性栏中打开“画笔预设”选取器。❷单击面板右上方的按钮，在弹出的菜单中选择“人造材质画笔”命令。

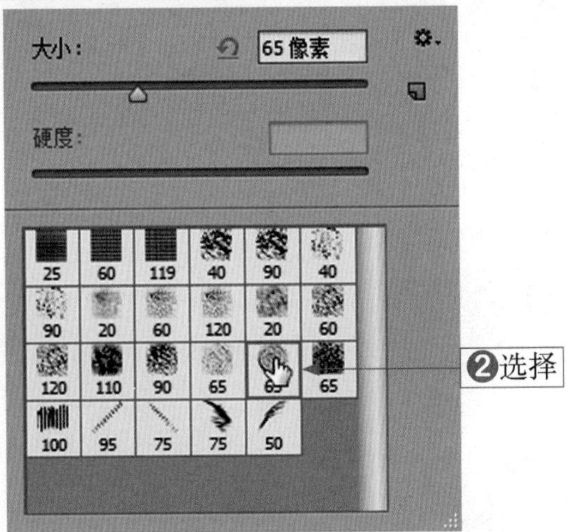

Step 07 选择画笔样式❶选择“人造材质画笔”命令后将弹出一个提示信息框，单击“确定”按钮。❷这时即可得到“人造材质画笔”，选择“蜡质海绵-旋转”样式。

知识链接

选择不同的画笔样式，可以配合属性栏中的各种设置，擦除后得到各种图像效果。

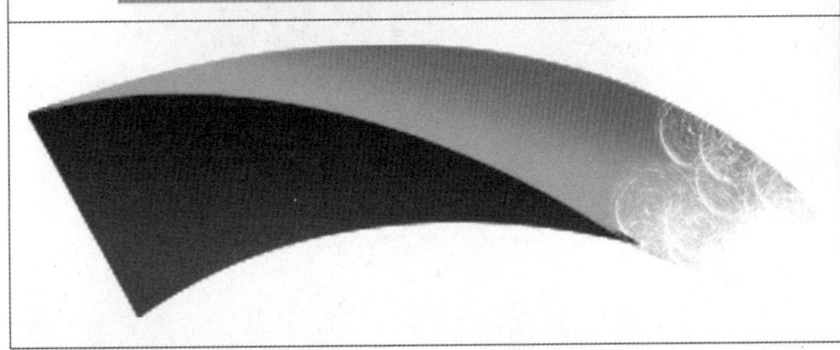

Step 08 擦除图像❶在属性栏中设置“不透明度”为27%。❷对浅蓝色图像尾部进行擦除，得到如左图所示的效果。

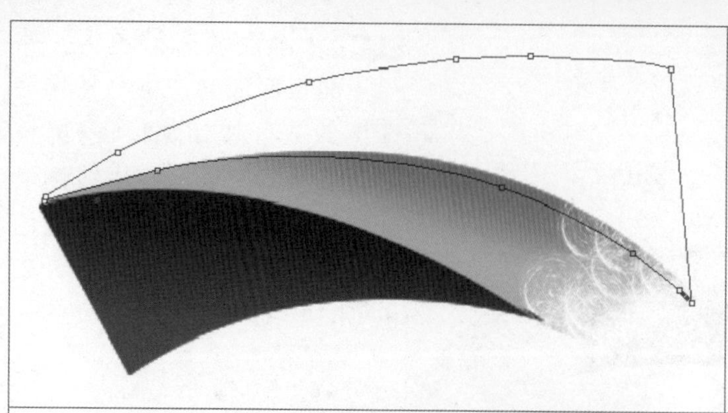

Step 09 绘制图形新建图层3，选择钢笔工具，绘制第三个弯曲三角形。

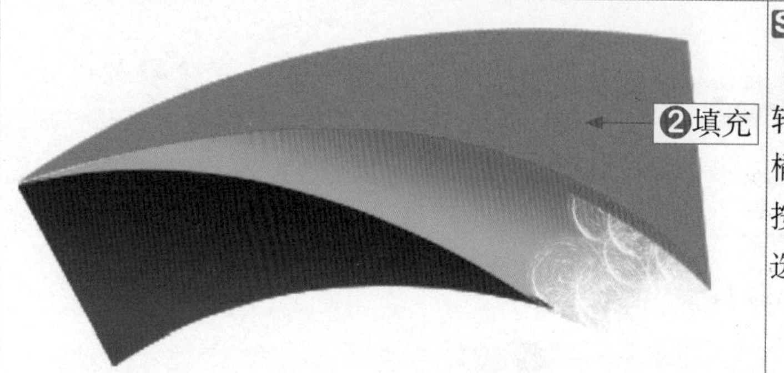

Step 10 填充选区颜色❶按下【Ctrl+Delete】组合键将路径转换为选区。❷设置前景色为橘黄色（R255，G156，B0），按下【Alt+Delete】组合键填充选区。

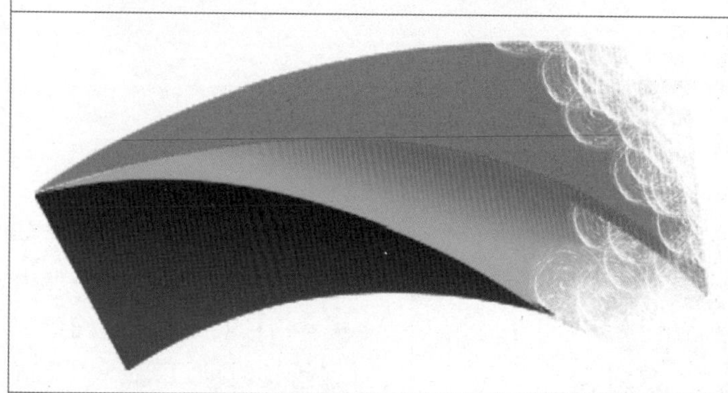

Step 11 擦除图像选择橡皮擦工具，设置画笔样式为“蜡质海绵-旋转”，对橘黄色图像尾部进行擦除，得到如左图所示的效果。

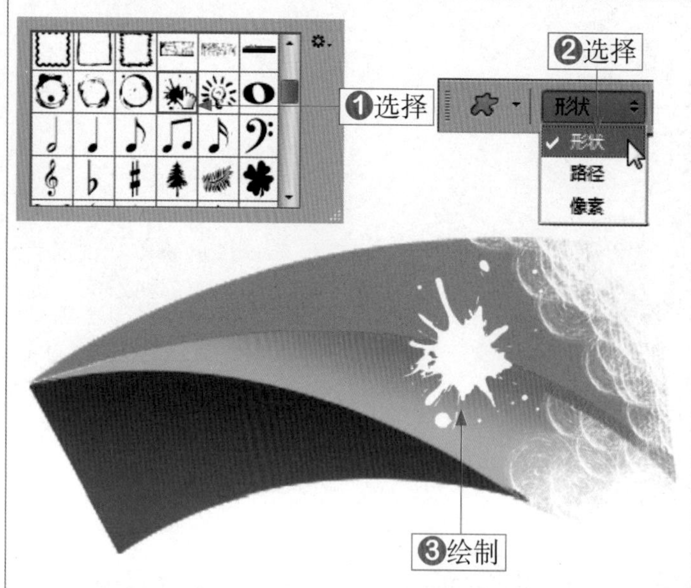

Step 12 绘制图像❶选择自定形状工具，在属性栏中打开“形状”面板，选择“污渍7”图形。❷在属性栏左侧选择“形状”命令，并设置前景色为白色。❸在标志图像中绘制出该图形。

经验分享

在使用钢笔工具时，可以根据需要在属性栏左侧选择“路径”、“形状”、“像素”三种属性，合理地运用这三种属性，可以让工作更加快捷。

2.3.2 输入并排列文字

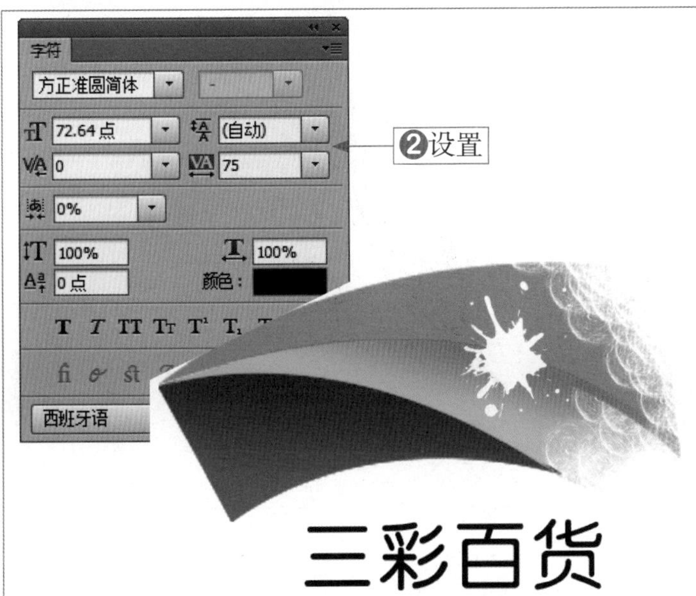

Step 01 输入文字 ❶选择横排文字工具，在标志图像下方输入文字。❷打开“字符”面板，设置字体为“方正准圆简体”，再设置字号和其他参数。

经验分享

在输入文字后，一些简单的文字属性，用户可以直接在文字工具属性栏中设置。

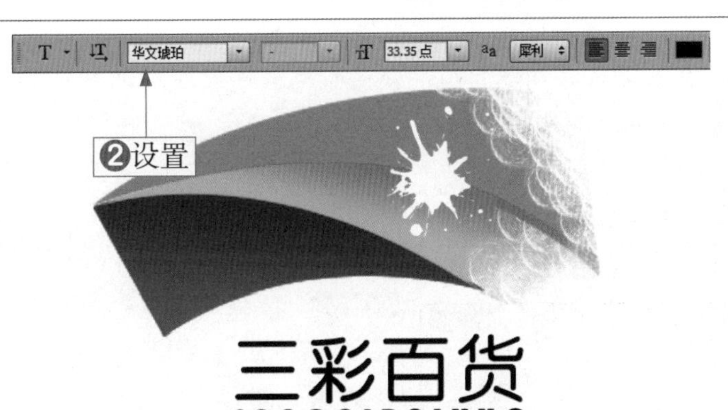

Step 02 输入英文 ❶继续在文字下方输入一行英文文字。❷在属性栏中设置字体为“华文琥珀”，再设置字号和其他属性。

易尚 三彩百货 SANCAIBAIHUO

让 我 们 的 生 活 更 加 多 彩

Step 03 输入其他文字 ❶再输入一行中文文字。❷选择直排文字工具，输入直排文字，并在属性栏中设置相应的文字属性。

Step 04 绘制矩形 ❶选择工具箱中的矩形选框工具，在“易尚”后面绘制一个细长的矩形选区。❷将选区填充为黑色，得到的图像效果如左图所示，完成本实例的制作。

2.4 集团公司标志设计

案例效果

源文件路径：
光盘\源文件\第2章

素材路径：
光盘\素材\第2章

教学视频路径：
光盘\视频教学\第2章

制作时间：
25分钟

设计与制作思路

本实例制作的是一个集团公司的标志。该标志采用了类似笔尖图形的外形，并使用不同深浅的蓝色为主色调，将企业定位于高端、有品质的形象，因此在设计中采用了富有透明感的表现手法，通过由深到浅的渐变颜色，完成标志设计。

2.4.1 绘制透明标志

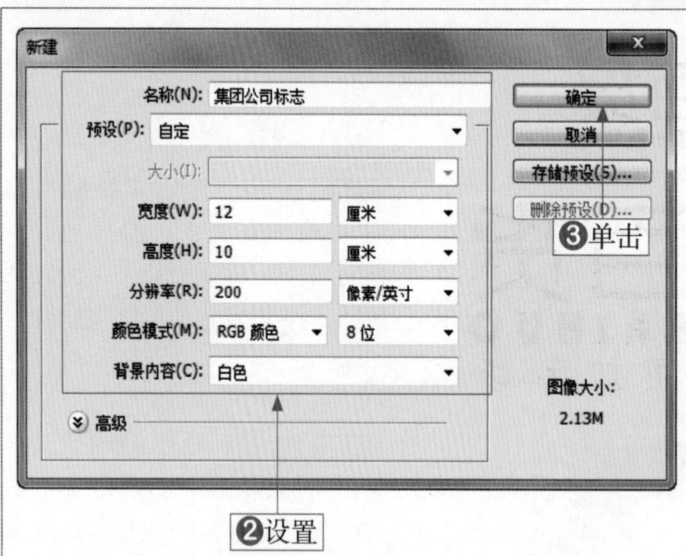

Step 01 新建文件❶选择“文件”|“新建”菜单命令，打开“新建”对话框。❷设置文件名称为“集团公司标志”，设置宽度为12厘米、高度为10厘米、分辨率为200。❸单击“确定”按钮，即可得到新建的空白图像文件。

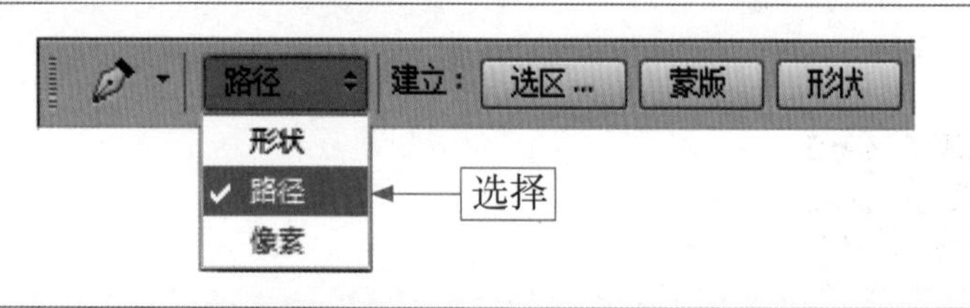

Step 02 选择命令选择钢笔工具，在属性栏中选择“路径”命令。

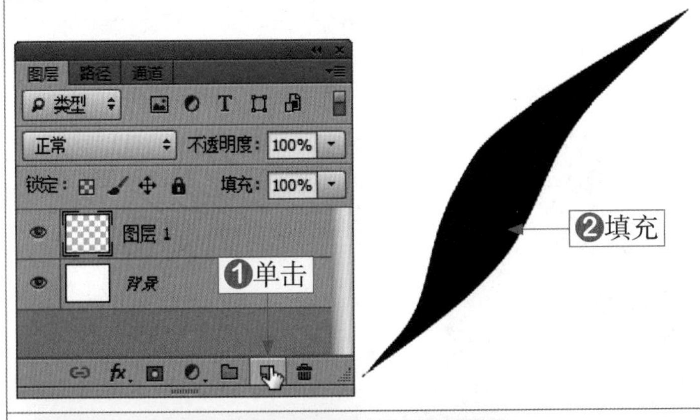

Step 03 填充颜色❶单击“图层”面板底部的“创建新图层”按钮，新建图层1。❷绘制一个曲线图形，然后按【Ctrl+Delete】组合键将路径转换为选区，并将其填充为黑色。

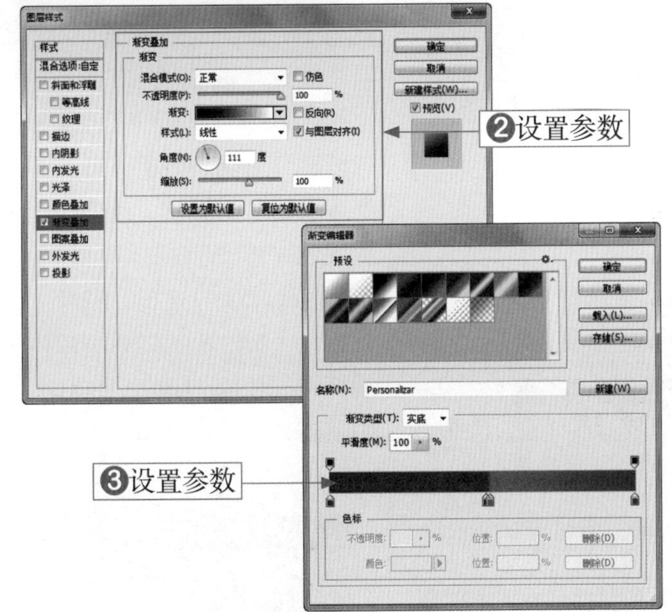

Step 04 设置渐变叠加❶选择“图层”|“图层样式”|“渐变叠加”菜单命令。❷打开“图层样式”对话框，设置各项参数，如左图所示。❸单击“渐变”选项右侧的色条，打开“渐变编辑器”对话框，设置颜色为从青色（R70，G73，B167）到青色（R70，G70，B165）到淡青色（R129，G134，B183）到淡青色（R100，G100，B156）。

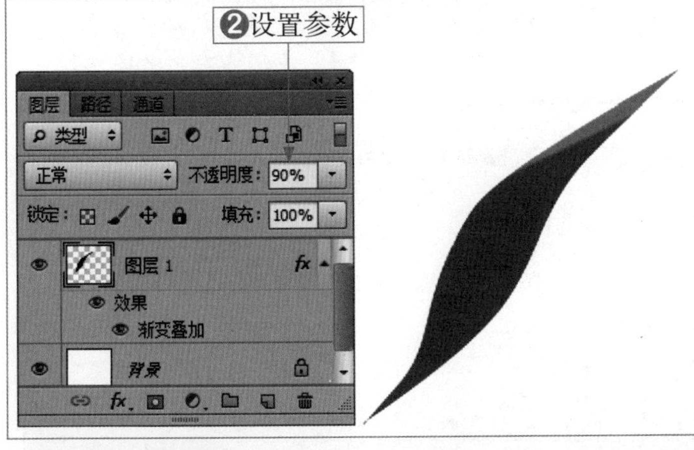

Step 05 渐变效果❶依次单击“确定”按钮，得到图像的渐变效果。❷在“图层”面板中设置图层1的不透明度为90%，得到的图像效果如左图所示。

知识链接

在“图层”面板中可以设置图像的“不透明度”和“填充”参数，虽然设置后图像效果看似差不多，但是在运用图层样式时，即使“填充”为0%，依然能够显示图层样式效果；如果设置“不透明度”为0%，则会连图层样式一起隐藏。

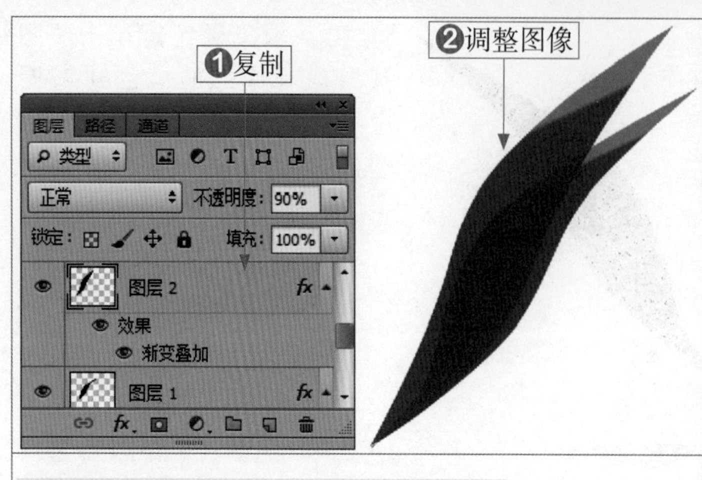

Step 06 复制图像❶按【Ctrl+J】组合键复制图层1，将复制的图层改名为图层2，这时会将图层样式一起复制过来。❷按【Ctrl+ T】组合键调整图像大小，并对其进行适当旋转。

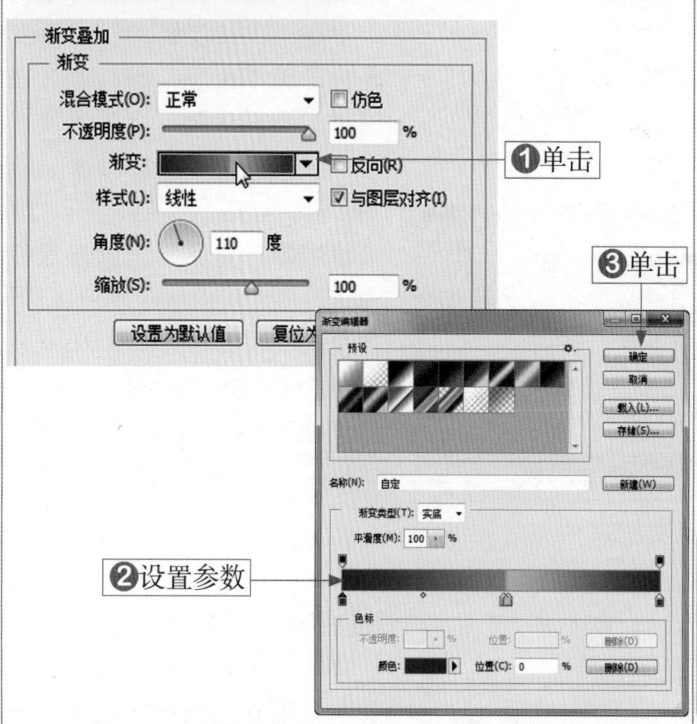

Step 07 设置渐变色❶双击图层2中的“渐变叠加”，打开“图层样式”对话框。❷单击“渐变”右侧的色条，打开“渐变编辑器”对话框，改变颜色为从蓝色（R25，G92，B124）到天蓝色（R58，G179，B237）到淡蓝色（R137，G218，B243）到群青（R90，G90，B181）。❸单击“确定”按钮，回到“图层样式”对话框中。

知识链接

在“渐变编辑器”对话框中设置颜色时，渐变色条上方的色标代表颜色位置，双击下面的色标可以在打开的对话框中设置颜色参数。

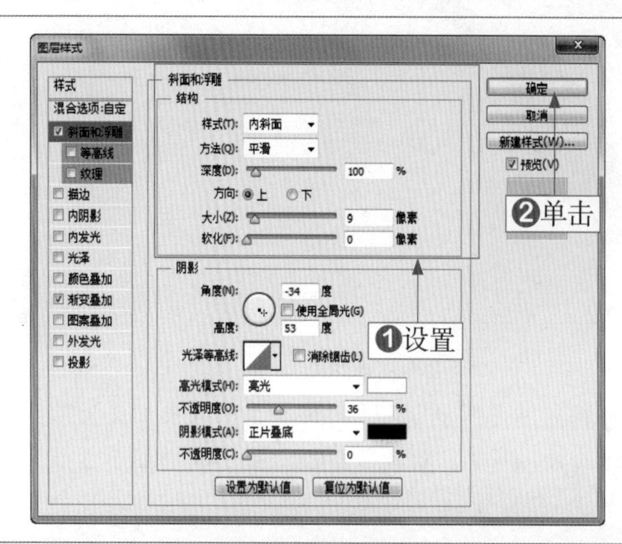

Step 08 设置浮雕效果❶选择“斜面和浮雕”选项，设置“样式”为“内斜面”、“深度”为100%、“方向”为“上”、“大小”为9像素、“软化”为0像素。❷单击“确定”按钮。

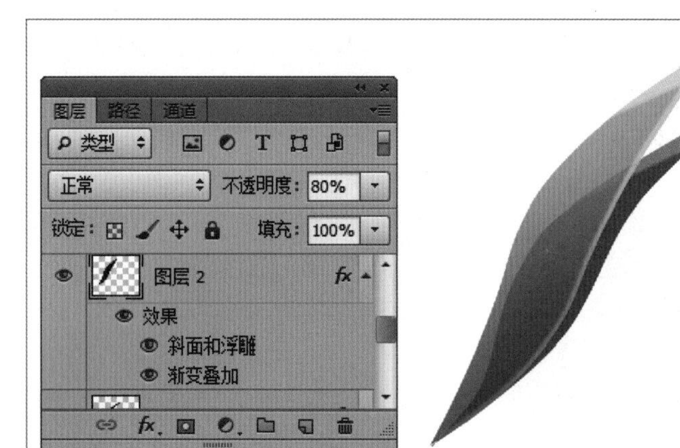

Step 09 浮雕效果　在“图层”面板中设置“不透明度”为80%，得到图像的浮雕效果，与下一层的图像有透明交汇效果。

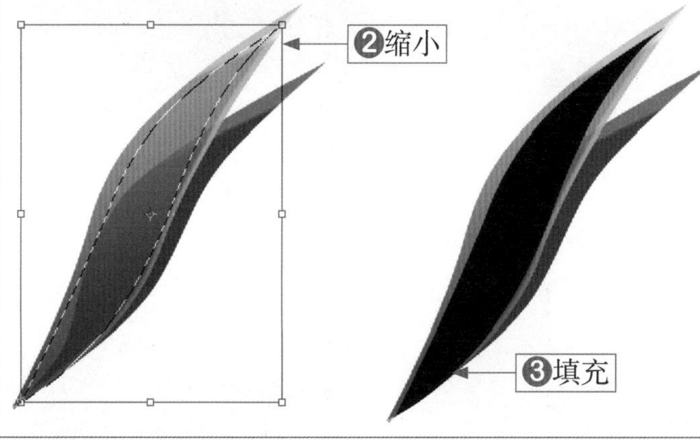

Step 10 填充选区 ❶新建图层3，按住【Ctrl】键单击图层2，载入图像选区。❷选择“选择”|“变换选区”菜单命令，中心缩小选区。❸将缩小后的选区填充为黑色。

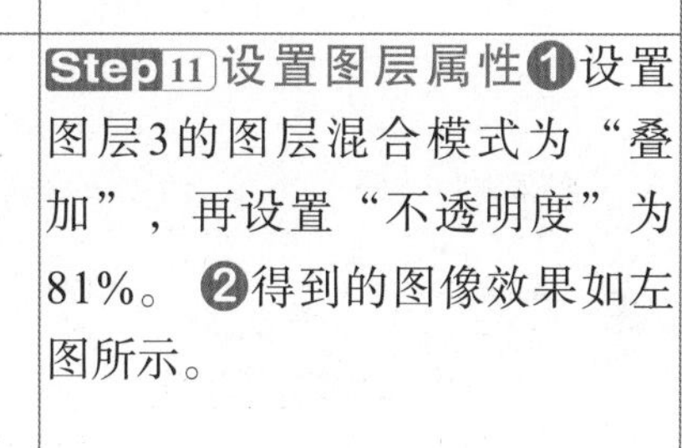

Step 11 设置图层属性 ❶设置图层3的图层混合模式为“叠加”，再设置“不透明度”为81%。❷得到的图像效果如左图所示。

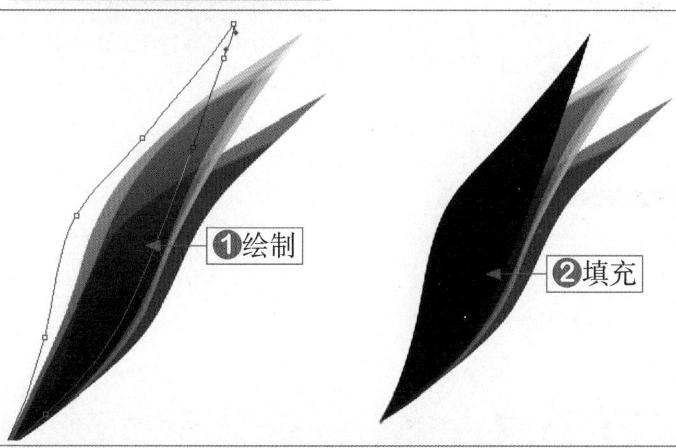

Step 12 绘制新图像 ❶新建图层4，选择钢笔工具，绘制另一个曲线图像。❷按【Ctrl+Enter】组合键将所绘路径转换为选区，然后将其填充为黑色。

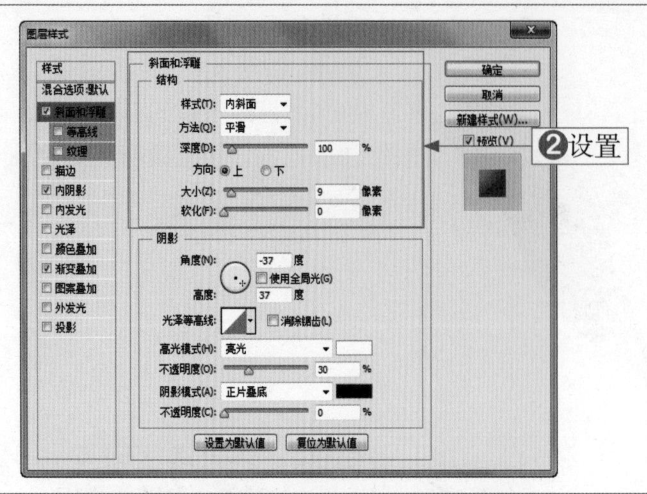

Step 13 设置浮雕参数①选择“图层”|“图层样式”|“斜面和浮雕”菜单命令，打开“图层样式”对话框。②设置“样式”为“内斜面”、“方向”为“上”，然后再设置其他参数，如左图所示。

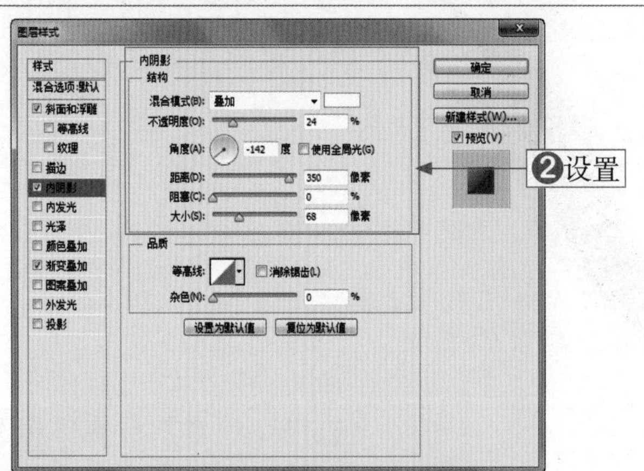

Step 14 设置内阴影参数①选择“内阴影”选项。②设置投影颜色为白色、“混合模式”为“叠加”，再设置其他参数，如左图所示。

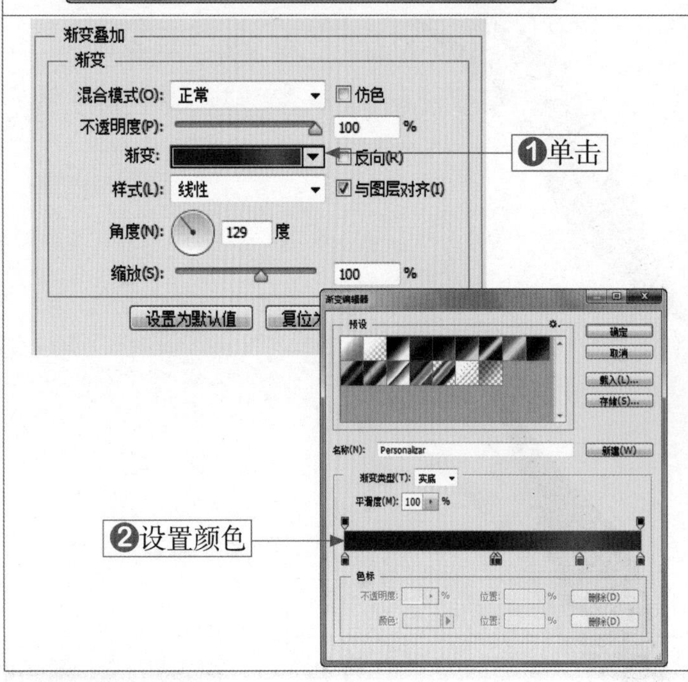

Step 15 设置渐变叠加参数①选择“渐变叠加”选项，设置“混合模式”为“正常”，再设置其他参数，然后单击“渐变”右侧的渐变色条，打开“渐变编辑器”对话框。②设置渐变颜色为从青色（R70，G73，B167）到青色（R70，G70，B165）到淡青色（R90，G90，B164）到淡青色（R134，G134，B184）到淡青色（R100，G100，B156）。

经验分享

在设置渐变颜色时，色标的位置非常重要，它能够决定渐变颜色填充后的效果。

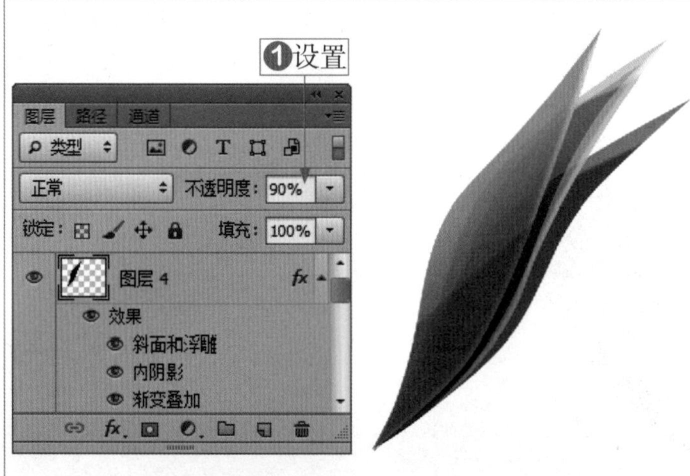

Step 16 图像效果❶依次单击"确定"按钮返回，然后在"图层"面板中设置图层4的"不透明度"为90%。❷切换到图像窗口中，得到的图像效果如左图所示。

Step 17 绘制图形❶选择钢笔工具，在图像中绘制一段弧形路径，将其转换为选区后，填充为黑色。❷再绘制另一段弧形路径，转换为选区后，填充为黑色。参照前面的方法，同样应用图层样式，得到如左图所示的效果。

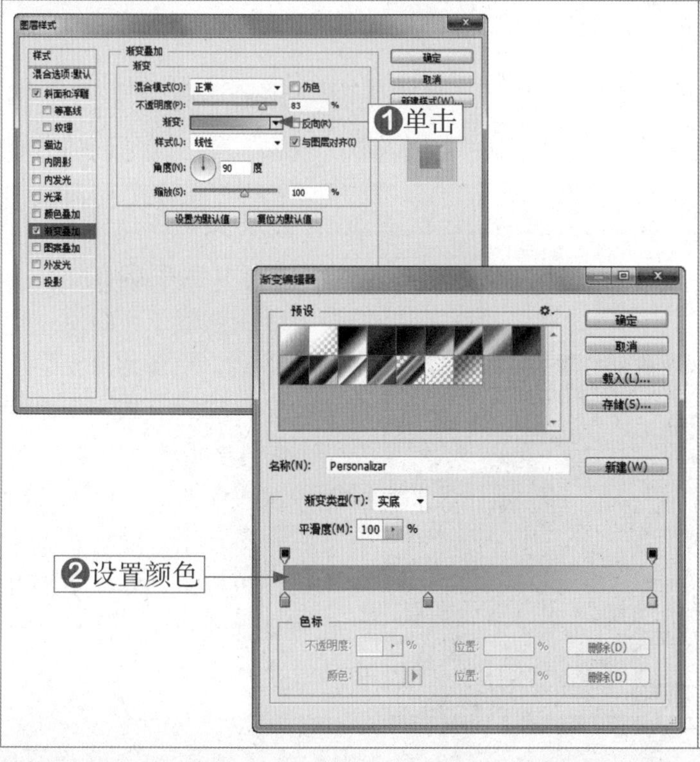

Step 18 设置渐变颜色❶绘制一个曲线图像，然后选择"图层"|"图层样式"|"渐变叠加"菜单命令，打开"图层样式"对话框，设置各项参数，然后单击"渐变"右侧的三角形按钮。❷这时将打开"渐变编辑器"对话框，在其中设置渐变颜色为从蓝色（R40，G201，B255）到天蓝色（R58，G208，B255）到浅蓝色（R177，G249，B255）。

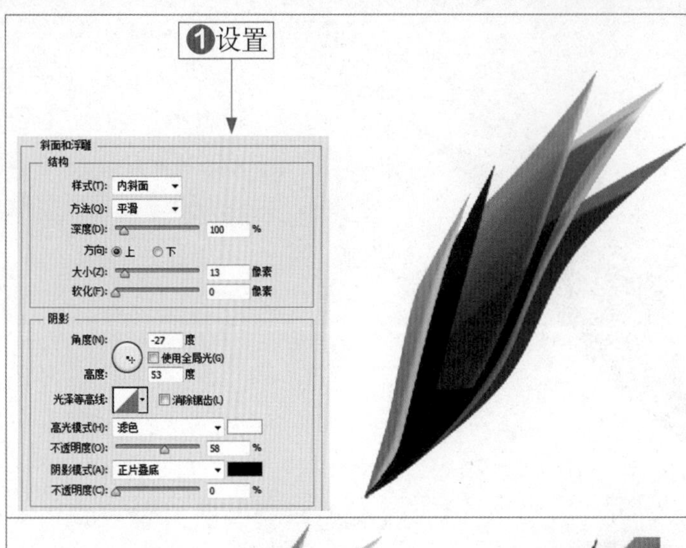

Step 19 设置浮雕样式❶选择“斜面和浮雕”选项。❷设置“样式”为“内斜面”、“深度”为100%、“方向”为“上”、“大小”为13像素、“软化”为0像素。❸单击“确定”按钮，即可得到图像效果。

Step 20 绘制图像❶新建一个图层，参照上述方法，运用钢笔工具在刚刚绘制的图像中再绘制一个黑色图像。❷设置图层混合模式为“叠加”、“不透明度”为50%，即可得到透明图像效果。

经验分享

设计一个标志时，要想达到好的效果，颜色的合理搭配也是非常重要的。

2.4.2 添加投影和文字

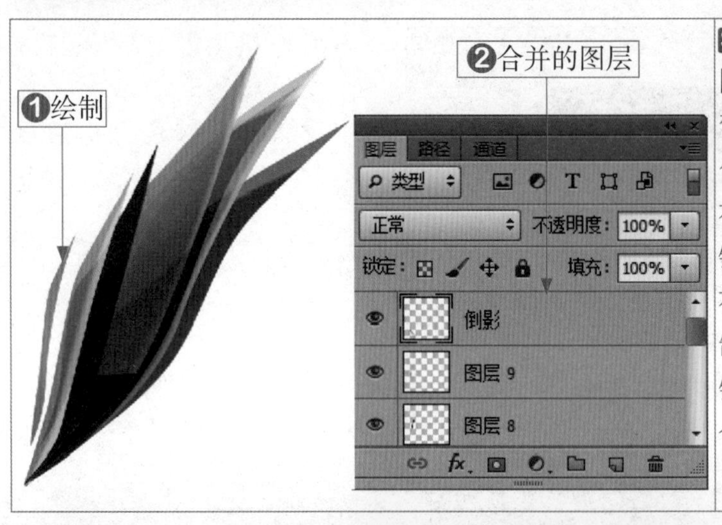

Step 01 合并图层❶新建一个图层，运用钢笔工具绘制一个弯曲的图形，并将其填充为蓝色（R109，G175，B244）。❷在“图层”面板中按住【Ctrl】键单击除“背景”图层外的所有图层，按【Ctrl+J】组合键复制图层，再按【Ctrl+E】组合键合并复制的图层，然后将其命名为“倒影”。

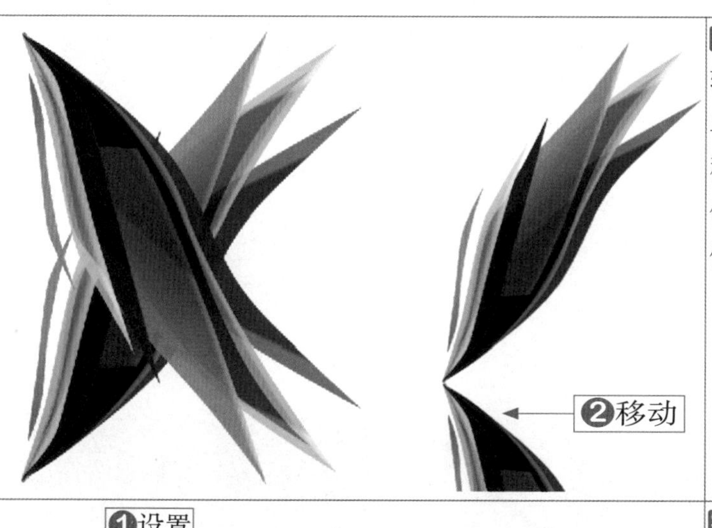

Step 02 翻转图像❶选择“编辑”|“变换”|“垂直翻转”菜单命令，将图像翻转。❷使用移动工具将图像移动到标志图像底部，对准尖角部分，得到倒影雏形。

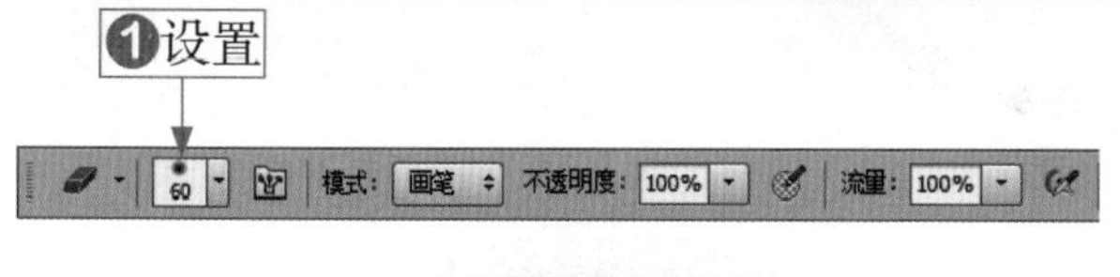

Step 03 擦除图像❶选择橡皮擦工具，在属性栏中设置画笔样式为“柔边机械”、画笔大小为60像素。❷使用橡皮擦工具对倒影图像下方进行擦除。❸在属性栏中设置“不透明度”为60%，对倒影图像上方进行擦除，效果如左图所示。

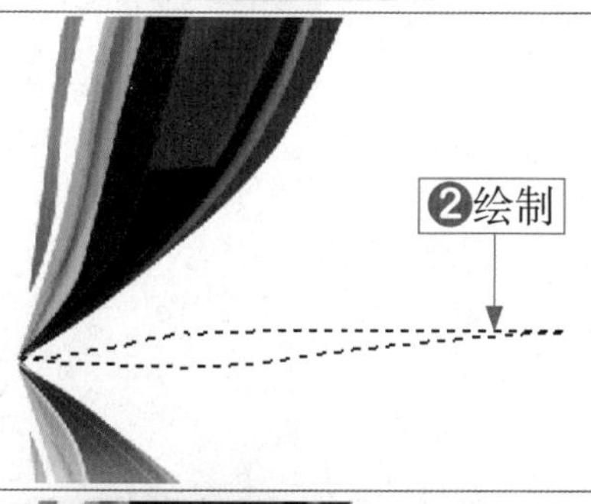

Step 04 绘制选区❶新建一个图层。❷选择多边形套索工具，在标志图像和倒影图像交界处绘制一个菱形选区。

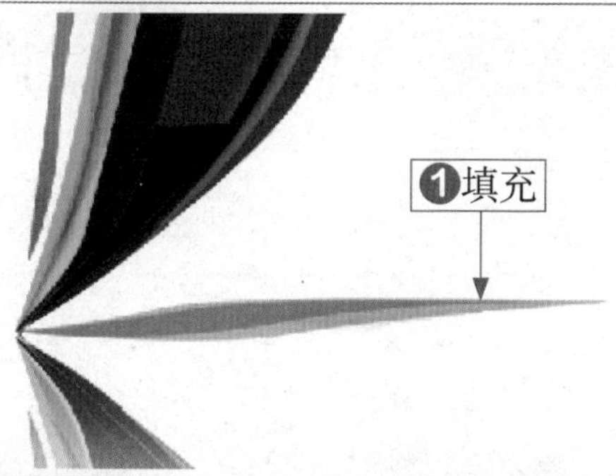

Step 05 绘制投影❶为选区填充灰色。❷使用加深工具对图像中间进行涂抹，得到的图像效果如左图所示。

Step 06 绘制图像❶设置前景色为浅灰色，选择画笔工具，在属性栏中设置画笔样式为“柔边机械”、“大小”为45像素。❷在投影右侧拖动，得到如左图所示的投影效果。

Step 07 输入文字❶选择横排文字工具，在标志图像右侧输入中文文字，然后打开“字符”面板，设置字体为“方正超粗黑简体”，再设置字号等参数。❷设置文字前两个字为黑色，后两个字为蓝色（R13，G112，B255）。

Step 08 输入英文文字❶选择横排文字工具，再输入一行英文文字，放到中文文字上方。❷同样设置字体为“方正超粗黑简体”，然后再适当缩小文字，完成本实例的制作，最终效果如左图所示。

2.5 Photoshop技术库

在本章几个案例的制作过程中，运用到了钢笔工具和图层的操作，下面将针对钢笔工具和图层的功能及应用进行重点介绍。

2.5.1 钢笔工具

使用钢笔工具可以在图像中绘制出平滑的曲线，在缩放或者变形之后仍能保持平滑效果。除此之外，还可以利用钢笔工具绘制直线或曲线路径。

1. 绘制直线

钢笔工具属于矢量绘图工具，绘制出来的图形为矢量图形。使用钢笔工具绘制直线段的方法较为简单，在画面中单击作为起点，然后到适当的位置再次单击，即可绘制出直线路径。

选择钢笔工具，其对应的工具属性栏如下图所示，各选项的含义如下。

钢笔工具属性栏

- 路径：单击该按钮，即可打开对应的下拉菜单，有“形状”、“路径”和“像素”三种选项，分别用于创建形状图层、工作路径和填充区域，选择不同的选项，属性栏中将显示相应的选项内容。
- 建立：选区... 蒙版 形状：该组按钮用于在创建选区后，将路径转换为选区、蒙版或形状。
- 该组按钮用于对路径进行编辑，包括形状的合并、重叠、对齐方式及前后顺序等。
- 自动添加/删除：该复选框用于设置是否自动添加或删除锚点。

选择钢笔工具，在其属性栏中选择“路径”选项，然后在图像中单击鼠标左键作为路径起点，如左下图所示，再拖动鼠标到该线段的终点处单击，得到一条直线段，如右下图所示。

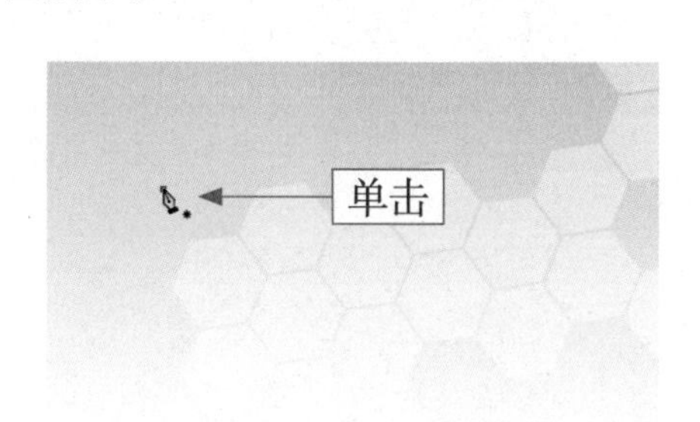

单击鼠标作为起点

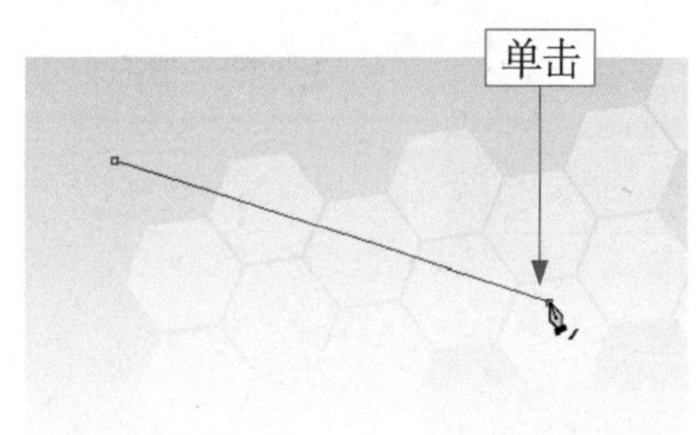

再次单击鼠标

移动鼠标到另一个合适的位置单击，即可继续绘制路径，得到折线路径，如左下图所示。当鼠标指针回到起点处时，单击起点处的方块，即可完成直线段闭合路径的绘制，如右下图所示。

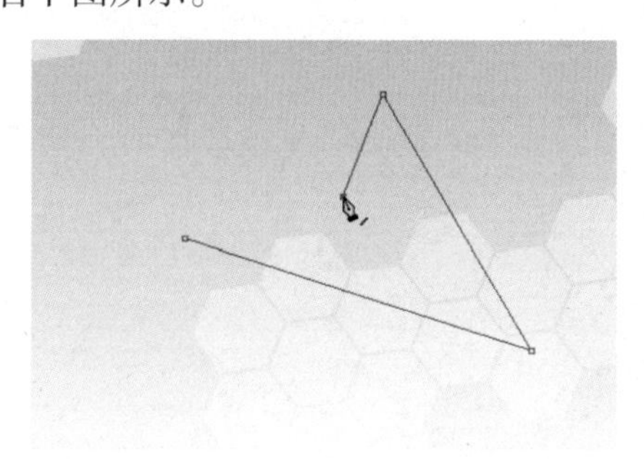

继续绘制路径

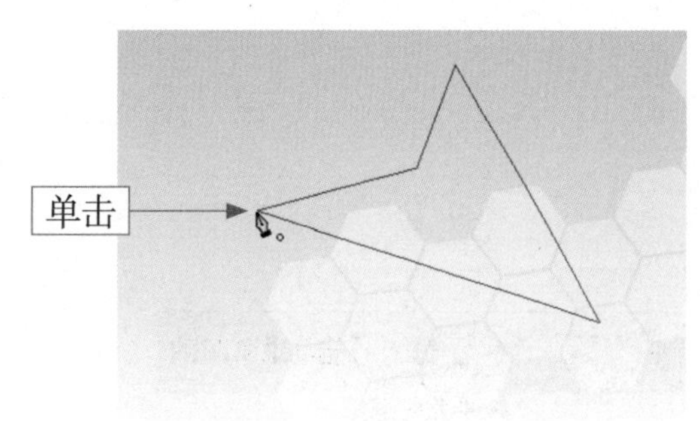

直线段闭合路径

2. 绘制曲线

使用钢笔工具也可以灵活地绘制具有不同弧度的曲线路径。选取钢笔工具后，在图像中单击鼠标创建路径的起始点，然后将鼠标指针移动到适当的位置，按下鼠标左键并拖动可以创建带有方向线的平滑锚点，通过鼠标拖动的方向和距离可以设置方向线的方向，如左下图所示。按住【Alt】键单击控制柄中间的节点，可以减去一端的控制柄，如右下图所示。

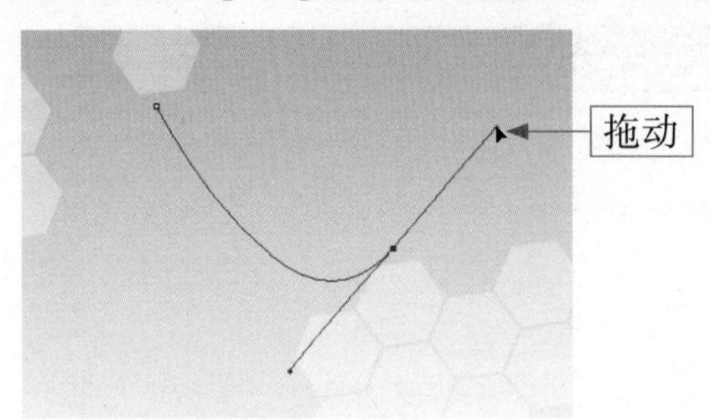

按住鼠标拖动

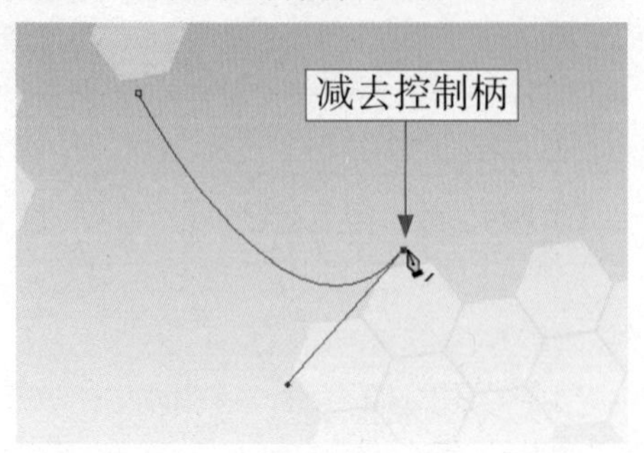

删除控制柄

在绘制曲线的过程中，按住【Alt】键的同时拖动鼠标，即可将平滑点变为角点，如左下图所示。使用上述方法绘制曲线，绘制完成后，将光标移动到路径线的起始点，当光标变成形状时，单击鼠标，即可完成封闭型曲线路径的绘制，如右下图所示。

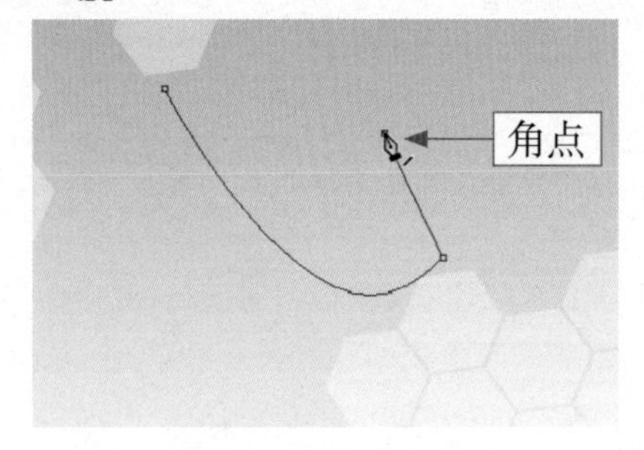

平滑点变为角点

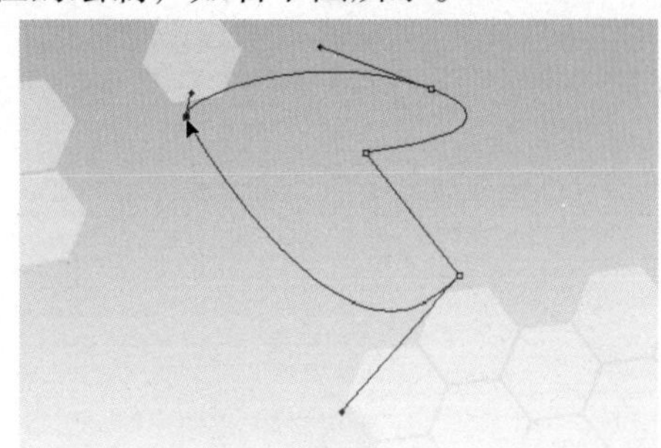

闭合路径

3. “橡皮带”选项

细心的用户可能发现在钢笔工具属性栏中还有一个“橡皮带”选项，在属性栏中单击按钮，即可在弹出的面板中选择“橡皮带”复选框，此时绘制出来的路径，在钢笔所到之处将出现预览的路径状态。

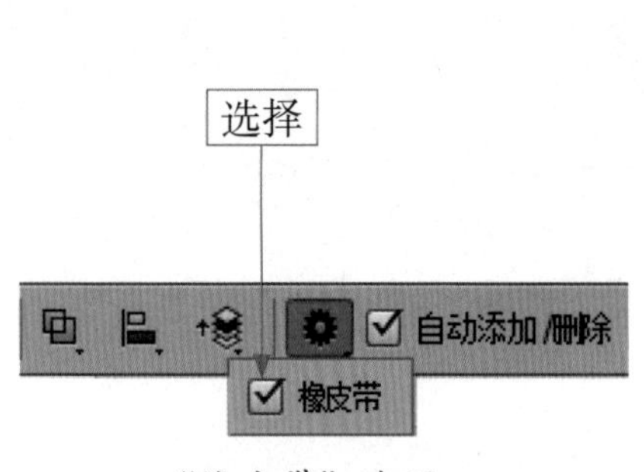

“橡皮带”选项

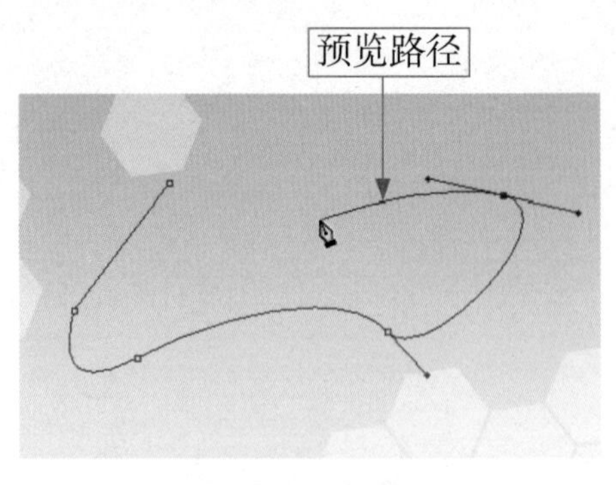

绘制路径

2.5.2 应用图层

图层是组成图像的基本元素，是Photoshop的精髓所在。那么，什么是图层呢？其实图层就像一张透明的纸，而图像分别绘制在不同的透明纸上，将这些绘制了图像的透明纸重叠，就会组成一幅完整的漂亮的图画。在Photoshop中进行绘图时，每添加一层透明纸就是添加一个图层，图层的概念示意图如下图所示。

分层源文件

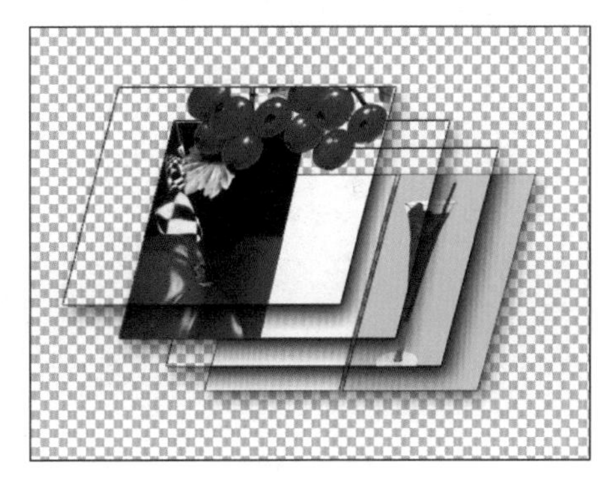

图层概念示意图

1. “图层”面板

选择“窗口”|“图层”菜单命令，即可打开“图层”面板，其中显示了图像中的所有图层、图层组和图层效果，用户可以使用“图层”面板上的各种功能来完成一些图像编辑任务，如创建、隐藏、复制和删除图层等；还可以使用图层模式改变图层上图像的效果，如添加阴影、外发光、浮雕等。另外，用户还可以对图层的填充、不透明度等参数进行调整来制作出不同的效果。

在启动Photoshop CS6后，“图层”面板是默认显示在图像窗口右侧的一个面板。管理图层操作的各种功能都集中在“图层”面板中，如下图所示。

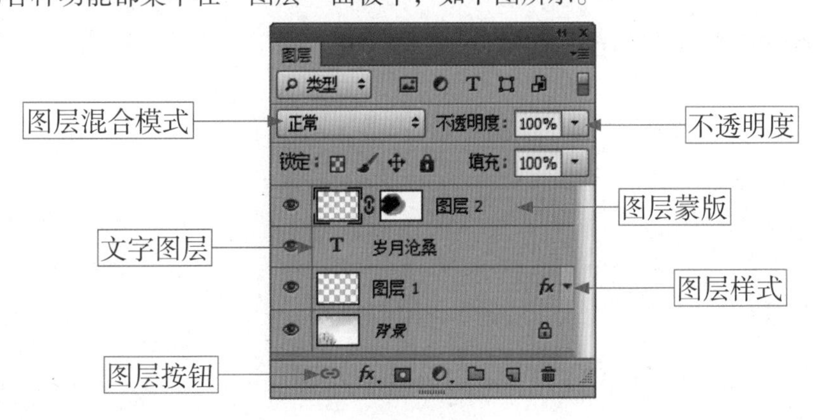

“图层”面板

接下来将介绍“图层”面板中各组成部分的功能。

❀ 类型 按钮：单击该按钮，在其下拉列表中有5种类型，分别是“名称”、“效果”、“模式”、“属性”和“颜色”，当“图层”面板中图层较多时，可以根据需要选择对应的图层类型，如选择“颜色”选项，即可在“图层”面板中显示标有所选颜色的图层，如左下图所示。

❁ 按钮：该组按钮分别代表“像素图层滤镜”、“调整图层滤镜”、“文字图层滤镜”、“形状图层滤镜”和“智能对象滤镜”，用户可以根据需要单击对应的按钮，显示单一类型的图层，如单击“文字图层滤镜”按钮，即可在“图层”面板中只显示文字图层，如右下图所示。

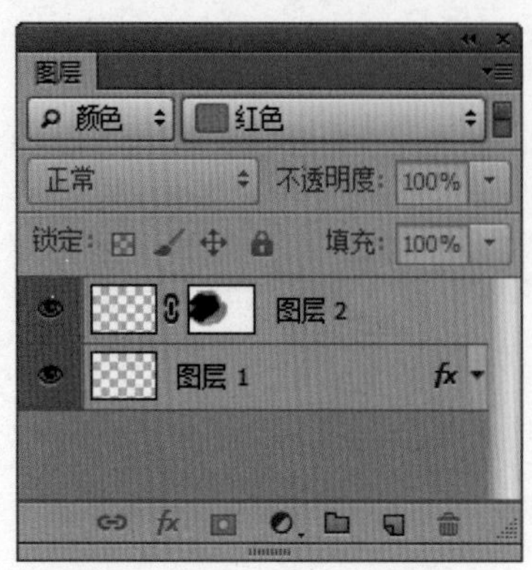

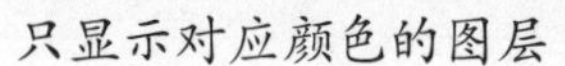
只显示对应颜色的图层

只显示文字图层

❁ 图层混合模式：单击其右侧的三角形按钮，在弹出的下拉列表框中即可选择多种混合模式，这些混合模式用于设置当前图层与其他图层叠加在一起的效果。

❁ 不透明度：单击其右侧的三角形按钮，将弹出一个三角滑块，拖动该滑块可以调整图层的不透明度，在文本框中也可以直接输入数值。

❁ 锁定工具栏：其中按下按钮，当前图层的透明区域处于锁定状态，不能在透明区域上进行编辑操作；按下按钮，当前图层处于锁定状态，除了可以移动图层中的对象外，不能在当前图层中进行其他编辑操作；按下按钮，当前图层中的对象不能移动，但可以进行其他的编辑操作；按下按钮，当前图层中对象的所有编辑操作都被禁止。

❁ 填充：单击其右侧的三角形按钮，将弹出一个三角滑块，拖动该滑块可以调整当前图层内容的填充不透明度，也可以在文本框中直接输入数值。

❁ ：这一排按钮依次是“链接图层”、“添加图层样式”、“添加图层蒙版”、“创建新的填充或调整图层”、“创建新组”、“创建新图层”和“删除图层”。运用这些按钮可以对图层进行新建、删除以及添加图层样式等操作。

2. 新建图层

执行新建图层操作后，新建的图层一般位于当前图层的上方，采用正常模式和100%的不透明度，并且依照建立的次序命名，如“图层1”、“图层2”…… 使用下列任意一种方法均可创建新图层。

❁ 单击“图层”面板中的“创建新图层”按钮，在当前图层的上方创建新图层。

❁ 单击“图层”面板右上方的控制按钮，弹出一个快捷菜单，选择“新建图层”命令，弹出“新建图层”对话框，在该对话框中进行图层名称、模式和不透明度等参数的设置，然后单击“确定”按钮，即可创建新图层。

❁ 在两个文件之间通过“拷贝”和“粘贴”命令来创建新图层。

❁ 选择移动工具，拖曳图像到另一个文件中创建新图层。

❁ 通过选择“图层”|“新建”|“图层”菜单命令创建新图层。

3. 复制图层

在“图层”面板中将当前选中的图层拖曳到按钮上，如左下图所示，当前图层上面会增加一个和选中图层相同的重叠图层，该图层的名称会加上“副本”字样加以区别，如右下图所示。

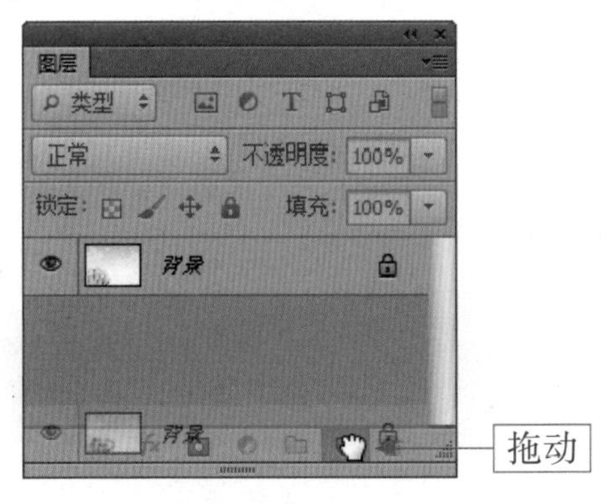

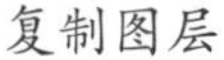
复制图层

得到图层副本

单击“图层”面板右上角的控制按钮，在弹出的快捷菜单中选择“复制图层”命令，打开“复制图层”对话框，在“为”文本框中输入图层名称，系统默认名称为“当前图层名+副本”形式，如左下图所示。单击“确定”按钮，在“图层”面板中将得到复制的图层。

在“复制图层”对话框的“文档”下拉列表框中选择“新建”选项，然后在“名称”文本框中输入新建文档的名称，如右下图所示。单击“确定”按钮，可以生成一个包含当前选中图层的新文件，原文件不会消失。

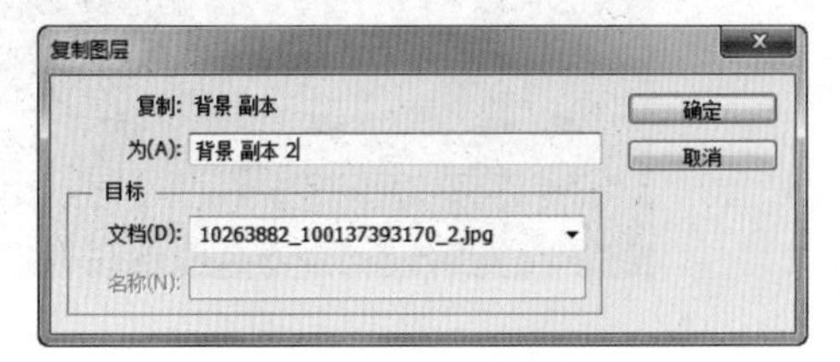

“复制图层”对话框

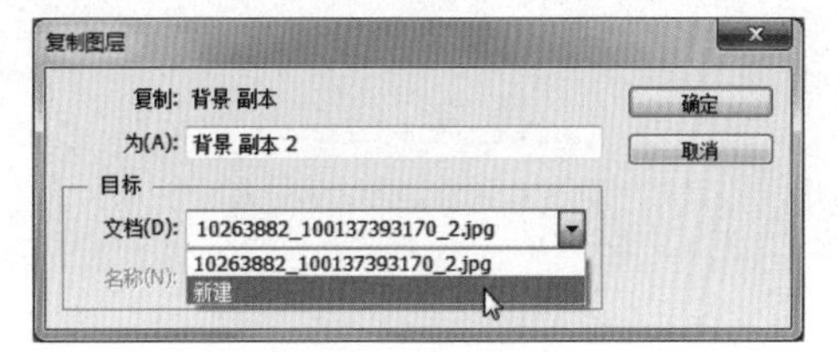

选择新建文档

4. 删除图层

对于不需要的图层，用户可以使用菜单命令或通过“图层”面板将这些图层删除，删除图层后，该图层中的图像也将被删除。

- 通过菜单命令删除图层：在“图层”面板中选择要删除的图层，然后选择“图层”|“删除”|“图层”菜单命令，即可删除所选的图层。
- 通过“图层”面板删除图层：在“图层”面板中选择要删除的图层，然后单击“图层”面板底部的“删除图层”按钮，即可删除所选的图层。

2.6 设计理论深化

通过本章的学习，为了提升读者的设计理念，让大家掌握更多的设计理论知识，为以后的设计工作提供理论指导和参考，做到有的放矢，需要理解和熟悉以下的知识内容。

2.6.1 标志设计的表现形式

作为具有传媒特性的标志，为了在最有效的空间内实现所有的视觉识别功能，一般是通过特示图案及特示文字的组合，达到对被标识体的出示、说明、沟通和交流，从而引导受众的兴趣，达到增强美誉、记忆等目的。

表现形式的组合方式一般分为特示图案、特示文字和合成文字。

1. 特示图案

特示图案属于表象符号，其独特、醒目，图案本身易被区分和记忆，通过隐喻、联想、概括与抽象等绘画表现方法表现被标识体，对其理念的表达概括而形象。有的特示图案与被标识体的关联性可能不够直接，受众往往容易记忆图案本身，而对被标识体关系的认知却需要相对曲折的过程。但一旦建立了联系，印象较深刻，对被标识体记忆相对持久。

所以，对持久记忆要求高时应设计良好的特示图案形象，如苹果公司的牙印苹果标志，该图案LOGO将面向推广的各种要素都把握得恰到好处。另外，如果客户希望可以在较短期限内建立形象，还应该设计相应的吉祥物，以耳熟能详的概念，强化沟通和理解。下图所示为瓢虫图形标志和番茄图形标志设计。

瓢虫图形标志设计

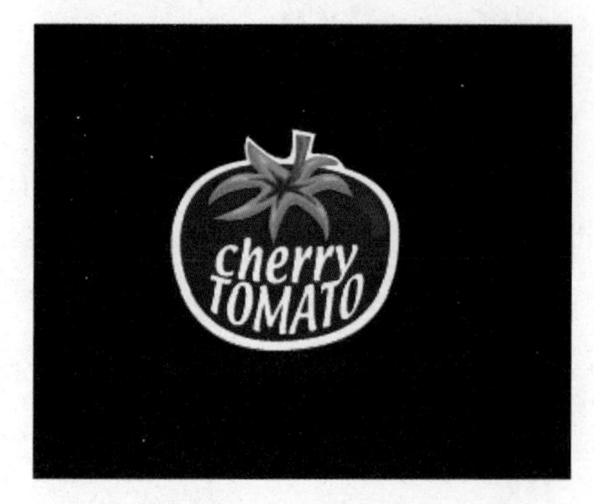

番茄图形标志设计

2. 特示文字

特示文字属于表意符号。在沟通与传播活动中，特示文字往往是反复使用的被标识体的名称或是其产品名，其用一种文字形态加以统一，含义明确、直接，与被标识体的联系密切，易于被理解和认知，对所表达的理念也具有说明作用。但因为文字本身的相似性，易模糊受众对标识本身的记忆，从而对被标识体的长久记忆发生弱化。

所以，特示文字一般作为特示图案的补充，要求选择的字体应与整体风格一致，应尽可能做全新的区别性创作。

在国际化的要求下，完整的LOGO设计，尤其是具有中国特色的LOGO设计，一般都应考虑至少有中英文双语的形式，要考虑中英文字的比例和搭配，一般要有图案中文、图案英文、图案中英文，以及单独的图案、中文、英文的组合形式，有的还要考虑繁体、其他特定语言版本等。另外，还要兼顾标识或文字展开后的应用是否美观，这一点对背景等的制作十分必要，有利于追求符号扩张的效果。

3. 合成文字

合成文字是一种表象表意的综合，指文字与图案结合的设计，兼具文字与图案的属性，但都导致相关属性的影响力相对弱化。为了不同的对象取向，制作偏图案或偏文字的LOGO，会在表达时产生较大的差异，如只对印刷字体做简单修饰，或是把文字变成一种装饰造型让大家去猜。

2.6.2 正负形在图形设计中的运用

在进行图形设计时，还需要注意正负形在图形设计中的运用。正形是指绘制出的图形，负形则是正形形成后页面上的剩余空间自然形成的图形。正负形表达了平面二维空间的微妙关系。在图形设计中，灵活运用正负形能制作出十分巧妙的画面效果。如左下图所示的酒类招贴中，黑色部分为正形，即作者绘制的图形，绘制后白色的负形形成类似腿部的轮廓，稍加改变，就形成一幅正负形的巧妙画面；如右下图所示的幼稚园海报，同样是灵活运用正负形，形成房屋的造型，为画面添加生命力。

酒类招贴

幼稚园海报

运用正负形进行图形创意的方法，在标志设计中十分常用。如下图所示，巧妙的正形能让负形的表现力得到充分展示。

企业标志

动物形状标志

2.6.3 明暗对比的画面表现

明暗对比，主要是指图形色彩高光和阴影明度的差别大小。差别越大，对比越强，反之则越小。设计中的明暗对比非常重要，明暗对比小，给人平静柔和的感觉；对比越大，画面越生动，立体感也越强，如下图所示。

明暗对比由小到大的效果

在画面设计中，可以通过不同的明暗对比，来表现不同的意境或质感。如下图所示，明暗对比较低的室内效果图设计，家具和墙面的颜色对比表现出宁静和谐的气氛；网页设计通过较低的明暗对比，表现羊皮纸的陈旧质感；摄影作品中，通过逆光拍摄表现出光照的强烈效果，形成视觉刺激；界面设计中，通过强烈的高光和暗部阴影的明暗对比，充分表现出玻璃般的通透质感。

室内插画

网页设计

摄影作品

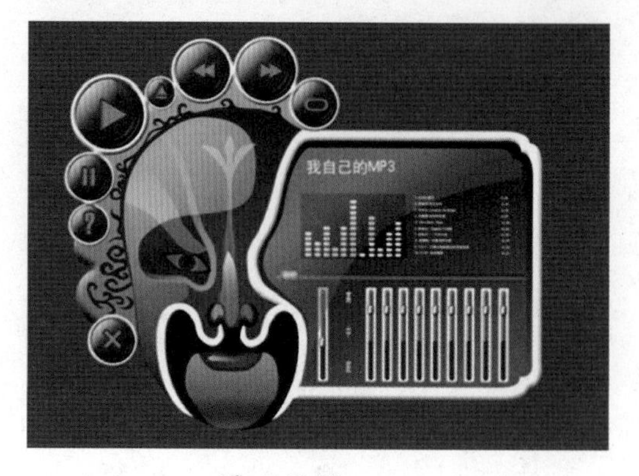

界面设计

Chapter

第03章

报刊广告设计

课前导读

报刊，这是大家非常熟悉的一种宣传媒介，而设计新颖的广告刊登在上面，必然会引起读者的关注。本章将介绍报刊广告设计的相关理论，并结合几个经典的案例对报刊广告的设计与制作进行详细讲解。

本章学习要点

- 报刊广告设计理论
- 博扬家纺广告设计
- 插花馆招生广告设计
- 房地产广告设计

精彩效果赏析

3.1 报刊广告设计理论

在进行报刊广告设计创作之前，本节将先介绍一下报刊广告设计的基础知识，包括报刊广告设计的特性和报刊广告创意理论。

3.1.1 报刊广告设计的特征

由于报刊广告面积小，所以在设计中更要注意文字的精炼，每次广告宜宣传一个中心，以造成比较强的视觉冲击力。除此之外，因为纸张的质量相对而言不是很好，为了保证印刷质量，宜采用网点较粗的方法进行印刷，以取得黑白分明的效果。对于层次丰富、细腻的摄影照片，可通过复印机多次复印，以减少中间的灰色层次；对于彩色印刷，为了让色彩在灰色纸上达到较佳的效果，需提高色彩纯度，增加鲜明度，以达到鲜艳夺目的效果；对于连续刊登的广告，要注意连贯性，充分发挥报刊广告的特点。下图所示为两则报刊广告。

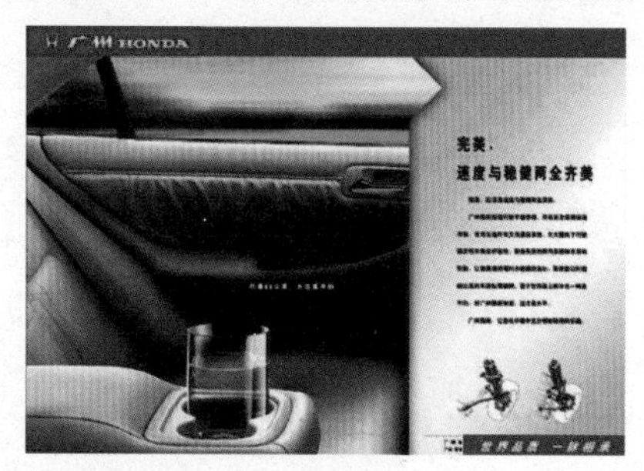

汽车广告

房产广告

知识链接

所谓的四大传统媒体是指报刊、杂志、广播和电视，而近年又出现了新媒体之说，即在新的技术支撑体系下出现的媒体形态，如数字杂志、数字报纸、数字广播、网络视频、三维全景、桌面视窗等，其以网络为载体，具有数字化、网络化、多媒体、交互性等特征。

报刊广告设计具有以下几个特征。

1. 广泛性

报刊种类多，发行面广、阅读群体多，所以报刊上既可刊登生产资料类的广告，也可刊登生活资料类的广告；既可刊登医药滋补类广告，也可刊登文化艺术类广告；既可用黑白广告，也可套红和彩印，其内容和形式是很丰富的。

2. 快速性

报刊的印刷和销售速度非常快，第一天的设计稿第二天就能见报，并且不管是寒冬酷暑还是刮风下雨，都能送到读者手中，所以适合于时间性强的新产品和快件广告，如展销、展览、劳务、庆祝、航运和通知等。

3. 针对性

报刊具有广泛性和快速性的特点，因此广告要针对具体的情况利用时间、不同类型的报刊，并结合不同的报刊内容，将信息传递出去。例如商品广告，一般应放在生产和销售的旺期之前，而不是冬天作凉鞋、裙子广告，夏天作大衣、羽绒被宣传，应把眼前乃至当天就要发生的事刊登出来。对于专业性强的信息，也应选择有关专业性的报刊，减少不必要的浪费。在选定报刊后，要结合报刊的具体版面，巧妙地和报刊内容结合在一起，如体育用品广告应利用体育版块专栏。

4. 连续性

正因为报刊每日发行，具有连续性，所以报刊广告利用这一点，可发挥重复性和渐变性，吸引读者加深印象。

5. 经济性

由于报刊本身的新闻报道、学术研究、文化生活、市场信息具有吸引力，给广告引来了读者，所以报刊广告要在文字的海洋中形成个性，让读者的目光多停留一会儿，从中得到信息和美感。报刊广告的表现方法可根据情况采用图形和文字，而运用黑白构成的设计，无疑会相对方便且经济，如左下图所示。根据报刊广告的特点，发挥广告艺术的表现性，做到针对性强、形象突出及有利于仔细欣赏和阅读。

6. 突出性

选择报刊头版的“报眼”，刊登在读者关心的栏目边，都会引起读者的关注。另外，利用定位设计的原理，强调主体形象的商标、标志，标题和图形的面积对比与明度对比。运用大的标题，或以色块衬托、线条陪托，甚至可采用套红的手法加强。主体图形的生动形象，模特儿与读者交流的目光，画面大面积的空白，线条的区分，都会与版面上的其他文章和广告形成比较，以争得自己的形象，如右下图所示。

黑白构图

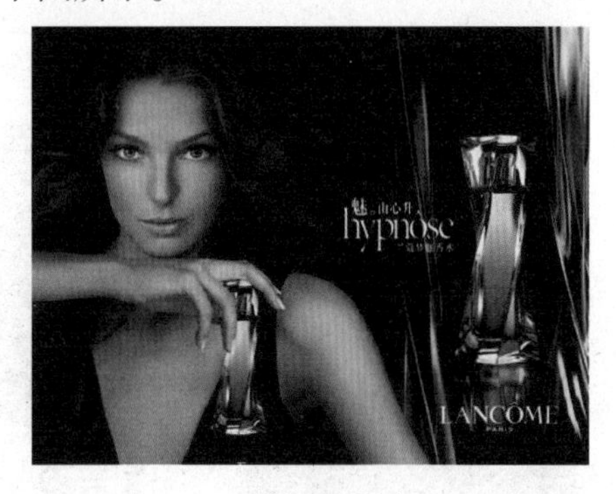

突显主体

7. 权威性

消息准确可靠，是报刊获得信誉的重要条件。大多数报刊历史长久，且由党政机关部门主办，在群众中素有影响和威信。因此，在报刊上刊登的广告往往使消费者产生信任感。

8. 高认知性

报刊广告多数以文字符号为主，要了解广告内容，要求读者在阅读时集中精力，排除其他干扰。一般而言，除非广告信息与读者有密切的关系，否则读者在主观上是不会为阅读广告花费很多精力的。读者的这种惰性心理往往会减少他们详细阅读广告文案内容的可能性。换句话说，报刊读者的广告阅读程度一般是比较低的。不过当读者愿意阅读时，他们对广告内容的了解就会比较全面、彻底。

3.1.2 报刊广告创意理论

报刊广告设计主要体现在房地产类、国际或国内著名品牌上，对于告知性广告、新品上市广告，报刊有其独到的优势，而设计新颖的报刊广告必然会引起读者的广泛关注。对于报刊广告设计的服务主要体现在为企业或品牌做整合推广时，针对性的创意设计、目标性强的报刊媒体投放、灵活的版面选择、时事新闻跟踪的软性文章、广告效果的评估反馈等。

报刊广告创意设计的原则如下：

（1）报刊广告创意设计应充分发挥报刊广告在市场渗透力上的长处，充分发挥报刊广告设计制作成本低、较简便容易、发布灵活的特点。在维护整体形象的前提下应根据市场发展的需要及时改变具体设计和具体内容，使报刊广告更具体、更有针对性。

（2）报刊广告创意设计要遵循一般平面广告创意设计的基本规律，创意设计应从报刊版面的整个环境来考虑，如何提高其视觉冲击力，提高其注目率。由于报刊广告在版面上常是多个广告并置发布的，各广告间的相互干扰会降低人们的注目率。

报刊广告要从版面上凸显出来，就需要弄清自己的发布环境，根据版面的情况来决定自己的设计。报刊广告常用来提高注目率的手法有如下几种：

- 内容新鲜及时，富有震撼力并与对象贴近等，可以采取对比强烈的表现形式。
- 尽量采用特大字号来突显内容，造成视觉冲击力。可以用简洁的广告语，把主题表达得淋漓尽致，以脱俗的画面形式与表达手法，给人以最深印象，如左下图所示。
- 以新颖、富有创意的发布形式来吸引注意，扩大影响，如中下图所示。
- 广告的版面四周上留出大量空白或广告的底色印成黑色，如右下图所示。

突显内容

富有创意

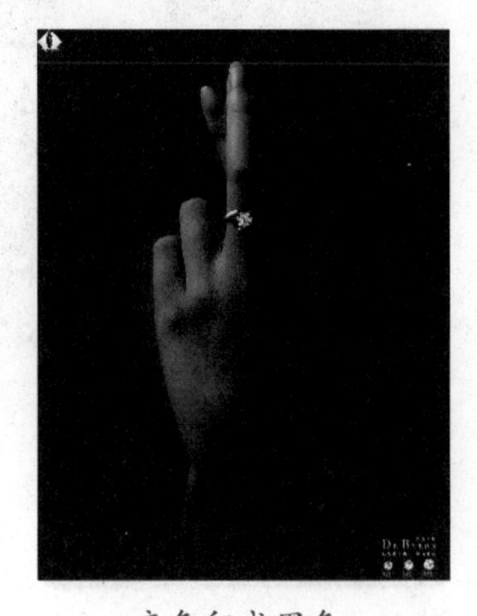

底色印成黑色

（3）在强调报刊广告视觉冲击力中，设计提倡视觉效果，图像设计优先的同时，不应忘记报刊广告自身的原理和诉求的特点。要注重广告文稿的创意写作，更不要随意将文稿删掉。在一些以图为主的报刊广告设计中，可以将文稿用较小的字号编排，将其当作色块、线条等装饰手段来处理，让想进一步了解广告信息的受众自己慢慢地阅读。

（4）由于人们读报时间极短，常常犹如走马观花，而报刊的时效性特强，故创意设计时应力求做到诉求重点的单纯和明了，最好能一个广告一个诉求，表现形式也应尽可能简洁单纯，决不可故弄玄虚或过于繁复，而让阅读者一时摸不着头脑，难以即刻了解其意图。

3.2 博扬家纺广告

案例效果

源文件路径：
光盘\源文件\第3章

素材路径：
光盘\素材\第3章

教学视频路径：
光盘\视频教学\第3章

制作时间：
25分钟

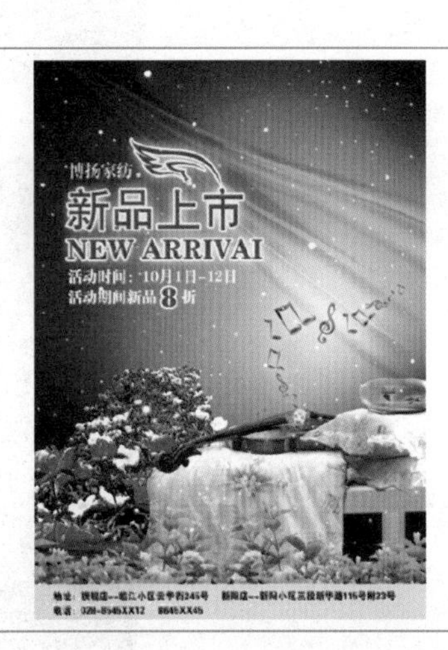

设计与制作思路

本实例制作的是一个博扬家纺广告。床上用品一直给人一种温暖的感觉，而本次推出的新品是为年轻人准备的具有小清新感觉的产品，所以在设计上采用了蓝色调，再配以鲜花、小提琴等素材图像，让整个画面显得雅致、清新。

在制作过程中主要通过添加素材图像，并按照一定的审美观，对图像进行组合排放，然后再输入文字，并为文字添加描边和外发光等图层样式，最后使用钢笔工具绘制翅膀图像。

3.2.1 合成素材图像

Step 01 新建文件❶选择“文件”|“新建”菜单命令，打开“新建”对话框。❷设置文件名称为“博扬家纺广告”，设置宽度为19厘米、高度为26厘米、分辨率为150。❸单击“确定”按钮，即可得到新建的空白图像文件。

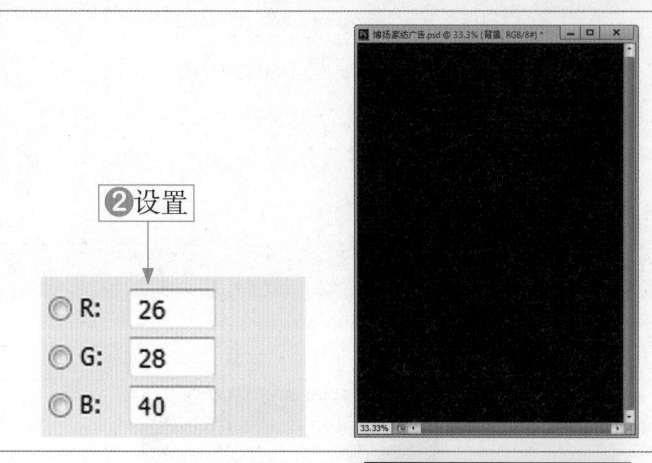

Step 02 填充背景 ❶单击工具箱中的前景色块，打开“拾色器（前景色）”对话框。❷设置颜色为深蓝色（R26，G28，B40）。❸单击“确定”按钮，然后按【Alt+ Delete】组合键填充背景。

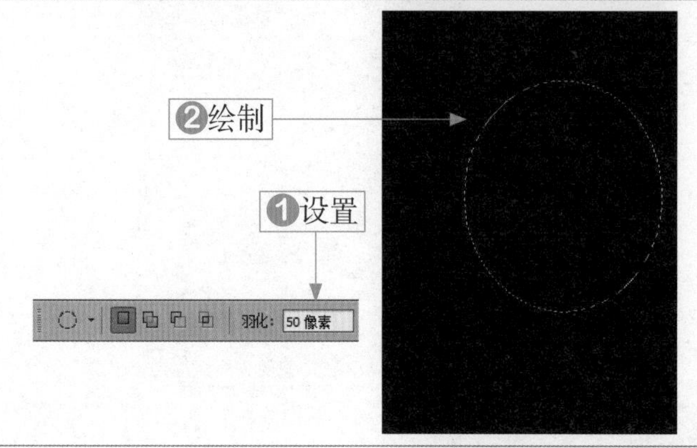

Step 03 绘制选区 ❶选择椭圆选框工具，在工具属性栏中设置羽化值为50像素。❷在图像中按住鼠标左键并拖动，绘制出一个椭圆形选区，如左图所示。

Step 04 渐变填充 ❶选择渐变工具，单击工具属性栏左侧的渐变编辑色条，打开“渐变编辑器”对话框。❷设置渐变颜色为从深蓝色（R26，G28，B40）到蓝色（R29，G103，B157）到天蓝色（R113，G195，B224）到淡蓝色（R211，G236，B242）。❸单击“确定”按钮，为选区应用“径向渐变”填充。

Step 05 添加素材 ❶打开素材文件“桥.psd”，使用移动工具将该素材图像拖曳到当前编辑的图像中。❷将素材图像移至画面底部，并适当调整图像的大小。

Step 06 添加素材 ①打开素材文件“鲜花.psd”，使用移动工具将该素材图像拖曳到当前编辑的图像中。②将素材图像移至画面底部，并适当调整图像的大小。

Step 07 添加其他素材 ①打开素材文件“被套.psd”，使用移动工具将该素材图像拖曳到当前编辑的图像中。②调整图像大小后，放到画面下方，如左图所示。

Step 08 绘制音符图像 ①新建一个图层，选择自定形状工具，单击工具属性栏中“形状”右侧的三角形按钮，在弹出的面板中选择“八分音符”图形。②在图像中绘制出该图形，并按【Ctrl+Enter】组合键将路径转换为选区，将其填充为蓝色（R5，G185，B234）。

Step 09 添加阴影 ①选择“编辑”|“变换”|“水平翻转”菜单命令，将图像水平翻转。②选择工具箱中的加深工具，对音符图像边缘进行涂抹，得到立体效果。

Step 10 缩小和旋转图像 ❶按【Ctrl+T】组合键适当缩小和旋转图像。❷将音符图像放到小提琴上方，如左图所示。

Step 11 绘制其他音符图像 ❶参照上述方法，选择自定形状工具，打开工具属性栏中的“形状”面板，选择其中的音符图形进行绘制。❷调整音符图像的大小和方向，参照左图所示的样式进行排列。

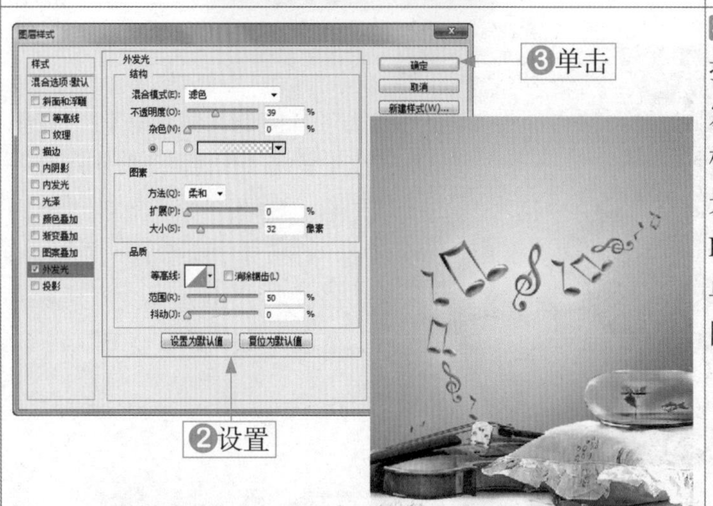

Step 12 添加外发光效果 ❶选择“图层”|“图层样式”|“外发光”菜单命令，打开“图层样式”对话框。❷设置外发光为淡黄色（R255，G255，B222），再设置其他参数。❸单击“确定”按钮，即可得到图像外发光效果。

Step 13 图像效果 ❶打开素材文件“绿草.psd”。❷使用移动工具将该素材图像拖曳到当前编辑的图像中，适当调整素材图像的大小。

3.2.2 绘制星光背景

Step 01 添加飘带❶打开素材文件“飘带.psd”，使用移动工具将该素材图像拖曳到当前编辑的图像中。❷设置该图层的混合模式为“柔光”、不透明度为50%。

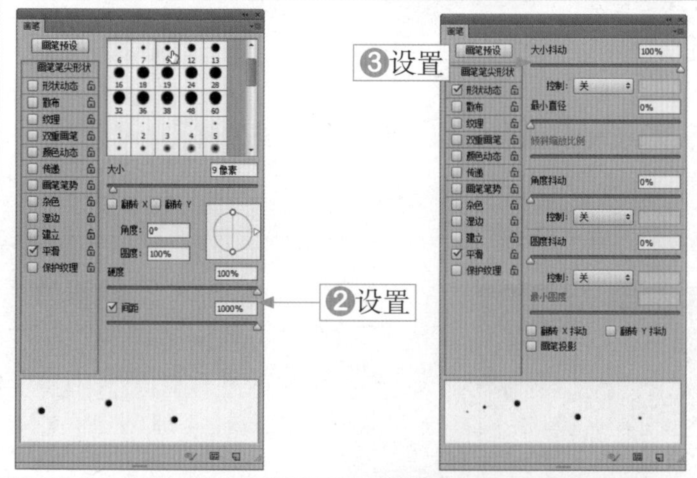

Step 02 设置画笔属性❶新建一个图层，选择画笔工具，单击工具属性栏中的“切换画笔面板”按钮，打开“画笔”面板。❷设置画笔样式为“尖角9”、“间距”为1000%。❸选择“形状动态”选项，设置“大小抖动”参数为100%。

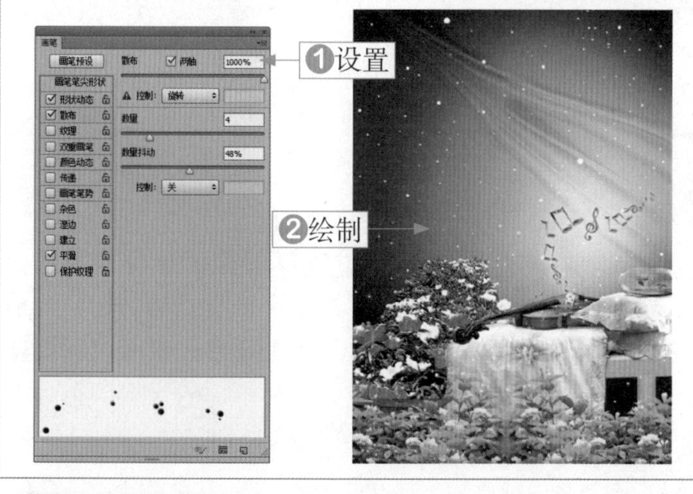

Step 03 绘制圆点❶选择“散布”选项，选择“两轴”选项，再设置其参数为100%。❷设置前景色为白色，然后使用画笔工具绘制白色圆点。

经验分享

在画笔工具属性栏中只能进行一些基本设置，而打开“画笔”面板则能设置更详细的参数，如形状动态、颜色动态等。

Step 04 添加图层样式 ❶选择“图层”|“图层样式”|“外发光”菜单命令，打开“图层样式”对话框。❷设置外发光颜色为白色，然后再设置其他参数，如左图所示。❸单击“确定”按钮，即可得到圆点外发光效果。

知识链接

使用画笔工具可以创建较柔的笔触，效果类似于毛笔效果，也可以通过设置画笔的硬度创建坚硬的笔触。

3.2.3 添加艺术文字

Step 01 输入文字 ❶选择横排文字工具，在图像中输入中英文文字，并填充为蓝色（R35，G94，B169）。❷在工具属性栏中设置中文字体为粗黑体、英文字体为粗宋简体，并适当调整文字大小，参照左图所示的样式进行排列。

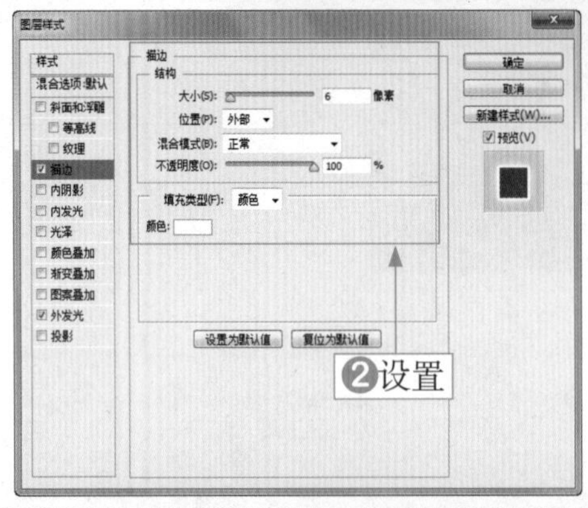

Step 02 设置图层样式 ❶选择“图层”|“图层样式”|“描边”菜单命令，打开“图层样式”对话框。❷设置颜色为深蓝色（R26，G28，B40），然后设置“大小”为6像素、“位置”为“外部”，其他参数设置如左图所示。

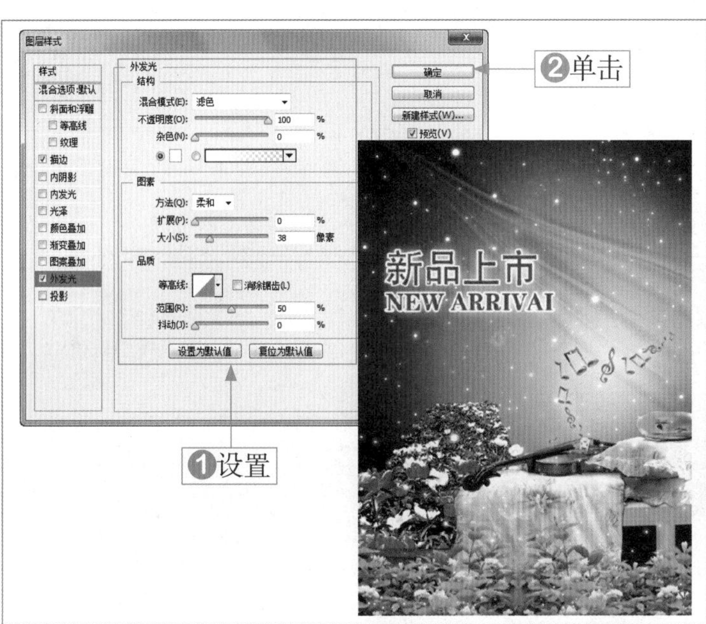

Step 03 文字效果 ①选择“外发光”选项，设置外发光颜色为黑色，再设置其他参数。②单击“确定”按钮，得到添加图层样式后的文字效果。

知识链接

当用户在“图层样式”对话框中设置图层样式时，可以在图像窗口中预览到投影的效果，取消选择“预览”复选框，即可不预览图像效果。

Step 04 绘制图形 ①选择钢笔工具，在文字“市”上方绘制一个翅膀图形。②按【Ctrl+Enter】组合键将路径转换为选区，然后将选区填充为蓝色（R35，G94，B169）。

Step 05 拷贝图层样式 ①选择文字图层，在“图层”面板中单击鼠标右键，在弹出的快捷菜单中选择“拷贝图层样式”命令。②选择翅膀图像所在图层，在“图层”面板中单击鼠标右键，在弹出的快捷菜单中选择“粘贴图层样式”命令，即可得到粘贴图层样式后的图像效果。

经验分享

图层是Photoshop的核心功能之一，用户可以通过它随心所欲地对图像进行编辑和修饰。

Step 06 输入文字 ❶选择横排文字工具，输入活动时间等文字信息。❷在工具属性栏中设置字体为方正粗宋简体、颜色为白色。❸再单独输入数字“8”，放到“折”字前面，适当调整文字大小，并将其填充为蓝色（R35，G94，B169）。

Step 07 文字描边效果 ❶在“新品上市”上方输入文字“博扬家纺”，并在工具属性栏中设置字体为宋体、颜色为白色。❷选择文字“8”图层，选择“图层”|“图层样式”|“描边”菜单命令，打开“图层样式”对话框。❸设置描边颜色为白色，再设置“大小”为6像素、“位置”为“外部”。❹单击“确定”按钮，得到文字的描边效果。

Step 08 输入文字 ❶新建一个图层，选择矩形选框工具，在画面底部绘制一个矩形选区，并填充为淡蓝色（R206，G230，B236）。❷选择横排文字工具，在图像底部输入文字，在工具属性栏中设置字体为黑体、颜色为白色，即可完成本实例的操作，最终效果如左图所示。

知识链接

在当前选择某种工具的情况下，按【T】键可以直接选择横排文字工具。

3.3　插花馆招生广告

案例效果

源文件路径：
光盘\源文件\第3章

素材路径：
光盘\素材\第3章

教学视频路径：
光盘\视频教学\第3章

制作时间：
35分钟

设计与制作思路

本实例制作的是一个插花馆招生广告。花艺给人本来就是很清爽、绿色的感觉，所以在设计上特意以绿色为主色调，通过插画的形式，制作出背景图像和人物剪影图像，再编辑出艺术文字，让设计不仅有招生的作用，还起到了一定的宣传作用。

在制作过程中主要通过套索工具手动绘制出不规则选区，然后填充颜色，再对其应用滤镜。在人物的处理上，通过魔棒工具绘制人物选区，再填充颜色，并通过添加滤镜，得到人物剪影效果。

3.3.1　绘制淡彩背景

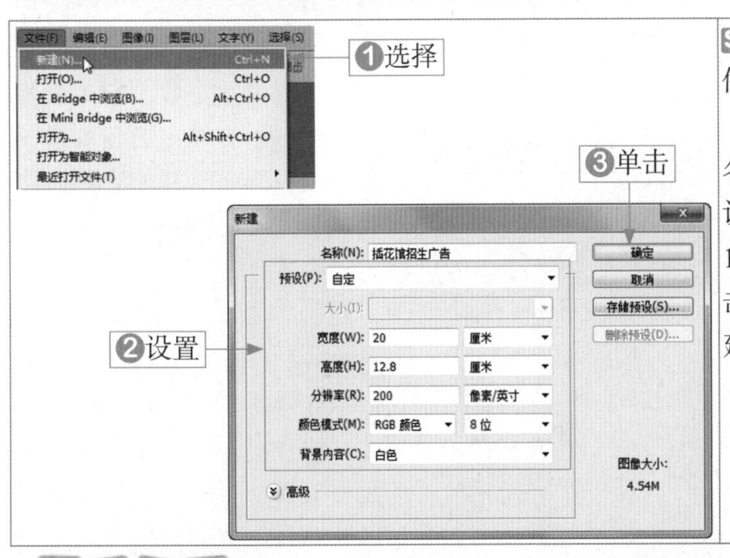

Step 01 新建文件❶选择“文件”|“新建”菜单命令，打开“新建”对话框。❷设置文件名称为“插花馆招生广告”，设置宽度为20厘米、高度为12.8厘米、分辨率为200。❸单击“确定”按钮，即可得到新建的空白图像文件。

经验分享

新建图像文件还可以使用快捷键来操作，按【Ctrl+N】组合键即可打开“新建”对话框。

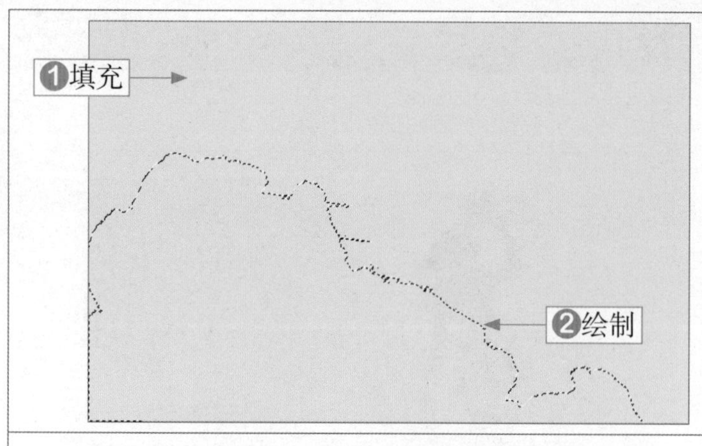

Step 02 绘制选区 ❶单击工具箱下方的前景色色块，打开“拾色器（前景色）”对话框，设置颜色为淡绿色（R228，G244，B192），按【Alt+Delete】组合键填充背景。❷选择工具箱中的套索工具，在画面下方绘制一个自由选区。

Step 03 绘制图像 ❶新建图层1。❷选择画笔工具，设置深浅不一的绿色，在选区中进行涂抹。

知识链接

在使用画笔工具绘制图像时，按住【Alt】键即可将工具转换为吸管工具，在图像上单击想要的颜色区域，即可吸取此颜色为前景色。

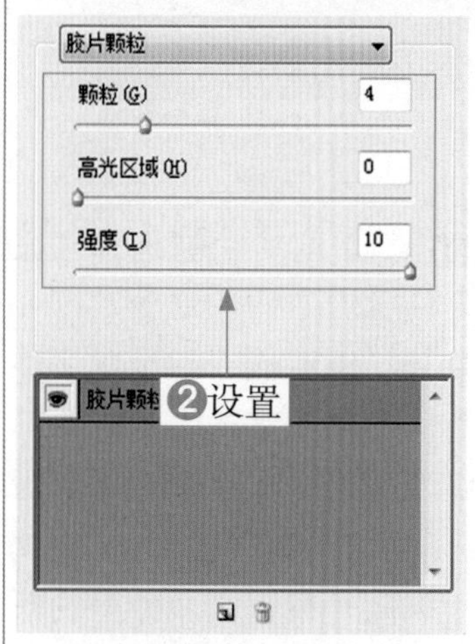

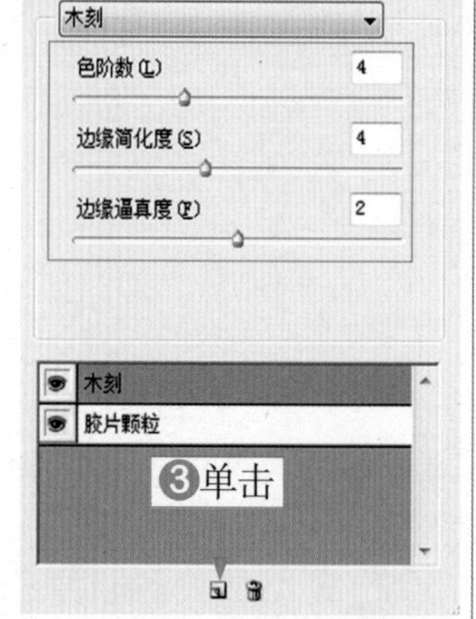

Step 04 设置滤镜参数 ❶选择“滤镜”|“滤镜库”菜单命令，打开“滤镜库”对话框。❷选择“艺术效果”|“胶片颗粒”菜单命令，在弹出的对话框右侧设置参数。❸单击该对话框右下方的“新建效果图层”按钮，再选择“木刻”选项，然后设置相应参数。

Step 05 图像效果 ❶单击“确定”按钮，得到淡彩图像效果。❷如果想效果更好，可以选择画笔工具，在工具属性栏中设置不透明度为50%，然后对图像再进行一些细致的涂抹。

Step 06 调整图像❶按【Ctrl + J】组合键复制图层1，得到图层1副本。❷按【Ctrl+J】组合键适当缩小图像，并将图像进行翻转，放到画面右上方。❸在“图层”面板中设置该图层的图层混合模式为“正片叠底”，得到如左图所示的效果。

Step 07 添加花朵图像❶选择“文件”|“打开”菜单命令，打开“花朵.psd”和“花纹.psd”素材图像。❷使用移动工具将花朵图像移动到当前编辑的图像中，放到画面左下方。

3.3.2 制作人物剪影

Step 01 获取选区❶选择“文件”|“打开”菜单命令，打开“人物.jpg”素材图像。❷选择魔棒工具，在工具属性栏中设置“容差”值为20。❸在图像中单击绿色背景，获取选区。

知识链接

选择魔棒工具后，在属性栏中设置容差值可以改变选择的图像区域范围，容差值越小，选择的图像区域就越少。

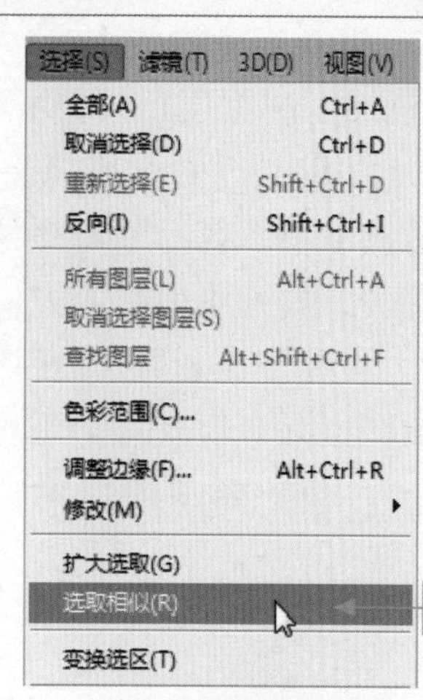

Step 02 获取相似选区 ❶选择"选择"|"选取相似"菜单命令，即可在图像中获取相似的选区。❷效果如左图所示。

Step 03 得到人物剪影 ❶按【Shift+Ctrl+I】组合键反向选区，并填充为深绿色（R55，G75，B33）。❷选择移动工具，将选区中的图像拖曳到当前编辑的图像中，放到花朵图像中。

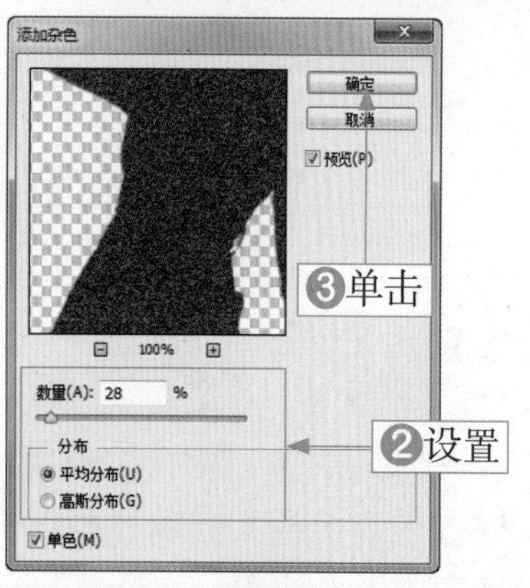

Step 04 添加杂色 ❶选择"滤镜"|"杂色"|"添加杂色"菜单命令，打开"添加杂色"对话框。❷设置"数量"为28，选中"平均分布"单选按钮和"单色"复选框。❸单击"确定"按钮，得到图像杂点效果。

Step 05 减淡图像 ❶按住【Ctrl】键单击人物所在图层，获取人物图像选区。❷选择工具箱中的减淡工具，对图像边缘进行涂抹，使人物剪影产生立体效果。

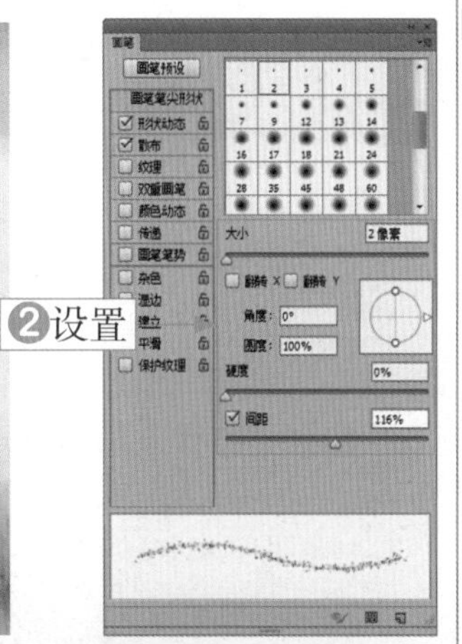

Step 06 绘制曲线路径 ❶选择钢笔工具，在人物剪影图像周围绘制一条环绕曲线。❷选择画笔工具，单击工具属性栏中的按钮，打开“画笔”面板，选择“柔角2”样式，再设置“间距”参数。

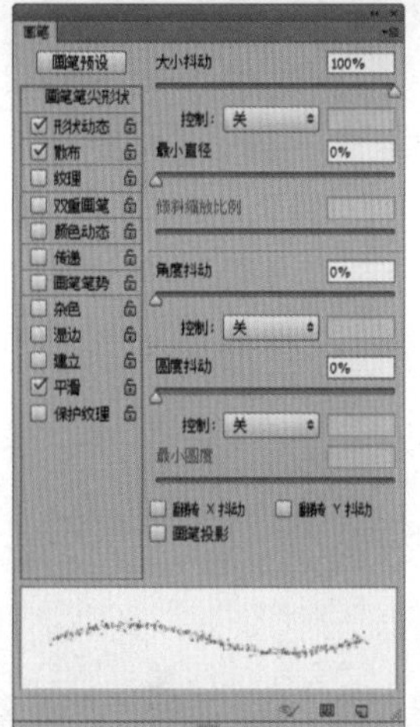

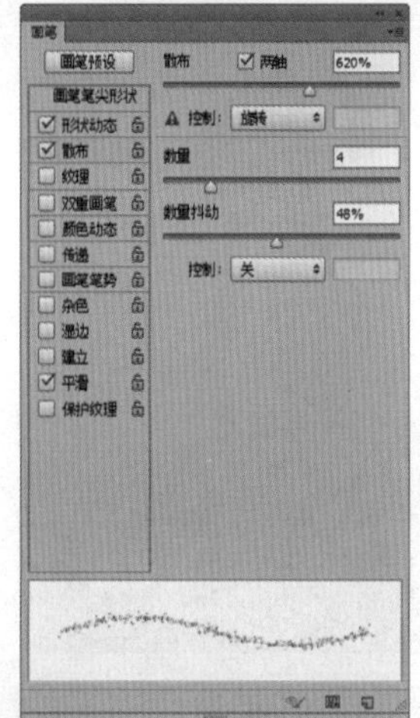

Step 07 设置其他选项参数 ❶选择“形状动态”选项，设置各项参数。❷选择“散布”选项，设置各项参数，在“画笔”面板下方的白色区域中可以预览到设置后的画笔效果。

Step 08 描边路径 ❶设置前景色为白色，切换到“路径”面板中，单击“用画笔描边路径”按钮。❷即可得到描边后的图像效果，如左图所示。

经验分享

用户在绘图时，图像中的路径大多会影响图像的观察效果，这时可以将不需要编辑的路径隐藏起来。其操作方法是：在“路径”面板中选择需要隐藏的路径，按【Ctrl+H】组合键即可。若要取消路径的隐藏状态，则再次按【Ctrl+H】组合键，即可将其显示出来。

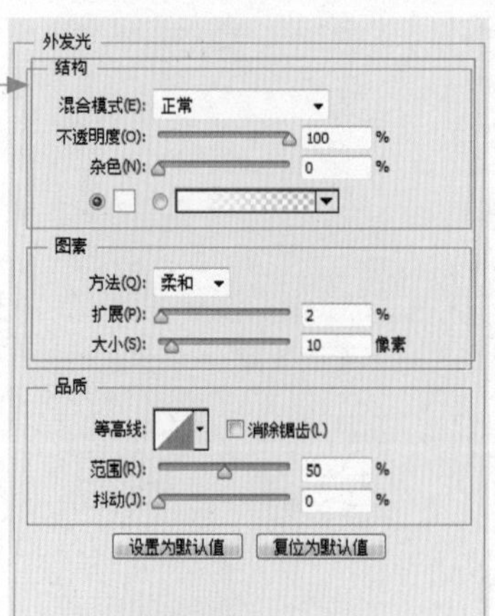

Step 09 描边路径 ❶选择橡皮擦工具，对绘制的曲线图像进行擦拭，得到曲线环绕人物的图像效果。❷选择“图层”|“图层样式”|“外发光”菜单命令，打开“图层样式”对话框。❸在该对话框中设置外发光颜色为白色，再设置各项参数，并单击“确定”按钮。

Step 10 颜色叠加 ❶选择“图层样式”对话框中的“颜色叠加”选项，设置颜色为黄色（R231，G255，B25），然后再设置其他参数。❷单击“确定”按钮，得到添加效果后的图像。

Step 11 绘制曲线 ❶参照上述方法，新建一个图层，运用钢笔工具再绘制一个围绕人物的曲线路径，然后单击“路径”面板底部的“用画笔描边路径”按钮，得到描边效果。❷使用与步骤9和步骤10相同的方式，为该图层添加“外发光”和“颜色叠加”图层样式。

经验分享

在设计过程中，设计师需要用视觉元素来传播其设想和计划，用文字和图形把信息传达给受众，让人们通过这些视觉元素了解其设想和计划。一个视觉作品的生存底线，应该看该作品是否具有感动他人的能力，是否顺利地传递出背后的信息，事实上它更像人际关系学，依靠魅力来征服对象。

报纸广告中的平面设计与美术不同，因为平面设计既要符合审美性又要具有实用性，替人设想、以人为本，设计是一种需要，而不仅仅是装饰和装潢。

Step 12 擦除图像利用橡皮擦工具对绘制的第二条环绕曲线进行擦除，主要擦除和人物重叠的部分，效果如左图所示。

3.3.3 添加文字

Step 01 输入文字❶选择横排文字工具，在画面右上方输入文字，并填充为绿色（R58，G101，B39）。❷在工具属性栏中设置字体为方正大标宋简体。

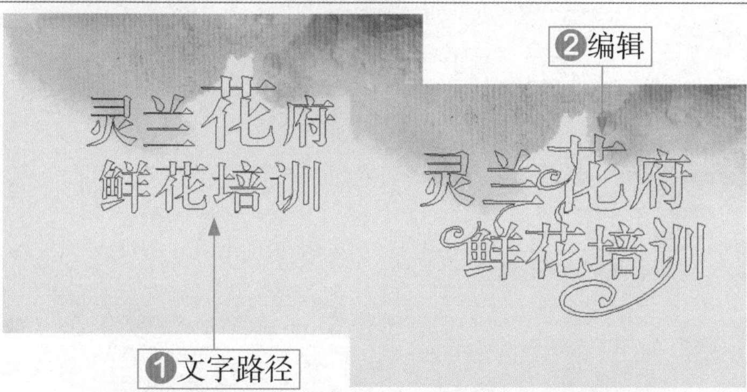

Step 02 将文字转换为路径❶选择“文字”|“创建工作路径”菜单命令，得到文字路径，然后在“图层”面板中隐藏文字图层。❷利用钢笔工具组中的工具对路径进行编辑，得到艺术文字路径，如左图所示。

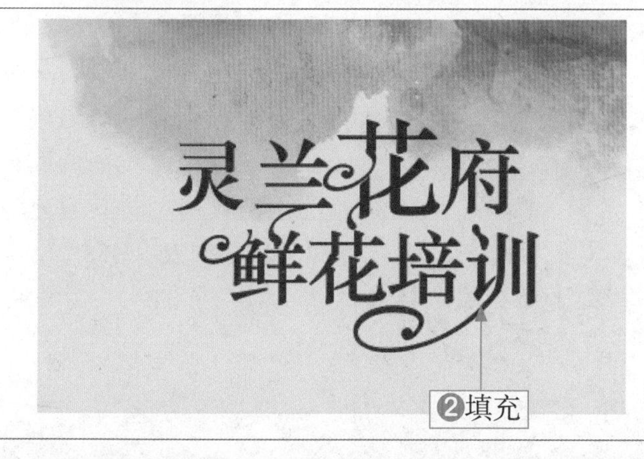

Step 03 填充选区❶新建一个图层，按【Ctrl+ Enter】组合键将路径转换为选区。❷设置前景色为绿色（R58，G101，B39），然后按【Alt+Delete】组合键填充选区，得到如左图所示的文字效果。

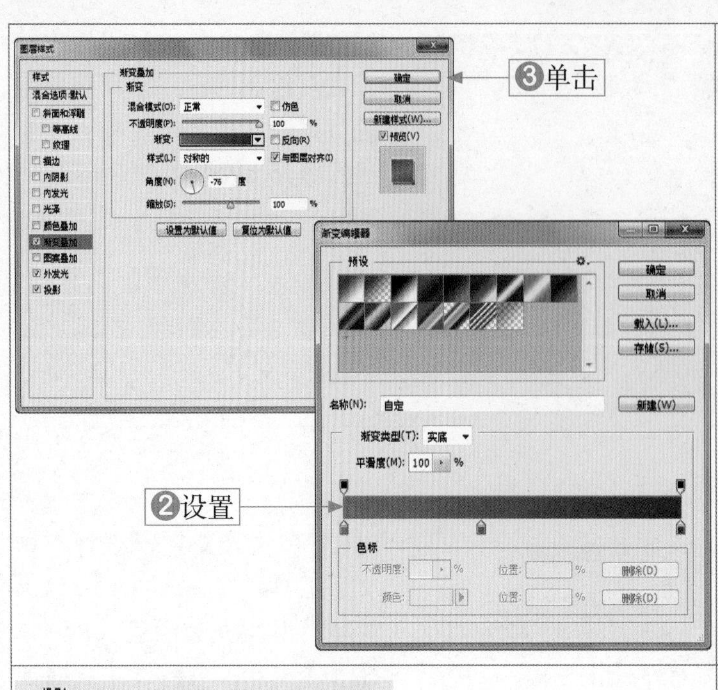

Step 04 设置渐变叠加颜色 ❶选择"图层"|"图层样式"|"渐变叠加"菜单命令，打开"图层样式"对话框。❷设置各项参数，然后单击渐变色条，设置颜色为从淡绿色（R101，G153，B43）到草绿色（R72，G130，B35）到深绿色（R23，G88，B14）。❸单击"确定"按钮，回到"图层样式"对话框中。

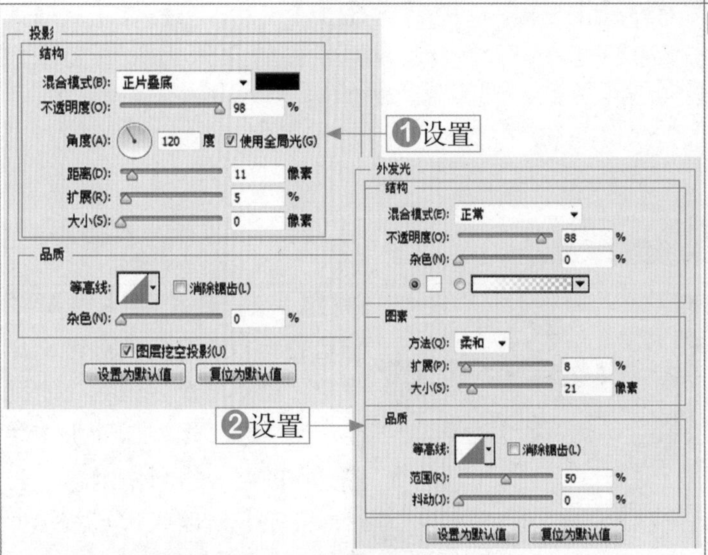

Step 05 设置"投影"和"外发光"参数 ❶选择"投影"选项，设置投影颜色为黑色，然后再设置其他参数。❷选择"外发光"选项，设置外发光颜色为白色，再设置其他参数，如左图所示。

Step 06 绘制心形 ❶单击"确定"按钮，得到添加图层样式后的文字效果。❷选择钢笔工具，在文字左上方绘制一个心形路径。❸新建一个图层，按【Ctrl+ Enter】组合键将路径转换为选区，然后将其填充为绿色（R68，G126，B33）。

Step 07 模糊图像 ❶按【Ctrl+J】组合键复制一次该图层。❷选择“滤镜”|“模糊”|“高斯模糊”菜单命令，打开“高斯模糊”对话框，设置“半径”参数为8.6。❸单击“确定”按钮，得到图像模糊效果。

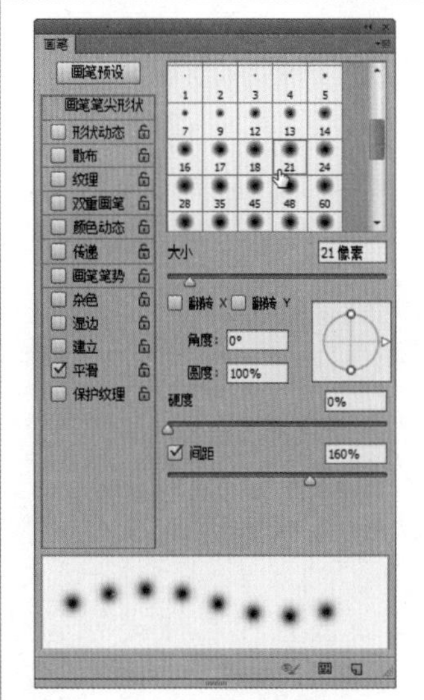

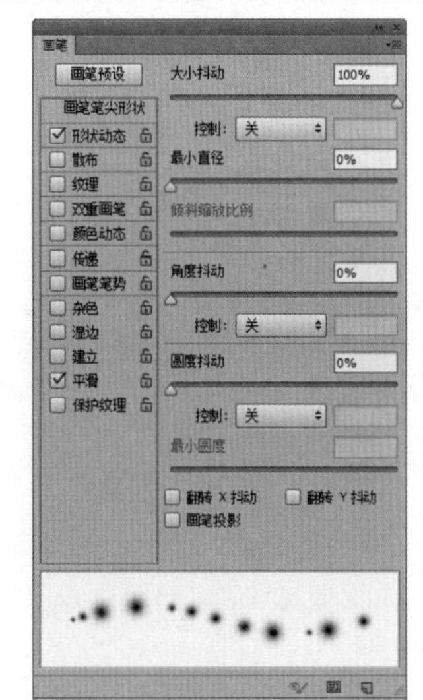

Step 08 设置画笔选项 ❶新建一个图层，设置前景色为白色。❷选择画笔工具，在工具属性栏中单击按钮，打开“画笔”面板，设置画笔样式为“柔角21”，再设置“间距”为160%。❸选择“形状动态”选项，设置“大小抖动”参数为100%。

Step 09 绘制白色圆点 ❶选择“散布”选项，选中“两轴”复选框，然后设置其参数为1000%、“数量”为4、“数量抖动”为100%。❷完成画笔设置后，在图像中绘制出白色圆点图像，效果如左图所示。

知识链接

在绘制白色圆点的时候，要注意调整画笔大小，按下【[】和【]】键可以自动调整画笔大小。

Step 10 绘制白色图形 ❶新建一个图层，选择圆角矩形工具，在工具属性栏中设置“半径”为15像素。❷在画面右侧绘制一个圆角矩形，然后将路径转换为选区，并填充为白色。

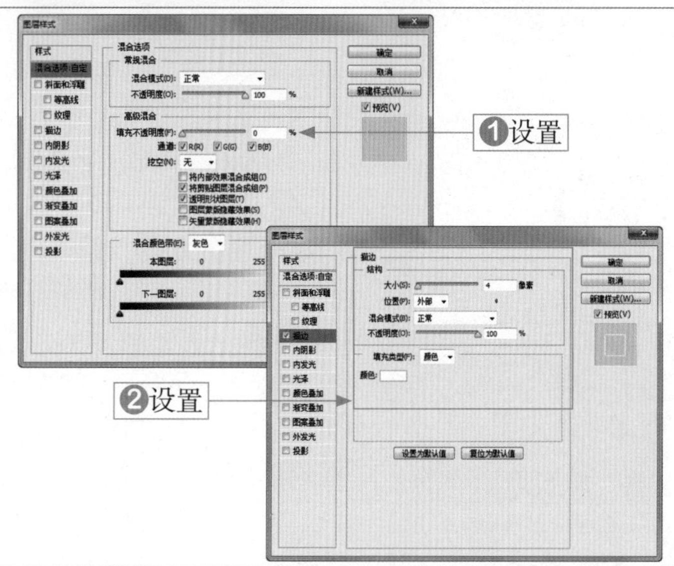

Step 11 设置图层样式 ❶选择“图层”|“图层样式”|“混合选项”菜单命令，打开“图层样式”对话框，设置“填充不透明度”为0%。❷选择“描边”选项，设置描边颜色为白色、“大小”为4、“位置”为“外部”，再设置其他参数，如左图所示。

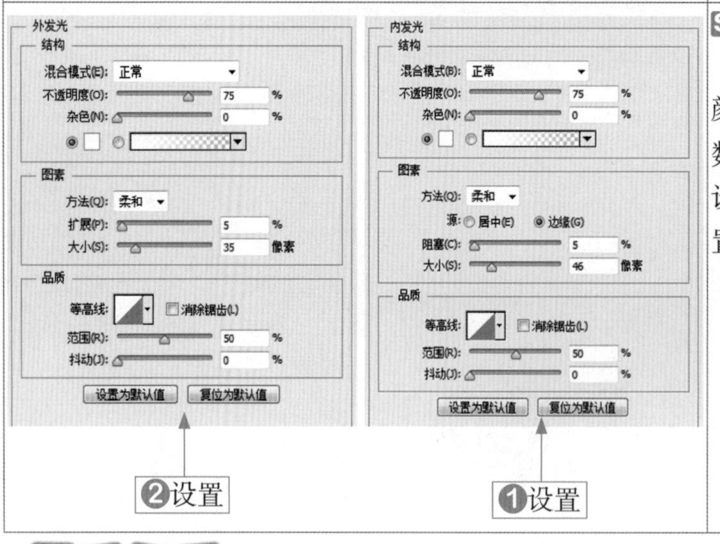

Step 12 设置图层样式 ❶选择“内发光”选项，设置内发光颜色为白色，然后设置其他参数。❷选择“外发光”选项，设置外发光颜色为白色，并设置其他参数，如左图所示。

知识链接

在“图层样式”对话框中进行参数调整时，需要注意对话框下面的“品质”选项组，其中的参数一般为默认，用户也可以根据实际需要进行调整，使图像达到更好的效果。

Step 13 图像效果 ❶在“图层样式”对话框中设置好各项参数后，单击“确定”按钮。❷图像添加图层样式后的效果如左图所示。

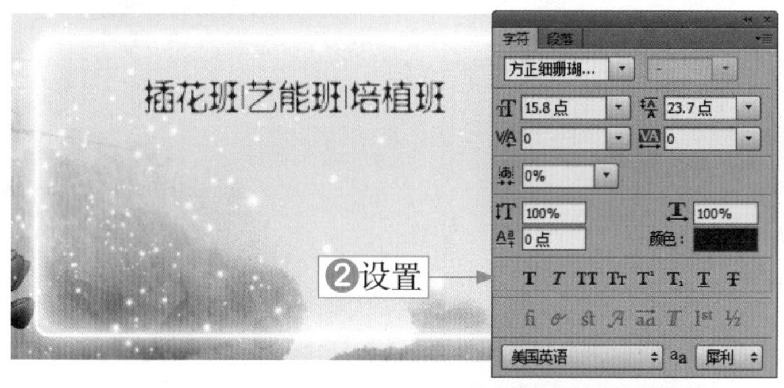

Step 14 输入文字 ❶选择横排文字工具，在圆角矩形中输入文字。❷选择“窗口”|“字符”菜单命令，打开“字符”面板，设置字体为方正细珊瑚简体、颜色为绿色（R16，G74，B6），并设置其他参数。

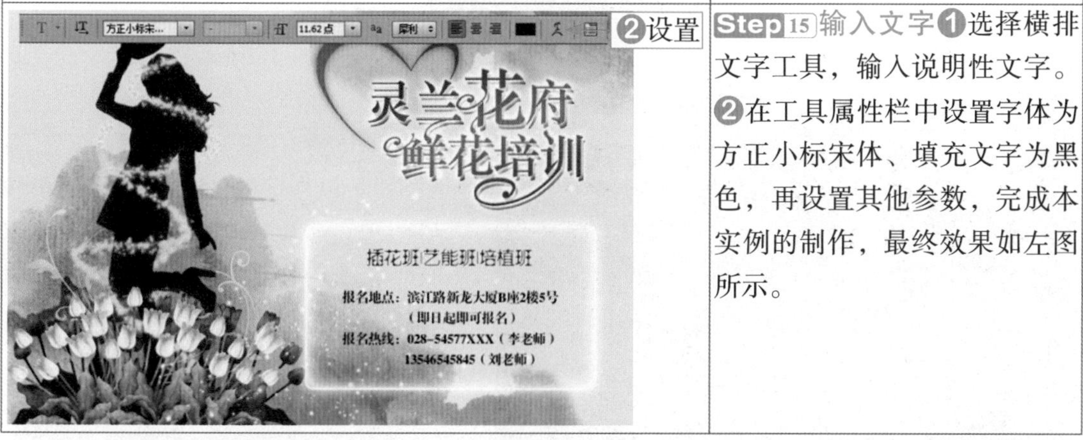

Step 15 输入文字 ❶选择横排文字工具，输入说明性文字。❷在工具属性栏中设置字体为方正小标宋体、填充文字为黑色，再设置其他参数，完成本实例的制作，最终效果如左图所示。

3.4　房地产广告

案例效果

源文件路径：
光盘\源文件\第3章

素材路径：
光盘\素材\第3章

教学视频路径：
光盘\视频教学\第3章

制作时间：
35分钟

设计与制作思路

本实例制作的是一个房地产广告。在设计上采用了对半开的形式，让图像和说明性文字介绍有效而明显地区别开，左侧为红色，右侧为白色，形成了强烈的视觉冲击力。

在制作过程中首先使用渐变工具填充背景图像，然后使用钢笔工具绘制出右侧的图像，填充为白色，再分别在两侧添加图像和文字，完成制作。

3.4.1 制作左侧图像

Step 01 新建文件❶选择“文件”|“新建”菜单命令，打开“新建”对话框。❷设置文件名称为“房地产广告”，设置宽度为33.5厘米、高度为22.7厘米、分辨率为100。❸单击“确定”按钮，即可得到新建的空白图像文件。

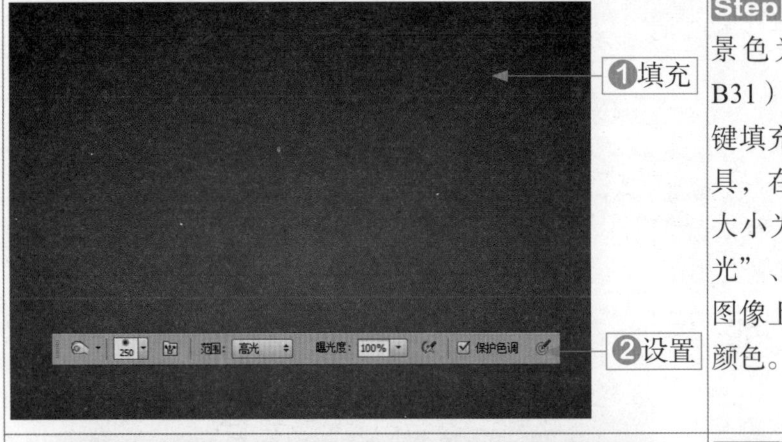

Step 02 填充背景❶设置前景色为红色（R207，G9，B31），按【Alt+Delete】组合键填充背景色。❷选择加深工具，在工具属性栏中设置画笔大小为250、“范围”为“高光”、“曝光度”为100%，在图像上方进行涂抹，加深图像颜色。

Step 03 绘制路径❶新建一个图层，得到图层1。❷选择工具箱中的钢笔工具，在工具属性栏中设置工具模式为“路径”。❸在图像右侧绘制出一个如左图所示的弯曲封闭图形。

Step 04 填充选区 ❶按【Ctrl+Enter】组合键将路径转换为选区，并填充为白色。❷选择矩形选框工具，在图像中绘制一个较大的矩形选区。

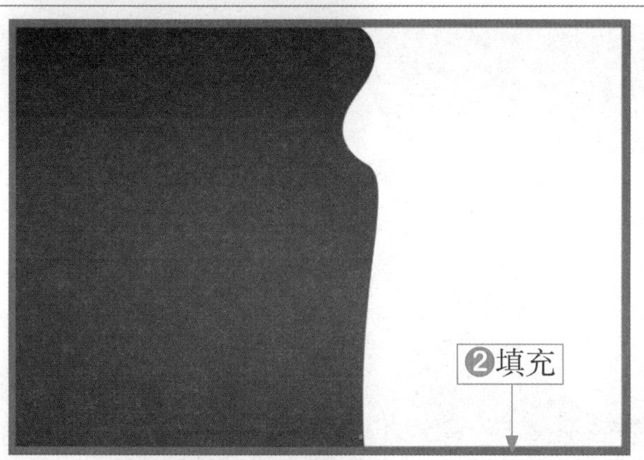

Step 05 绘制灰色边框 ❶按【Shift+Ctrl+I】组合键反向选区。❷设置前景色为灰色，按【Alt+Delete】组合键填充选区，得到一个灰色边框。

Step 06 绘制白色圆形 ❶新建一个图层，选择椭圆选框工具，在画面左上方绘制一个圆形选区。❷设置前景色为白色，按【Alt+ Delete】组合键填充选区，然后按【Ctrl+D】组合键取消选区。

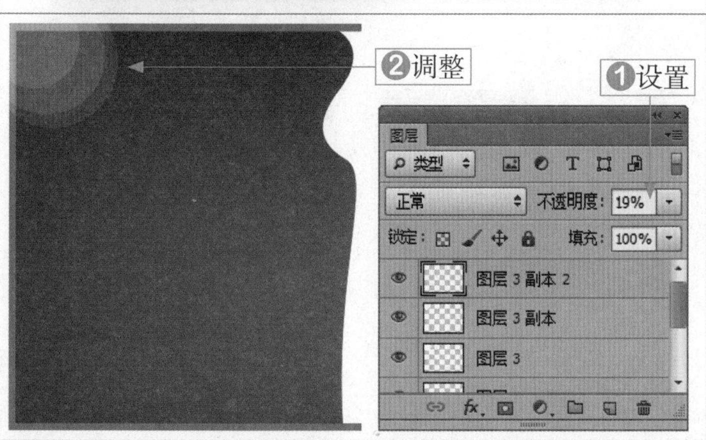

Step 07 制作透明圆形 ❶在"图层"面板中设置该图层的不透明度为19%，得到透明圆形。❷复制两次圆形，适当调整复制圆形的位置和大小，参照左图所示的形式进行排放。

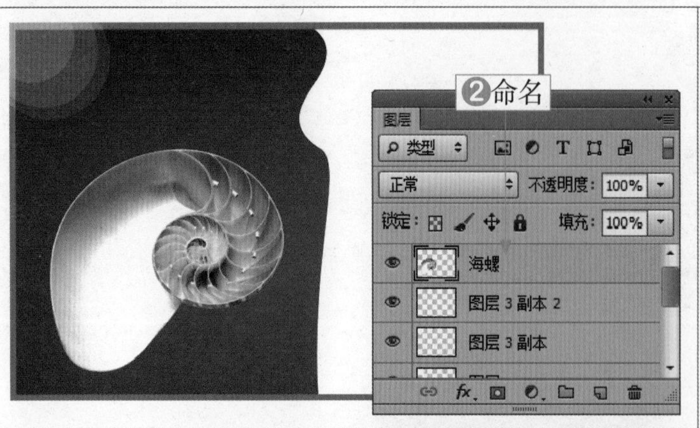

Step 08 添加素材图像 ❶选择“文件”|“打开”菜单命令，打开“海螺.psd”素材图像。❷使用移动工具将图像拖曳到当前编辑的图像中，放到画面左侧，并将该图层命名为“海螺”。

Step 09 添加投影 ❶新建一个图层，命名为“投影”，并将其放到“海螺”图层下方。❷设置前景色为黑色，选择画笔工具，在工具属性栏中设置画笔样式为“柔边”、大小为100，在海螺图像下方边缘位置进行涂抹，得到投影效果。

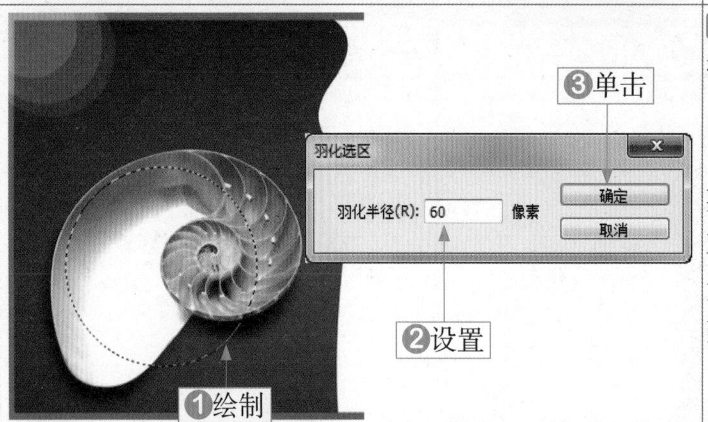

Step 10 制作羽化选区 ❶选择椭圆选框工具，在海螺图像中绘制一个圆形选区。❷选择“选择”|“修改”|“羽化”菜单命令，打开“羽化选区”对话框，设置半径参数为60像素。❸单击“确定”按钮，得到羽化选区。

Step 11 填充羽化选区 ❶新建一个图层，并将其放到“投影”图层下方。❷设置前景色为粉红色（R248，G198，B174），再按【Alt+Delete】组合键填充选区，得到柔和的图像效果。

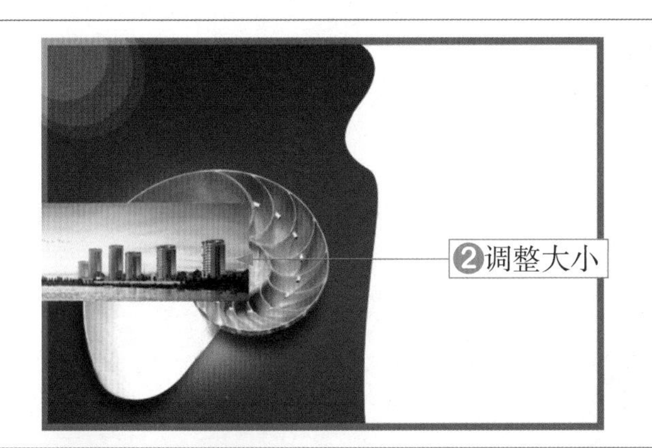

Step 12 添加楼房图像❶打开“楼房.psd”素材文件，使用移动工具将其拖曳到当前编辑的图像中。❷适当调整素材图像的大小后，放到海螺图像上方。

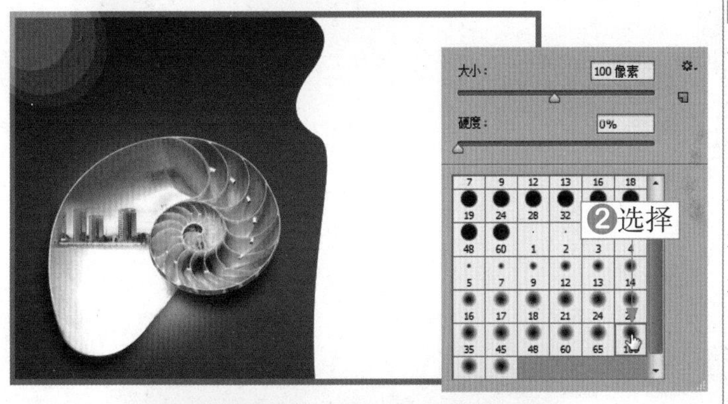

Step 13 添加图层蒙版❶单击“图层”面板底部的“添加图层蒙版”按钮，为图层添加蒙版。❷选择画笔工具，在工具属性栏中设置画笔为“柔边”、大小为100，对楼房图像边缘进行涂抹，隐藏部分图像。

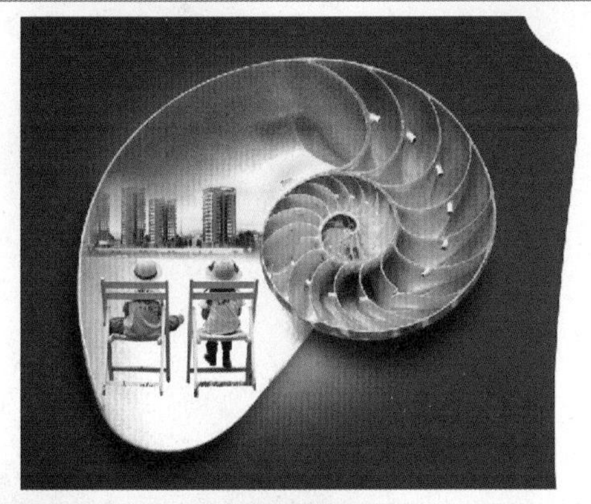

Step 14 添加小孩图像❶打开“小孩.psd”素材文件，使用移动工具将图像拖曳到当前编辑的图像中。❷适当调整图像大小，放到海螺图像下方。

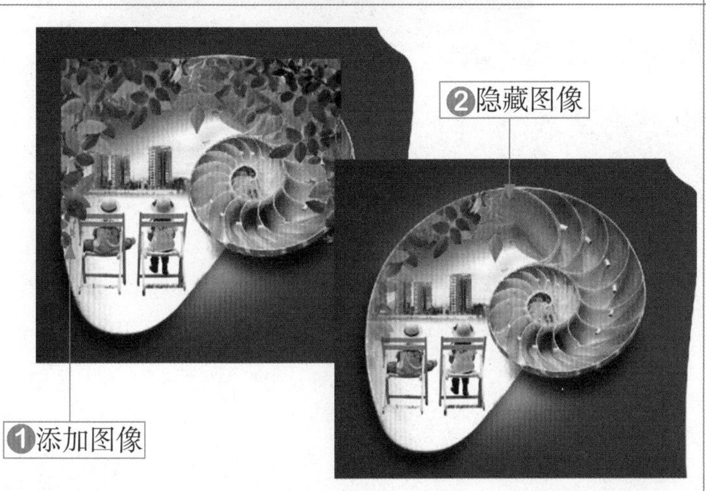

Step 15 添加树叶图像❶打开“树叶.psd”素材文件，使用移动工具将图像拖曳到当前编辑的图像中，放到海螺图像上方。❷为该图像添加图层蒙版，并使用画笔工具涂抹超出海螺的部分，效果如左图所示。

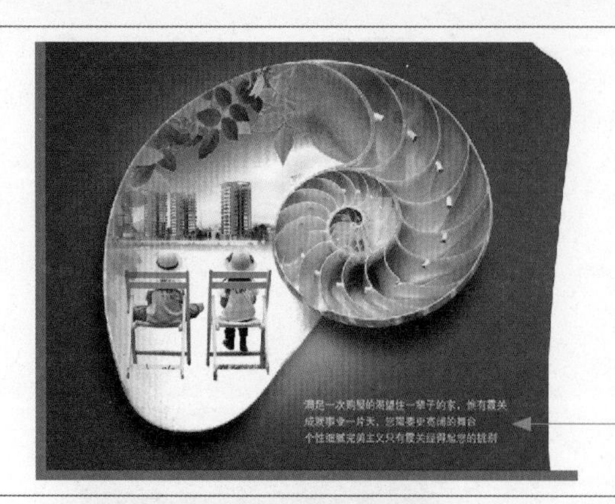

Step 16 输入文字 ❶选择横排文字工具，在工具属性栏中设置字体为黑体、颜色为白色。❷在海螺图像右下方输入一段文字，参照左图所示的方式进行排列。

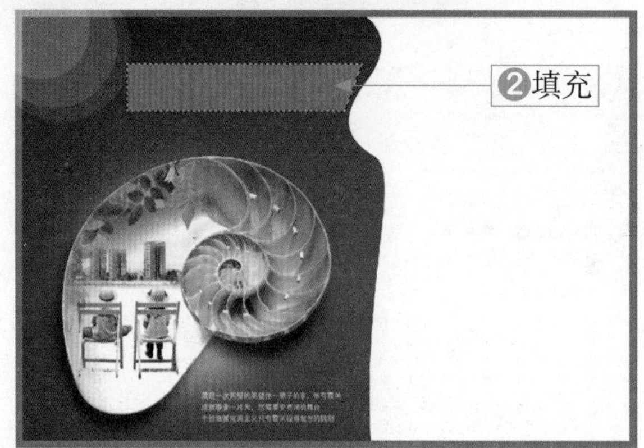

Step 17 绘制粉红色图像 ❶新建一个图层，选择多边形套索工具，在海螺图像上方绘制一个选区。❷设置前景色为粉红色（R234，G103，B84），填充所绘选区。

Step 18 输入文字 ❶选择横排文字工具。❷在粉红色图像中输入文字，并填充文字为白色。

知识链接

文字在图像中起着诠释图像内涵的作用。在Photoshop CS6中，不仅可以在图像中输入文字，还可以对文字的颜色、字体、大小、字距和行距等属性进行调整。

Step 19 制作倾斜文字 ❶选择横排文字工具，在白色文字下方再输入一行文字。❷选择“窗口”|“字符”菜单命令，打开“字符”面板，设置字体和字号等信息后，单击下方的“仿斜体”按钮，得到倾斜的文字。

3.4.2 制作右侧图像

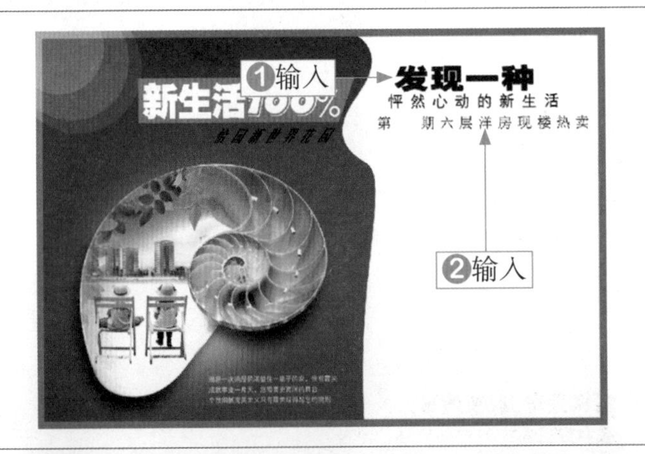

Step 01 输入文字 ❶选择横排文字工具，在画面右上方输入文字“发现一种”，在工具属性栏中设置字体为方正粗黑简体、颜色为黑色。❷再输入两行文字，设置字体为黑体，并参照左图所示的样式进行排列。

Step 02 输入文字 ❶选择椭圆选框工具，在文字中绘制一个圆形选区，并填充为橘红色（R234，G103，B84）。❷在圆形中输入数字“8”，并设置字体为方正超粗黑体、颜色为白色。

Step 03 输入段落文字 ❶选择横排文字工具，在文字下方按住鼠标左键并拖动，绘制出一个文本框。❷在其中输入文字，并设置字体为黑体，适当调整文字属性，参照左图所示的方式进行排列。

Step 04 输入其他文字 ❶选择横排文字工具，参照上述方法，在画面右侧继续输入其他文字。❷选择椭圆选框工具和圆角矩形工具，绘制出圆形和圆角矩形，并填充为橘黄色（R247，G185，B80），然后在其中绘制三角形并输入文字。

Step 05 添加素材图像❶打开“景区.psd”素材文件，使用移动工具将图像拖曳到当前编辑的图像中。❷适当调整图像大小，放到文字中间。

Step 06 输入其他文字❶打开“地图.psd”素材文件，使用移动工具将图像拖曳到当前编辑的图像中。❷在图像右下角输入其他文字，效果如左图所示。

Step 07 显示所有图像❶至此，完成本案例的制作。❷双击缩放工具，在图像窗口中显示所有图像，案例最终效果如左图所示。

知识链接

在Photoshop中，双击缩放工具或按【Shift+0】组合键都可以按屏幕大小显示所有图像。

3.5 Photoshop技术库

在本章案例的制作过程中，多处都运用到了文字工具，下面将针对创建文字和编辑文字等操作进行重点介绍。

3.5.1 创建文字

当用户在Photoshop中绘制好图像后，创建文字除了可以为图像做一些介绍说明外，还可以丰富画面效果。Photoshop CS6的文字工具组中包括：横排文字工具T、直排文字工具IT、横排文字蒙版工具和直排文字蒙版工具。

文字工具组中各工具对应的工具属性栏中的选项都大体相似，选择横排文字工具后，在工具属性栏中将显示如下图所示的各选项。

T | 方正姚体 | 9点 | 平滑

文字工具属性栏

1. 创建美术字文本

创建美术文本的方法是：从工具箱中选取横排文字工具T或直排文字工具IT，在图像窗口中单击鼠标，出现字符输入光标（如左下图所示），即可输入文字，如右下图所示。

插入光标

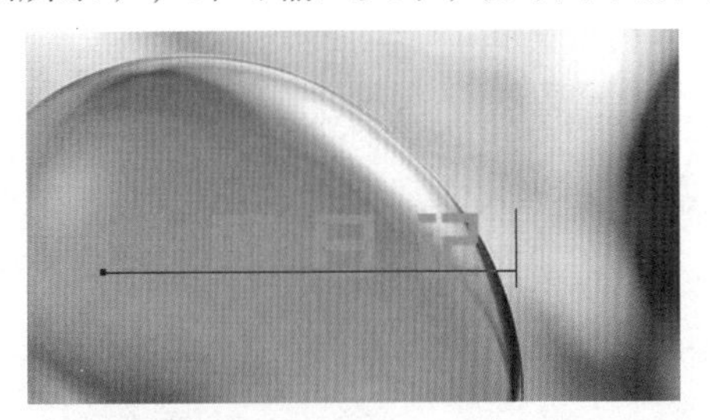

输入文字

经验分享

输入文字后，Photoshop对于文本有很多限制，不能对文字进行添加滤镜操作以及色调调整。如果要进行一些特殊操作，需要选择“图层”|“栅格化”|“文字”菜单命令，将其转换为普通图层。

2. 创建文字选区

使用横排文字蒙版工具T和直排文字蒙版工具IT可以创建横排和竖排文字选区，其创建方法与创建美术字文本的方法相似，只是最后得到的是文字选区，而不是文本。

单击工具箱中的横排或直排文字蒙版工具，在图像中需要创建文字选区的位置单击鼠标，当出现插入光标后输入所需的文字，如左下图所示。

完成后单击工具箱中的其他工具退出文字蒙版输入状态，输入文字将以文字选区显示，但不产生文字图层，如右下图所示。

文字蒙版

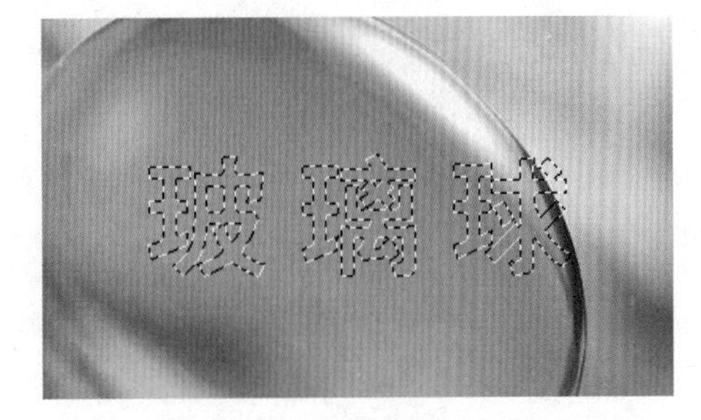

文字选区

3. 创建段落文本

段落文本是指在一个段落文本框中输入所需的文本，以便于用户对该段落文本框中的所有文本进行统一的格式编辑和修改。段落文字分为横排段落文字和直排段落文字，分别通过横排文字工具和直排文字工具来创建。

❀ 输入横排段落文字：单击工具箱中的横排文字工具T，在其工具属性栏中设置字体的样式、字号和颜色等参数，将光标移动到图像窗口中，当光标变为⌶形状时，在适当的位置按住鼠标左键并拖动绘出一个文字输入框，然后输入段落文字即可，如左下图所示。

❀ 输入直排段落文字：在完成横排段落文字的输入后，单击工具属性栏中的“更改文本方向”按钮，可以将其转换为直排段落文字。用户也可以参照输入横排段落文字的方法，使用直排文字工具在图像编辑区域内拖曳出一个文字输入框，然后输入段落文字即可，如右下图所示。

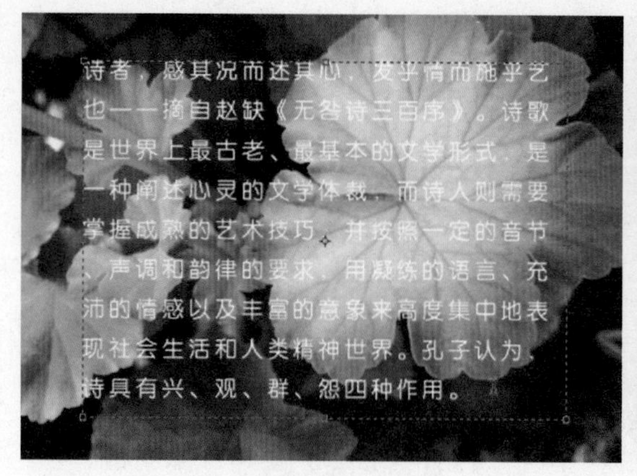

横排段落文字

直排段落文字

3.5.2 编辑文字

当用户在图像中输入文字后，还可以对文字的颜色、大小、字体等属性重新进行设置，下面来介绍编辑文字属性的操作方法。

1. 选择文字

要对文字进行编辑，除了需选中该文字所在图层，还需选取要设置的部分文字。选取文字时先切换到横排文字工具，然后将鼠标指针移动到要选择文字的开始处，当鼠标指针变成Ｉ形状时，按住鼠标左键并拖动，在需要选取文字的结尾处释放鼠标，此时被选中的文字将以文字的补色显示，如右图所示。

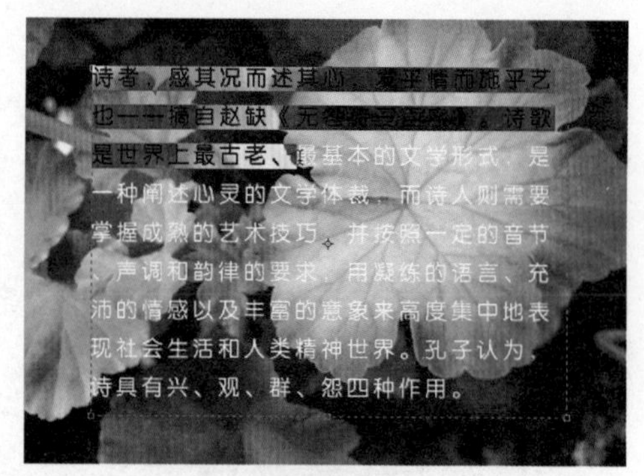

选择文字

2. 改变文字方向

在实际操作过程中，如果需将横排文本转换成竖排文本或将竖排文本转换成横排文字，此时无需再重新输入，可直接进行文字方向的转换。

选中需要改变文字方向的文字图层后，选择“图层”|“文字”|“水平”或“垂直”菜单命令，即可改变文字的方向。

3. 设置文字的字体、字号及颜色

在“图层”面板中选择相应的文字图层，并单击工具箱中的横排文字工具，通过拖动鼠标选取要修改的部分文字（若需将修改应用到当前文字图层中的所有文字，则无需选取），然后即可修改文字的字体、颜色和大小，其操作方法分别如下：

❁ 单击工具属性栏中“设置字体”下拉列表框右侧的按钮，在弹出的下拉列表中选择所需的字体样式，即可修改文字的字体。

❁ 单击工具属性栏中的“设置文本颜色”颜色框或单击工具箱中的前景色图标，在打开的“拾色器”对话框中选择一种新的颜色，即可修改文字的颜色。

❁ 在工具属性栏的“设置文本大小”下拉列表框中选择文本的字号，或直接在其列表框中输入具体的数值，即可修改文字的大小。

4. 创建变形文本

Photoshop CS6在文字工具属性栏中提供了一个文字变形工具，通过它可以将选择的文字改变成多种变形样式，从而制作出形式多样的艺术效果。

选择文字工具，单击工具属性栏左侧的“创建变形文字”按钮，打开“变形文字”对话框，如左下图所示。该对话框的“样式”下拉列表框用来设置文字的样式，可在其下面选择15种变形样式。任意选择一种样式，即可激活对话框中的其他选项，如选择“花冠”样式，如右下图所示，其中各项参数的含义如下。

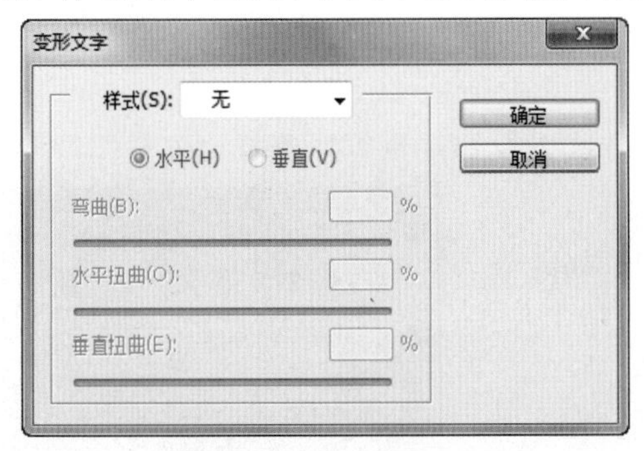

“变形文字”对话框

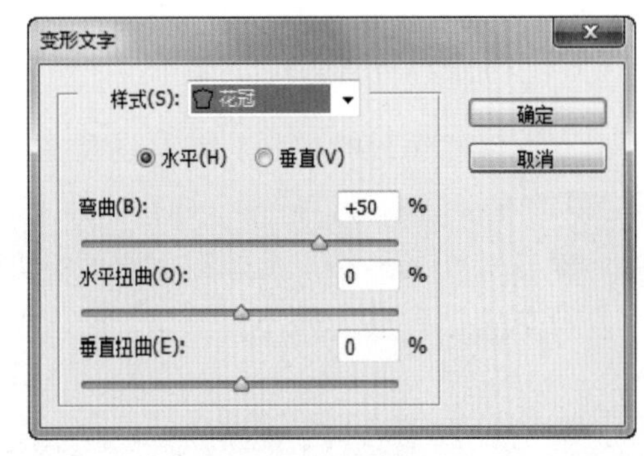

激活其他选项

❁ 水平(H) / 垂直(V) 单选按钮：用于设置文本是沿水平还是垂直方向进行变形，系统默认为沿水平方向变形。

❁ 弯曲：用于设置文本的弯曲程度，当为0时表示没有任何弯曲。

❁ 水平扭曲：用于设置文本在水平方向上的扭曲程度。

❁ 垂直扭曲：用于设置文本在垂直方向上的扭曲程度。

5. 调整文字属性

文字工具属性栏中只包含了部分字符属性控制参数，而“字符”面板则集成了所有的参数控制，不但可以设置文字的字体、字号、样式和颜色，还可以设置字符间距、垂直缩放、水平缩放，以及是否加粗、加下划线、变为上标等。选择文字工具，单击工具属性栏中的按钮，即可打开如下图所示的“字符”面板，其主要参数的含义如下。

❁ 方正粗倩简体：单击此文本框右侧的三角按钮，在下拉列表中选择需要的字体。

❁ 30点：在此文本框中直接输入数值可以设定字体大小。

❁ (自动)：用于设置文本的行距，数值越大，文本的间距越大。

❁ 100%：用于设置文字的垂直缩放。当数值大于100%时，文字呈狭窄状；当数值小于100%时，文字呈扁状；当数值为100%时，文字则为方块字。

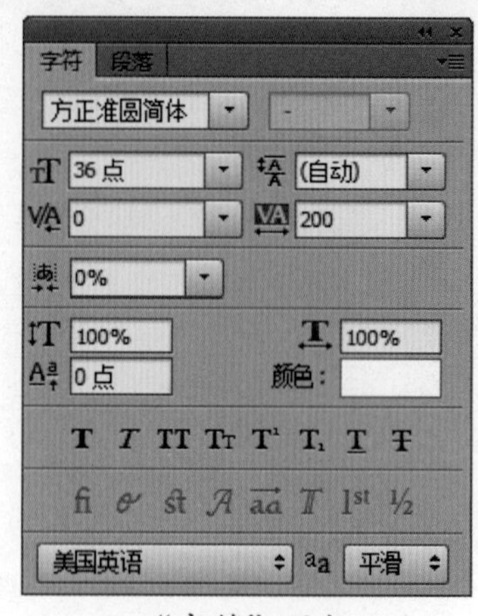

“字符”面板

❁ T 100%：用于设置文字的水平缩放，其缩放效果与垂直缩放相反。当数值大于100%时，文字呈扁形；当数值小于100%时，文字呈狭窄状；当数值为100%时，文字则为方块字。

❁ 50%：根据文本的比例大小来设置文字的间距。

❁ VA 200：用于设置文字之间的距离，即字间距，数值越大，文字的间距就越大。

❁ VA 0：用于对文字间距进行细微调整。

❁ A 0点：用于设置文字的偏移量，输入正值时文字向上偏移，输入负值时文字向下偏移。

❁ 颜色：单击颜色块，在弹出的“拾色器”对话框中可以设置文本的颜色。

❁ T T TT Tr T' T, T T：用于对文字进行仿粗体、仿斜体、全部大写字母、小型大写字母、上标、下标、添加下划线和添加删除线等设置。

6. 调整段落属性

“段落”面板的主要功能是设置文字的对齐方式以及缩进量等。选择“窗口”|“段落”菜单命令，打开“段落”面板，如下图所示。

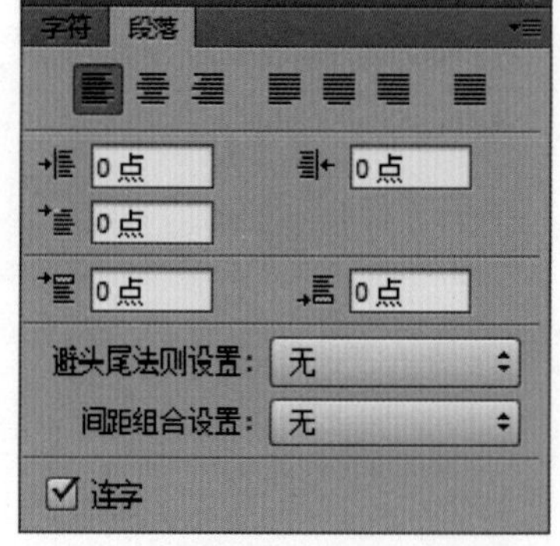

“段落”面板

❁ 左对齐：按下此按钮，段落中所有文字左对齐。

❁ 居中对齐：按下此按钮，段落中所有文字居中对齐示。

❁ 右对齐：按下此按钮，段落中所有文字右对齐。

❁ 最后一行左对齐：按下此按钮，段落中最后一行左对齐。

❁ 最后一行中间对齐：按下此按钮，段落中最后一行居中对齐。

❁ 最后一行右对齐：按下此按钮，段落中最后一行右对齐。

❁ 全部对齐：按下此按钮，段落中所有行两端对齐。

❁ 左缩进 0点：用于设置所选段落文本左边向内缩进的距离。

❁ 右缩进 0点：用于设置所选段落文本右边向内缩进的距离。

❁ 首行缩进 0点：用于设置所选段落文本首行缩进的距离。

❁ 段落前添加空格 0点：用于设置插入光标所在段落与前一段落间的距离。

❁ 段落后添加空格 0点：用于设置插入光标所在段落与后一段落间的距离。

❁ “连字”选项：选中该选项，表示可以将每行最后一个外文单词拆开并自动添加连字符号，使剩余的部分自动换到下一行。

3.6 设计理论深化

通过本章的学习，为了提升读者的设计理念，让大家掌握更多的设计理论知识，为以后的设计工作提供理论指导和参考，做到有的放矢，需要理解和熟悉以下的知识内容。

报刊广告的特点是发行量大、时间快、费用较经济，它具有广阔而周密的邮政发行网，每天都会及时送到城乡订户的手中。人们一般多有看报的习惯，阅读新闻时，有意无意都会看到广告，在大众传播的四大媒体中，因为消费者对报刊比较信任，所以对其所刊登的广告也是信得过的。看报不受时间、地区、环境和气候的限制，因此信息传达及时，反响迅速，覆盖面大，有利于时间紧迫和造声势的广告。报刊版面大、篇幅多，因此广告可作详细的文字和形象的介绍，读者需要也可剪下来进行保存。报刊广告的短处是，人们一般只阅读当日报刊，因此广告只能当日与读者见面，隔日即逝，另外报刊的印刷不够精美，特别是彩印不够鲜明，影响报刊的吸引力。

在设计报刊广告时需要注意以下两点：

1. 设计具体、有针对性的广告

在设计报纸广告时，首先要明白，报纸广告拥有很强的市场渗透力，报纸广告设计制作的成本较低、较简便容易、并且发布灵活。在维护整体形象的前提下，应根据市场发展的需要及时改变具体设计和具体内容，使报纸广告更具体、更有针对性。这应有别于杂志、招贴等在设计上较少变化、较稳定的媒体。下图是两则楼盘广告，在画面设计中，明确地向人们传达了楼盘的销售地址和联系方式等信息，让读者能够一目了然。

楼盘广告1

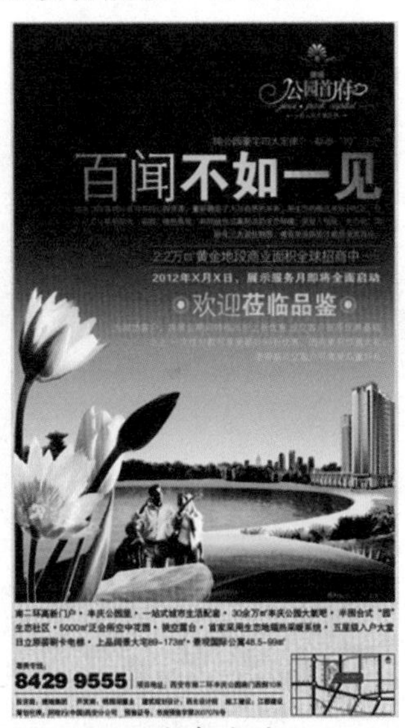

楼盘广告2

2. 版面的视觉冲击力

报纸广告的设计也和一般平面广告设计的基本规律一样，应该从报纸版面的整个环境来考虑如何提高其视觉冲击力和注目率。由于报纸广告在版面上经常是多个广告并置发布的，各广告间的相互干扰会降低人们的注目率。报纸广告要想从版面上凸显出来，就得搞清自己的发布环境，根据版面的情况来决定自己的设计。

Chapter 第04章

产品DM宣传单设计

课前导读

产品DM宣传单能够为公司的产品宣传带来直接的影响，现在很多企业也喜欢在商场和超市等公共场所派发宣传单，让产品的受众面更加直接、具体，而DM单的设计对于产品的宣传起到了非常重要的作用。本章将介绍DM宣传单的特性和创意理论，并结合几个经典案例对DM宣传单的设计与制作方法进行详细讲解。

本章学习要点

- DM宣传单设计基础
- 唇彩DM单广告
- 空气清新剂双面DM单
- 蛋糕房圣诞促销DM单

精彩效果赏析

4.1　DM宣传单设计基础

在进行DM单广告设计创作之前，本节将先介绍一下DM单广告设计的基础知识，包括DM宣传单的特性和DM宣传单的设计要点。

4.1.1　DM宣传单的特性

DM宣传单是目前宣传企业形象的推广方法之一。它能非常有效地将企业形象提升到一个新的层次，更好地将企业的产品和服务展示给大众，能非常详细地说明产品的功能、用途及其优点（与其他产品不同之处），诠释企业的文化理念，所以宣传单已经成为企业必不可少的企业形象宣传工具之一。下图所示为企业产品的DM宣传单。

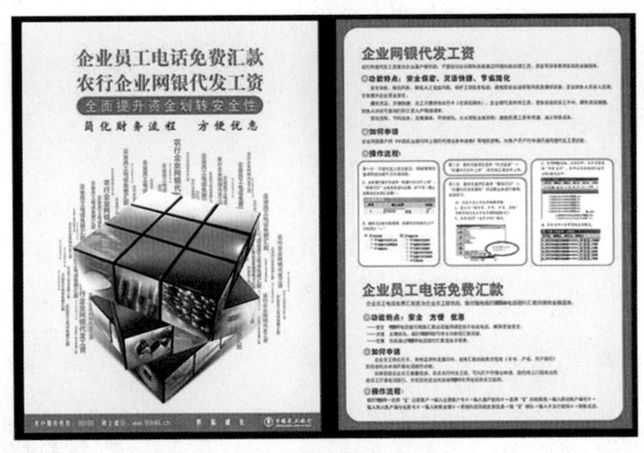

企业产品DM宣传单

DM宣传单具有以下几种特性：

1. 针对性

DM广告能够直接将广告信息传递给真正的受众，具有强烈的选择性和针对性，其他媒介只能将广告信息笼统地传递给所有受众，而不管受众是否是广告信息的目标对象。

2. 广告持续时间长

一个30秒的电视广告，它的信息在30秒后荡然无存。DM广告则明显不同，在受众做出最后决定之前，可以反复翻阅观看广告信息，并以此作为参照物来详尽了解产品的各项性能指标，直到最后做出购买或舍弃决定。

3. 具有较强的灵活性

不同于报纸杂志广告，DM广告的广告主可以根据自身具体情况来任意选择版面大小，并自行确定广告信息的长短、选择全色或单色的印刷形式，广告主只需要考虑邮政部门的有关规定及自身广告预算的规模大小。除此之外，广告主还可以随心所欲地制作出各种各样的DM广告。

4. 能产生良好的广告效应

DM广告是由广告主直接寄送给个人的，故而广告主在付诸实际行动之前，可以参照人口统计和地理区域因素来选择受传对象，从而保证最大限度地使广告信息为受传对象所接受。同时，与其他媒体不同，受传者在收到DM广告后，会迫不及待地了解其中的内容，不受外界干扰而移心他顾。基于以上两点，DM广告较之其他媒体广告能够产生良好的广告效应。

5. 具有可测定性

广告主在发出DM单广告之后，可以借助产品销售数量的增减变化情况及变化幅度来了解广告信息传出之后产生的效果，这一优势超过了其他广告媒体。

6. 具有隐蔽性

DM 广告是一种深入潜行的非轰动性广告，不易引起竞争对手的察觉和重视，这是影响DM广告效果的主要因素。

7. DM广告的创意、设计及制作

DM广告无法借助报纸、电视、杂志或电台等在公众中已建立的信任度，因此DM广告只能以自身的优势以及良好的创意、设计与印刷，加上诚实、诙谐或幽默等富有吸引力的语言来吸引目标对象，以达到较好的效果。下图所示广告就有非常好的广告创意和设计。

影院DM宣传单

童装DM宣传单

4.1.2 DM宣传单的设计要点

DM宣传单不同于其他传统广告媒体，它可以有针对性地选择目标对象，有的放矢，减少浪费，而且还能对事先选定的对象直接实施广告，广告接受者容易产生其他传统媒体无法比拟的优越感，使其更自主地关注产品。

DM宣传单广告的设计要点如下：

- DM设计与创意要新颖别致，制作精美，内容设计要让人不舍得丢弃，确保其有吸引力和保存价值。如古井贡酒在非典期间以幽默的表现手法宣传防治非典知识，就深受广大消费者的喜爱，引起了消费者的争相传阅。
- 主题口号一定要响亮，要能抓住消费者的眼球。好的标题是成功的一半，好的标题不仅能给人耳目一新的感觉，而且还会产生较强的诱惑力，引发读者的好奇心，吸引他们

不由自主地看下去，使DM广告的广告效果最大化。

❀ 纸张和规格的选取大有讲究。一般画面的选择铜版纸，文字信息类的选择新闻纸，打报纸的擦边球。对于选新闻纸的一般规格最好是报纸的一个整版面积，至少也要一个半版；彩页类，一般不能小于B5纸，太小了不行，一些二折、三折页更不要夹，因为读者拿报纸时，很容易将其抖掉。

4.2　唇彩DM单广告

案例效果

源文件路径：
光盘\源文件\第4章

素材路径：
光盘\素材\第4章

教学视频路径：
光盘\视频教学\第4章

制作时间：
30分钟

设计与制作思路

本实例制作的是一个唇彩DM单宣传广告。在设计之前，首先要了解产品特色，由于唇彩多数以红色为主，所以这里根据产品的特色，将图像背景色调定位成红色调，并且添加了一些花朵作为背景，与画面自然地融合在一起；然后再加入人物素材，并采用图层混合模式使人物图像与红色调不起冲突；最后添加产品图像，并配以文字说明，起到说明解释的作用。

4.2.1　制作梦幻背景

Step 01 新建文件 ❶选择“文件”|“新建”菜单命令，打开“新建”对话框。❷设置名称为“唇彩DM单广告”，设置宽度为22厘米、高度为15.5厘米、分辨率为150。❸单击“确定”按钮，即可得到新建的空白图像文件。

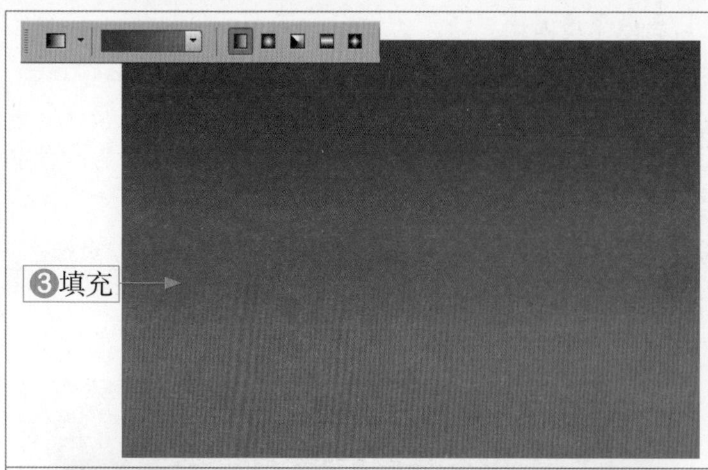

Step 02 渐变填充图像 ❶选择渐变工具，单击属性栏中的渐变色条，打开“渐变编辑器”对话框。❷设置颜色从深红色（R173，G3，B13）到粉红色（R244，G72，B98）。❸在属性栏中设置渐变方式为“线性”，然后在图像中从上向下拖曳鼠标，进行渐变填充。

Step 03 添加素材图像 ❶打开“暗花.psd”素材图像，使用移动工具将图像拖曳到当前编辑的图像中。❷按【Ctrl+T】组合键调整素材图像的大小，并将其放到画面右下方。

Step 04 设置图层混合模式 ❶这时“图层”面板中将自动生成图层1。❷设置图层混合模式为“明度”，得到的图像效果如左图所示。

知识链接

当用户在使用Photoshop进行图像合成时，图层混合模式是使用最为频繁的技术之一，它是用来设置图层中的图像与下面图层中的图像像素进行混合的方法，设置不同的混合模式，所产生的效果也会不同。在Photoshop CS6中提供了多种图层混合模式，在混合图层之前，用户应先对以下的颜色概念进行了解。

- 基色：即图像中原稿的颜色。
- 混合色：即通过绘画和填充应用的颜色。
- 结果色：即混合后得到的颜色。

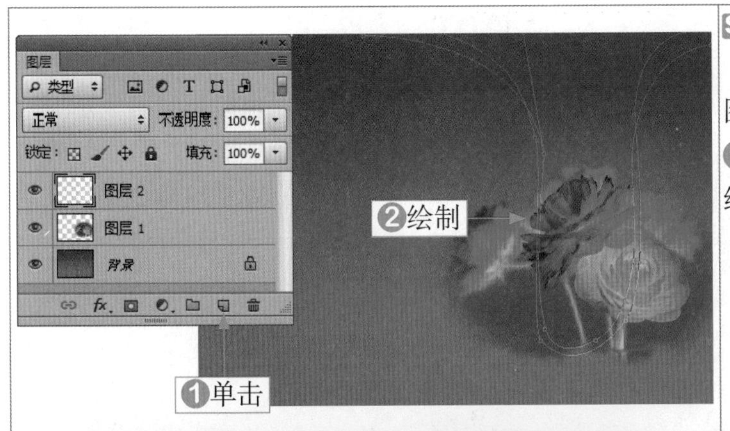

Step 05 绘制曲线图像 ❶单击“图层”面板底部的“创建新图层”按钮，新建一个图层。❷选择钢笔工具，在画面右侧绘制一个交叉的曲线图形。

Step 06 涂抹选区 ❶按【Ctrl+Enter】组合键将路径转换为选区。❷设置前景色为白色，选择画笔工具，在属性栏中设置不透明度为20%、画笔样式为柔边，对选区进行涂抹，得到如左图所示的效果。

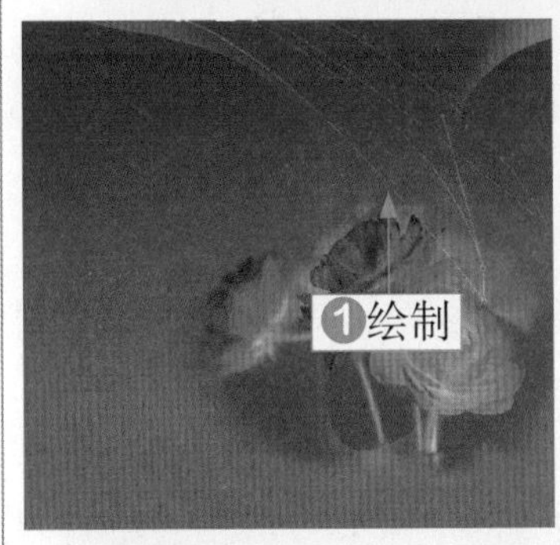

Step 07 绘制路径 ❶选择钢笔工具，在图像中再绘制两个曲线图形。❷按【Ctrl+Enter】组合键将路径转换为选区，设置前景色为红色（R223，G15，B44），使用画笔工具，对选区进行涂抹，得到柔和的图像效果。

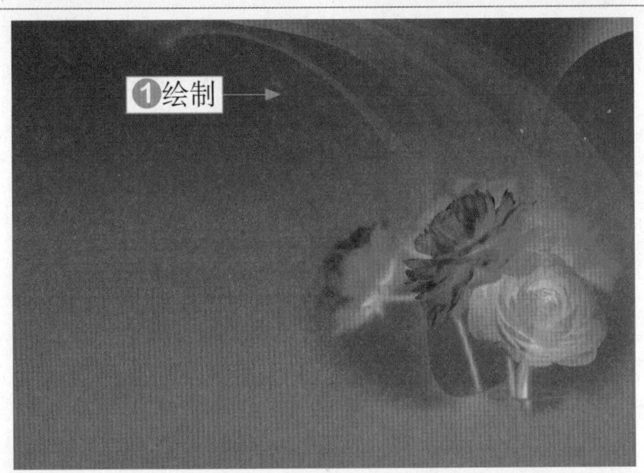

Step 08 绘制其他图像 ❶继续使用钢笔工具在图像中绘制曲线图形。❷按【Ctrl+Enter】组合键将路径转换为选区，使用画笔工具，继续沿用步骤7设置好的选项和颜色，对选区进行涂抹，得到的图像效果如左图所示。

Step 09 绘制边框 ❶新建一个图层，选择矩形选框工具，在图像上下两侧绘制两个矩形选区。❷设置前景色为深红色，然后按【Alt+Delete】组合键填充选区，得到边框图像。

4.2.2 绘制唇彩图像

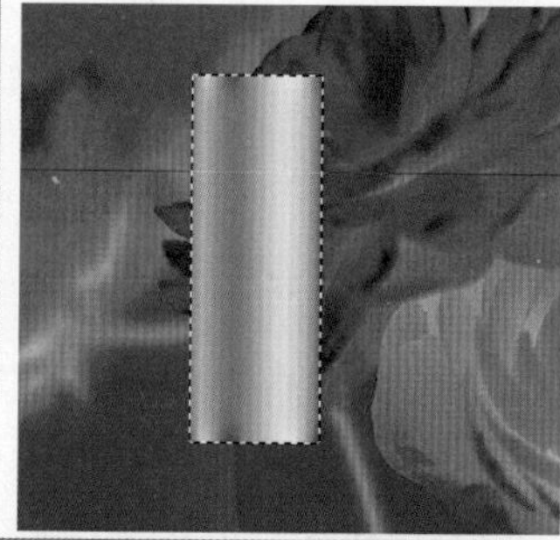

Step 01 绘制圆柱形 ❶新建一个图层，选择矩形选框工具，在画面右下方绘制一个矩形选区。❷选择渐变工具，单击属性栏中的渐变色条，打开“渐变编辑器”对话框，设置颜色为不同深浅的灰色。❸单击“确定”按钮，在选区中从左到右应用线性渐变填充。

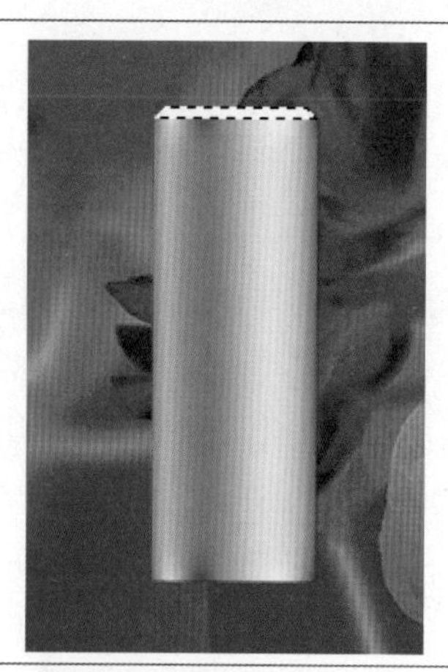

Step 02 绘制梯形图像 ❶新建一个图层，选择多边形套索工具，在圆柱形上方绘制一个梯形选区，填充为灰色。❷设置前景色为深灰色，选择画笔工具，绘制出暗部图像，得到如左图所示的效果。

知识链接

使用多边形套索工具可以创建具有直线或折线样式的选区。在图像中单击确定选区的起点，然后在其他地方单击创建第二点，这时所单击点之间会出现相连的线段，最后移动到起始点处单击即可。

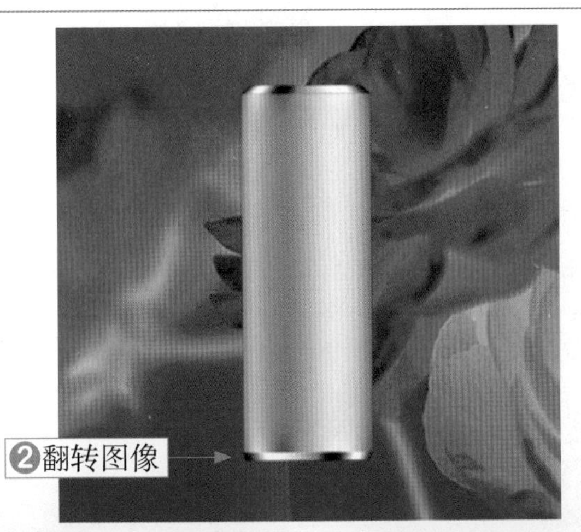

Step 03 复制和翻转图像 ❶按【Ctrl+J】组合键，复制梯形图像。❷使用移动工具将其放到圆柱形下方，然后选择“编辑”|“变换”|“水平翻转”和“垂直翻转”菜单命令，得到图像翻转后的效果。

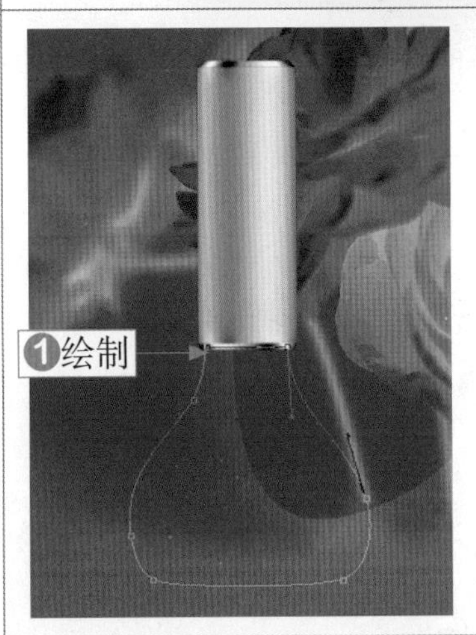

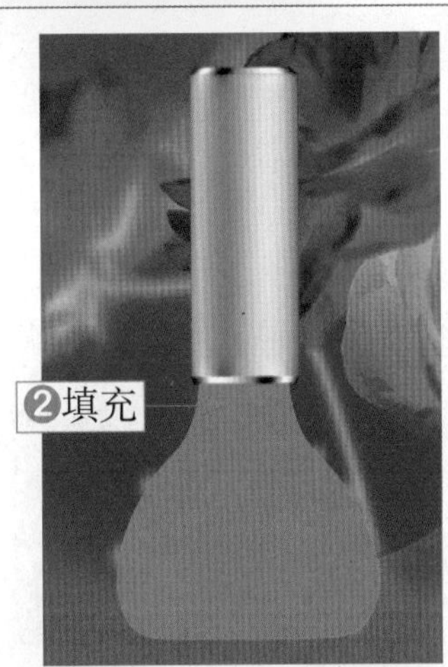

Step 04 绘制瓶身 ❶新建一个图层，选择钢笔工具，在圆柱形下方绘制出一个瓶身造型。❷单击“路径”面板底部的“将路径作为选区载入”按钮，填充为粉红色（R228，G136，B112），效果如左图所示。

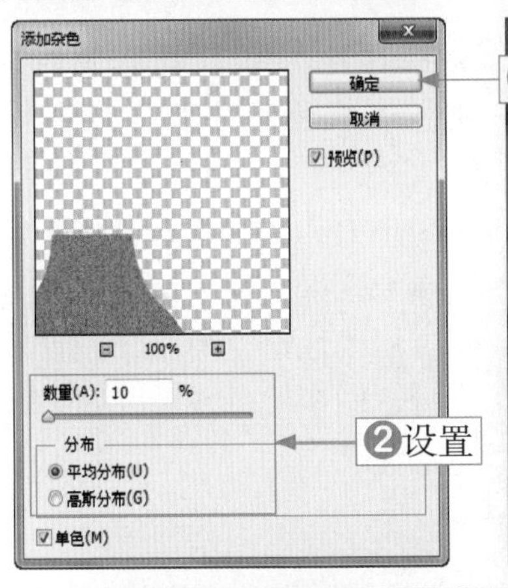

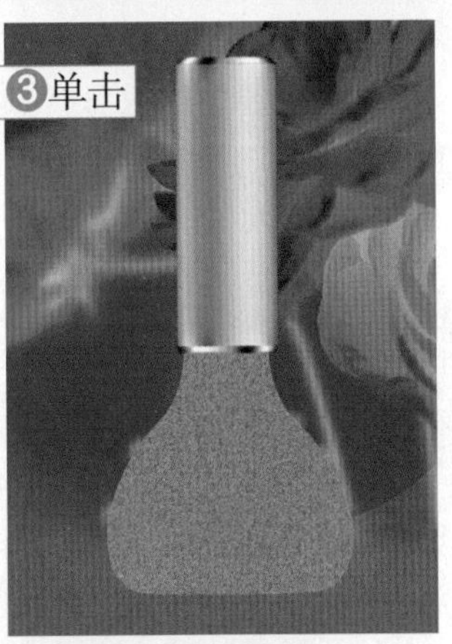

Step 05 添加杂色效果 ❶选择“滤镜”|“杂色”|“添加杂色”菜单命令，打开“添加杂色”对话框。❷设置“数量”为10%，再选中“平均分布”单选按钮和“单色”复选框。❸单击“确定”按钮，得到图像杂色效果。

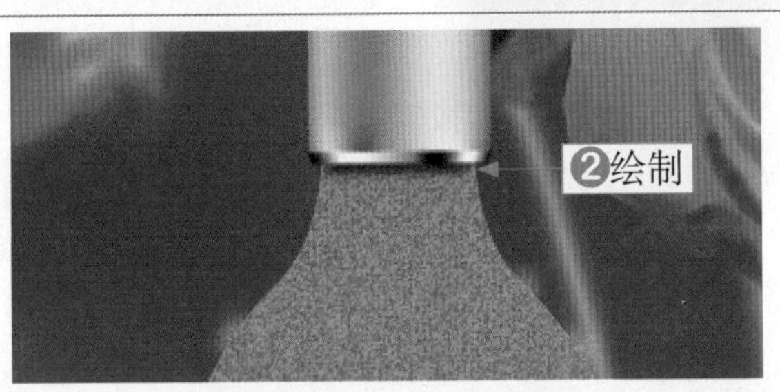

Step 06 绘制阴影 ❶设置前景色为黑色，选择画笔工具，在属性栏中设置不透明度为80%。❷在圆柱形和瓶身交界位置绘制阴影。

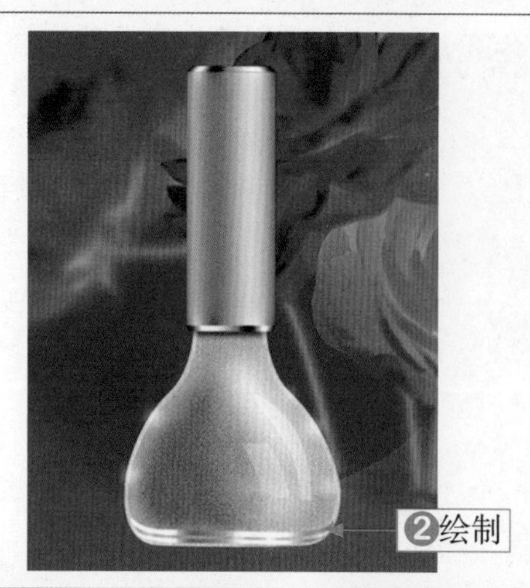

Step 07 绘制曲线图像 ①选择减淡工具和加深工具，分别对瓶身进行涂抹，制作出高光和暗部图像效果。②结合钢笔工具和渐变工具，绘制出瓶身底部的两条曲线图像，效果如左图所示。

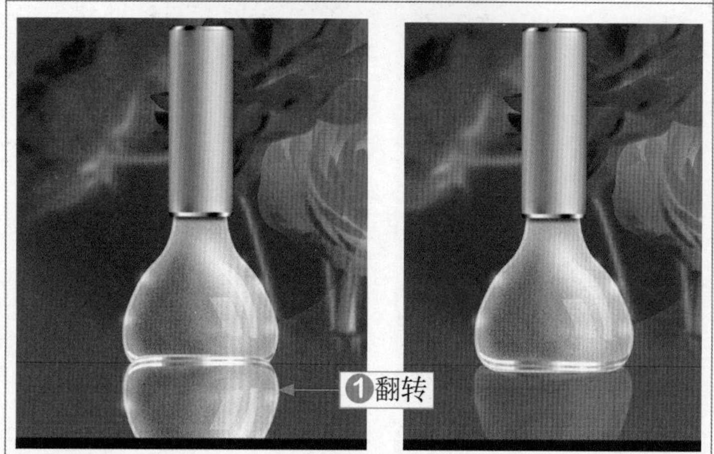

Step 08 制作倒影效果 ①复制瓶身图像，选择“编辑”|“变换”|“垂直翻转”菜单命令，将图像垂直翻转，并将其移动到瓶身底部。②设置该图层的不透明度为30%，得到倒影效果。

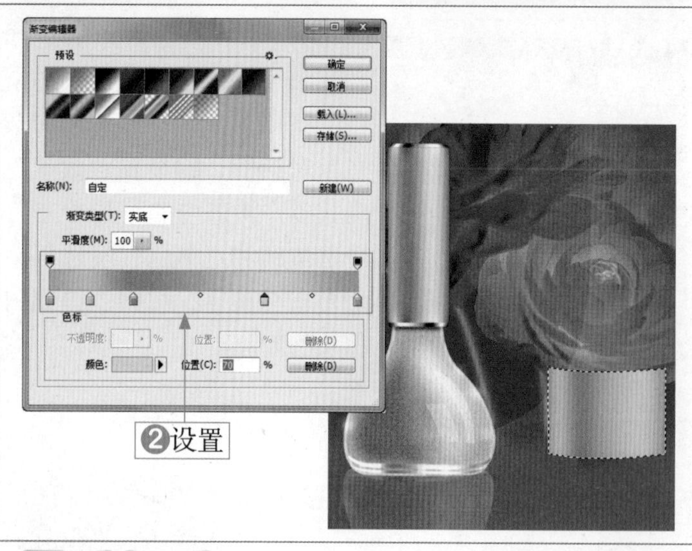

Step 09 渐变填充 ①下面绘制唇膏图像，新建一个图层，选择钢笔工具，绘制唇膏图像的基本轮廓。②按【Ctrl+Delete】组合键将路径转换为选区，使用渐变工具为其应用线性渐变填充，设置颜色为不同深浅的灰色，效果如左图所示。

经验分享

在使用渐变工具填充具有立体感的图像时，设置颜色的明暗变化以及位置是一个重要环节，建议读者可以多学习一些明暗度知识，这样才能更好地绘制出具有真实立体感的图像。

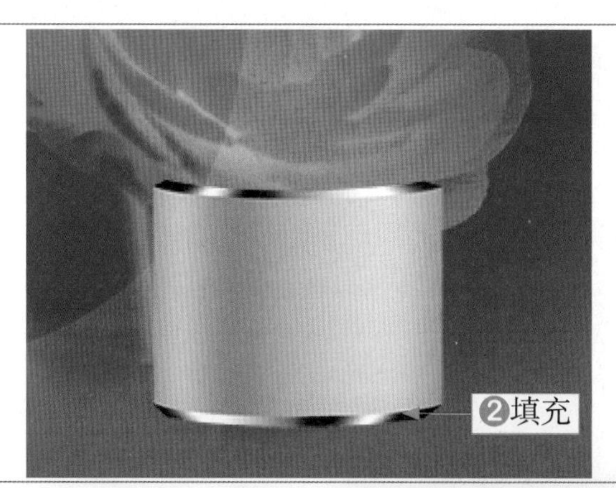	Step 10 渐变填充 ❶使用钢笔工具在渐变图像上下两侧再绘制两个图形。❷按【Ctrl+Delete】组合键将路径转换为选区，使用渐变工具为其应用线性渐变填充，并设置颜色为不同深浅的灰色。
 	Step 11 绘制唇膏管 ❶绘制多个相同形状的梯形，适当调整其大小后，放到唇膏图像中。❷使用渐变工具为所绘图形应用线性渐变填充，并设置颜色为不同深浅的灰色。❸再绘制出唇膏管的造型，同样使用渐变工具进行填充。
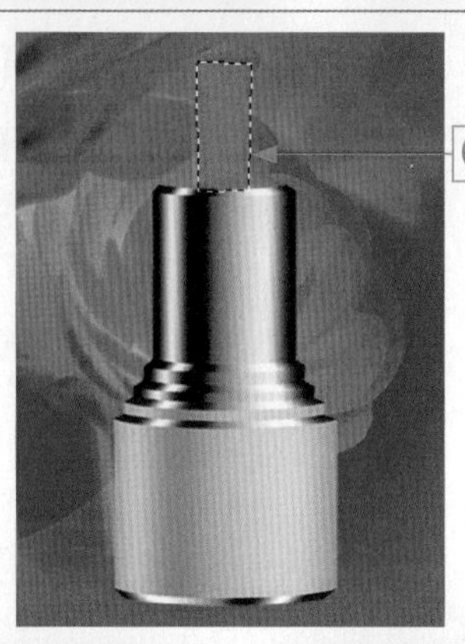	Step 12 绘制唇膏图像 ❶新建一个图层，选择多边形套索工具，在唇膏管上方绘制一个矩形选区。❷再设置前景色为橘黄色（R242，G130，B48），然后按【Alt+Delete】组合键填充选区。
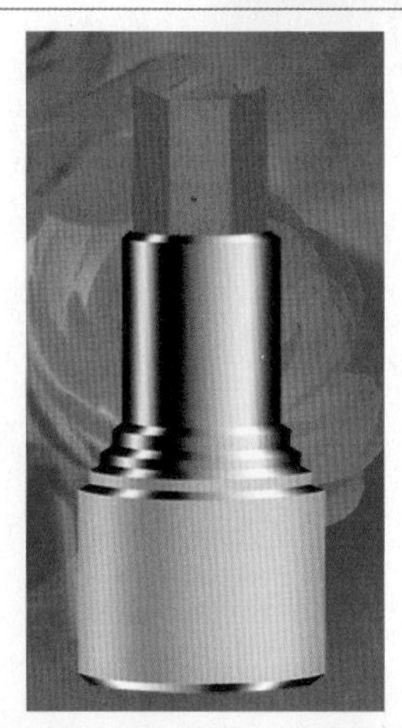 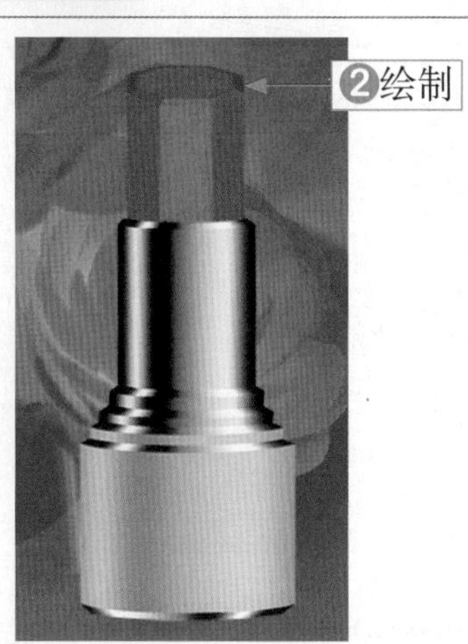	Step 13 绘制唇膏描边图像 ❶在橘色图像两侧分别绘制两个选区，填充为橘红色（R196，G102，B35）。❷接下来使用多边形套索工具绘制出一个五边形，同样填充为橘红色，再绘制出五个边的边框图像，填充为不同深浅的橘红色。

Step 14 **制作倒影效果** ❶选择唇膏底部图像所在的图层，复制一次该图层。❷选择“编辑”|“变换”|“垂直翻转”菜单命令将图像翻转，并放到唇膏图像底部。❸设置该图层的不透明度为25%，得到倒影效果。

Step 15 **添加人物图像** ❶打开“美女.jpg”素材图像，使用移动工具将其拖曳到当前编辑的图像中。❷按【Ctrl+T】组合键适当调整图像的大小，并将其放到画面左侧。

Step 16 **添加图层蒙版** ❶单击“图层”面板底部的“添加图层蒙版”按钮，为图层添加蒙版。❷使用画笔工具对人物图像背景部分进行涂抹，隐藏图像背景。

Step 17 **设置不透明度** ❶这时“图层”面板中将显示出蒙版效果。❷设置该图层的不透明度为75%，得到较为透明的人物图像效果，如左图所示。

4.2.3 添加文字和星光

Step 01 输入文字 ❶ 选择横排文字工具，在画面中输入三行文字，填充为黄色（R253，G219，B136）。❷在属性栏中设置第一行文字的字体为超粗黑简体，设置第二行文字的字体为Cambria，并适当倾斜，设置第三行文字的字体为细圆简体。

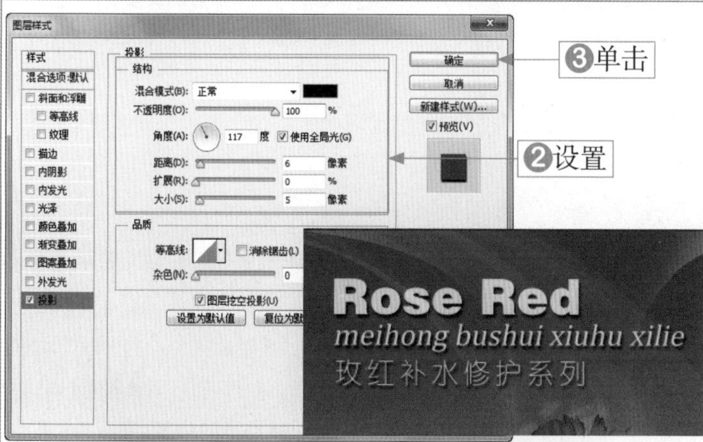

Step 02 设置投影效果 ❶选择“图层”|“图层样式”|“投影”菜单命令，打开“图层样式”对话框。❷设置投影颜色为黑色，其他参数设置如左图所示。❸单击“确定”按钮，得到文字的投影效果。

Step 03 绘制矩形图像 ❶新建一个图层，选择矩形选框工具，在文字下方绘制三个大小相同的矩形选区，并填充为白色。❷设置该图层的填充为46%，得到透明的图像效果。

Rose Red
meihong bushui xiuhu xilie
玫红补水修护系列
轻薄透气　古色持久　保湿莹润
❶输入

Step 04 输入文字 ❶选择横排文字工具，在矩形图像上输入文字。❷在属性栏中设置字体为幼圆、颜色为黑色。

Step 05 输入文字 ①在画面右下方再输入两行文字。②在属性栏中设置字体为黑体、颜色为黑色、字号为12点。

知识链接

用户在设置一些简单的文字属性时，可以直接选择文字后，在属性栏中进行设置。

Step 06 绘制图像 ①新建一个图层，选择钢笔工具，在唇彩图像底部绘制一个曲线路径。②按下【Ctrl+Enter】组合键将路径转换为选区，并将其填充为白色。

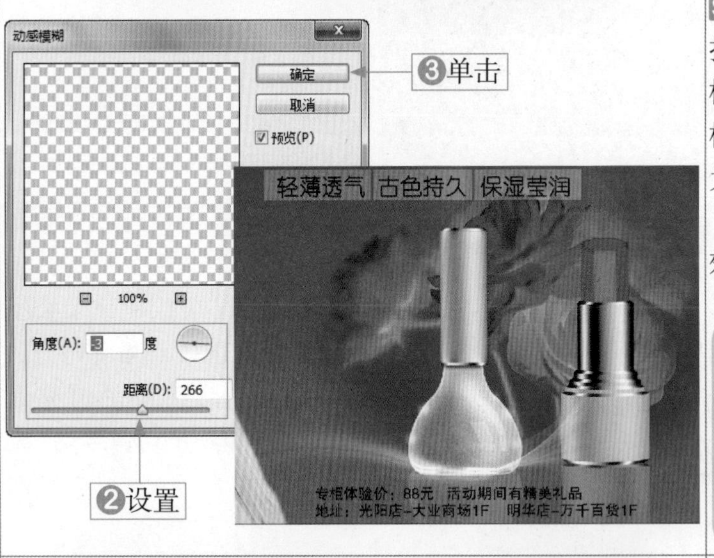

Step 07 模糊图像效果 ①选择“滤镜”|“模糊”|“动感模糊”菜单命令，打开“动感模糊”对话框。②设置角度为-3、距离为266像素。③单击“确定”按钮，得到光束图像效果，如左图所示。

经验分享

打开“动感模糊”对话框后，可以直接在预览框中预览效果，如果没有图像显示，可以直接在预览框中移动图像，直到显示。

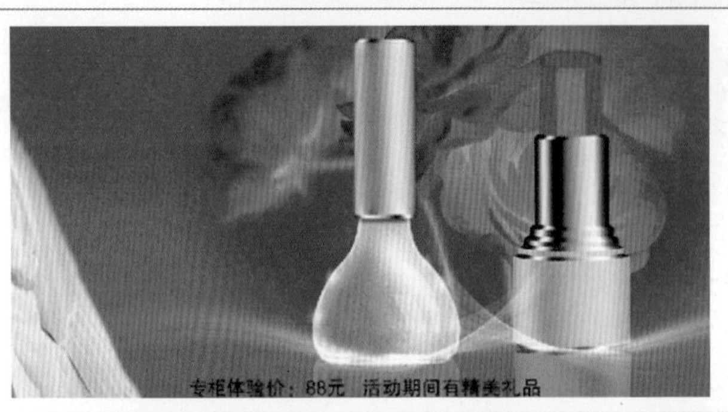

Step 08 复制光束图像 ①复制一次绘制的光束图像。②适当调整大小后，放到唇膏图像底部，效果如左图所示。

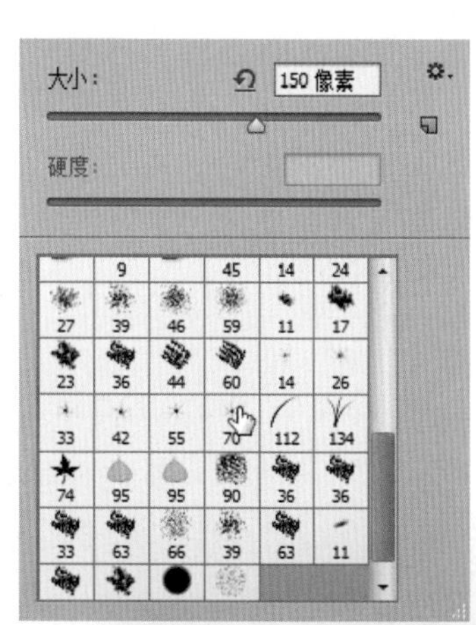
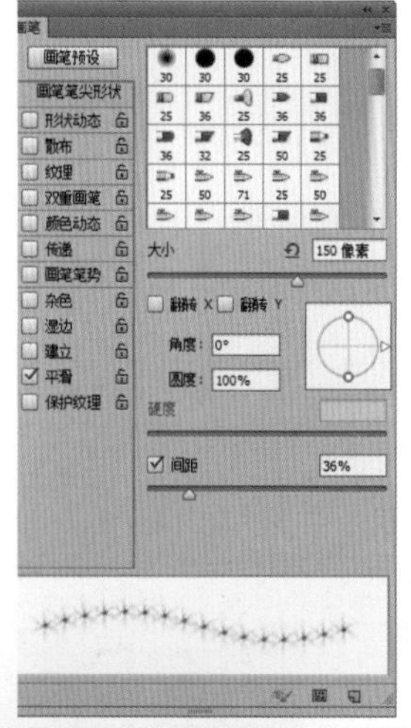

Step 09 设置画笔选项 ❶新建一个图层，选择画笔工具，在属性栏中设置画笔样式为“星形”、大小为150像素。❷再单击属性栏中的按钮，打开“画笔”面板，设置“间距”参数为36%。

Step 10 绘制星光图像 ❶设置前景色为白色。❷使用画笔工具在图像中绘制出星光图像，并参照左图所示的方式进行排列，即可完成本实例的操作。

经验分享

DM单广告是区别于传统的广告刊载媒体（报纸、电视、广播、互联网等）的新型广告发布载体，所以在设计上可以按照平面设计的形式进行，增添文字内容，以更加清楚地传递信息。

4.3 空气清新剂双面DM单

案例效果

源文件路径：
光盘\源文件\第4章

素材路径：
光盘\素材\第4章

教学视频路径：
光盘\视频教学\第4章

制作时间：
40分钟

设计与制作思路

本实例制作的是一个空气清新剂的双面DM单宣传广告。作为净化室内空气的产品，给人的首要印象必须是干净、环保，所以色调上采用了绿色调，让人第一眼就有回归大自然的感觉，紧紧地抓住人的目光。在设计上，采用了双面图案的方式，正面主要介绍产品图像以及文字说明，起到主要作用；而背面主要为形象设计，采用了小溪和树叶等素材图像，让整个画面更有清爽的感觉。

4.3.1 制作正面图像

Step 01 新建文件❶ 选择"文件"|"新建"菜单命令，打开"新建"对话框。❷设置名称为"空气清新剂双面DM单"，设置宽度为20厘米、高度为13.6厘米、分辨率为200。❸单击"确定"按钮，即可得到新建的空白图像文件。

Step 02 新建参考线❶ 按【Ctrl+R】组合键在图像窗口中显示标尺。❷选择"视图"|"新建参考线"菜单命令，打开"新建参考线"对话框，设置"取向"为垂直、"位置"为10厘米。❸单击"确定"按钮，即可在画面中创建参考线。

经验分享

用户还可以通过标尺来创建参考线，将鼠标指针置于窗口顶部或左侧的标尺处，按住鼠标左键并向图像区域拖动，这时鼠标指针呈✥或✥形状，释放鼠标后即可在释放鼠标位置创建一条参考线。

经验分享

通过标尺可以查看图像的宽度和高度。将鼠标指针放到标尺的X和Y轴的0点处，单击鼠标并按住鼠标左键不放，拖曳鼠标指针到图像中的任一位置，然后释放鼠标左键，此时标尺的X和Y轴的0点就显示在释放鼠标的位置。

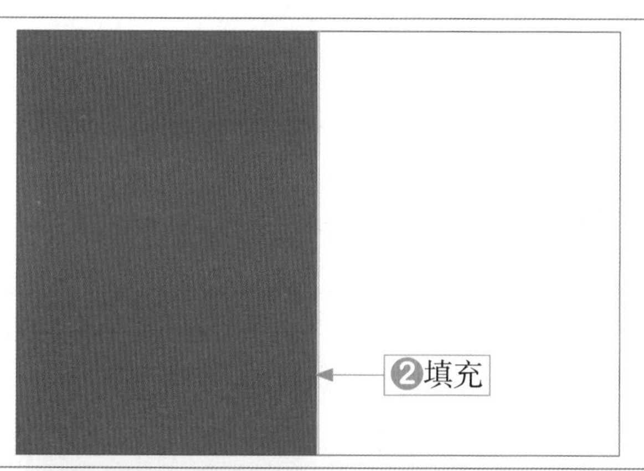

Step 03 填充选区颜色 ①选择矩形选框工具，在参考线左侧区域绘制一个矩形选区。②设置前景色为绿色（R16，G143，B72），按【Alt+Delete】组合键填充选区，得到如左图所示的效果。

Step 04 添加素材文件 ①选择"文件"|"打开"菜单命令，打开"树叶.jpg"素材图像。②使用移动工具将图像移动到当前编辑的图像中，放到画面右侧，如左图所示。

Step 05 添加图层蒙版 ①单击"图层"面板底部的"添加图层蒙版"按钮，为当前图层添加图层蒙版。②选择渐变工具，在属性栏中设置渐变方式为"线性"，然后在树叶图像中从上到下拖曳鼠标，得到蒙版效果。

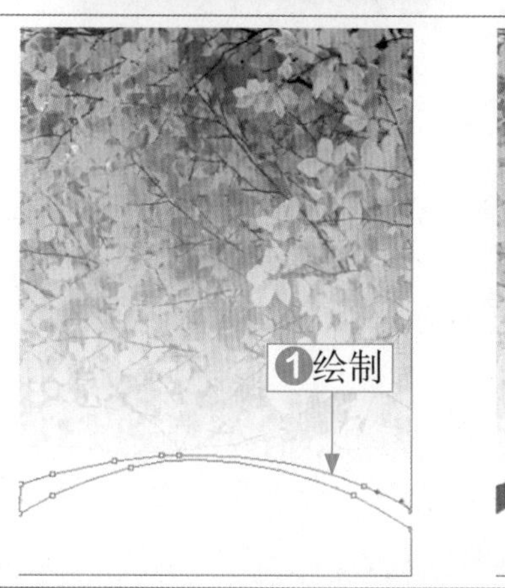

Step 06 绘制曲线图像 ①新建一个图层，选择钢笔工具，在正面图像中绘制一个曲线路径。②按【Ctrl+Enter】组合键将路径转换为选区，并将其填充为绿色（R16，G143，B72）。

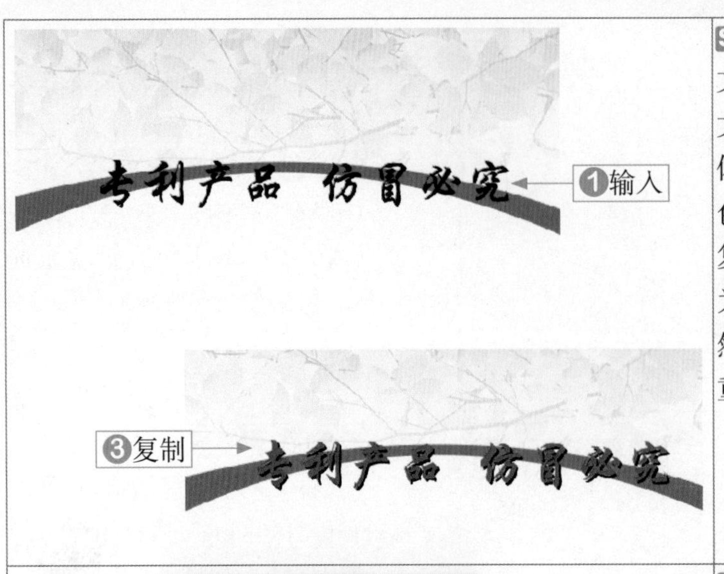

Step 07 输入文字 ❶选择横排文字工具，在曲线图像中输入文字。❷在属性栏中设置字体为方正行楷简体、颜色为黑色。❸按下【Ctrl+J】组合键复制一次文字图层，将其填充为红色（R231，G45，B41），然后略微向左上方移动，得到重叠效果。

Step 08 绘制圆形图像 ❶新建一个图层，选择椭圆选框工具，按住【Shift】键，在图像中绘制一个正圆形选区。❷设置前景色为蓝色（R159，G216，B236），并按【Alt+Delete】组合键填充选区。

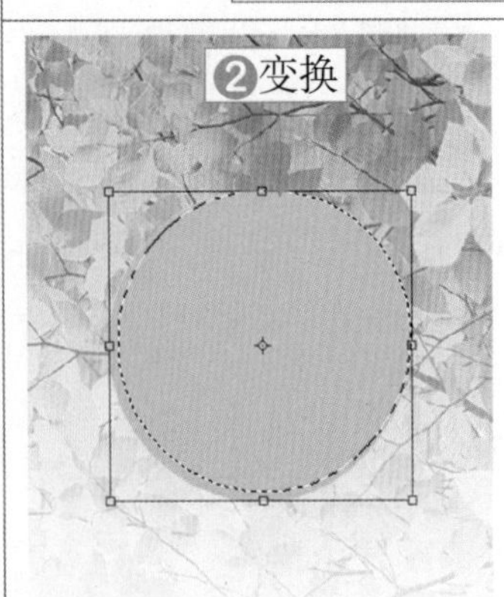

Step 09 变换选区 ❶选择"选择"|"变换选区"菜单命令，将在选区四周出现一个变换控制框。❷按住【Shift】键等比例缩小变换框，再按【Enter】键确定。❸将选区填充为白色，效果如左图所示。

经验分享

使用"变换选区"命令可以对选区进行自由变形，而不会影响到选区中的图像，其中包括移动选区、缩放选区、旋转与斜切选区等。

只要选区进入变换状态，将鼠标指针移到变换控制框或变换点附近，指针便会变换成不同的形式，这时拖曳鼠标即可实现选区的放大、缩小或旋转。如果只需对选区进行某种变换，也可以通过选择快捷菜单中的相应变换命令来进行变换。

	Step 10 复制圆形图像 ❶按两次【Ctrl+J】组合键，复制两次圆形图像。❷分别选择每一个圆形，按【Ctrl+T】组合键调整其大小和位置。
	Step 11 复制素材图像 ❶打开“客厅.jpg”素材图像，选择椭圆选框工具，在图像中绘制一个正圆形选区。❷按【Ctrl+C】组合键复制选区中的图像。
	Step 12 粘贴复制的图像 ❶切换到当前编辑的图像文件中，按【Ctrl+V】组合键粘贴复制的图像。❷按【Ctrl+T】组合键适当调整图像大小，并将其放到白色圆形中。
	Step 13 复制并粘贴图像 ❶使用椭圆选框工具，在“客厅”素材图像中框选左侧沙发图像，按【Ctrl+C】组合键复制图像。❷切换到当前编辑的图像窗口中，将图像粘贴过来，适当调整其大小后，放到左侧的白色圆形中。

Step 14 复制并粘贴图像 ❶打开“沙发.jpg”素材图像，使用椭圆选框工具分别框选沙发和书桌图像，按【Ctrl+C】组合键复制图像。❷切换到当前编辑的图像中，将所需的素材图像粘贴过来，适当调整其大小后，放到右侧的两个白色圆形中。

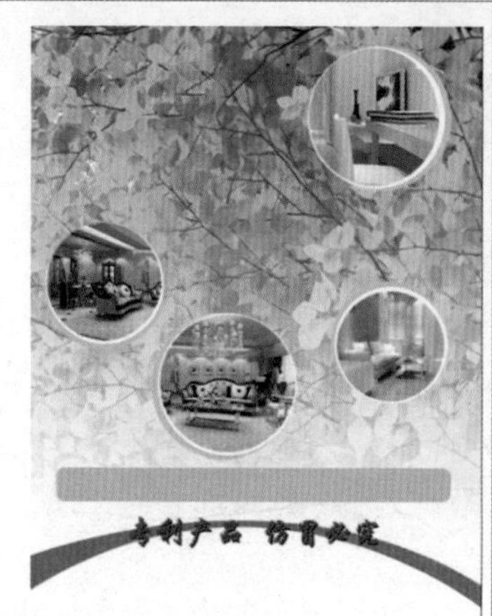

Step 15 绘制圆角矩形 ❶新建一个图层，选择圆角矩形工具，在属性栏中设置“半径”为15像素。❷在圆形图像下方绘制一个圆角矩形路径。❸按【Ctrl+ Enter】组合键将路径转换为选区，并填充为灰色。

Step 16 输入文字 ❶选择横排文字工具，在圆角矩形中输入文字。❷在属性栏中设置字体为方正粗宋简体、颜色为黑色，再适当调整文字大小，效果如左图所示。

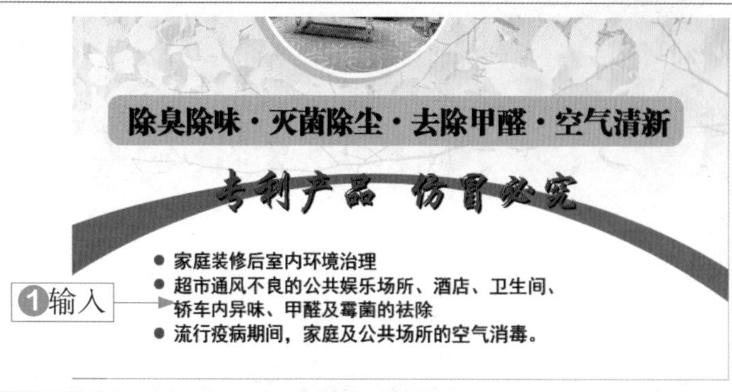

Step 17 输入文字 ❶选择横排文字工具，在正面图像底部输入一段说明性文字。❷在属性栏中设置字体为黑体、颜色为黑色。❸选择椭圆选框工具，在文字前方绘制几个相同大小的圆形选区，填充为红色。

Step 18 添加素材图像 ❶打开“空气清新剂.psd”素材文件，使用移动工具将该图像拖曳到当前编辑的图像窗口中。❷适当调整素材图像的大小，将其放到画面右下方。

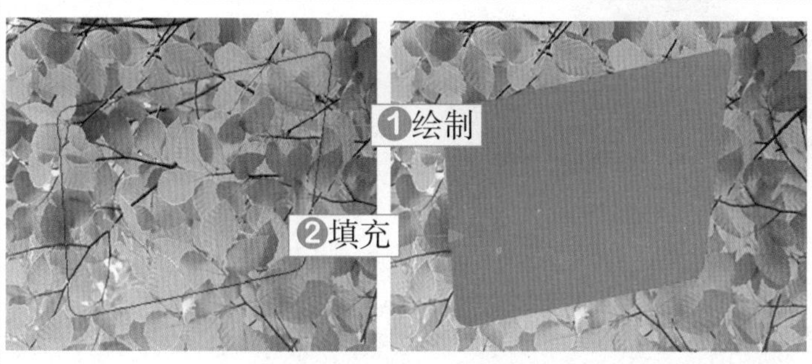

Step 19 绘制图像 ❶下面绘制标志图像，新建一个图层，使用钢笔工具在画面左上方绘制标志的基本外形。❷按【Ctrl+Enter】组合键将路径转换为选区，然后填充为绿色（R0，G166，B77）。

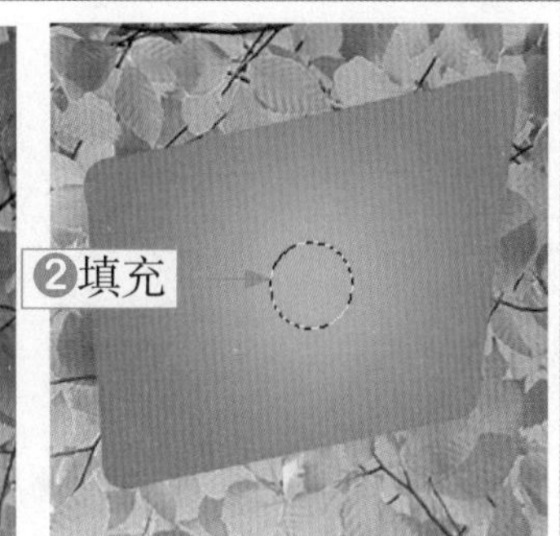

Step 20 填充选区 ❶利用椭圆选框工具创建一个椭圆选区，在属性栏中设置“羽化”为40像素。❷设置前景色为淡绿色（R187，G227，B184），按两次【Alt+Delete】组合键填充选区。

Step 21 将文字转换为路径 选择横排文字工具，在标识图像中输入中英文文字，然后在属性栏中设置合适的字体。❷选择中文文字图层，选择“文字”|“创建工作路径”菜单命令，得到文字路径后暂时隐藏文字图层，使用钢笔工具组对路径进行编辑。

经验分享

在Photoshop CS6中有一个专用的文字菜单，用户可以对文字进行更为详细的设置，这样大大提高了用户的工作效率。

Step 22 添加描边效果 ①按【Ctrl+Enter】组合键将路径转换为选区，填充为白色。②选择“图层”|“图层样式”|“描边”菜单命令，打开“图层样式”对话框，设置描边颜色为绿色、大小为5像素。③单击“确定”按钮，即可得到描边效果，此时文字部分的效果如左图所示。

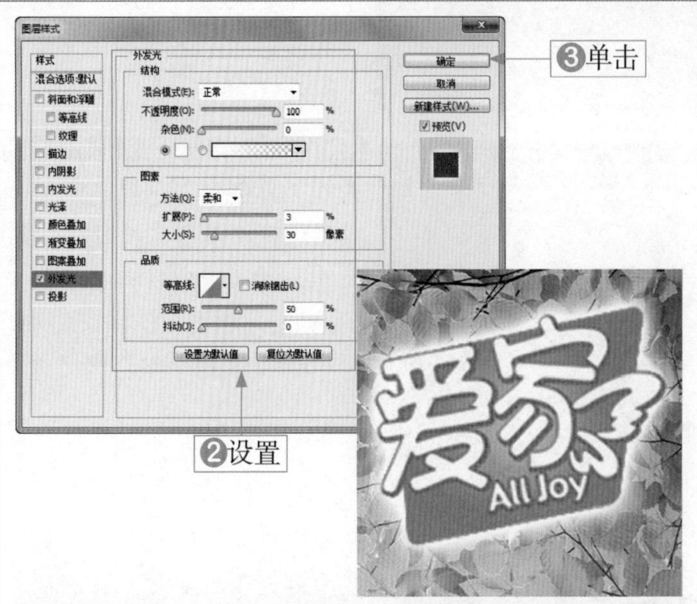

Step 23 添加外发光效果 ①按住【Ctrl】键选择所有标志图像所在图层，按【Ctrl+E】组合键合并图层。②选择“图层”|“图层样式”|“外发光”菜单命令，打开“图层样式”对话框，设置外发光颜色为白色，其他参数设置如左图所示。③单击“确定”按钮，得到外发光效果。

Step 24 输入文字 ①适当调整标志图像的大小，将其放到正面图像的左上方。②选择横排文字工具，在正面图像中输入两行文字，在属性栏中设置字体为黑体、颜色为绿色（R0，G166，B77），并适当倾斜文字。

Step 25 添加爱家图像❶选择标志图像所在的图层，使用魔棒工具单击“爱家”文字中的白色区域，获取选区。❷新建一个图层，将该选区填充为白色，放到上一个步骤输入的文字部分，并改变其填充颜色为绿色。

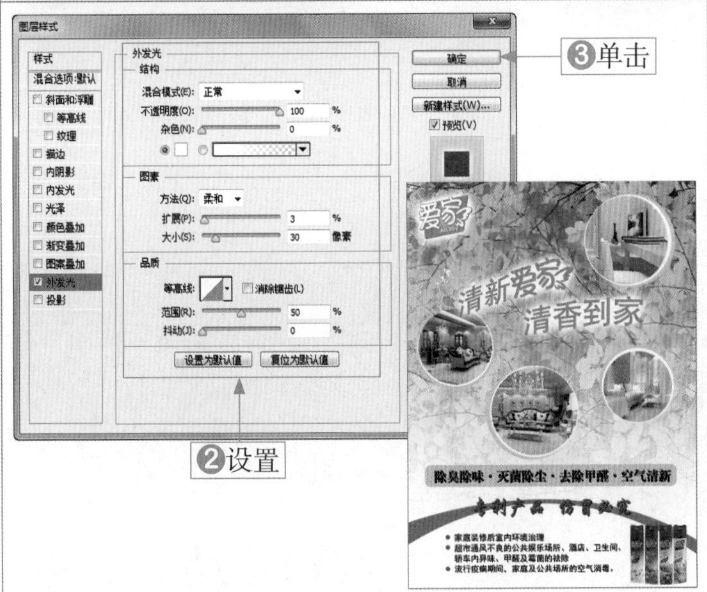

Step 26 添加外发光效果❶按【Ctrl+Enter】组合键向下合并文字图层和“爱家”图像图层。❷选择“图层”|“图层样式”|“外发光”菜单命令，打开“图层样式”对话框，设置外发光颜色为白色，其他参数设置如左图所示。❸单击“确定”按钮，得到文字的外发光效果。

4.3.2 制作背面图像

Step 01 添加素材图像❶选择“文件”|“打开”菜单命令，打开“小溪.jpg”素材图像。❷使用移动工具将图像移动到当前编辑的图像窗口中，将其放到背面图像中。

Step 02 应用渐变填充 ❶单击"图层"面板底部的"添加图层蒙版"按钮，为小溪图像添加蒙版。❷选择渐变工具，在属性栏中设置渐变方式为"线性"，设置渐变颜色从黑色到白色，为图像从上向下应用渐变填充。

Step 03 添加素材图像 ❶打开"一片树叶.psd"素材图像，使用移动工具将图像拖曳到当前编辑的图像中。❷适当调整图像的大小，将其放到背景图像上方。

Step 04 设置图像不透明度 ❶切换到"图层"面板，设置当前图层的不透明度为50%。❷得到透明的树叶效果。

知识链接

在设置图层不透明度时，可以直接输入参数值，也可以单击文字右侧的三角形按钮，调整其滑块。

Step 05 绘制单角圆弧图像 ❶新建一个图层，选择钢笔工具，在图像左侧边缘绘制一个单角圆弧图形。❷按【Ctrl+Delete】组合键将路径转换为选区。❸选择渐变工具，在属性栏中设置渐变颜色为从白色到透明，然后对选区从上向下进行渐变填充。

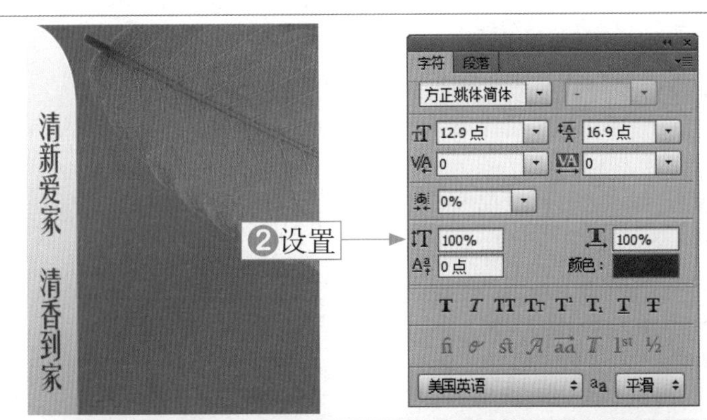

Step 06 输入直排文字 ❶选择直排文字工具，在单角圆弧图形中输入一行文字。❷在“字符”面板中设置字体为方正姚体简体、颜色为绿色（R5，G92，B49），参照左图所示的方式进行排列。

Step 07 输入文字 ❶选择横排文字工具，在单角圆弧图形右侧输入地址和电话等文字信息。❷在“字符”面板中设置字体为方正姚体简体、颜色为绿色（R5，G92，B49），参照左图所示的方式进行排列。

Step 08 输入文字 ❶选择横排文字工具，在背面图像中输入一行文字，并在属性栏中设置字体为叶根友毛笔行书简体、颜色为白色。❷按【Ctrl+T】组合键适当旋转文字，效果如左图所示。

Step 09 绘制三角形 ❶选择多边形套索工具，在文字下方绘制两个三角形选区。❷设置前景色为白色，按【Alt+Delete】组合键填充，效果如左图所示。

Step 10 绘制矩形 ❶新建一个图层，选择矩形选框工具，在图像底部绘制一个细长的矩形选区。❷填充该矩形选区为绿色（R16，G143，B72），至此，完成本实例的操作，最终效果如左图所示。

4.4 蛋糕房圣诞促销DM单

案例效果

源文件路径：
光盘\源文件\第4章

素材路径：
光盘\素材\第4章

教学视频路径：
光盘\视频教学\第4章

制作时间：
35分钟

设计与制作思路

本实例制作的是一个蛋糕房圣诞节促销活动的DM单宣传广告。蛋糕一直给人一种温暖、轻柔的感觉，而这次设计主要是针对圣诞节促销活动作的，所以在色彩上以喜庆的红色为主，并在素材的选择上添加了蛋糕和雪娃娃，既突出了节日的氛围，又与蛋糕很好地结合在一起。文字上对“圣诞快乐”几个字做了特殊的设计，然后再详细罗列出活动内容，让人一目了然。

4.4.1 制作文字内容

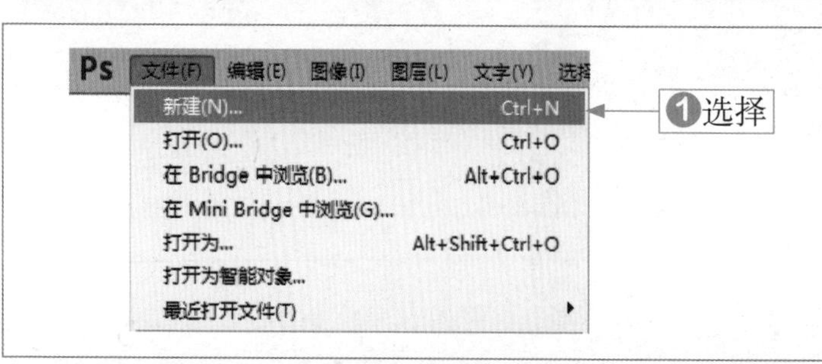

Step 01 选择“新建”命令 ❶选择“文件”|“新建”菜单命令。❷打开“新建”对话框。

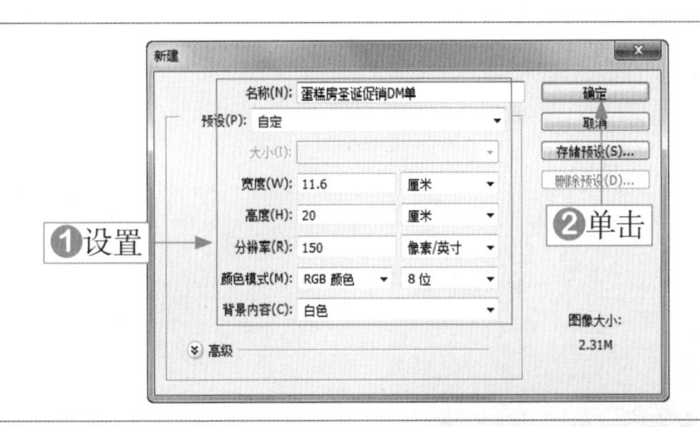

Step 02 设置新建参数❶在“新建”对话框中设置文件名称为“蛋糕房圣诞促销DM单”，设置宽度为11.6厘米、高度为20厘米、分辨率为150。❷单击“确定”按钮，即可得到新建的空白图像文件。

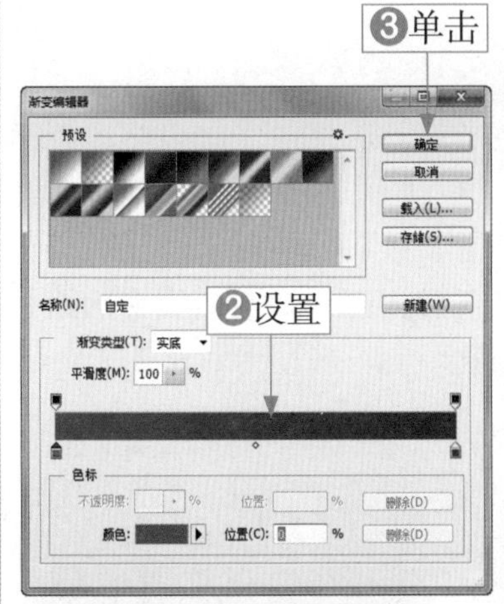

Step 03 填充背景图像❶选择渐变工具，在属性栏中单击“径向渐变”按钮。❷单击渐变色条，打开“渐变编辑器”对话框，设置渐变颜色从红色（R223，G5，B21）到深红色（R127，G1，B7）。❸单击“确定”按钮，在图像中从中间向外拖曳鼠标进行渐变填充。

Step 04 添加花纹图像❶打开“花纹.psd”素材图像，使用移动工具将图像移动到当前编辑的图像窗口中，放到图像右上方。❷按【Ctrl+J】组合键复制一次图像，选择“编辑”|“变换”|“水平翻转”和“垂直翻转”菜单命令，对图像进行翻转。❸适当调整图像大小，将翻转后的图像放到图像左下方。

知识链接

当用户在绘制图像时，常常需要进行反复的修改才能得到最佳效果，而在操作过程中有时会需要撤销之前的步骤重新操作，这时可以通过下面的方法来撤销误操作。

选择“编辑”|“还原”菜单命令，可以撤销最近一次进行的操作；选择“编辑”|“重做”菜单命令，可以恢复最近一次撤销的操作；选择一次“编辑”|“返回”菜单命令，可以向前撤销一步操作；选择一次“编辑”|“向前”菜单命令，可以向后恢复一步操作。

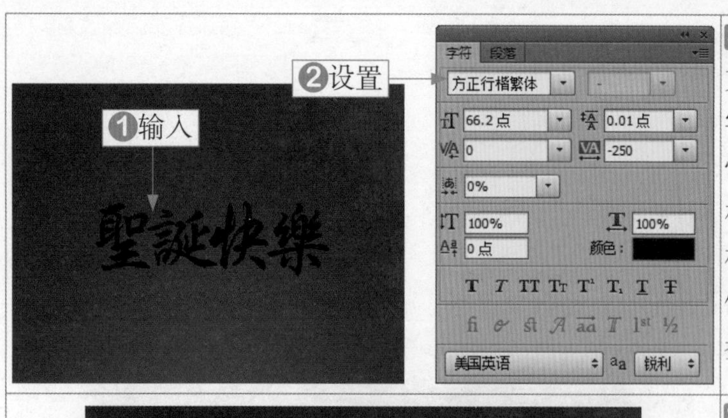

Step 05 输入文字 ❶选择横排文字工具，在图像上方输入文字“圣诞快乐”。❷单击属性栏中的“切换字符和段落面板”按钮，打开“字符”面板，设置字体为方正行楷简体，然后再设置字号等选项参数。

Step 06 将文字转换为路径 ❶选择“文字”|“创建工作路径”菜单命令，得到文字路径。❷隐藏文字图层，使用钢笔工具对创建的文字路径进行编辑，得到如左图所示的路径效果。

Step 07 添加花纹图像 ❶按【Ctrl+Enter】组合键将路径转换为选区，并填充为黑色。❷打开“文字花纹.psd”素材图像，使用移动工具分别将花纹拖曳到当前编辑的图像窗口中，放到文字图像两侧，与文字结合在一起。

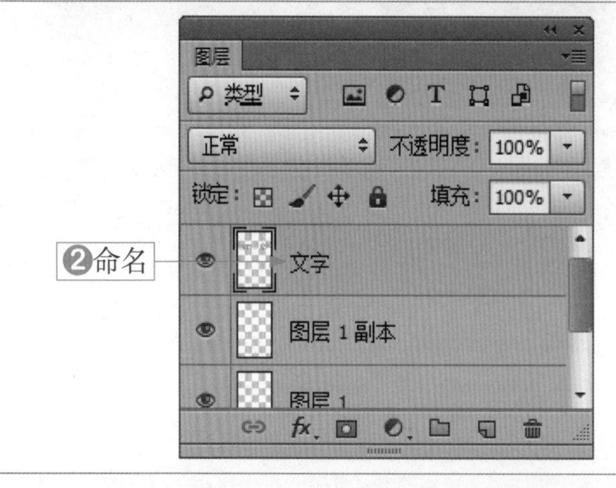

Step 08 合并图层 ❶按住【Ctrl】键，选择花纹和文字图层。❷按【Ctrl+E】组合键合并图层，并将合并后的图层改名为“文字”。

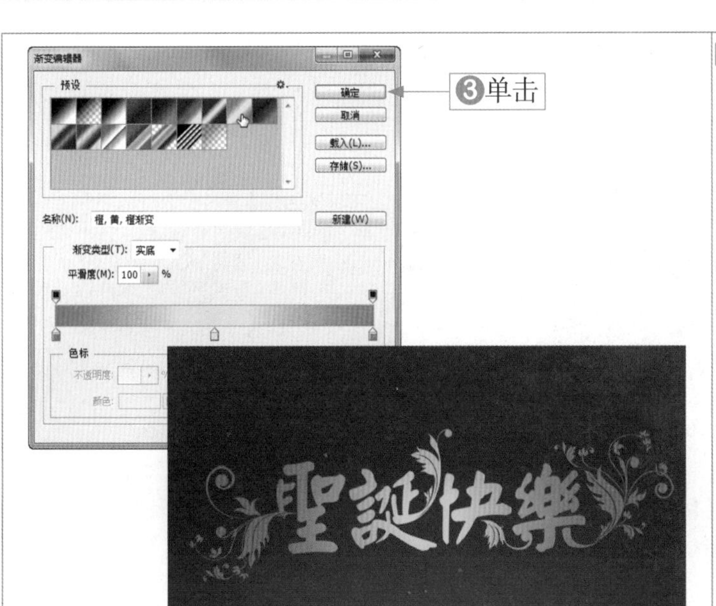

Step 09 填充选区 ❶按住【Ctrl】键单击文字图层，载入图像选区。❷选择渐变工具，单击属性栏中的渐变色条，打开“渐变编辑器”对话框，选择“橙-黄-橙”渐变颜色。❸单击“确定”按钮，在选区中从左上方向右下方拖曳鼠标，得到渐变填充效果，如左图所示。

知识链接

当用户在“渐变编辑器”对话框中编辑好新的渐变颜色时，可以单击“存储”按钮保存该颜色，以备将来使用。

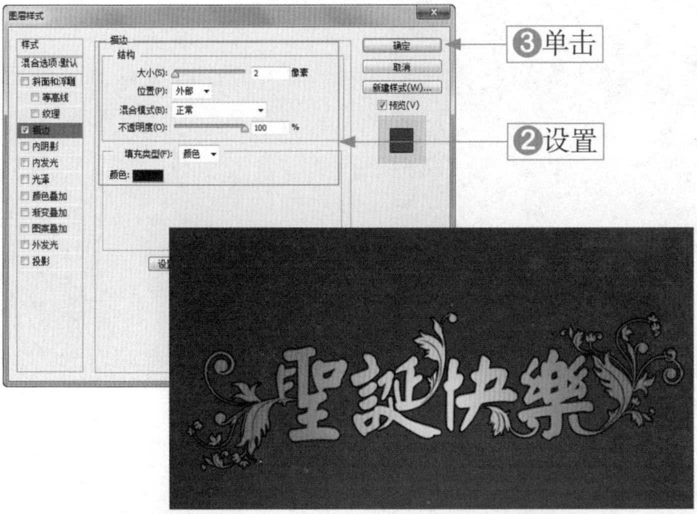

Step 10 添加文字描边效果 ❶选择“图层”|“图层样式”|“描边”菜单命令，打开“图层样式”对话框。❷设置描边颜色为黑色、“大小”为2，其他参数设置如左图所示。❸单击“确定”按钮，得到文字描边效果。

知识链接

在“图层样式”对话框中设置描边颜色时，单击“颜色”右侧的色块，即可弹出“拾色器”对话框，在其中设置准确的颜色参数即可。

Step 11 添加装饰素材 ❶打开“圣诞装饰.psd”素材图像，使用移动工具分别将素材图像拖曳到当前编辑的图像窗口中。❷调整装饰素材图像的大小后，放到文字两侧，效果如左图所示。

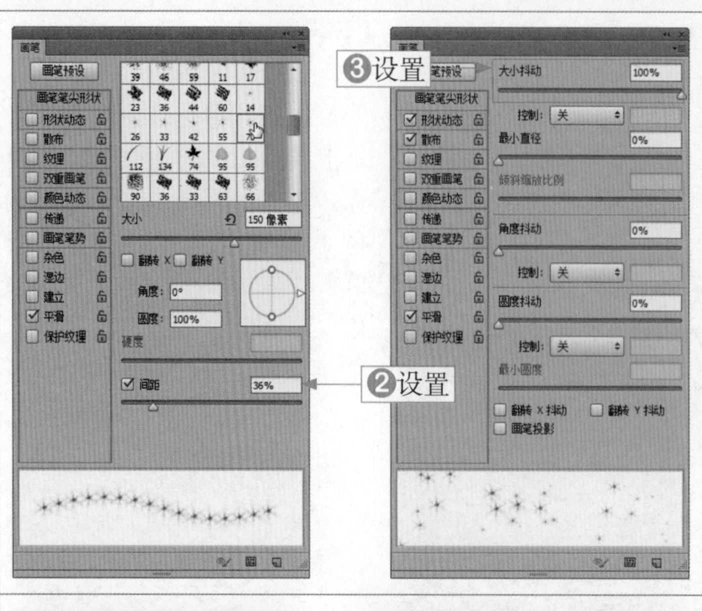

Step 12 设置画笔参数 ❶新建一个图层，设置前景色为白色。❷选择画笔工具，在属性栏中单击按钮，打开“画笔”面板，设置画笔样式为“星形”，再设置画笔“大小”和“间距”等参数。❸选择“形状动态”选项，设置“大小抖动”参数为100%。

Step 13 绘制星光图形 ❶选择“散布”选项，选中“两轴”复选框，设置其参数为1000%，再设置其他参数。❷在文字下方拖曳鼠标，绘制出白色的星光图形，如左图所示。

知识链接

选中“两轴”复选框，能够使画笔具有两边扩散的效果。

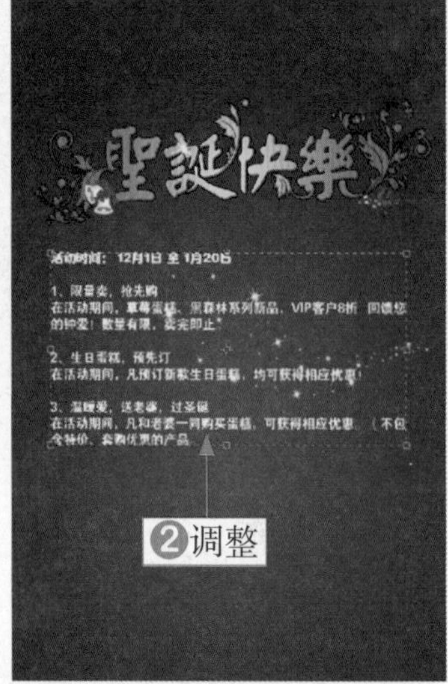

Step 14 输入段落文字 ❶选择横排文字工具，在“圣诞快乐”下方按住鼠标左键并拖动，绘制出一个文本框，输入一段说明性文字。❷分别选择一段文字，调整文字大小，并在属性栏中设置合适的字体、颜色为白色，然后参照左图所示的效果进行调整。

Step 15 输入文字 ❶在段落文字右下角再输入一行说明性文字。❷在属性栏中设置字体为黑体、颜色为白色。

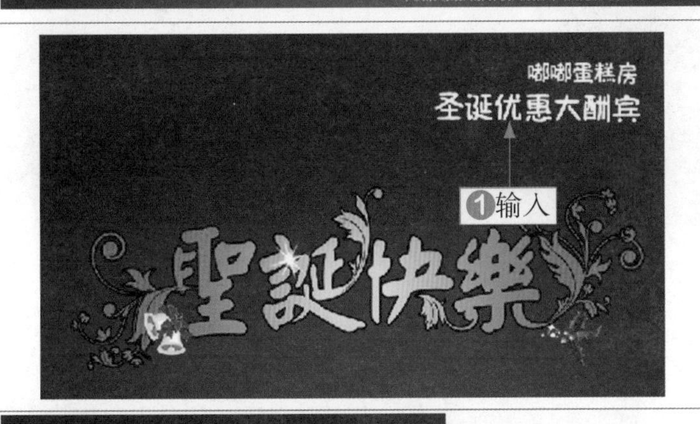

Step 16 输入文字 ❶选择横排文字工具，在图像右上方输入两行文字。❷在属性栏中设置字体为方正少儿简体，并适当调整文字大小，填充其颜色为白色。

Step 17 绘制透明椭圆图形 ❶新建一个图层，选择工具箱中的椭圆选框工具，在文字“嘟嘟”部分绘制一个椭圆选区。❷将该选区填充为白色，并设置图层的不透明度为37%，得到透明的椭圆图形。

经验分享

在文字部分绘制透明图像，主要是为了增添一些艺术效果。

4.4.2 添加素材图像

Step 01 选择“打开”命令 ❶选择“文件”|“打开”命令菜单。❷打开“打开”对话框。

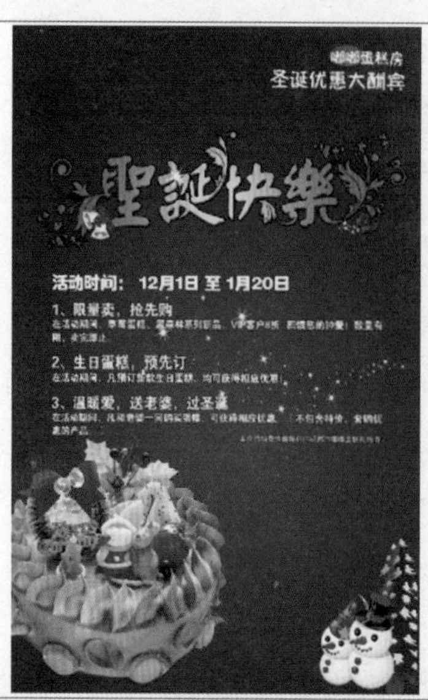

Step 02 添加素材图像 ❶打开“蛋糕.psd”素材文件，利用移动工具分别将图像拖曳到当前编辑的图像窗口中。❷适当调整图像大小，放到图像底部，得到如左图所示的效果。

经验分享

用户可以直接将素材图像拖动到当前编辑的图像中，也可以选择“复制”命令，然后切换到其他图像窗口中进行粘贴。

Step 03 输入文字 ❶选择横排文字工具，在蛋糕图像右侧输入英文。❷将文字填充为橘红色，然后参照左图所示的方式进行排列。

Step 04 添加文字描边效果 ❶选择“图层”|“图层样式”|“描边”菜单命令，打开“图层样式”对话框。❷设置描边颜色为白色，再设置各项参数，如左图所示。❸单击“确定”按钮，即可得到文字描边效果。

Step 05 添加五角星 ❶打开“五星.psd”素材图像，使用移动工具将其拖曳到当前编辑的图像窗口中。❷将素材图像放到文字左侧，再适当调整其大小。

Step 06 添加彩带图像 ❶打开“彩带.psd”素材图像，使用移动工具将其拖曳到当前编辑的图像窗口中。❷将图像放到文字右侧，再适当调整其大小。❸选择移动工具，按住【Ctrl】键移动并复制图像，再选择“编辑”|“变换”|“旋转180度”菜单命令旋转图像，然后将旋转后的彩带图像放到图像左上方。

Step 07 制作边框效果 ❶选择矩形选框工具，沿图像边缘绘制一个矩形选区。❷按【Ctrl+Shift+I】组合键反向选区，并填充边缘为灰色，得到如左图所示的最终效果，完成本实例的制作。

4.5　Photoshop技术库

在本章案例的制作过程中，使用到了选区工具。使用选区工具能够更好地框选图像，或绘制出更富有造型的图像，下面将针对规则选框工具和不规则选框工具的具体使用方法进行重点介绍。

4.5.1　创建规则选区

在Photoshop中建立选区的方法很多，可以使用工具或命令来创建，这些方法都是根据几何形状或像素颜色来进行选择的，而大多数操作都不是针对整个图像，因此就需要建立选区来指明操作对象，这个过程就是建立选区的过程。

1. 矩形选框工具

用户可以使用矩形选框工具在图像中选择矩形选区。在该工具所对应的属性栏中可以对羽化、样式等参数进行设置，如下图所示。

羽化：15像素 消除锯齿 样式：正常 宽度： 高度： 调整边缘...

矩形选框工具属性栏

- 按钮组：用于控制选区的创建方式，选择不同的按钮将进入不同的创建类型，表示创建新选区，表示添加到选区，表示从选区减去，表示与选区交叉。
- 羽化：该选项可以在选区的边缘产生一个渐变过渡，达到柔化选区边缘的目的。取值范围为0～255像素，数值越大，像素化的过渡边界就越宽，柔化效果也就越明显。
- 样式：在其下拉列表框中可以设置矩形选框的比例或尺寸，有“正常”、“固定宽高”和“固定大小”3个选项。
- 消除锯齿：用于消除选区的锯齿边缘，使用矩形选框工具时不能使用该选项。
- 调整边缘...按钮：单击该按钮，可以在打开的“调整边缘”对话框中定义边缘的半径、对比度和羽化程度等，还可以对选区进行收缩和扩充，另外还有快速蒙版模式和蒙版模式等多种显示模式可选。

要绘制矩形选区，应先在工具属性栏中设置好参数，并将鼠标指针移动到图像窗口中，然后按住鼠标左键并拖动，即可建立矩形选区，如左下图所示。在创建矩形选区时按住【Alt】键，则可以创建以鼠标单击点作为中心的矩形选区，如右下图所示。

从图像的一角拖曳

按住【Alt】键拖曳

2. 椭圆选框工具

选取工具箱中的椭圆选框工具，然后在图像窗口中按住鼠标左键并拖动，即可创建椭圆形选区，如左下图所示。按住【Shift】键可以绘制出正圆形选区，如右下图所示。

绘制椭圆形选区

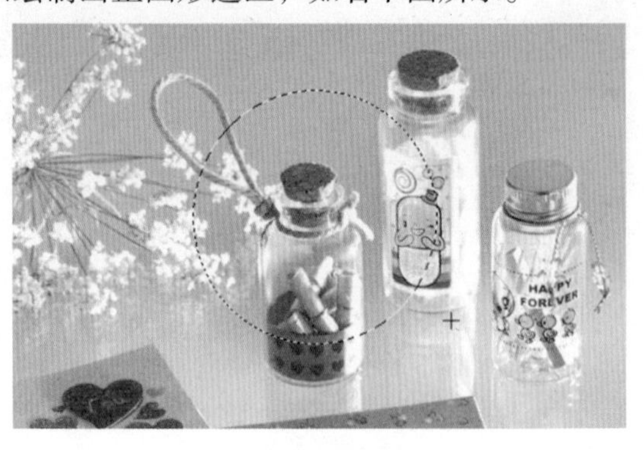

绘制正圆形选区

3. 单行、单列选框工具

使用单行选框工具或单列选框工具只能在图像中建立一个像素宽的横线选区或竖线选区。它的属性栏与矩形选框工具一样，但样式和消除锯齿不可用。

在工具箱中选择单行选框工具，并在属性栏中单击“添加到选区”按钮，然后在画面中的不同位置单击，得到如左下图所示的选区；选择单列选框工具，并在属性栏中单击“添加到选区”按钮，然后在画面中的不同位置单击，将得到如右下图所示的选区。

绘制单行选区

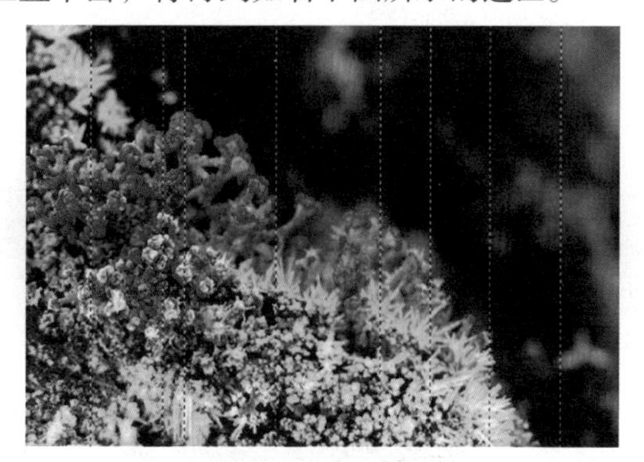

绘制单列选区

4.5.2 创建不规则选区

通过选框工具组只能创建规则的几何图形选区，但是在实际工作过程中，常常需要创建各种形状的选区，这时可以通过套索工具组和魔棒工具等来完成。

1. 套索工具组

套索工具组用于创建不规则选区。套索工具组主要包括：自由套索工具、多边形套索工具和磁性套索工具。在工具箱中的按钮处单击鼠标右键，将弹出如右图所示的工具组下拉列表。

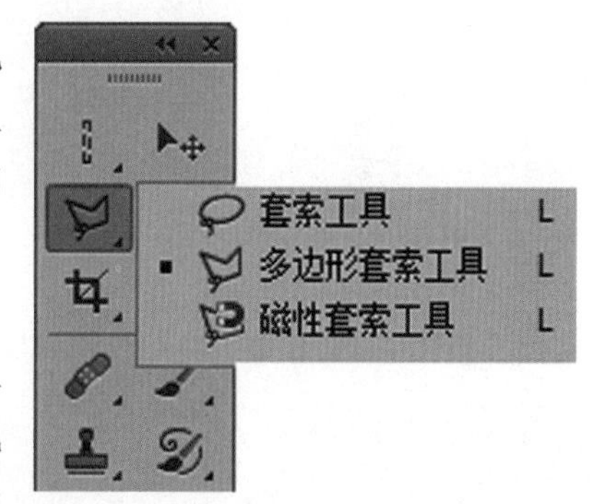

套索工具组

套索工具组中各工具的作用如下。

❁ 套索工具：用于创建手绘类不规则选区。在工具箱中选取套索工具，在图像中按住鼠标左键并拖动鼠标，如左下图所示，完成选取后释放鼠标，绘制的套索线将自动闭合成为选区，如右下图所示。

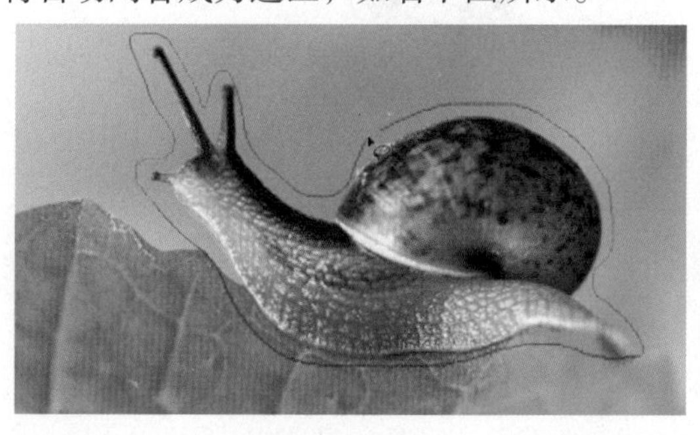

绘制选区

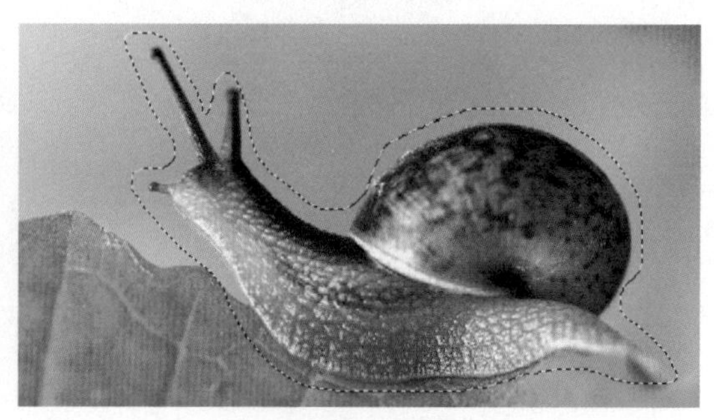

完成绘制后的选区

❀ 多边形套索工具：使用多边形套索工具可以选取比较精确的图形，该工具适用于边界多为直线或边界曲折的复杂图形的选取。先在图像中单击要创建选区的起始点，然后沿着需要选取的图像区域移动鼠标，并在多边形的转折点处单击鼠标，作为多边形的一个顶点，当回到起始点时，鼠标指针右下角将出现一个小圆圈，此时单击鼠标左键，即可生成最终的闭合选区，如左下图所示。

❀ 磁性套索工具：该工具适用于在图像中沿颜色反差较大的区域创建选区。单击磁性套索工具按钮后，按住鼠标左键不放，沿图像的轮廓拖动鼠标，系统将自动捕捉图像中对比度较大的图像边界并产生节点，如右下图所示，当到达起始点时单击鼠标，即可完成选区的创建。

使用多边形套索工具

使用磁性套索工具

2. 魔棒工具

魔棒工具用于选择图像中颜色相似的不规则区域。选择魔棒工具，然后在图像中的某个点上单击，即可将该图像附近颜色相同或相似的区域选取出来。

选择魔棒工具后，其工具属性栏如下图所示，其中主要参数的含义如下。

取样大小：取样点　容差：20　☑消除锯齿　☑连续　☐对所有图层取样　调整边缘...

魔棒工具属性栏

❀ 容差：用于控制选定颜色的范围，值越大，颜色区域越广。

❀ 连续：选中该复选框，只选择与单击点相连的同色区域，如左下图所示；未选中时，将整幅图像中符合要求的色域全部选中，如右下图所示。

选中复选框后创建的选区

未选中复选框创建的选区

❀ 对所有图层取样：选中该复选框并在任意一个图层上应用魔棒工具，此时所有图层上与单击位置颜色相似的地方都会被选中。

3. 快速选择工具

快速选择工具是魔棒工具的精简版，特别适合在具有强烈颜色反差的图像中快速创建选区。

打开任意一张素材图像，然后选择快速选择工具，在图像中需要选择的区域拖曳鼠标，鼠标拖曳经过的区域将会被选中，如左下图所示。按住鼠标左键，继续沿要绘制的区域拖动鼠标，直至得到需要的选区为止，效果如右下图所示。

拖曳鼠标经过要选择的区域

沿背景拖曳鼠标后创建的选区

4. “色彩范围”命令

使用“色彩范围”命令可以在图像中创建与预设颜色相似的图像选区，并且可以根据需要调整预设颜色，它比魔棒工具选取的区域更为广泛。

选择“选择”|“色彩范围”菜单命令，打开“色彩范围”对话框，如右图所示。

“色彩范围”对话框

❀ 选择：用于选择图像中的各种颜色，也可通过图像的亮度选择图像中的高光、中间调和阴影部分。用户可以用吸管工具在图像中任意选择一种颜色，然后根据容差值来创建选区。

❀ 颜色容差：用于调整颜色容差值的大小。

❀ 选区预览：用于设置预览框中的预览方式，包括“无”、“灰度”、“黑色杂边”、“白色杂边”和“快速蒙版”5种预览方式，用户可以根据需要自行选择。

❀ 选择范围：选中该单选按钮后，在预览区中将以灰度形式显示选择范围内的图像，其中白色表示被选择的区域，黑色表示未被选择的区域，灰色表示选择的区域为半透明。

❁ 图像：选中该单选按钮后，在预览区内将以原图像的方式显示图像的状态。

❁ 反相：选中该复选框后，可实现预览图像窗口中选中区域与未选中区域之间的相互切换。

❁ 吸管工具：工具用于在预览图像窗口中单击取样颜色，和工具分别用于增加和减少选择的颜色范围。

4.6 设计理论深化

DM宣传单设计在图像的选择和设计上需要注意以下几点：

1. 醒目的图像与广告语

所谓醒目的图像，正如它的名字一样，是用来吸引人们眼球的要素。醒目的图像的有效性体现在它具备从多份DM单中脱颖而出，吸引人的目光的能力。说到醒目的图像的时候，是针对图画而言，当然这种图画包括插图、图样和照片等形式。

在广告语中，能够吸引人目光的被称作CATCH COPY。根据广告语的内容，它会激发人们的兴趣，并进一步促使人们继续阅读它。醒目的形象和CATCH COPY的不同之处在于，前者在一瞬间就可以吸引人的目光，而后者则是靠它所传达的意思来引起人们的兴趣。

如果能把两者完美地结合起来，就一定能够紧紧地抓住人们的目光，因此从这个意义上说，CATCH COPY能够让人准确地理解DM单的内容。

2. 写真

在DM单设计的封面上经常使用形象写真。所谓的形象写真是指没有现实的必要，但却能使人对DM的内容产生期待和兴趣的写真。而内容中所使用的写真则包括商品或者漫画形象等，这些是用来表现相对具体的内容的。写真在宣传产品的形象上具有压倒性的优势。当然写真并不是万能的，在讲解使用方法的时候还是图画的方法更准确一些。在选择使用写真还是使用图画的时候，起到决定作用的是看需要多大程度的"现实"。这里所谓的"现实"并不是指其原本的样子，而是就"现实"形象的概念等而言的。现在这种表现正逐渐倾向于数码技术的运用。

3. 图样

根据具体情况的不同，有些时候写真或者插图反倒不如图样更能产生好的效果。所谓图样，换句话说就是平面构成，这是一种在20世纪70年代开始盛行的表现技法。既然它不是具象的描绘，那么便是属于抽象画的范畴。

图样包括有机型和几何型两种。前者是手绘的表现方式，后者是规范的或者概念的表现方式，当然前者的方式更容易让人觉得生动。

由于不是具象的表现，所以不拘泥于形式的内心表现或者情感表达就变得容易了。在采用图样表现方式的时候，必须对色彩的搭配给予充分考虑。因为这与颜色的心理作用密切相关。在使用图样的设计中，虽然看起来显得有些简单，但是却包含了轻松地向对方传递信息的元素。

4. 插画

插画包括照片、个性化的图画以及漫画等，范围非常广泛。插画比照片更容易表现某些形象，更重要的是插画能给观看的人带来一种亲切的感觉。在DM单中，并不是以插画为主的，多数情况下它是被当作营造氛围的一种元素来使用。平时大家可以看到，一些亲切可爱的有创意的名片设计很多都采用插画元素，就像广告卡片一样，但是有些情况下也会以插画作为吸引人的目光的主要元素。

插画并不总是使用那些写实的或者是绘制非常精美的图，那些看起来有些凌乱的图像也具有生命力，而那些简单的概略也具有很强的信息性，设计总会根据具体的时间和情况来选择插画。

另外，有些时候只能使用数码技术制作的插图，而有些时候则需要使用那些用画具描绘的有实物感的插图。特别是用画具绘制的插图，其打动人心的效果的确与众不同。设计师要灵活地掌握这些特征来运用它们。

Chapter

第05章

包装设计

课前导读

包装设计看似简单，实则不然，一个有经验的包装设计师在执行设计个案时，考虑的不只是视觉的掌握或结构的创新，而是对此个案所牵涉的产品营销规划是否有全盘的了解。本章将介绍产品包装设计的构成要素和基本原则，并结合现代经典案例对产品包装的设计与制作方法进行详细讲解。

本章学习要点

- 包装设计基础
- 雪糕包装
- 粽香楼包装

精彩效果赏析

5.1 包装设计基础

在经济全球化的今天，包装与商品已融为一体。包装作为实现商品价值和使用价值的手段，在生产、流通、销售和消费领域中，发挥着极其重要的作用，是企业界不得不关注的重要课题。包装的功能是保护商品、传达商品信息、便于使用和运输、促进销售。包装作为一门综合性学科，具有商品和艺术相结合的双重性。

5.1.1 包装设计构成要素

包装设计即指选用合适的包装材料，运用巧妙的工艺手段，为包装商品进行的容器结构造型和包装的美化装饰设计。下面对包装设计的三大构成要素进行介绍。

1. 外形要素

外形要素就是商品包装示面的外形，包括展示面的大小、尺寸和形状。日常生活中我们所见到的形态有3种，即自然形态、人造形态和偶发形态。但我们在研究产品的形态构成时，必须找到一种适用于任何性质的形态，即把共同的规律性的东西抽出来，称之为抽象形态。

形态的构成就是外形要素，或称之为形态要素，就是以一定的方法或法则构成的各种千变万化的形态，形态是由点、线、面、体这几种要素构成的。包装的形态主要有：圆柱体类、长方体类、圆锥体类和其他形体，以及有关形体的组合及通过不同切割构成的各种形态包装。形态构成的新颖性对消费者的视觉引导起着十分重要的作用，奇特的视觉形态能给消费者留下深刻的印象。包装设计者必须熟悉形态要素本身的特性及其表现，并以此作为表现形式美的素材。我们在考虑包装设计的外形要素时，还必须从形式美法则的角度去认识它。按照包装设计的形式美法则，结合产品自身功能的特点，将各种因素有机而自然地结合起来，以求得完美统一的设计形象，如下图所示的手提袋包装和饮料包装。

手提袋包装

饮料包装

2. 构图要素

构图是将商品包装展示面的商标、图形、文字和组合排列在一起的一个完整的画面。

这四方面的组合构成了包装装潢的整体效果。商品设计构图要素运用得正确、适当、美观，就可称为优秀的设计作品。

3. 材料要素

材料要素是商品包装所用材料表面的纹理和质感。它往往影响到商品包装的视觉效果。利用不同材料的表面变化或表面形状可以达到商品包装的最佳效果。包装用材料，无论是纸类材料、塑料材料、玻璃材料、金属材料、陶瓷材料、竹木材料，还是其他复合材料，都有不同的质地和肌理效果。运用不同材料，并妥善地加以组合配置，可给消费者以新奇、冰凉或豪华等不同的感觉。材料要素是包装设计的重要环节，它直接关系到包装的整体功能和经济成本、生产加工方式及包装废弃物的回收与处理等多方面的问题。下图所示的酒瓶包装和易拉罐包装就是使用不同材料的设计效果。

酒瓶包装

易拉罐包装

经验分享

包装图案设计禁忌也是一个值得注意的问题。不同的国家和地区有着不同的风俗习惯和价值观念，因而也就有他们自己喜爱和禁忌的图案，产品的包装只有适应这些，才有可能赢得当地市场的认可。

5.1.2 包装设计基本原则

包装设计应从商标、图案、色彩、造型和材料等构成要素入手，在考虑商品特性的基础上，遵循品牌设计的一些基本原则。

1. 包装图案的设计

包装图案中的商品图片、文字和背景的配置，必须以吸引顾客注意为中心，直接推销品牌。包装图案对顾客的刺激较之品牌名称更具体、更强烈、更有说服力，并往往伴有即效性的购买行为。它的设计要遵循的基本原则如下：

- 形式与内容要表里如一，具体鲜明，一看包装即可知晓商品本身。
- 要充分展示商品。这主要采取两种方式，一是用形象逼真的彩色照片表现，真实地再现商品，这在食品包装中最为流行，如巧克力、糖果和食品罐头等，逼真的彩色照片将色、味、形表现得令人馋涎欲滴；二是直接展示商品本身，全透明包装和开天窗包装在食品、纺织品和轻工产品中是非常流行的。

❀ 要有具体详尽的文字说明。在包装图案上还要有关于产品的原料、配制、功效、使用和养护等的具体说明，必要时还应配上简洁的示意图。

❀ 要强调商品形象色。不只是透明包装或用彩色照片充分表现商品本身的固有色，而是更多地使用体现大类商品的形象色调，使消费者产生类似信号反应一样的认知反应，快速地凭色彩确知包装物的内容。

❀ 要将其重点体现在包装的主要展销面。凡一家企业生产的或以同一品牌商标生产的商品，不管品种、规格、包装的大小、形状、包装的造型与图案设计，均采用同一格局，甚至同一个色调，给人以统一的印象，使顾客一望即知产品系哪家品牌。

经验分享

包装图案的设计手法，则要求以其简单的线条、生动的个性人物、搭配合理的色彩等给消费者留下深刻的印象。

2. 包装色彩的设计

色彩在包装设计中占有特别重要的地位。在竞争激烈的商品市场上，要使商品具有明显区别于其他产品的视觉特征，更富有诱惑消费者的魅力，刺激和引导消费，以及增强人们对品牌的记忆，这都离不开色彩的设计与运用。

包装的色彩设计有以下几点要求：

❀ 包装色彩能否在竞争商品中有清楚的识别性。

❀ 是否很好地象征着商品内容。

❀ 色彩是否与其他设计因素和谐统一，有效地表示商品的品质与份量。

❀ 是否为商品购买阶层所接受。

❀ 是否有较高的明视度，并能对文字有很好的衬托作用。

❀ 单个包装的效果与多个包装的叠放效果如何。

❀ 色彩在不同市场、不同陈列环境是否都充满活力。

❀ 商品的色彩是否不受色彩管理与印刷的限制，效果如一。

这些要求，在商品包装的色彩设计实践中无疑都是合乎实际的。随着消费需求的多样化、商品市场的细分化，对品牌包装设计的要求也越来越严格和细致起来，下图所示为办公用品和咖啡包装设计。

办公用品包装

咖啡包装

5.2 雪糕包装

案例效果

源文件路径：
光盘\源文件\第5章

素材路径：
光盘\素材\第5章

教学视频路径：
光盘\视频教学\第5章

制作时间：
40分钟

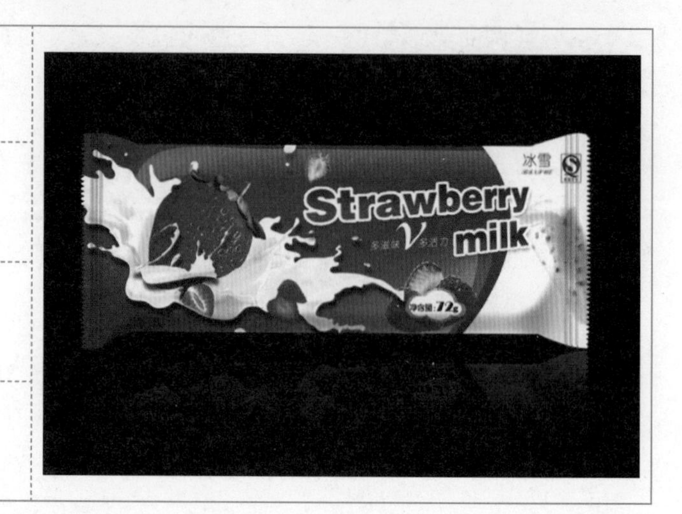

设计与制作思路

本实例制作的是一个草莓雪糕的平面和立体包装设计。由于产品是草莓雪糕，所以采用了红色与白色为包装袋的主要色调，并且红色占主要成分，在包装袋中设计了一颗新鲜的草莓落入到牛奶中产生的飞溅，给人视觉冲击力，仿佛也能感受到草莓与牛奶的清新可口。

设计好包装平面图像后，作者还特意制作了立体效果图，让设计更加真实。由于该产品属于塑料软包装，所以还特别绘制了褶皱的效果，让立体感更加强烈。

5.2.1 绘制平面展开外形

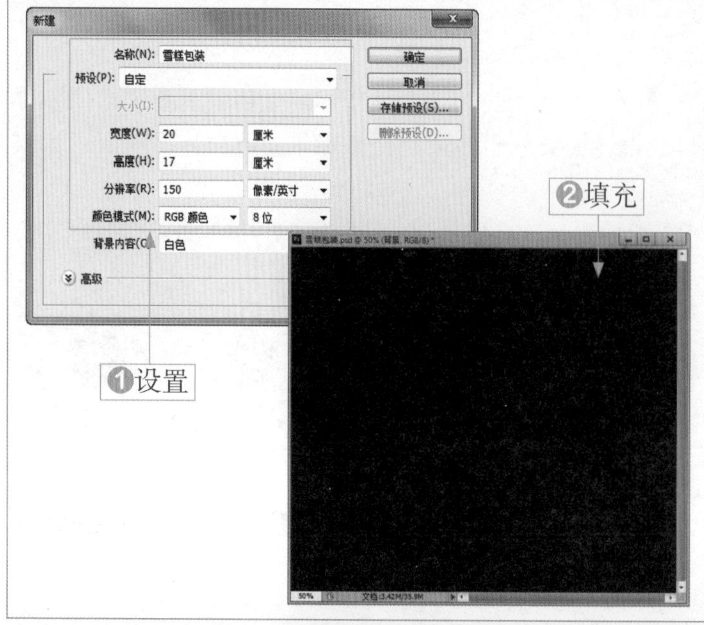

Step 01 填充背景图像❶新建一个图像文件，设置文件名称为“雪糕包装”，设置宽度为20厘米、高度为17厘米、分辨率为150。❷设置前景色为黑色，然后按【Alt+Delete】组合键将图像背景填充为黑色。

知识链接

新建图像文件可以使用菜单命令，同样也可以按【Ctrl+N】组合键打开“新建”对话框。

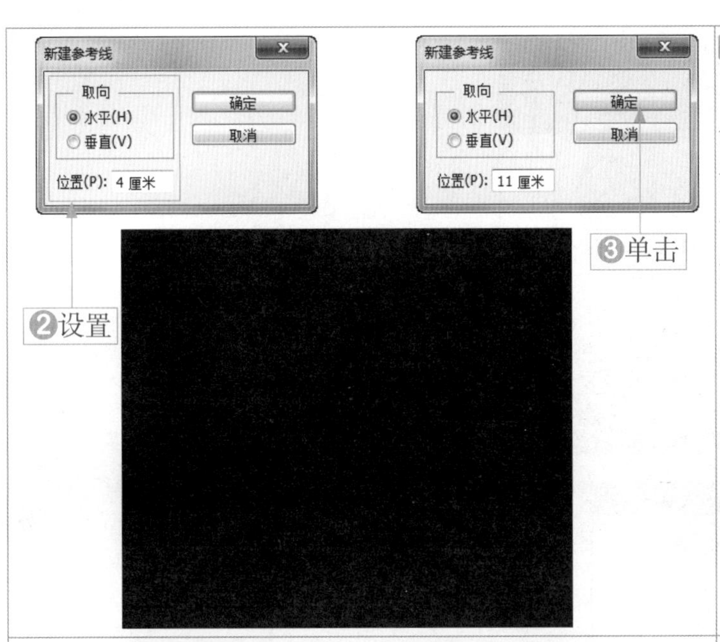

Step 02 创建参考线 ❶选择“视图”|“新建参考线”菜单命令，打开“新建参考线”对话框。❷设置“取向”为“水平”、“位置”为4厘米，单击“确定”按钮。❸再次打开“新建参考线”对话框，设置参考线位置为11厘米，单击“确定”按钮，得到两条参考线。

Step 03 绘制白色矩形 ❶新建图层1，选择矩形选框工具，在两条参考线之间绘制一个矩形选区。❷设置前景色为白色，按【Alt+ Delete】组合键将矩形选区填充为白色。

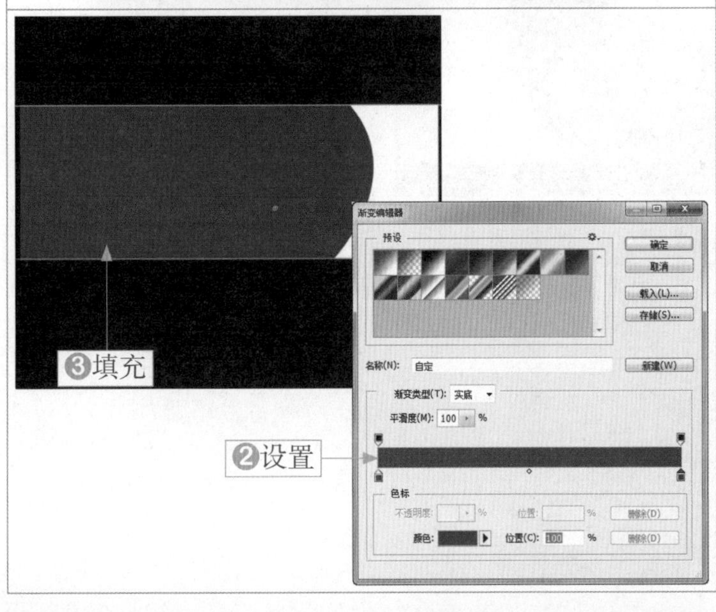

Step 04 渐变填充图像 ❶新建图层2，选择钢笔工具，在白色矩形中绘制一个右侧是圆弧的路径。❷按【Ctrl+Delete】组合键将路径转换为选区，然后选择渐变工具，打开“渐变编辑器”对话框，设置渐变颜色为从红色（R180，G53，B74）到紫红色（R171，G30，B82）。❸单击“确定”按钮，为创建的选区应用线性渐变填充。

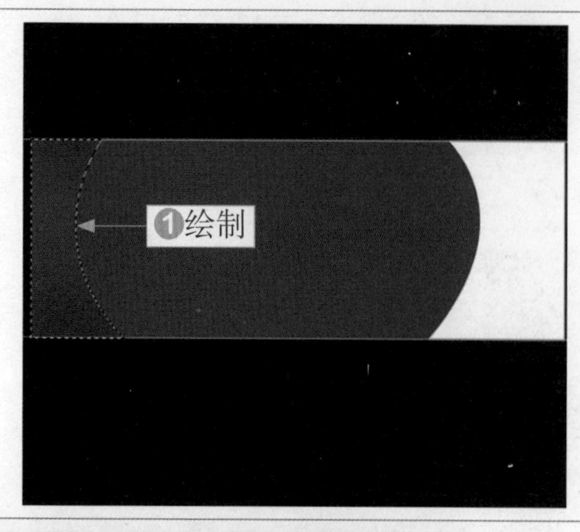

Step 05 绘制缺口图像 ❶新建一个图层，选择钢笔工具，在图像左侧绘制一个缺口路径。❷将路径转换为选区，然后选择渐变工具，打开“渐变编辑器”对话框，设置渐变颜色为从红色（R200，G18，B97）到紫红色（R156，G24，B77）。❸单击“确定”按钮，为选区应用径向渐变填充。

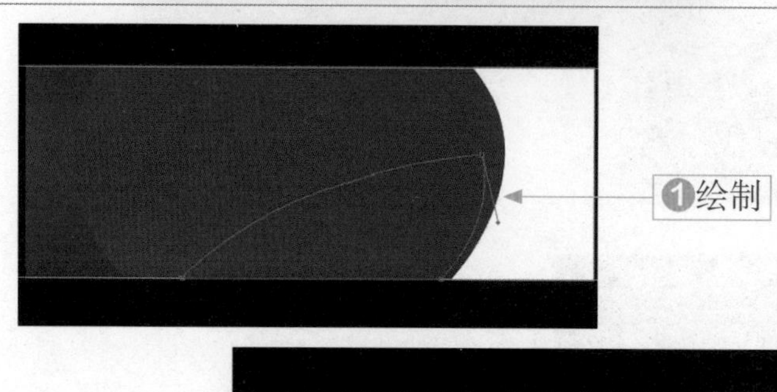

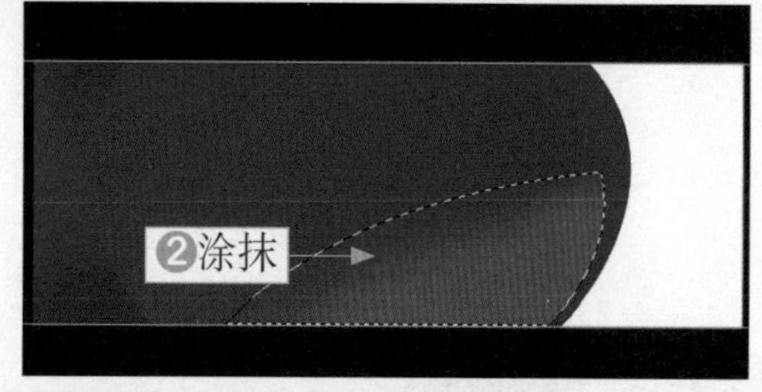

Step 06 使用画笔工具 ❶新建一个图层，选择钢笔工具，在红色图像下方绘制一个路径。❷将路径转换为选区，设置前景色为橘黄色（R204，G98，B48），使用画笔工具在选区右下方进行涂抹，得到如左图所示的效果。

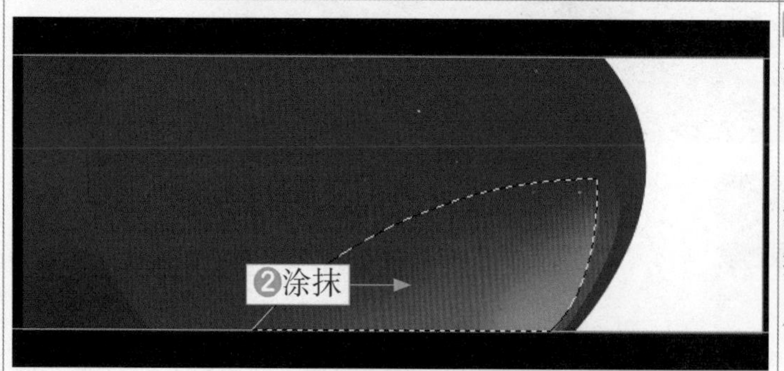

Step 07 移动选区绘制图像 ❶选择任意一个选框工具，将选区向左移动。❷设置前景色为（R242，G166，B21），使用渐变工具在选区右下方进行涂抹，得到的涂抹效果如左图所示。

Step 08 合并图层并改名 ❶按住【Ctrl】键选择除背景图层外的所有图层。❷按【Ctrl+E】组合键合并图层，并将合并后的图层改名为“正面图”。

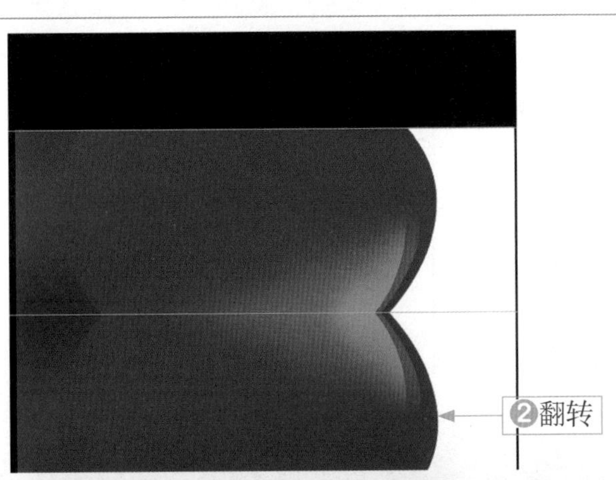

Step 09 复制图像 ❶按【Ctrl+J】组合键复制一次正面图层，得到图层副本。❷选择“编辑”|“变换”|“垂直翻转”菜单命令，对复制的图像进行翻转，然后使用移动工具将翻转后的图像放到图像下方。

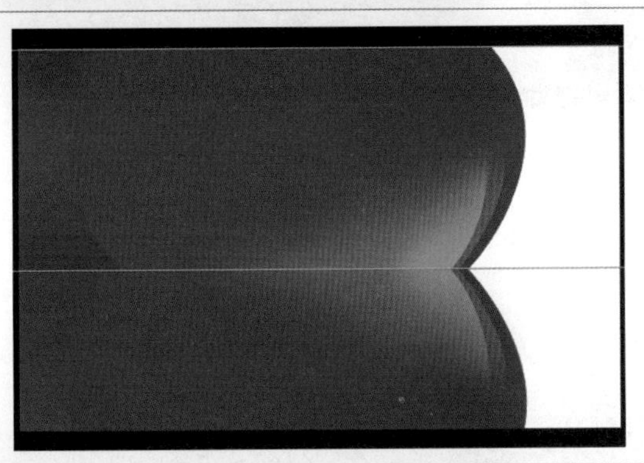

Step 10 删除选区中的图像 ❶选择矩形选框工具，在画面下方绘制一个矩形选区。❷按下【Delete】键删除选区中的图像，得到删除后的效果，如左图所示。

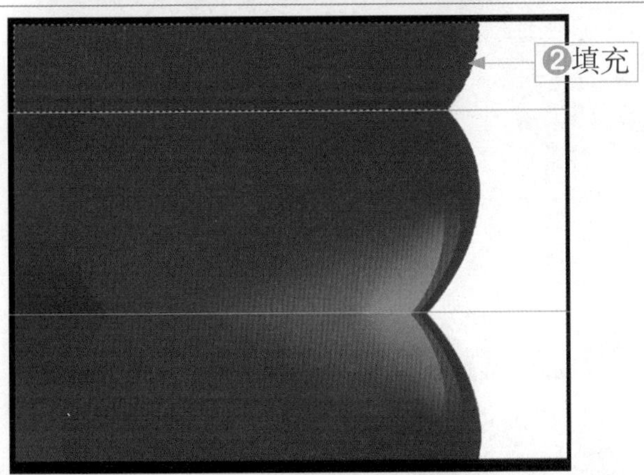

Step 11 绘制图像 ❶新建一个图层，选择矩形选框工具，在画面上方再绘制一个矩形，填充为白色。❷选择钢笔工具，在白色矩形中绘制一个右侧为弧形的路径，转换为选区后进行渐变填充，设置颜色为从红色（R180，G53，B74）到紫红色（R171，G30，B82）。

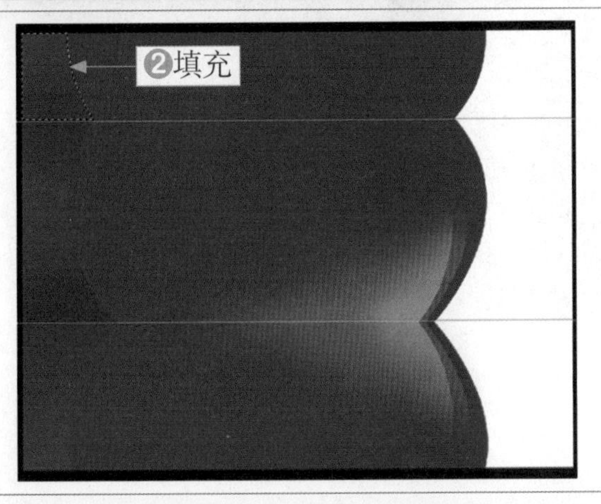

Step 12 绘制弯曲图像 ❶选择钢笔工具，在顶部图像左侧再绘制一个右侧弯曲的路径。❷按下【Ctrl+Enter】组合键将路径转换为选区，使用渐变工具从上向下为其应用线性渐变填充，设置颜色为从红色（R180，G53，B74）到紫红色（R171，G30，B82）。

5.2.2 添加图像元素

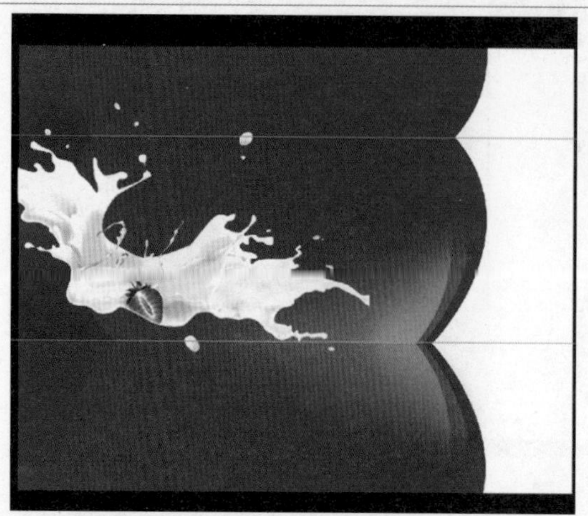

Step 01 添加素材图像 ❶首先来添加正面图像中的图像和文字元素。打开“牛奶.psd”素材图像，使用移动工具将图像拖曳到当前编辑的图像窗口中。❷适当调整素材图像的大小，并将其放到正面图像左侧。

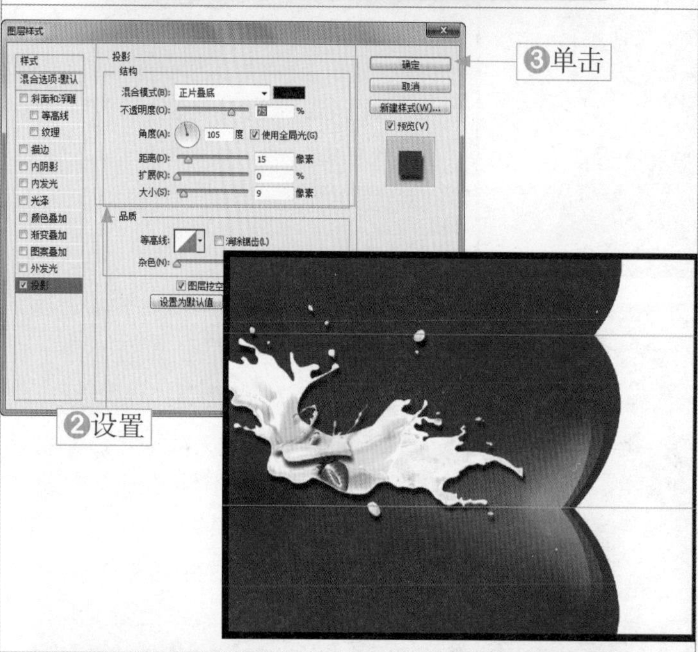

Step 02 添加图像投影 ❶选择“图层”|“图层样式”|“投影”菜单命令，打开“图层样式”对话框。❷设置投影颜色为黑色，其他参数设置如左图所示。❸单击“确定”按钮，得到图像投影效果。

知识链接

在设置投影参数时，要注意“角度”参数的调整，这将影响其他图层样式的角度。

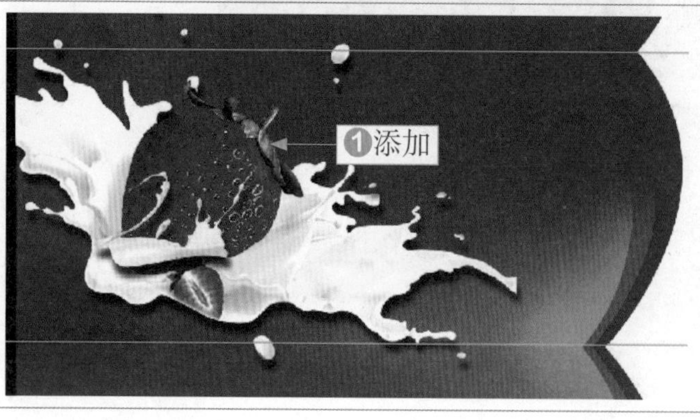

Step 03 添加草莓图像 ❶打开“单个草莓.psd”素材图像，使用移动工具将草莓拖曳到当前编辑的图像窗口中。❷适当调整素材图像的大小，将其放到牛奶图像中，效果如左图所示。

经验分享

在设计产品包装时，可以在包装正面添加产品图像，这样能更好地体现产品诉求。

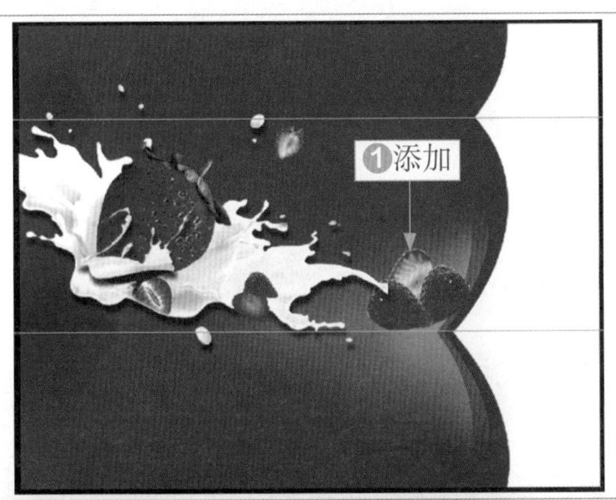

Step 04 添加素材图像 ❶打开“多个草莓.psd”素材图像，使用移动工具将图像拖曳到当前编辑的图像窗口中。❷适当调整素材图像的大小，参照左图所示的方式进行排列。

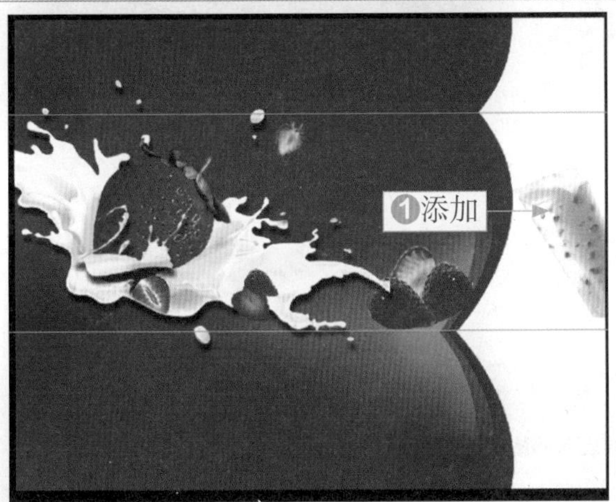

Step 05 添加雪糕图像 ❶打开“雪糕.psd”素材图像，使用移动工具将图像拖曳到当前编辑的图像窗口中。❷适当调整素材图像的大小，将其放到画面右侧。

经验分享

对于图像大小的调整，一定要以和画面协调为准，这样才能得到更加漂亮的图像效果。

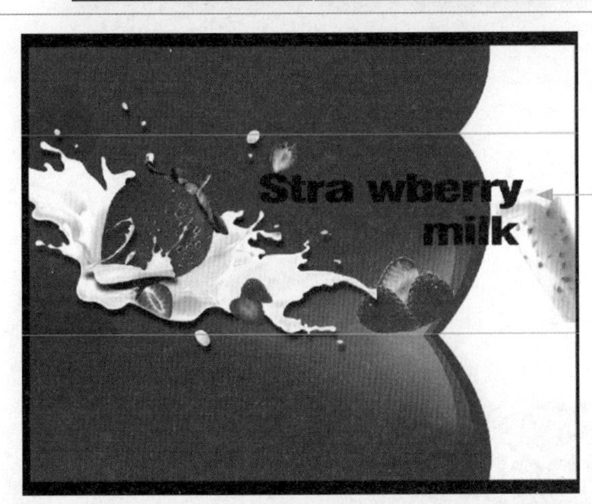

Step 06 输入文字 ❶选择横排文字工具，输入两行英文文字。❷在属性栏中设置字体为Swis721 BlkCn BT、颜色为黑色，得到的文字效果如左图所示。

经验分享

要调整文字大小，可以在输入文字后，按【Ctrl+T】组合键进行调整。

Step 07 透视文字 ❶选择“文字”|“栅格化文字图层”菜单命令，将文字图层转换为普通图层。❷选择“编辑”|“变换”|“透视”菜单命令，适当调整文字右侧部分，得到文字的透视效果，如左图所示。

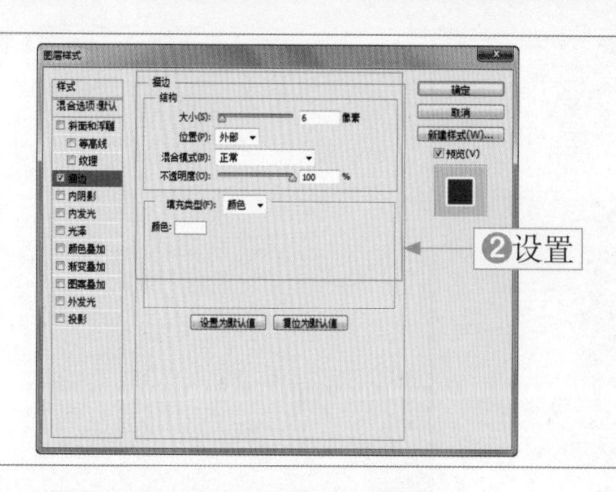

Step 08 添加描边效果❶选择“图层”|“图层样式”|“描边”菜单命令，打开“图层样式”对话框。❷设置描边颜色为白色、“大小”为6像素，其他设置如左图所示。

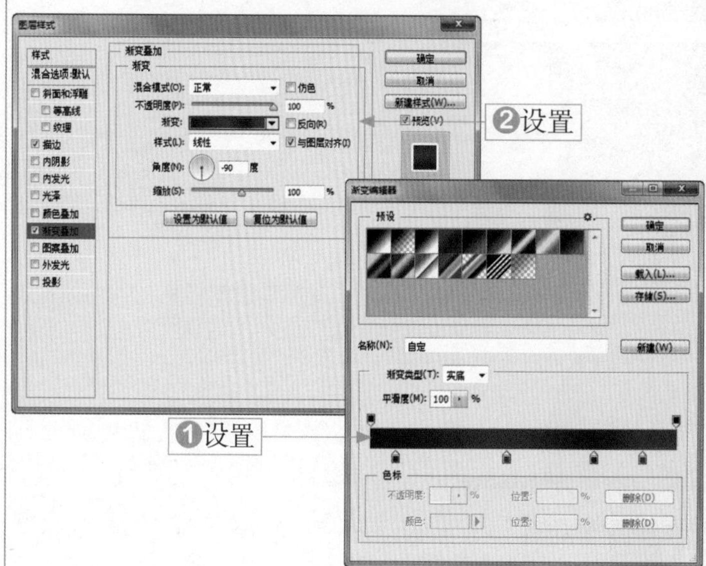

Step 09 添加渐变效果❶选择“渐变叠加”选项，单击渐变色条，打开“渐变编辑器”对话框，设置渐变颜色为深浅不一的红色。❷单击“确定”按钮，返回“图层样式”对话框，在其中设置其他各项参数。

经验分享

这里设置渐变颜色有一点必须注意，文字有两行，所以在设置时要注意两行文字在颜色上都要呈现出上深下浅的感觉。

Step 10 添加投影效果❶选择“投影”选项，设置投影颜色为黑色，其他参数设置如左图所示。❷单击“确定”按钮，得到添加图层样式后的文字效果。

经验分享

“图层样式”对话框中有一个“使用全局光”选项，选中该复选框，图像中所有的图层效果都使用相同的光线照入角度。

经验分享

“投影”样式可以为图层内容增加阴影效果，其主要用来增加图像的层次感，生成的投影效果沿图像边缘向外扩展。

	Step 11 输入文字 ❶选择横排文字工具，在添加图层样式的文字下方再输入文字。❷在属性栏中设置合适的字体和大小，参照左图所示的方式进行排列。
	Step 12 复制文字 ❶选择移动工具，然后再选择所有文字所在图层，按住【Alt】键移动复制对象。❷将复制的文字向下移动，放到展开图的下方。
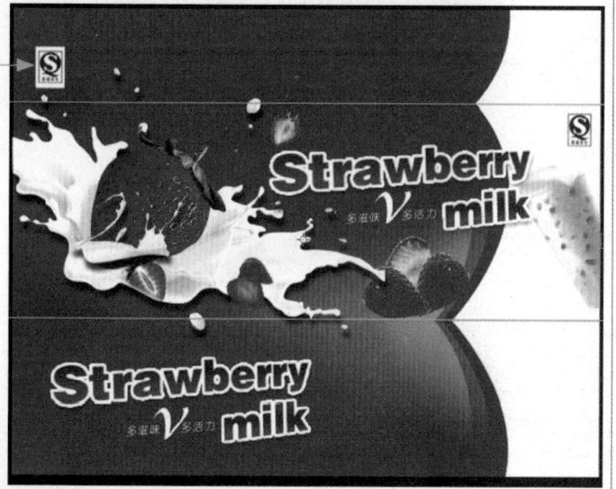	Step 13 添加素材图像 ❶打开“S.psd”素材图像，选择移动工具，将图像拖曳到正面图像中，放到图像右侧。❷复制一次该对象，适当调整其大小，放到展开图的左上方，如左图所示。
	Step 14 绘制透明图像 ❶新建一个图层，选择椭圆选框工具，按住【Shift】键，通过加选绘制出多个选区。❷将选区填充为白色，并设置该图层的不透明度为20%，然后将绘制好的图像放到正面图文字下方。

<table>
<tr><td>
</td><td>Step 15 缩小选区并填充 ①保持选区状态，选择“选择”|“变换选区”菜单命令，按住【Shift+Alt】组合键中心缩小选区。②新建一个图层，将选区填充为白色，效果如左图所示。</td></tr>
<tr><td>
</td><td>Step 16 输入文字 ①选择横排文字工具，在绘制的图像中输入文字。②在属性栏中设置合适的字体，并调整文字大小，效果如左图所示。</td></tr>
<tr><td>
</td><td>Step 17 输入文字 ①选择横排文字工具，在正面图像右上方输入商标名称。②在属性栏中设置合适的字体，并调整文字大小。</td></tr>
<tr><td>
</td><td>Step 18 添加条形码 ①打开“条形码.jpg”素材图像，使用移动工具将图像拖曳到当前编辑的图像窗口中。②适当调整条形码图像的大小，将其放到包装展开图的左上方。</td></tr>
</table>

经验分享

条形码是指由一组规则排列的条、空及其对应字符组成的标识，是用以表示一定商品信息的符号，其中条为深色、空为浅色，用于条形码识读设备的扫描识读，其对应字符由一组阿拉伯数字组成，供人们直接识读或通过键盘向计算机输入数据。

Step 19 绘制透明矩形 ❶新建一个图层，选择矩形选框工具，在包装展开图顶部绘制一个矩形选区，并填充为白色。❷设置该图层的不透明度为75%，得到透明矩形效果。

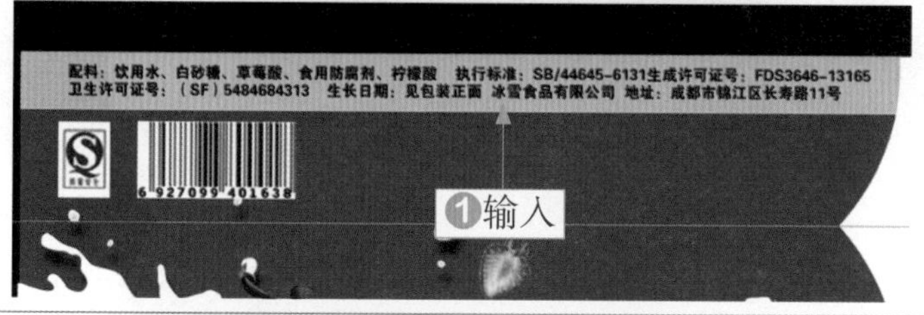

Step 20 输入文字 ❶选择横排文字工具，在透明矩形中输入产品文字说明。❷在属性栏中设置字体为黑体、颜色为黑色、大小为8点。

Step 21 复制图像 ❶选择展开图正面中的牛奶和草莓图像，复制一次该对象，放到展开图右下方。❷按【Ctrl+T】组合键适当调整图像大小，让图像超出展开图一些。

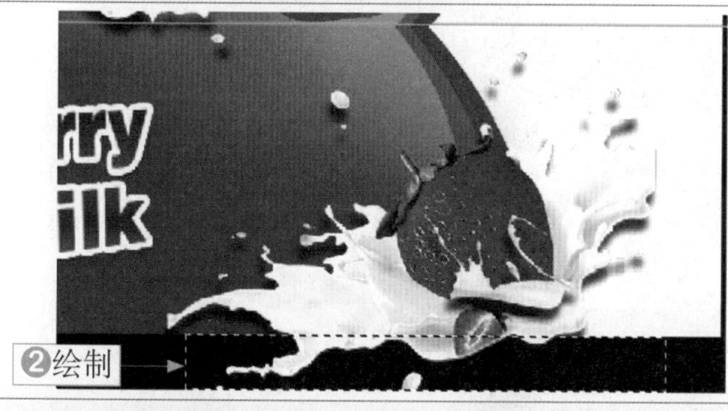

Step 22 绘制选区 ❶选择“编辑”|“变换”|“水平翻转”菜单命令，得到翻转后的图像。❷选择矩形选框工具，在复制的牛奶图像底部绘制一个矩形选区，框选超出展开图的部分。

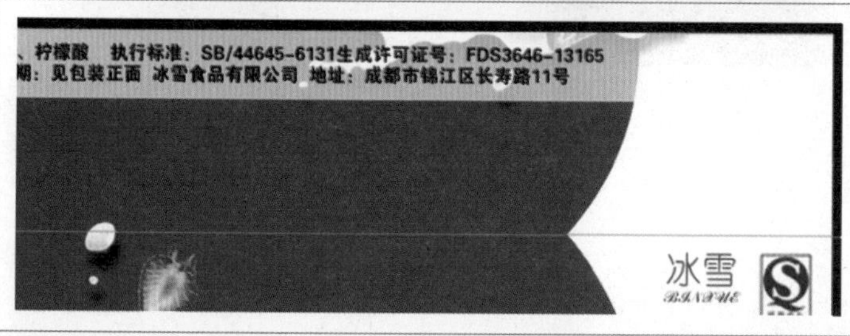

Step 23 剪切图像 ❶按【Ctrl+Shift+J】组合键剪切图层。❷将剪切后的图像移动到展开图右上方，并调整该图层到白色矩形下方。

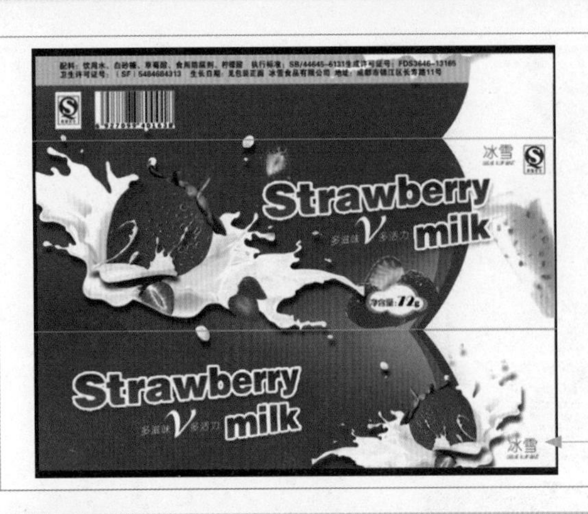

Step 24 复制商标文字❶选择移动工具，然后选择展开图正面右侧的商标文字图层。❷按住【Alt】键移动复制文字，并将其放到展开图右下方。❸双击缩放工具，显示全部图像，即可完成包装平面展开图的制作，效果如左图所示。

5.2.3 制作包装立体图

Step 01 合并图层❶按住【Ctrl】键选择除背景图层外的所有图层，然后按【Ctrl+E】组合键合并图层，并将合并后的图层命名为图层1。❷选择矩形选框工具，在图像中框选正面图像，也就是两条参考线之间的图像。

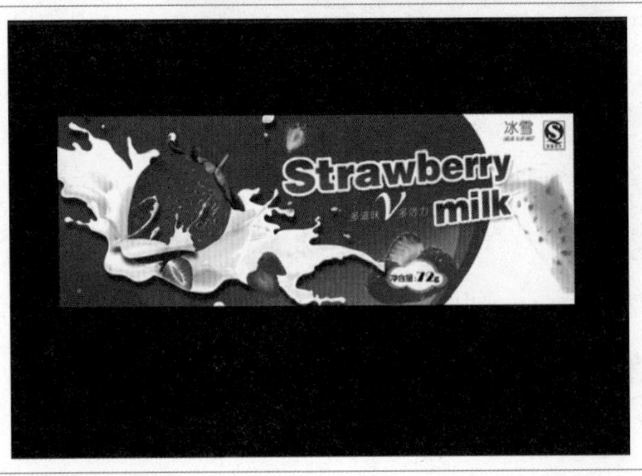

Step 02 拖曳图像到新建图像中❶按【Ctrl+J】组合键复制选区中的图像，得到新的图层。❷新建一个图像文件，使用移动工具将复制的图像拖曳到新建的图像窗口中。

经验分享

作为包装装潢设计人员，除了要具有良好的素质以外，还要具有以下几种良好的意识：市场意识、超前意识、广告意识、品牌意识、民俗（或民族）意识、文化意识、独创意识、品位意识、环保意识、自我否定意识等。

Step 03 绘制白色图像 ❶新建图层2，选择钢笔工具，在图像右侧绘制一个路径。❷按【Ctrl+Enter】组合键将路径转换为选区，并填充为白色。❸在“图层”面板中将图层2放到图层1的下方，得到的图像效果如左图所示。

Step 04 绘制图像 ❶新建图层3，选择钢笔工具，在图像左侧绘制一个路径。❷按【Ctrl+Enter】组合键将路径转换为选区，并填充为紫红色（R166，G22，B83）。❸在“图层”面板中将图层3放到图层1的下方，得到的图像效果如左图所示。

Step 05 绘制高光图像 ❶新建一个图层，选择钢笔工具，在包装图上方绘制一个高光路径。❷设置前景色为白色，然后按【Ctrl+ Enter】组合键将路径转换为选区。❸选择画笔工具，在属性栏中设置不透明度为35%，对选区顶部进行涂抹，得到高光图像。

Step 06 绘制路径 ❶新建一个图层。❷选择钢笔工具，在包装袋下方绘制一个暗部色调路径。

Step 07 羽化选区 ①按【Ctrl+Enter】组合键将路径转换为选区，在选区中单击鼠标右键，在弹出的菜单中选择“羽化”命令。②打开“羽化选区”对话框，设置参数为20像素。③单击“确定”按钮，即可得到羽化效果。

Step 08 绘制阴影图像 ①选择加深工具，在属性栏中设置“范围”为“高光”、“曝光度”为20%。②设置好后，使用加深工具在选区中进行涂抹，得到阴影图像效果。

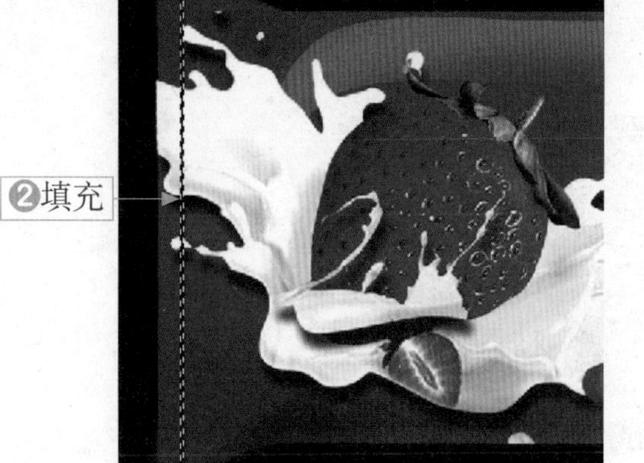

Step 09 绘制矩形 ①新建一个图层，在包装袋左侧绘制一个细长的矩形选区。②设置前景色为深红色（R77，G6，B36），然后按【Alt+Delete】组合键填充选区。

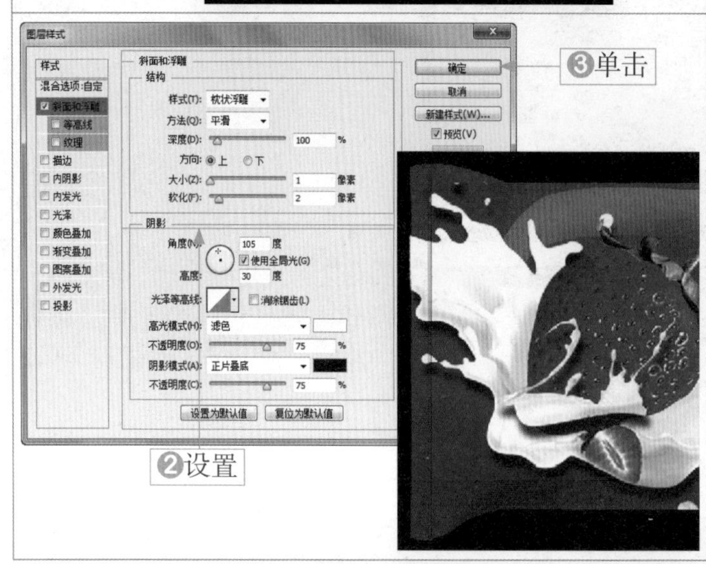

Step 10 添加浮雕效果 ①选择“图层”|“图层样式”|“斜面和浮雕”菜单命令，打开“图层样式”对话框。②设置“样式”为“枕状浮雕”，其他参数设置如左图所示。③单击“确定”按钮，再设置该图层的“填充”为20%，得到图像浮雕效果。

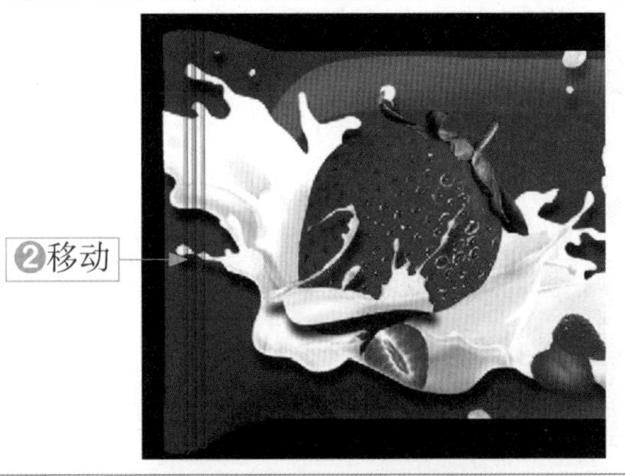

Step 11 创建压印效果 ❶按两次【Ctrl+J】组合键，复制两个透明矩形。❷选择移动工具，适当向右移动复制的矩形，参考左图所示的效果进行排放，得到包装袋边缘的压印效果。

Step 12 设置图层样式 ❶新建一个图层，在包装袋右侧绘制一个细长的矩形选区，并将其填充为粉红色（R235，G216，B224）。❷打开“图层样式”对话框，选择“斜面和浮雕”选项，设置“样式”为“枕状浮雕”，其他参数设置如左图所示。❸单击“确定”按钮，再设置该图层的“填充”为20%，得到图像浮雕效果。

Step 13 复制压印图像 复制两次浮雕图像，适当向左侧移动，参照左图所示的效果进行排列，得到右侧包装袋边缘的压印效果。

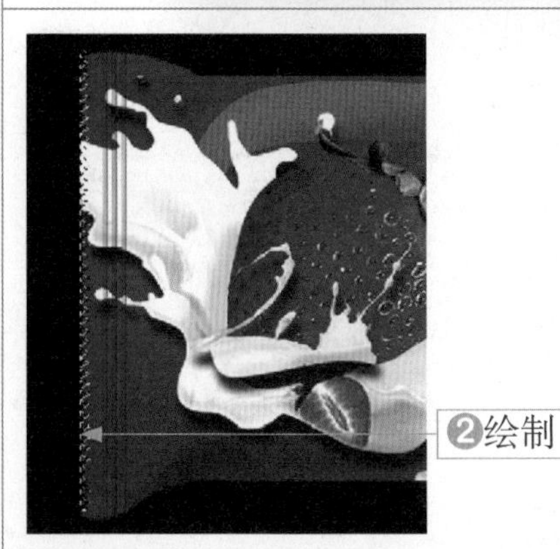

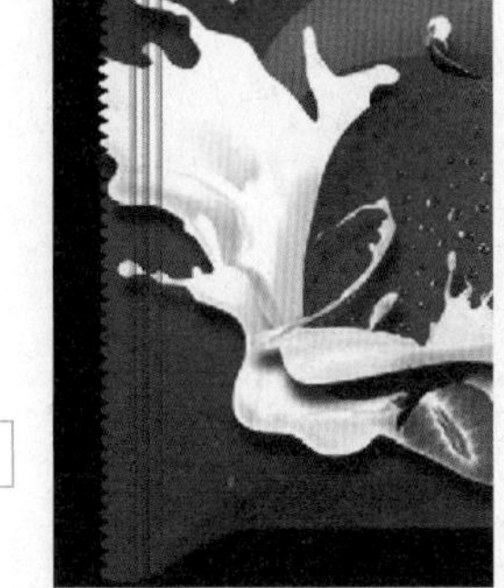

Step 14 制作锯齿图像 ❶在“图层”面板中，按住【Ctrl】键选择除背景图层外的图层，按【Ctrl+E】组合键进行合并。❷利用多边形套索工具在包装袋左侧绘制多个三角形选区。❸按【Delete】键删除图像。

Step 15 制作右侧锯齿图像 ❶参照上述方法，在包装袋右侧边缘处也绘制相同的三角形选区。❷按【Delete】键删除图像，得到锯齿效果。

Step 16 复制并翻转图像 ❶按【Ctrl+J】组合键复制一次制作好的包装袋立体效果图。❷使用移动工具将复制的图像向下移动，选择“编辑”|“变换”|“垂直翻转”菜单命令，将复制的图像进行翻转。

Step 17 添加图层蒙版 ❶单击“图层”面板底部的“添加图层蒙版”按钮。❷选择渐变工具，对图像从上向下应用线性渐变填充，设置颜色为从黑色到白色，得到倒影效果。

Step 18 设置不透明度 在“图层”面板中设置倒影图层的不透明度为40%，得到更加真实的倒影效果，即可完成本实例的制作，包装的立体效果如左图所示。

5.3 粽香楼包装

案例效果

源文件路径：
光盘\源文件\第5章

素材路径：
光盘\素材\第5章

教学视频路径：
光盘\视频教学\第5章

制作时间：
45分钟

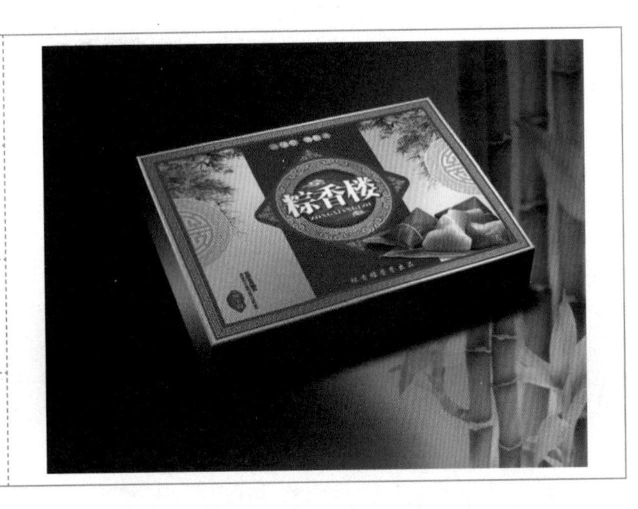

设计与制作思路

本实例制作的是一个粽香楼的纸盒包装设计，产品为端午节的传统食品——粽子。粽子一般给人的感觉是温暖、清香的，并且它与竹叶、荷叶、艾叶等还有着非常亲密的关系，所以在画面背景中添加了竹子图案。

为了更好地在包装设计中表达主题，设计师特意在纸盒中添加了粽子图像，再将产品名称做出中国的古典意味，与节日气氛完美融合。

5.3.1 包装盒正面图设计

Step 01 新建图像文件 ❶新建一个图像文件，设置文件名称为“粽香楼包装”，设置宽度为33厘米、高度为25厘米、分辨率为100。❷单击“确定”按钮，得到新建的图像文件。

知识链接

在“新建”对话框中，单击“高级”按钮，可以展开高级选项，在其中还可以设置“颜色配置文件”和“像素长宽比”选项。

Step 02 设置渐变填充 ❶选择渐变工具，在属性栏中单击渐变色条，打开“渐变编辑器”对话框。❷设置渐变颜色为橘黄色（R247，G206，B27）和淡黄色（R255，G249，B176）交叉的循环效果。❸在属性栏中单击“线性渐变”按钮，从画面左上方向右下方拖曳鼠标进行填充，效果如左图所示。

Step 03 绘制红色矩形 ❶新建图层1，选择矩形选框工具，在图像中绘制一个矩形选区。❷设置前景色为红色（R230，G0，B18），按【Alt+Delete】组合键填充选区。

Step 04 制作镂空效果 ❶保持选区状态，选择“选择”|“变换选区”菜单命令，按住【Alt+Shift】组合键中心缩小选区。❷按【Delete】键删除选区中的图像，得到镂空效果。

Step 05 涂抹外框图像 ❶选择魔棒工具，单击红色矩形框外侧的黄色图像，获取外框选区。❷参照左图所示的效果，分别使用减淡工具和加深工具对外框图像进行涂抹，得到更具有光亮感的外框效果。

Step 06 添加素材图像❶打开“图章.psd”素材图像，使用移动工具将其拖曳到当前编辑窗口中，放到画面左侧。❷按【Ctrl+J】组合键复制一次图像，放到画面右侧，选择“编辑”|“变换”|“水平翻转”菜单命令，得到翻转后的图像。

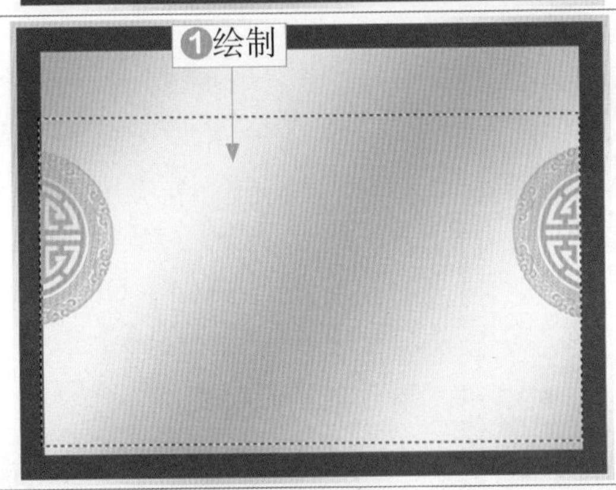

Step 07 添加图层蒙版❶选择矩形选框工具，在图像中绘制一个矩形选区。❷单击“图层”面板底部的“添加图层蒙版”按钮，为图层添加蒙版，隐藏超出矩形的图像，效果如左图所示。

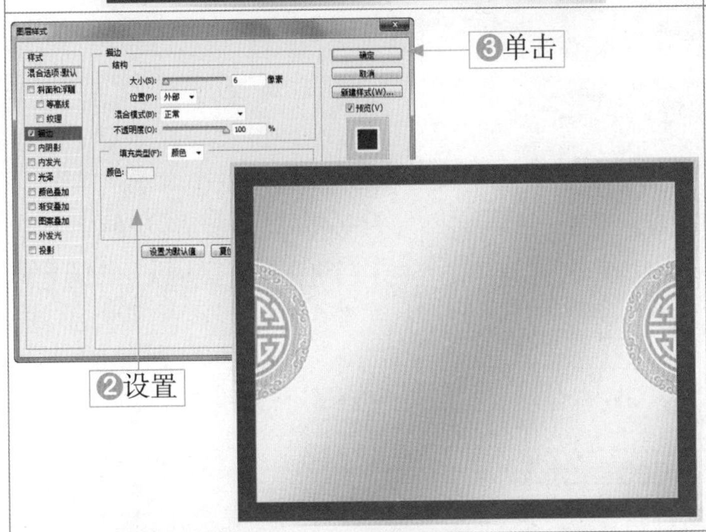

Step 08 添加描边效果❶按【Ctrl+E】组合键合并两个图章图层，选择“图层”|“图层样式”|“描边”菜单命令，打开“图层样式”对话框。❷设置描边颜色为淡黄色（R255，G250，B196），其他参数设置如左图所示。❸单击“确定”按钮，得到图像描边效果。

Step 09 添加边框花纹❶打开“边框花纹.psd”素材图像，使用移动工具将其移动到当前编辑的图像窗口中。❷适当调整素材图像的大小，将其放到红色边框中，效果如左图所示。

Step 10 添加树叶图像 ❶打开“树叶.psd”素材图像，使用移动工具将其移动到当前编辑窗口中，放到矩形边框左侧。❷按【Ctrl+ J】组合键复制一次对象，选择“编辑”|“变换”|“水平翻转”菜单命令，将翻转后的图像放到画面右侧。

Step 11 绘制红色图像 ❶新建一个图层，选择矩形选框工具，在图像中间绘制一个矩形选区。❷设置前景色为红色（R164，G0，B0），按【Alt+Delete】组合键填充选区。

Step 12 绘制圆角矩形 ❶新建一个图层，选择圆角矩形工具，在属性栏中设置“半径”为40像素，在图像中间绘制一个圆角矩形。❷按【Ctrl+T】组合键，在属性栏中设置“旋转角度”为45度，按【Enter】键对矩形进行旋转。

Step 13 填充圆角矩形 ❶按【Ctrl+Enter】组合键将路径转换为选区。❷设置前景色为红色（R199，G0，B11），按【Alt+Delete】组合键填充选区。

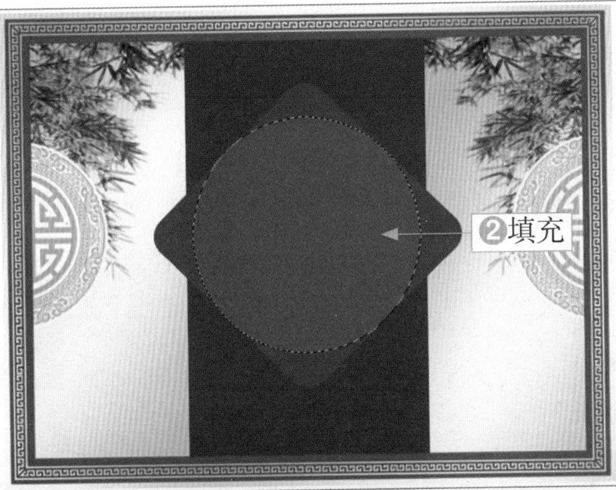

Step 14 绘制圆形 ❶选择椭圆选框工具，按住【Shift】键在圆角矩形中绘制一个正圆形选区。❷设置前景色为红色（R230，G0，B18），按【Alt+Delete】组合键填充选区。

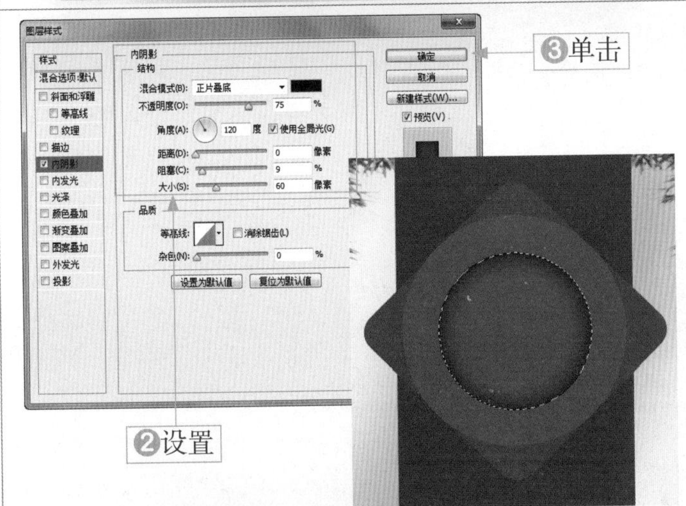

Step 15 添加内阴影效果 ❶按【Ctrl+J】组合键再复制一次圆形图像，然后中心缩小图像。❷选择“图层”|“图层样式”|“内阴影”菜单命令，打开“图层样式”对话框，设置内阴影颜色为黑色，其他参数设置如左图所示。❸单击“确定”按钮，得到图像内阴影效果。

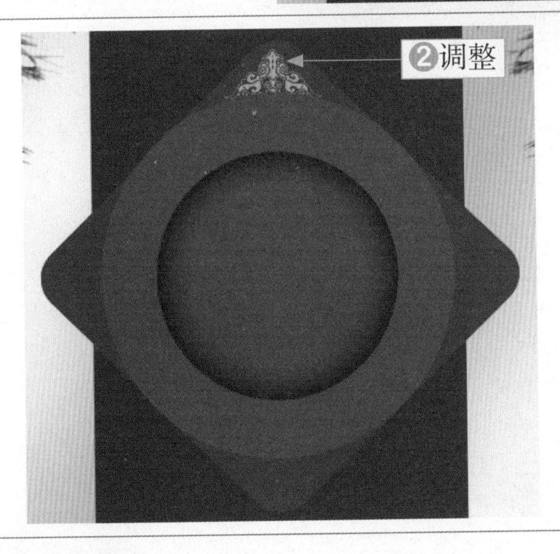

Step 16 添加花纹图像 ❶打开“单个花纹.psd”素材图像，使用移动工具将图像移动到当前编辑窗口中。❷适当调整素材图像的大小，将其放到圆形上方，如左图所示。

知识链接

内阴影样式沿图像边缘向内产生投影效果，刚好与投影样式效果的方向相反，其参数控制区也大致相同。

用户也可以单击“图层”面板底部的“添加图层样式”按钮，在弹出的快捷菜单中选择相应的命令，以此来添加图层样式。

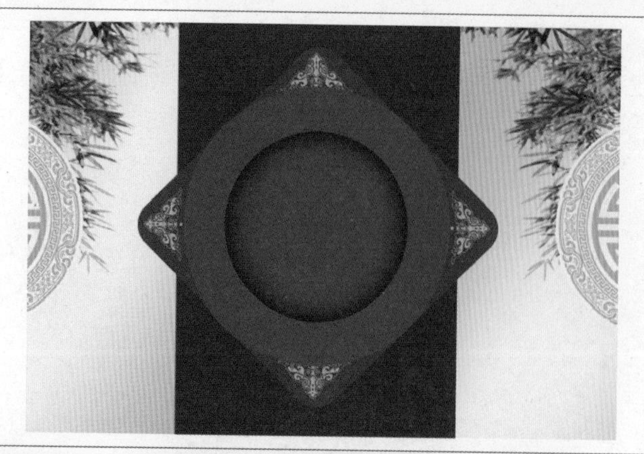

Step 17 复制花纹图像 ❶按三次【Ctrl+J】组合键，复制三次花纹图像。❷分别选择"编辑"|"变换"|"水平翻转"和"垂直翻转"菜单命令，将翻转后的图像放到圆角矩形与圆形相交的其他三个角。

Step 18 添加花纹素材图像 ❶打开"圆形花纹.psd"素材图像，使用移动工具将图像拖曳到当前编辑窗口中。❷适当调整图像大小，将其放到圆形图像中，如左图所示。

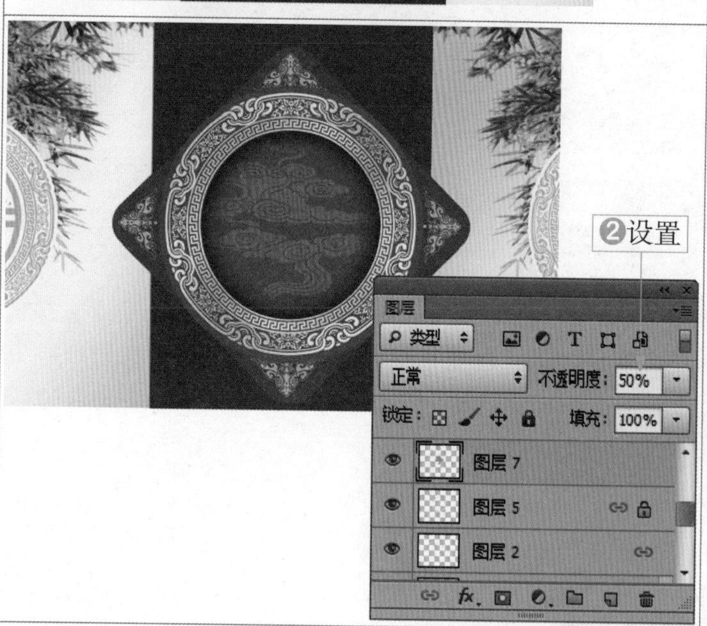

Step 19 添加祥云图像 ❶打开"大祥云.psd"素材图像，使用移动工具将图像拖曳到当前编辑窗口中。❷调整大小后，放到圆形图像中，并在"图层"面板中设置其不透明度为50%，得到透明的祥云图像效果。

知识链接

图层的不透明度是指图层的不透明程度。当不透明度为1%时，该图层几乎是完全透明的；而当不透明度为100%时，则图层完全不透明。单击"图层"面板右上角的"不透明度"下拉列表框，然后拖动弹出滑条上的滑块，或直接在数值框中输入需要的不透明值即可。

另外，"图层"面板的"填充"下拉列表框也可用来设置图层的不透明效果。

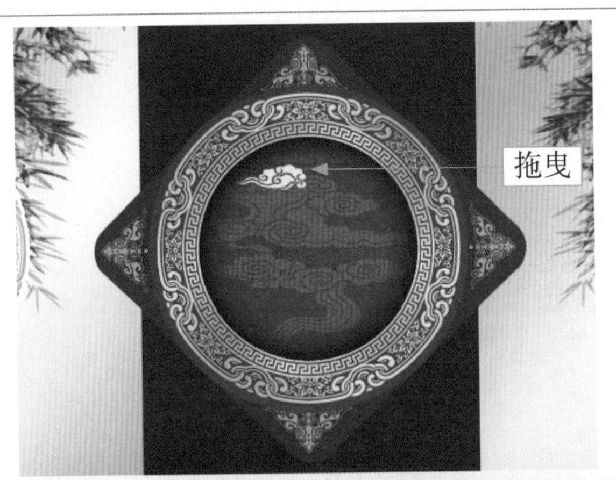

Step 20 添加小祥云 打开“小祥云.psd”素材图像，使用移动工具将图像拖曳过来，调整大小后放到圆形图像中。

知识链接

用户直接打开素材图像后，还可以按住【Ctrl】键单击该图层，载入选区，再复制选区图像，然后切换到当前图像中进行粘贴即可。

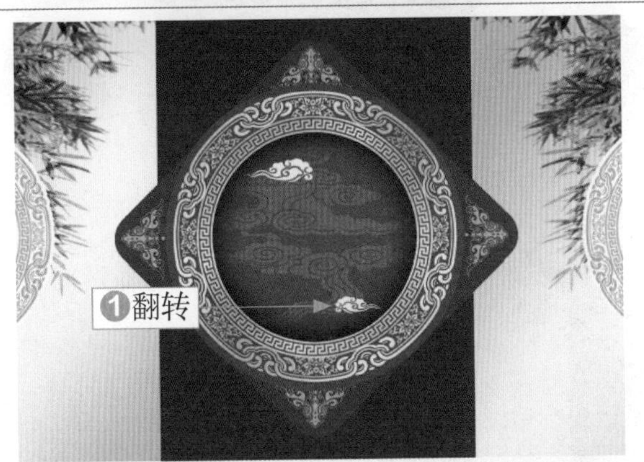

Step 21 复制图像 ❶按住【Ctrl】键移动复制一次对象，选择“编辑”|“变换”|“水平翻转”菜单命令，水平翻转复制的图像。❷将翻转后的图像放到右侧，并适当调整图像大小。

Step 22 输入文字 ❶选择横排文字工具，在圆形中输入文字“粽香楼”。❷在属性栏中设置字体为方正粗宋简体、填充为白色，适当调整文字大小，效果如左图所示。

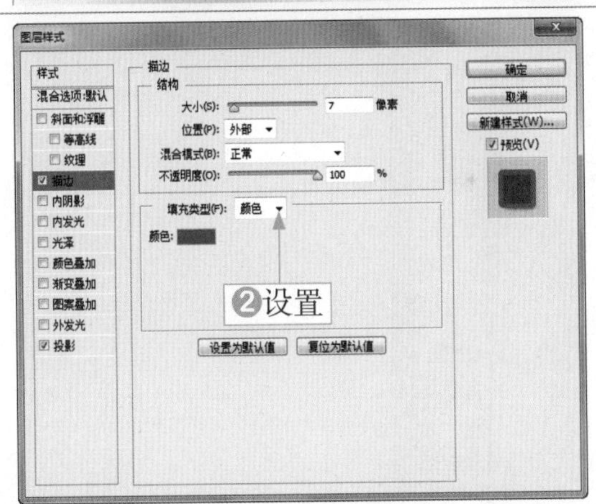

Step 23 添加描边样式 ❶选择“图层”|“图层样式”|“描边”菜单命令，打开“图层样式”对话框。❷设置描边颜色为红色（R230，G0，B18）、“大小”为7像素，其他参数设置如左图所示。

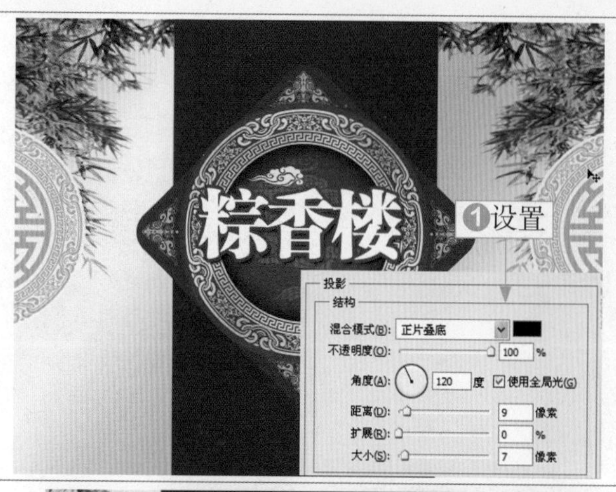

Step 24 添加投影样式 ❶选择"投影"选项，设置投影颜色为黑色，其他参数设置如左图所示。❷单击"确定"按钮，得到添加图层样式后的效果。

Step 25 输入文字 ❶选择横排文字工具，在"粽香楼"下方输入一行英文文字，在属性栏中设置字体为Elephant、文字颜色为黄色（R255，G247，B167）。❷再选择圆角矩形，为其添加黄色描边效果，如左图所示。

Step 26 添加粽子图像 ❶打开"粽子.psd"素材图像，使用移动工具将其拖曳到包装盒正面图中。❷适当调整图像大小，放到包装盒图像右下方，如左图所示。

Step 27 添加文字 ❶选择横排文字工具，在图像中间的红色矩形下方输入文字"粽香楼荣誉出品"。❷在属性栏中设置字体为方正行楷简体、颜色为黄色（R255，G243，B152）。

Step 28 绘制多个圆形选区 ❶选择椭圆选框工具，在属性栏中单击“添加到选区”按钮。❷按住【Shift】键，在包装盒中的红色图像上方，绘制出多个大小相同的圆形选区。

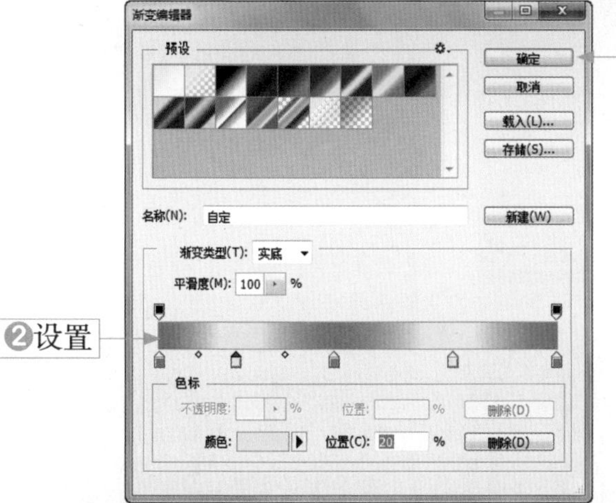

Step 29 设置渐变颜色 ❶新建一个图层，选择渐变工具，在属性栏中单击渐变色条，打开“渐变编辑器”对话框。❷设置渐变颜色为从橘黄色（R255，G110，B2）到黄色（R255，G255，B0）的交叉渐变。❸单击“确定”按钮，完成设置。

Step 30 渐变填充 ❶设置好渐变颜色后，单击属性栏中的“线性渐变”按钮。❷在选区中从左向右拖曳鼠标，为图像做渐变填充，得到渐变填充效果。

Step 31 输入文字 ❶选择横排文字工具，在圆形选区中输入文字。❷在属性栏中设置字体为黑体、颜色为白色、字体大小为26点。

经验分享

在圆形中输入文字时，为了排列比较准确，可以使用单个字输入的方式。

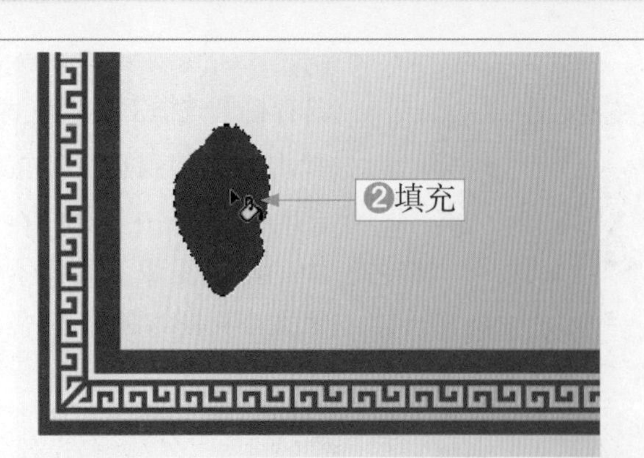

Step 32 绘制不规则图像❶新建一个图层，选择套索工具，在包装盒左下方绘制一个不规则的选区。❷设置前景色为红色，选择油漆桶工具，在选区中单击进行填充。

Step 33 绘制弯曲线条❶保持选区状态，设置前景色为黄色（R255，G245，B161）。❷使用画笔工具在红色图像中绘制弯曲的线条，效果如左图所示。

Step 34 输入文字❶选择直排文字工具，在红色图像中输入两行文字。❷在属性栏中设置字体为华文新魏、颜色为白色。

Step 35 输入文字❶选择直排文字工具，在红色图像右侧再输入两行文字。❷在属性栏中设置字体为细圆简体、颜色为黑色。

经验分享

输入直排文字后，如果用户需要转换为横排文字，可以选择“文字”|“取向”菜单命令，在弹出的子菜单中选择相应的命令即可；也可以直接单击文字工具属性栏中的“切换文本取向”按钮进行转换。

Step 36 显示全部图像❶双击工具箱中的缩放工具，显示全部图像。❷至此，完成包装盒正面图的制作，效果如左图所示。

5.3.2　包装盒立体效果图

Step 01 合并图层❶在“图层”面板中选择最顶端的图层，再按住【Shift】键单击最底端的背景图层，选中所有图层。❷按【Ctrl+ E】组合键将所选的图层合并，得到一个背景图层。

Step 02 转换背景图层❶双击背景图层，将弹出“新建图层”对话框。❷在“名称”文本框中输入“正面图”。❸单击“确定”按钮，将背景图层转换为普通图层。

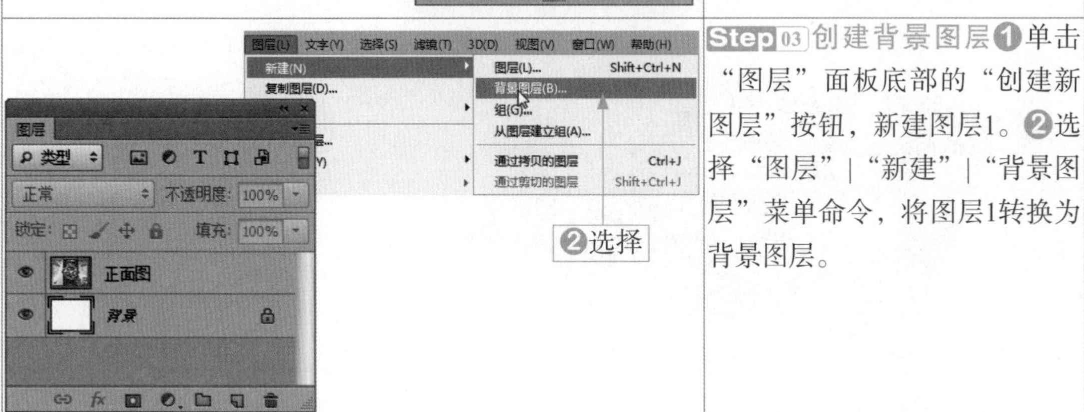

Step 03 创建背景图层❶单击“图层”面板底部的“创建新图层”按钮，新建图层1。❷选择“图层”|“新建”|“背景图层”菜单命令，将图层1转换为背景图层。

Step 04 透视变换图像 ❶选择“正面图”图层，按【Ctrl+T】组合键对图像进行缩小。❷按住【Ctrl】键分别拖曳四个角，对其进行透视变换，按【Enter】键确定变换。

Step 05 填充选区 ❶按住【Ctrl】键单击“正面图”图层，载入图像选区。❷新建一个图层，填充选区为深红色（R63，G2，B5）。❸在“图层”面板中设置该图层的不透明度为23%，效果如左图所示。

Step 06 添加图层蒙版 ❶单击“图层”面板底部的“添加图层蒙版”按钮，为其添加图层蒙版。❷选择画笔工具，对图像右上方进行涂抹，隐藏部分图像，这时的“图层”面板和图像效果如左图所示。

Step 07 绘制四边形选区 ❶新建一个图层，选择多边形套索工具。❷在包装盒左侧沿边缘绘制一个四边形选区。

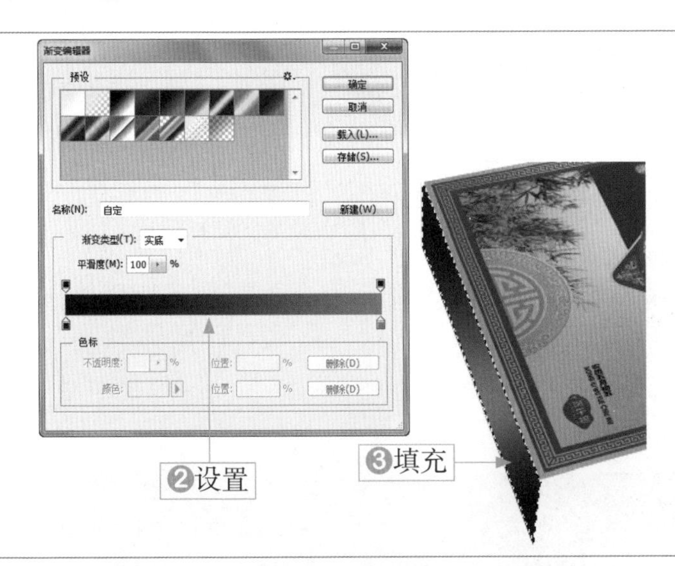

Step 08 渐变填充选区 ❶选择渐变工具，单击属性栏左侧的渐变色条，打开“渐变编辑器”对话框。❷设置渐变颜色为从深红色（R61，G2，B5）到淡黄色（R172，G149，B92）。❸单击属性栏中的“径向渐变”按钮，在选区中从中间向外拖曳鼠标，得到径向渐变填充效果。

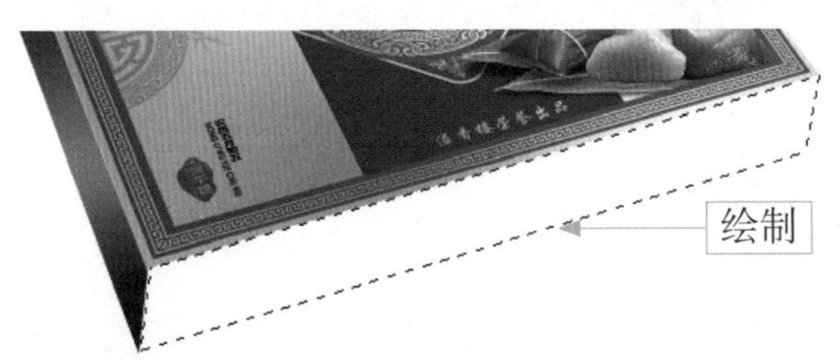

Step 09 绘制选区 新建一个图层，选择多边形套索工具，在包装盒下方绘制一个四边形选区，作为包装盒的正面厚度图像。

Step 10 渐变填充 ❶选择渐变工具，打开“渐变编辑器”对话框，设置渐变颜色为从黑色到红色（R63，G2，B8）。❷在属性栏中设置渐变方式为径向渐变，从选区中间向外拖曳鼠标，得到径向渐变填充效果。

Step 11 填充背景 ❶在“图层”面板中选择背景图层，再使用渐变工具对图像从左上角向右下角应用线性渐变填充。❷设置渐变颜色为从黑色到白色，得到背景填充效果。

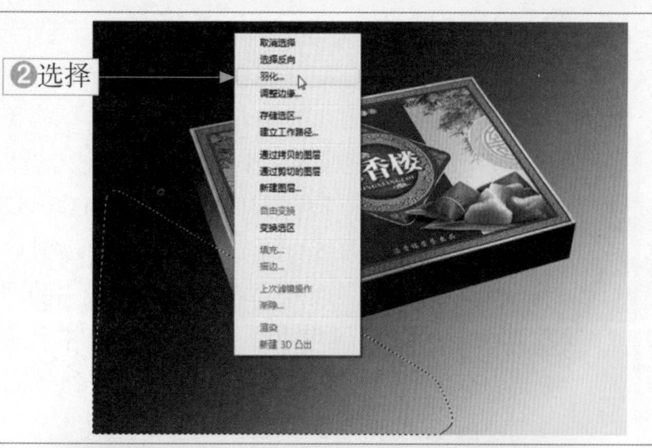

Step 12 羽化选区 ❶选择多边形套索工具，在画面左下方绘制一个多边形选区。❷在选区中单击鼠标右键，在弹出的菜单中选择“羽化”命令。

Step 13 填充羽化选区 ❶打开“羽化选区”对话框，设置羽化值为20像素。❷单击“确定”按钮，得到羽化后的选区。❸使用渐变工具，设置渐变颜色为从黑色到灰色，然后在选区中从左向右拖曳鼠标填充选区，效果如左图所示。

Step 14 绘制选区 ❶新建一个图层，选择多边形套索工具，在属性栏中设置羽化值为15像素。❷沿着包装盒下边缘绘制一个选区，如左图所示。

Step 15 填充选区 ❶设置前景色为白色，按【Alt+Delete】组合键填充选区。❷按【Ctrl+D】组合键取消选区，得到包装盒投影效果。

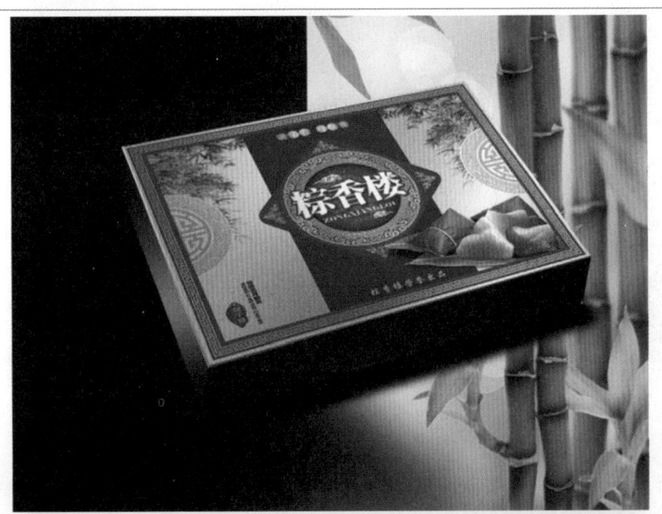	Step 16 添加素材图像 ❶打开“竹子.jpg”素材图像，使用移动工具将其拖曳到当前编辑窗口中。❷适当调整图像大小，放到画面右侧，效果如左图所示。
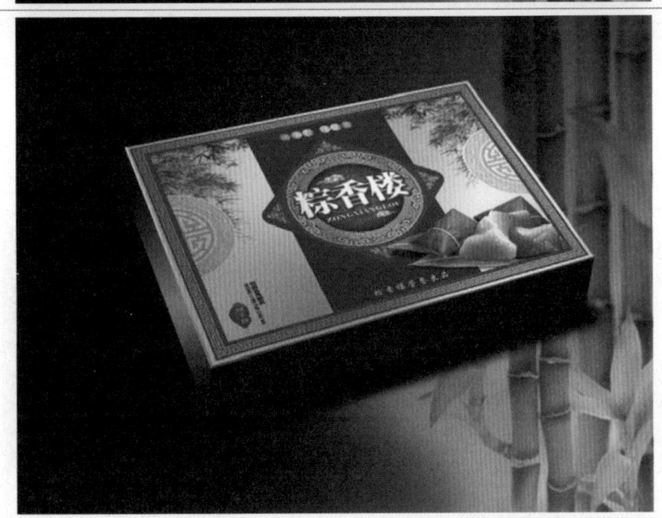	Step 17 添加图层蒙版 ❶设置该图层的混合模式为“正片叠底”。❷单击“图层”面板底部的“添加图层蒙版”按钮添加图层蒙版，使用画笔工具对竹子图像左侧进行涂抹，隐藏部分图像，即可完成包装盒立体效果的制作，效果如左图所示。

5.4　Photoshop技术库

在本章案例的制作过程中，运用到了选区的编辑操作，下面将针对编辑与修改选区进行重点介绍。

5.4.1　选区的修改

用户在图像中绘制好选区后，还需要对选区进行适当的修改，如移动图像中的选区、增加选区边框、扩展和收缩选区、平滑选区等。

1. 移动图像选区

在图像中创建选区后，将选框工具移动到选区内，按下鼠标左键并拖动鼠标，即可移动选区的位置，如下图所示。

经验分享

要移动图像窗口中的选区，只能通过选框工具来完成；如果使用移动工具，就会同时移动选区与选区内的图像。

获取选区

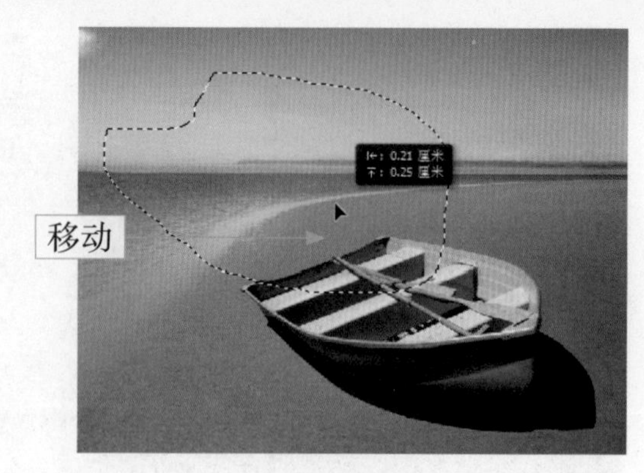

移动选区

2. 增加选区边框

使用“边界”命令可以在选区的轮廓部分制作边框。选择“选择”|“修改”|“边界”菜单命令，在“边界选区”对话框的“宽度”数值框中输入相应数值，然后单击“确定”按钮即可，如下图所示。

绘制选区

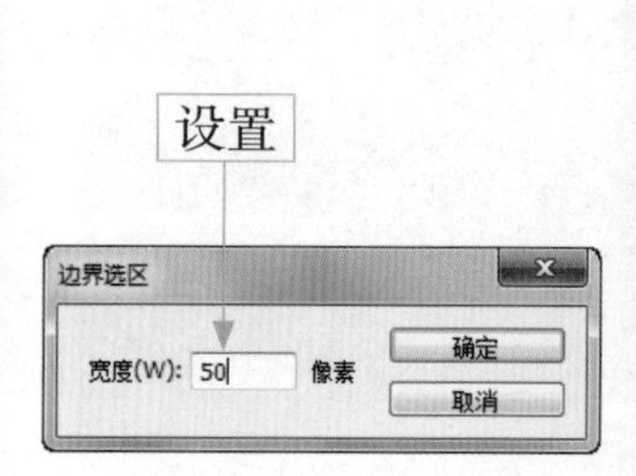

输入数值

边界选区

3. 扩展和收缩图像选区

扩展选区与收缩选区是两个相反的效果。选择“选择”|“修改”|“扩展”菜单命令，打开“扩展选区”对话框，用户可以在该对话框中指定选区扩展的像素值。下图所示为“扩展选区”对话框设置以及选区扩展后的效果。

原选区

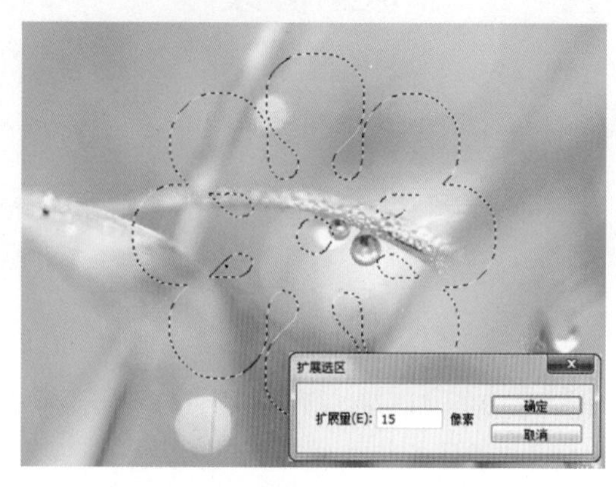

扩展选区

“收缩”命令用来缩小选区的范围，其设置方法与“扩展”命令相似。选择“选择”|“修改”|“收缩”菜单命令，打开“收缩选区”对话框，对其参数进行设置后，单击“确定”按钮即可，收缩图像选区的效果如下图所示。

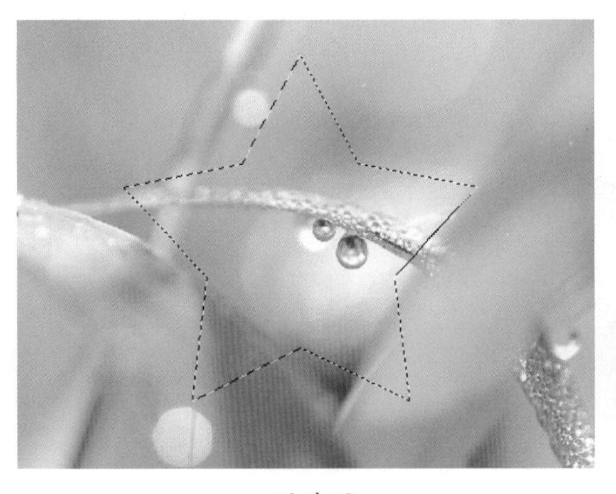

原选区

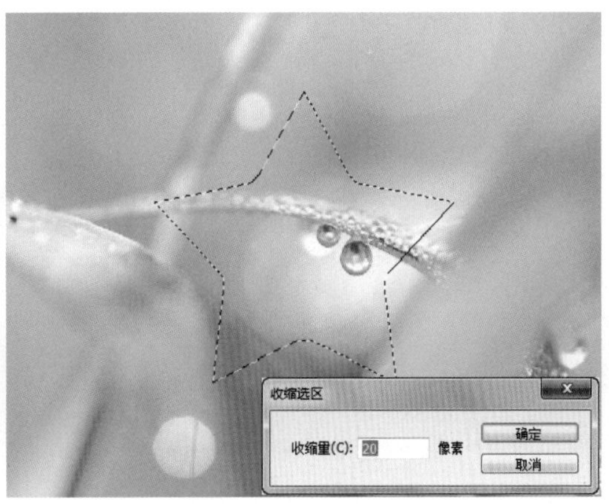

收缩选区

4. 平滑图像选区

使用“平滑”命令可以消除选区边缘的锯齿，使选区边界变得连续而平滑。选择“选择”|“修改”|“平滑”菜单命令，在“平滑选区”对话框的“取样半径”数值框中输入平滑值，然后单击“确定”按钮即可，如下图所示。

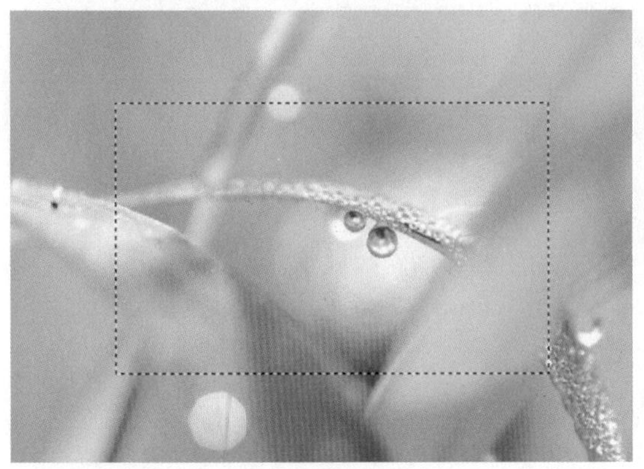

原选区

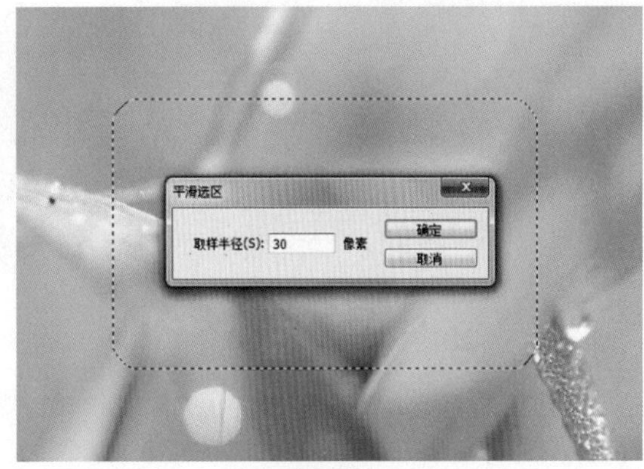

平滑选区

5.4.2 选区的编辑

绘制完选区后，如果觉得选区还不能达到要求，这时可通过编辑操作对选区进行再加工处理。

1. 设置选区的羽化效果

羽化是图像处理过程中经常用到的一种操作。羽化效果可以在选区和背景之间建立一条模糊的过渡边缘，使选区产生“晕开”的效果。下图所示为在白色背景显示方式下观察不同羽化值的羽化效果。

羽化值为6px

羽化值为40px

羽化值为100px

2. 变换选区

“变换选区”命令可以对选区实施自由的变形，而不会影响到选区中的图像。选择“选择”|“变换选区”菜单命令后，选区的边框上出现八个控制点，将鼠标指针移至控制点上，按住鼠标左键并拖曳控制点，可以改变选区的尺寸大小，如左下图所示；当鼠标指针在选区以外时，将变为旋转样式指针，拖动鼠标会带动选区在任意方向上旋转，如右下图所示。鼠标指针在选区内时，将变成移动式指针，可拖动鼠标将选区移到预定位置处。

改变选区大小

旋转选区

调整完毕后，按【Enter】键可确定操作，按【Esc】键可以取消调整操作，并将选区恢复到调整前的状态。

3. 存储选区

对于创建好的选区，如果后面需要使用或在其他图像中使用，可以将其进行保存。选择“选择”|“存储选区”菜单命令或在选区上单击鼠标右键，从弹出的快捷菜单中选择“存储选区”命令，打开“存储选区”对话框，如左下图所示。

❀ 文档：用于选择是在当前文档创建新的Alpha通道，还是创建新的文档，并将选区存储为新的Alpha通道。

❀ 通道：用于设置保存选区的通道。在其下拉列表中显示了所有的Alpha通道和“新建”选项。

❁ 操作：用于选择通道的处理方式，包括“新建通道”、“添加到通道”、“从通道中减去”和“与通道交叉”四个选项。

4. 载入选区

载入选区时，选择“选择”|“载入选区”菜单命令，打开如右下图所示的“载入选区”对话框。在“通道”下拉列表框中选择存储选区时输入的通道名称，单击“确定”按钮即可载入该选区。

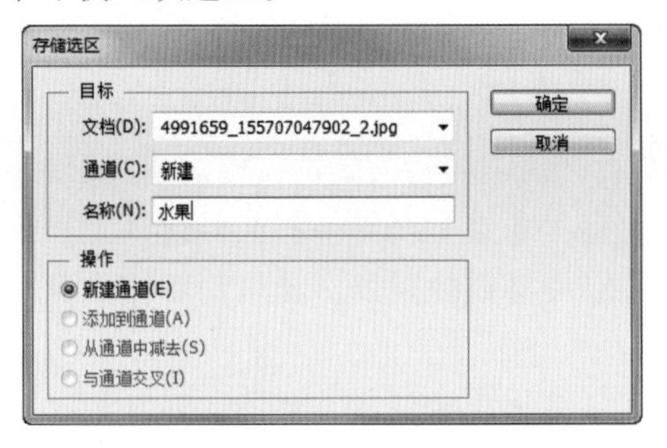

“存储选区”对话框

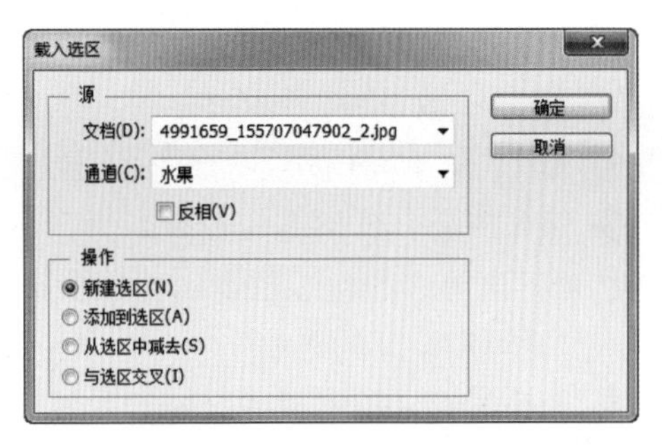

“载入选区”对话框

5.5 设计理论深化

包装设计看似简单，实则不然，一个有经验的包装设计师在执行设计个案时，考虑的不只是视觉的掌握或结构的创新，而是对此个案所牵涉的产品营销规划是否有全盘的了解。

下面将介绍包装的主要目的及基本功能。

1. 包装的目的

包装设计具有很强的目的性，重点在于为顾客介绍商品、突出商品品质，包装的目的性主要有以下几点。

❁ 介绍商品：藉由包装上的要素，使消费者认识商品的内容、品牌及品名。

❁ 具有标示性：商品的保存期限、营养表、条形码、承重限制、环保标记等信息，都必须依照法规一一标示清楚。

❁ 沟通：有些企业为了提升企业形象，会在包装上附加一些关怀文章、赞助活动或正面的宣传信息，藉此与消费者产生良性互动。

❁ 占有货架位置：商品最终的战场在卖场，不论是商店内货架或自动贩卖机，如何与竞争品牌一较长短、如何创造更佳的视觉空间，都是包装设计的考虑因素。

❁ 激起购买欲望：包装设计与广告的搭配，能使消费者对商品产生记忆，进而从货架上五花八门的商品中脱颖而出。

❁ 自我销售：商业包装是消费者接触最多的包装，现在卖场中已不再有店员从旁促销或推荐的销售行为，而是藉由包装与消费者做面对面的直接沟通，所以一个好的包装设计必须确实地提供商品信息给消费者，并且让消费者在距离60厘米处（一般手臂长度）、3秒钟的快速浏览中，一眼就看出“我才是你需要的！”。因此，成功的包装设计可以让商品轻易地达到自我销售的目的。

❁ 促销：为了清楚地告知商品促销的信息，包装有时必须配合促销内容而重新设计，如增量、打折、降价、买一送一、附送赠品等促销内容。

2. 包装的基本功能

包装除了起到为产品宣传的作用外，还具有多种功能，其最基本的功能有以下几点。

❁ 集中、储存与携带：透过“包”与“装”，能将产品集中、置入同一空间内，以方便储存、计量、计价及携带。

❁ 便于传递及运送：产品从产地到消费者手中，需经过包装处理才能组装及运输到卖场上架贩卖。

❁ 信息告知：藉由包装的材质及形式，让消费者知道内容物的属性，传达消费信息。

❁ 保存产品、延长寿命：有时为了延长商品寿命，包装的功能性往往胜过视觉表现，甚至必须付出更多的包装成本，像罐头、新鲜屋等包装材料的开发，让消费者使用商品的时机不受时间和空间的影响。

❁ 承受压力：因堆放或运输的关系，包装材料的选用也很关键，如香肠商品需采用充氮包装，让包装内的空气有足够的缓冲空间，使产品不致压碎或变形。

❁ 抵抗光线、氧化或紫外线：在许多国家已有法规明文规定，有些商品须采用隔绝光、紫外线、抗氧化的包装材料，以防商品变质。

Chapter 第06章

户外广告设计

课前导读

凡是能在露天或公共场合通过广告设计表现形式同时向许多消费者进行诉求，能达到推销商品目的的事物都可称为户外广告设计媒体。本章将介绍户外广告的设计特点、设计形式和户外广告文案艺术，并结合经典案例对户外广告的设计与制作方法进行详细讲解。

本章学习要点

- 户外广告基础知识
- 商场促销户外广告
- 劲酒路牌广告
- 影楼宣传灯箱广告

精彩效果赏析

6.1 户外广告基础知识

户外广告是指利用公共或自有场地的建筑物、空间，或利用交通工具等形式进行设置、悬挂、张贴的广告。

6.1.1 户外广告设计特点

户外广告作为与影视、平面、广播并列的媒体，有其鲜明的特性。与其他媒体相比，它在时间上拥有绝对优势，其发布持续、稳定，不像电视、广播一闪即逝；但它在“空间”上处于劣势，受区域视觉限制大，视觉范围窄，不过候车亭、公交车等网络化分布的媒体已经将这种缺憾做了相当大的弥补。

1. 到达率高

通过策略性的媒介安排和分布，户外广告能创造出理想的到达率。据实力传播的调查显示，户外媒体的到达率目前仅次于电视媒体，位居第二。

2. 视觉冲击力强

在公共场所树立巨型广告牌这一古老方式历经千年的实践，表明其在传递信息、扩大影响方面的有效性。一块设立在黄金地段的巨型广告牌，是任何想建立持久品牌形象的公司的必争之物，它的直接、简捷，足以迷倒全世界的大广告商。很多知名的户外广告牌，或许因为它的持久和突出，成为这个地区远近闻名的标志，人们或许对街道楼宇都视而不见，而唯独这些林立的巨型广告牌能够令人久久难以忘怀。

3. 发布时段长

许多户外媒体是持久地、全天候发布的。它们每天24小时、每周7天地伫立在那儿，这一特点令其更容易为受众见到，所以它随客户的需求而天长地久。

4. 成本低

户外媒体可能是最物有所值的大众媒体了。它的价格虽各有不同，但它的千人成本（即每一千个受众所需的媒体费）与其他媒体相比却很低，而客户最终更是看中千人成本。

5. 城市覆盖率高

在某个城市结合目标人群，正确地选择发布地点以及使用正确的户外媒体，可以在理想的范围接触到多个层面的人群，广告就可以和受众的生活节奏配合得非常好。

6.1.2 户外广告的设计形式

霓虹灯、路牌和灯箱是户外广告的三种主要形式，也是迅速提高企业知名度、展示企业形象的有力途径。

1. 霓虹灯广告

霓虹灯广告的优点：简单明了、可重复出现、引人注目，且光亮艳丽、宣传效果较好，有利于突出企业的名称、厂牌和商标。

霓虹灯的制作要求：文字、图案要力求简化，既清晰易认，又具有艺术性。色彩选择要适合消费者心理，不可过于眩目，使人眼花缭乱。

2. 灯箱广告

灯箱可分有机玻璃灯箱和柔性灯箱两种，一般前者面积较小，后者面积较大。此外，还有单面灯箱、双面灯箱和立式灯箱之分。灯箱广告具有图文清晰、维修概率低、便于宣传较细腻的广告内容等特点，适于安装在路边或门脸旁边，如左下图所示。

3. 路牌广告

路牌广告常设在繁华街道、交通要道等人群密集之处。其优点是时效较长，通常可保留一到数月，可使来往行人不止一次地看到；位置适中、制作精美的路牌还可美化环境及市容，如右下图所示。路牌广告一般不成群设立，同一地点一般不会出现彼此竞争的局面。

街头广告

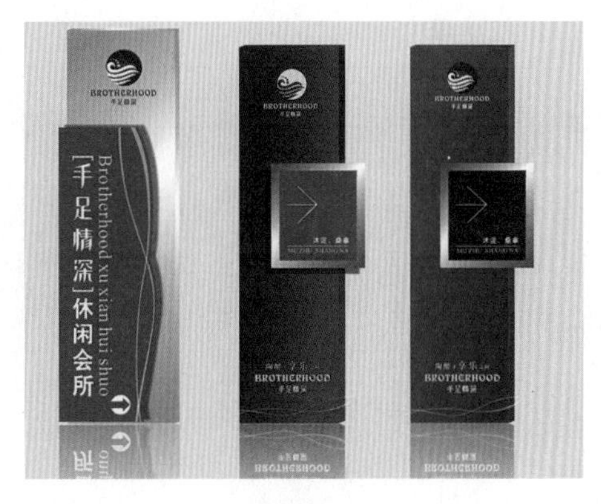

会所广告

6.1.3 户外广告文案艺术

广告文案艺术的灵魂是产品，它的作用在于形象地刻画产品的个性（或调性），感染消费者的情感，增加消费者对产品的亲和力，诱导消费者产生购买行为。

广告文字凝聚了人类的精神和思维，形象地反映广告的内涵，它是不同于音乐舞蹈的另一种艺术形式，是商品艺术和人性化的承载工具。可以说，没有人性情感的广告文案就如没有血肉的骷髅，拒人于千里之外。

广告文案感染力是一门难以捉摸的艺术，它与目标消费人群的需要有着千丝万缕的联系，怎样用感人的文案去吸引消费者，发挥文字的销售魅力，值得每个广告人用心去推敲。

感染情感的手段主要有以下几种方式。

❀ 以情感人：直接抒情、含蓄婉转，或者朴实自然、情挚意真，或者曲意道来、委婉动人。

❀ 以理示人：文稿之中蕴含哲理或深意，有的言简意赅、语短情长，有的启人深思、暗寓禅机。

❀ 以势服人：广告文案中充满自信、强劲、雄浑之气，慷慨之语，劲健中有新奇，豪迈处有惊喜，激荡人心。

6.2 商场促销户外广告

案例效果

源文件路径：
光盘\源文件\第6章

素材路径：
光盘\素材\第6章

教学视频路径：
光盘\视频教学\第6章

制作时间：
40分钟

设计与制作思路

本实例制作的是一个商场促销户外广告。由于商场中主要促销的是百货，所以在图像中添加了卡通人物图像，这样更具有说服力。除了图像之外，还特意设计了立体文字，让促销力度更加显而易见，达到广告宣传的目的。

6.2.1 绘制彩色圆形

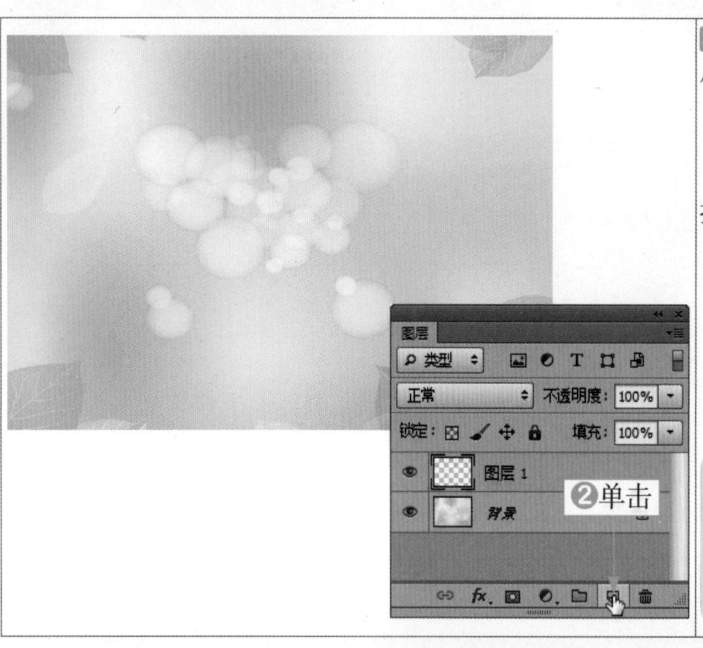

Step 01 新建图层 ❶选择“文件”|“打开”菜单命令，打开“背景.jpg”素材图像。❷单击“图层”面板底部的“图层”按钮，新建图层1。

知识链接

用户还可以通过选择“图层”|“新建”|“图层”菜单命令，执行新建图层操作。

Step 02 绘制正圆形❶选择工具箱中的椭圆选框工具，按住【Shift】键在画面右上方绘制一个正圆形选区。❷设置前景色为粉红色（R207，G119，B162），按【Alt+Delete】组合键填充选区。

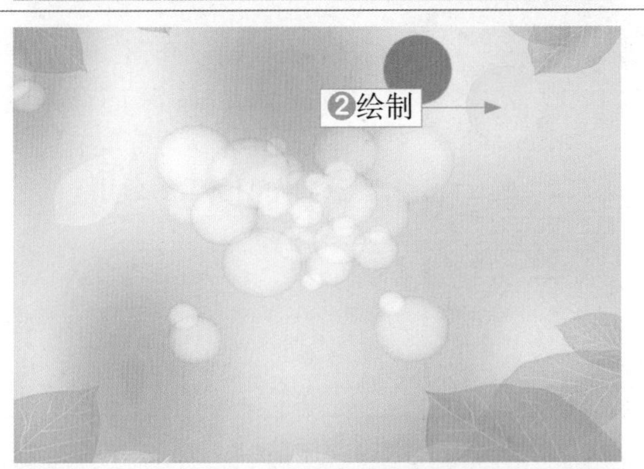

Step 03 制作透明圆形❶设置图层1的不透明度为70%，得到透明圆形。❷再使用椭圆选框工具绘制一个正圆形选区，填充为黄色。

Step 04 绘制多个圆形❶设置黄色圆形的不透明度为50%。❷参照上述方法，使用椭圆选框工具分别绘制多个圆形选区，并且填充为蓝、黄和红等颜色，然后适当调整每一个圆形的不透明度，得到一个圆形群组。

Step 05 绘制紫红色圆形❶新建一个图层，使用椭圆选框工具在彩色圆形中绘制一个圆形选区，填充为洋红色。❷保持选区状态，选择加深工具，对选区下半部分进行涂抹，加深图像颜色。

Step 06 绘制月牙图像❶按住【Alt】键，在圆形选区上拖曳鼠标，绘制出一个椭圆选区，得到减选后的选区。❷设置前景色为粉红色（R221，G138，B183），按【Alt+Delete】组合键填充选区。

Step 07 加深图像❶选择加深工具，在月牙形选区两侧涂抹，加深图像。❷按【Ctrl+D】组合键取消选区，得到如左图所示的效果。

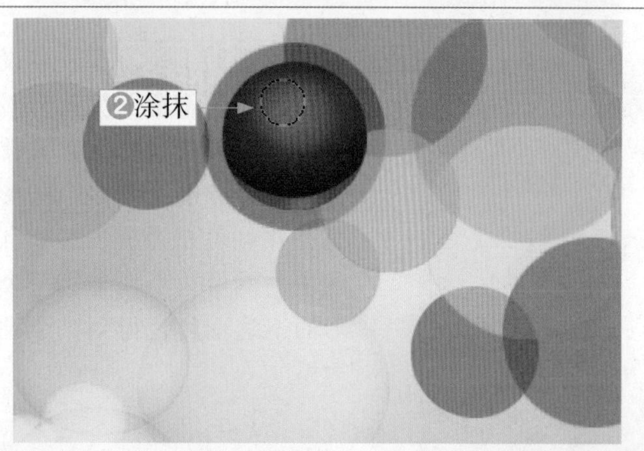

Step 08 绘制光源图像❶设置前景色为粉色（R225，G131，B179）。❷选择画笔工具，在属性栏中设置画笔为柔边65像素，在绘制的圆球中进行涂抹，得到光源图像效果。

Step 09 绘制高光图像❶选择椭圆选框工具，在光源图像中绘制一个椭圆选区。❷设置前景色为白色，使用画笔工具在选区中进行涂抹，涂抹过程中适当调整属性栏中的不透明度，得到圆球的高光效果。

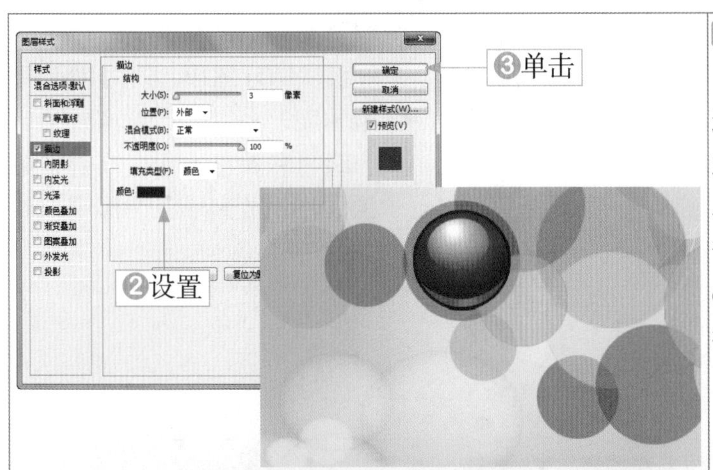

Step 10 为图像描边 ❶选择“图层”|“图层样式”|“描边”菜单命令，打开“图层样式”对话框。❷设置描边“大小”为3像素、“位置”为“外部”、颜色为紫色（R111，G33，B91）。❸单击“确定”按钮，得到描边效果。

Step 11 复制圆球 ❶按【Ctrl+J】组合键复制绘制好的圆球图像。❷适当调整图像大小，放到彩色圆形右上方，与其中的粉红色圆形对应。

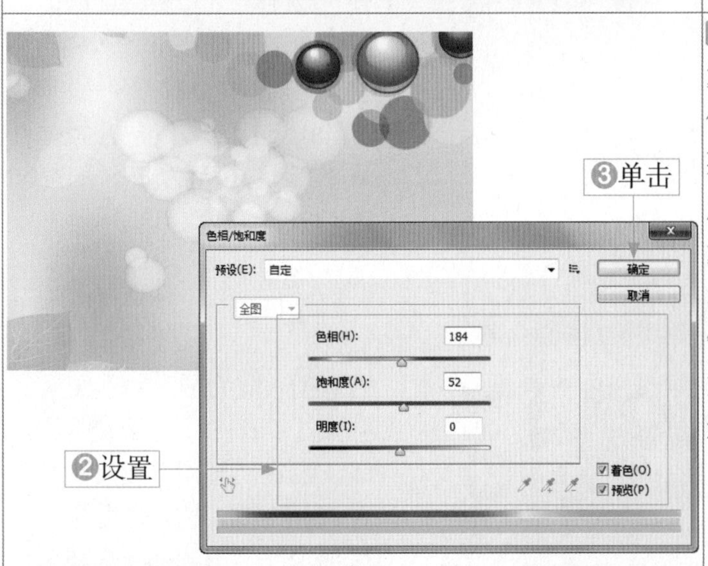

Step 12 调整圆球颜色 ❶再复制一次圆球图像，选择“图像”|“调整”|“色相/饱和度”菜单命令，打开“色相/饱和度”对话框。❷选中“着色”复选框，设置色相为184、饱和度为52。❸单击“确定”按钮，得到蓝色圆球，适当调整大小，放到彩色圆形的蓝色圆形中。

知识链接

使用“色相/饱和度”命令可以调整图像中单个颜色成分的色相、饱和度和亮度，从而实现图像色彩的改变。用户还可以通过给像素指定新的色相和饱和度，为灰度图像添加颜色。这里选中“着色”复选框，可以直接将图像调整为灰色或单色的效果。

Step 13 复制两次圆球 ❶再复制两次圆球图像，使用“色相/饱和度”命令，分别调整圆球为绿色和黄色。❷适当调整图像大小，放到彩色圆形中，如左图所示。

Step 14 绘制锯齿图像 ❶新建一个图层，选择椭圆选框工具，在图像底部绘制一个圆形选区。❷选择多边形套索工具，单击属性栏中的“添加到选区”按钮，绘制多个细长的三角形选区，并填充为淡绿色（R213，G226，B121）。

Step 15 缩小填充选区 ❶选择“选择”|“变换选区”菜单命令，按住【Shift+Alt】组合键中心缩小选区。❷按下【Enter】键确定，并将缩小后的选区填充为较深的绿色（R201，G219，B90）。

Step 16 设置图层混合模式 ❶按【Ctrl+D】组合键取消选区。❷在“图层”面板中，设置该图层的混合模式为“线性加深”，得到如左图所示的效果。

6.2.2 制作文字效果

Step 01 添加素材图像 ❶打开“人物.psd”和“蝴蝶.psd”素材图像，使用移动工具分别将这两幅图像拖曳到当前编辑的图像窗口中。❷适当调整图像大小，并将其放到如左图所示的位置。

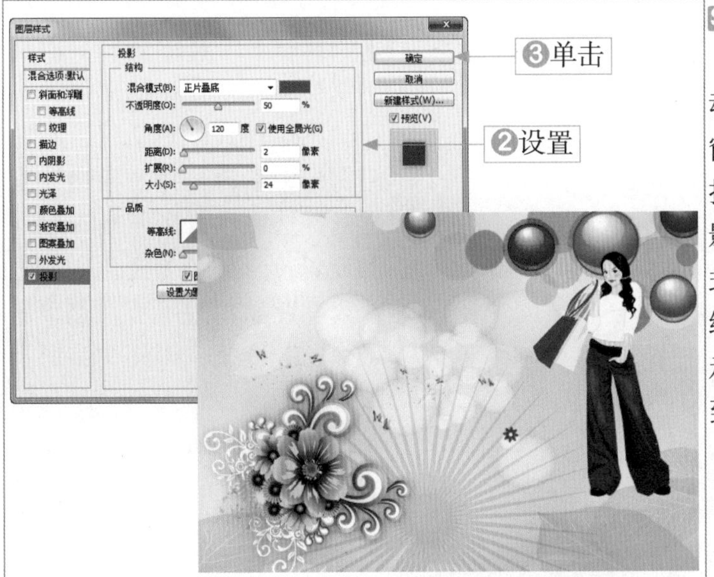

Step 02 添加花朵图像 ❶打开“花朵.psd”素材图像，使用移动工具将图像拖曳到当前编辑窗口中，放到图像左侧。❷选择“图层”|“图层样式”|“投影”菜单命令，打开“图层样式”对话框，设置投影颜色为绿色，其他参数设置如左图所示。❸单击“确定”按钮，得到投影效果。

Step 03 输入文字 ❶选择横排文字工具，在花朵图像上方输入文字。❷选择“窗口”|“字符”菜单命令，打开“字符”面板，设置字体为方正粗倩简体、颜色为黄色（R254，G223，B0）。

知识链接

用户在选择文字工具后，需要先选中要编辑的文字，才能在“字符”面板中编辑这部分文字的属性。

Step 04 为文字描边 ❶选择“图层”|“图层样式”|“描边”菜单命令，打开“图层样式”对话框。❷设置描边颜色为白色、“大小”为6像素、“位置”为“外部”，其余参数设置如左图所示。❸单击“确定”按钮，得到描边效果。

Step 05 为文字添加投影 ❶按【Ctrl+J】组合键复制一次文字图层，双击复制的图层，打开“图层样式”对话框，在左侧窗格中取消选择“描边”复选框，选中“投影”复选框。❷设置投影颜色为黑色，其他参数设置如左图所示。❸单击“确定”按钮，得到文字的投影效果。

Step 06 输入文字 ❶选择横排文字工具，在图像中输入文字。❷在属性栏中设置字体为方正超粗黑体，填充绿色（R26，G98，B42）。❸选择“文字”|“栅格化文字图层”菜单命令，将文字图层转换为普通图层。

Step 07 透视变形文字 ❶选择"编辑"|"变换"|"透视"菜单命令，文字四周将出现变换控制框。❷拖动控制框左侧的两个端点，形成透视变形。

知识链接

按【Ctrl+T】组合键后，也可以按住【Ctrl】键再拖动任意一个端点，对图像进行变形。

Step 08 隐藏图层 ❶按【Ctrl+J】组合键复制一次文字图层，暂时隐藏原有文字图层。❷按住【Ctrl】键单击复制的图层，载入文字选区。

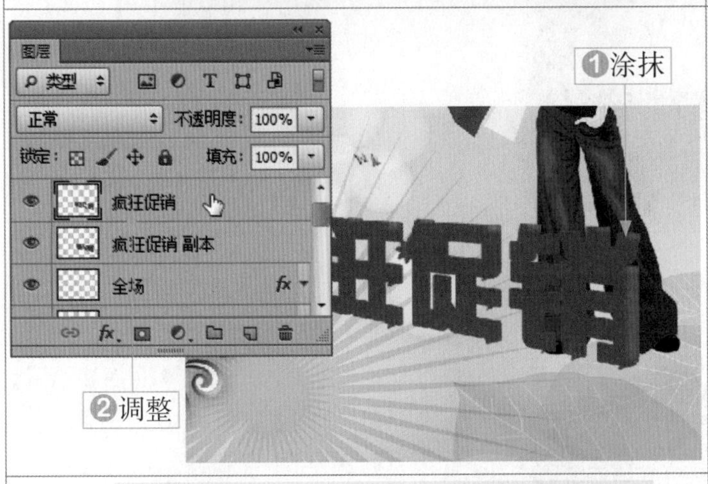

Step 09 涂抹文字边缘 ❶使用减淡工具对图像边缘进行涂抹，形成边缘厚度的感觉。❷重新显示隐藏的图层，将其放到"图层"面板的顶部。

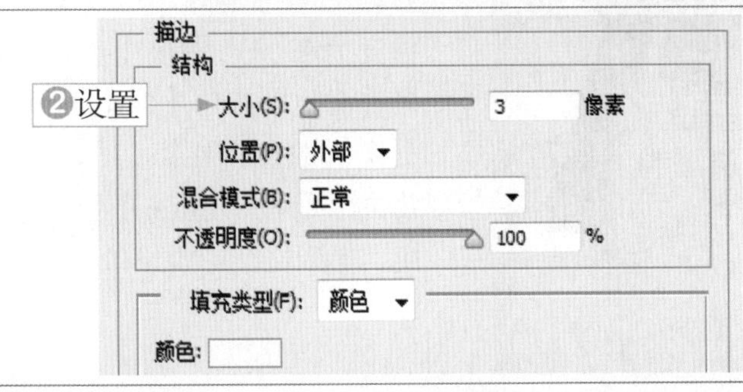

Step 10 设置描边参数 ❶选择"图层"|"图层样式"|"描边"菜单命令，打开"图层样式"对话框。❷设置描边颜色为白色、"大小"为3像素、"位置"为"外部"。

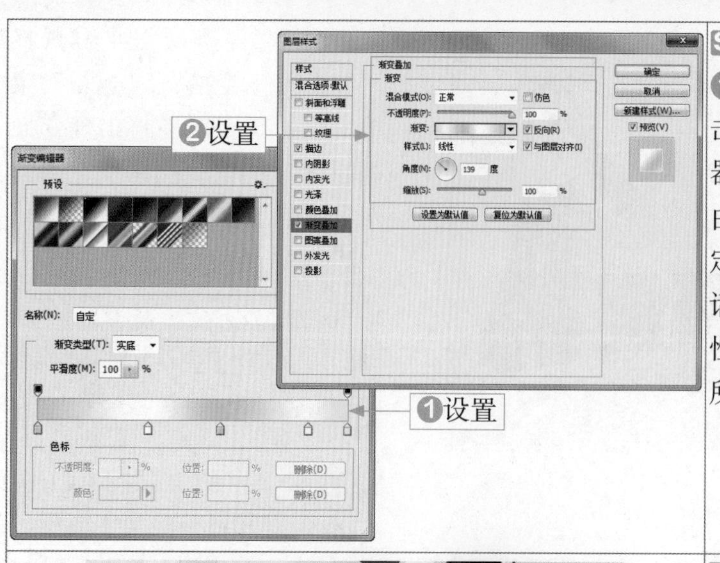

Step 11 设置渐变叠加参数 ❶选择“渐变叠加”选项，单击渐变色条，打开“渐变编辑器”对话框，设置渐变颜色从白色到黄色交叉。❷单击“确定”按钮回到“图层样式”对话框中，设置“样式”为“线性”，其他参数设置如左图所示。

Step 12 文字效果 ❶在“图层样式”对话框中设置好各选项。❷单击“确定”按钮，得到如左图所示的文字效果。

Step 13 制作羽化选区 ❶新建一个图层，再次按住【Ctrl】键单击文字图层，载入选区。❷按【Shift+ F6】组合键打开“羽化选区”对话框，设置参数为10像素。❸单击“确定”按钮，然后将选区填充为黑色。

Step 14 制作文字投影效果 ❶在“图层”面板中将该图层放到文字图层下方，并设置不透明度为43%。❷按【Ctrl+T】组合键，再按住【Ctrl】键调整变换框的四个端点，得到透视效果。❸按【Enter】键确定变换，得到文字的投影效果。

	Step 15 绘制数字选区 ❶新建一个图层。❷选择多边形套索工具，在“全场”和“疯狂促销”中间绘制一个选区，形成数字“7”形状。
	Step 16 填充渐变颜色 ❶选择渐变工具，单击属性栏中的渐变色条，打开“渐变编辑器”对话框，设置颜色从白色到淡黄色（R255，G255，B0）到土红色（R66，G28，B16）。❷在属性栏中单击“径向渐变”按钮，然后在选区左下方按住鼠标左键向右上方拖动，得到径向渐变填充效果。
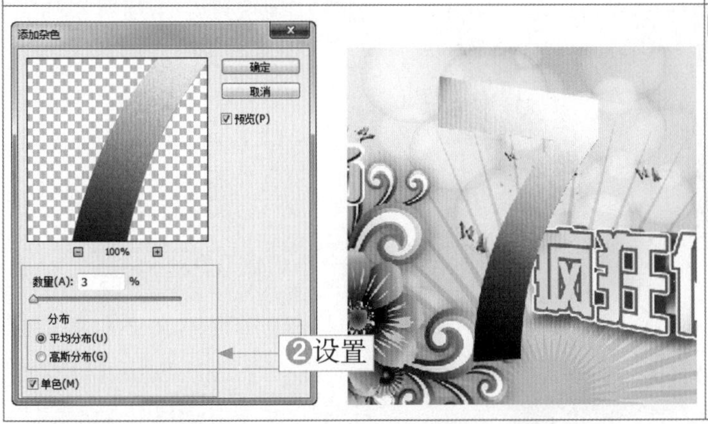	Step 17 添加杂色 ❶选择“滤镜”|“杂色”|“添加杂色”菜单命令，打开“添加杂色”对话框。❷设置“数量”为3%，再选中“平均分布”单选按钮和“单色”复选框。❸单击“确定”按钮，得到添加杂色后的图像效果。

知识链接

Photoshop的“滤镜“菜单中有多种滤镜命令，通过这些命令，可以在Photoshop中制作出许多不同的效果。在使用滤镜时，对滤镜参数的设置是非常重要的，大家在学习过程中可以大胆地尝试，从而快速了解各种滤镜参数的作用。

“添加杂色”滤镜可以在图像上添加随机像素，在其对话框中可以设置添加杂色为单色或彩色。

Step 18 绘制厚度图像 ❶新建一个图层，使用多边形套索工具绘制文字的厚度图像。❷选择画笔工具，分别使用深灰色和橘红色（R171，G82，B15）对选区进行涂抹。

知识链接

在制作厚度图像时，还可以使用加深工具对图像进行涂抹，让颜色更富有变化。

Step 19 绘制四边形 ❶使用多边形套索工具在7图形左侧绘制一个四边形选区。❷选择渐变工具，在属性栏中设置渐变方式为“径向渐变”。❸设置渐变颜色从土红色（R96，G50，B49）到暗红色（R58，G32，B30）。

Step 20 绘制图像 ❶参照上述方法，继续绘制选区，增加7图形的立体感。❷选择渐变工具，为选区应用线性渐变填充。❸设置渐变颜色从紫色（R173，G149，B187）到暗红色（R53，G29，B33）。

Step 21 绘制图像 ❶选择钢笔工具，绘制立体文字的侧面图形。❷按【Ctrl+ Enter】组合键将路径转换为选区，填充为橘黄色（R223，G113，B2）。

Step 22 加深和减淡图像 ①选择加深工具，对选区下方图像进行涂抹，加深图像。②选择减淡工具，对选区上方进行涂抹，减淡图像，得到如左图所示的立体文字效果。

Step 23 添加花纹图像 ①打开“花纹.psd”素材图像，使用移动工具将图像移动到当前编辑窗口中。②设置当前图层的不透明度为35%，并放到立体图像7的下方，效果如左图所示。

Step 24 绘制投影图像 ①新建一个图层，选择椭圆选框工具，在属性栏中设置羽化值为8像素。②在图像7下方绘制一个椭圆选区，填充选区为黑色，然后设置图层的不透明度为60%，得到文字投影效果。

Step 25 添加水珠图像 ①打开“水珠.psd”素材图像，使用移动工具将图像拖曳到当前编辑窗口中。②适当调整素材图像的大小，放到立体文字上方。

Step 26 绘制白色圆点 ❶新建一个图层，选择画笔工具，在属性栏中设置画笔样式为柔边。❷设置前景色为白色，在立体文字中绘制出多个白色圆点，并适当调整画笔大小。

Step 27 绘制星光图像 ❶单击“画笔”面板右上方的按钮，在弹出的快捷菜单中选择“混合画笔”。❷在弹出的提示信息框中单击“确定”按钮，然后选择“星爆-小”画笔样式。❸在立体文字中绘制出星光图像效果，如左图所示。

Step 28 输入文字 ❶选择横排文字工具，在立体文字右下方输入文字。❷在属性栏中设置字体为方正综艺简体、颜色为蓝色（R0，G148，B188）。

Step 29 加深图像 ❶选择“文字”|“栅格化文字”菜单命令，将文字图层转换为普通图层。❷载入“折”字图像选区，使用加深工具在图像左上方进行涂抹，得到加深效果。

Step 30 为文字描边 ①选择“图层”|“图层样式”|“描边”菜单命令，打开“图层样式”对话框。②设置描边颜色为白色、“大小”为5，其他参数设置如左图所示。③单击“确定”按钮，得到文字描边效果。

Step 31 输入文字 ①再次输入“折”字，同样设置其字体为方正综艺简体、颜色为黑色。②选择“文字”|“栅格化文字图层”菜单命令，将文字图层转换为普通图层。

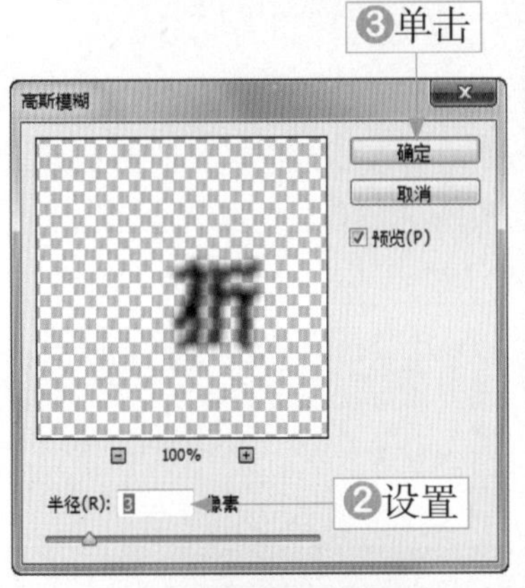

Step 32 制作模糊文字 ①选择“滤镜”|“模糊”|“高斯模糊”菜单命令，打开“高斯模糊”对话框。②设置“半径”为3像素。③单击“确定”按钮，得到文字模糊效果。

Step 33 透视变形文字 ①将黑色“折”字图层放到描边“折”字图层下方。②按【Ctrl+T】组合键，出现变换控制框，再按住【Ctrl】键拖动图像的四个角上的控制点，对文字进行透视变形，得到投影效果。

	Step 34 透明投影效果 ❶在"图层"面板中设置当前图层的不透明度为52%。❷执行上述操作后，即可得到较为透明的投影效果。
	Step 35 输入文字 ❶选择横排文字工具，在图像右下方输入三行文字。❷在属性栏中设置第一行字体为方正粗倩简体、第二行为粗黑简体、第三行为黑体、颜色都为黑色。
	Step 36 输入文字 ❶选择横排文字工具，在图像左上方输入商场名称的中英文文字。❷在属性栏中设置字体为叶根友毛笔行书简体、颜色为黑色。❸在商场名称下方再输入广告标语，并设置字体为方正粗圆简体、颜色为黑色，即可完成本实例的制作。

6.3 劲酒路牌广告

案例效果

源文件路径：
光盘\源文件\第6章

素材路径：
光盘\素材\第6章

教学视频路径：
光盘\视频教学\第6章

制作时间：
30分钟

设计与制作思路

本实例制作的是一个劲酒路牌广告，该广告设计简洁、大方，将产品放到画面中间，让人能够对产品有更加深刻的印象。在背景设计中使用了蓝色作为底色，并配以白云图像，让产品顿时产生高贵的感觉，提升了产品档次，最后再配以适当的文字说明，完成整个设计。

6.3.1 制作蓝色背景

Step 01 新建图像文件 ❶新建一个图像文件，设置文件名称为“劲酒路牌广告”，设置宽度为16.7厘米、高度为11.3厘米、分辨率为200。❷单击“确定”按钮，得到新建的图像文件。

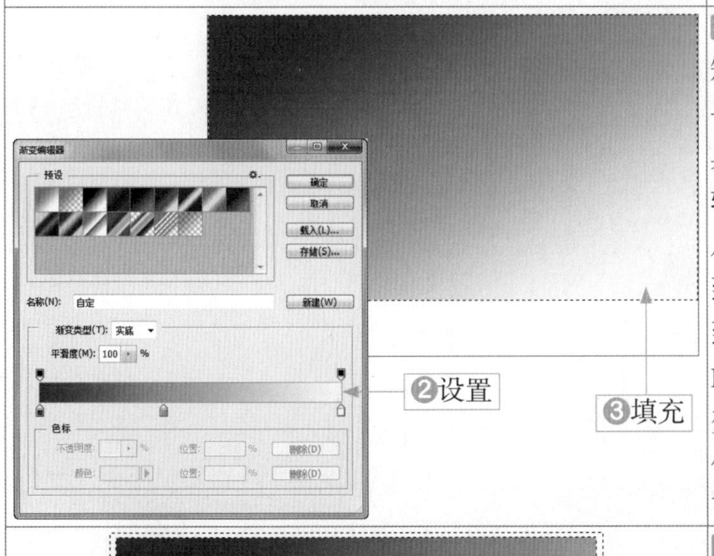

Step 02 渐变填充选区 ❶选择矩形选框工具，在图像中绘制一个矩形选区。❷选择渐变工具，在属性栏中打开“渐变编辑器”对话框，设置渐变颜色从深蓝色（R0，G85，B115）到蓝色（R53，G178，B184）到淡黄色（R248，G250，B233）。❸在属性栏中设置渐变样式为“线性渐变”，在图像左上方按住鼠标左键并向右下方拖动，填充图像。

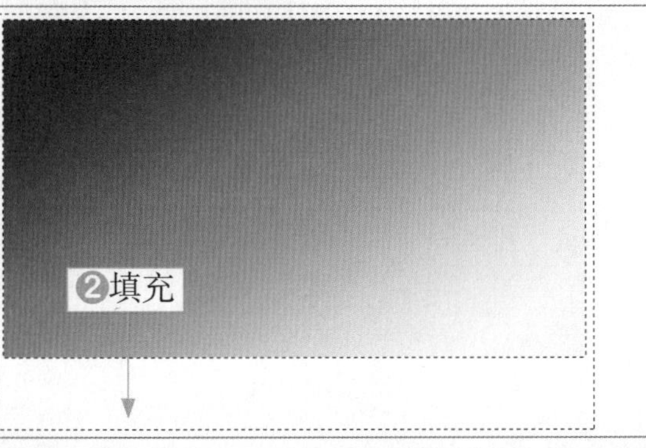

Step 03 反向选区 ❶再绘制一个比渐变选区较小的选区，选择“选择”|“变换选区”菜单命令，然后按住【Shift+Alt】组合键中心缩小选区。❷选择“选择”|“反向”菜单命令，反选选区后，将其填充为白色，得到白色边缘。

Step 04 添加素材图像 ❶打开“白云.psd”素材图像，使用移动工具将其拖曳到当前编辑窗口中。❷适当调整云朵图像的大小，放到如左图所示的位置。

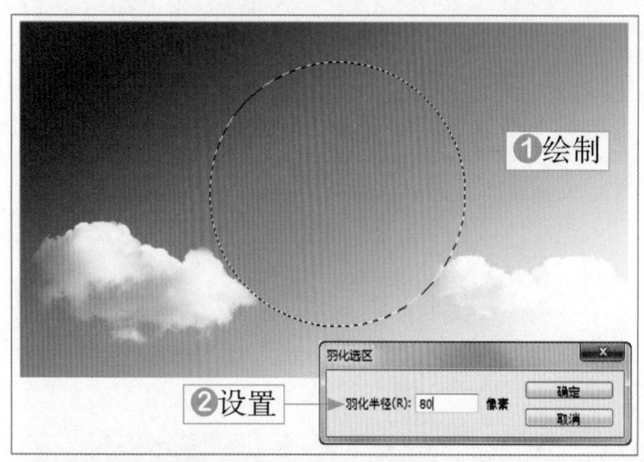

Step 05 绘制圆形选区 ❶新建一个图层，选择椭圆选框工具，在图像中绘制一个圆形选区。❷在选区中单击鼠标右键，在弹出的快捷菜单中选择“羽化”选项，打开“羽化选区”对话框，设置半径为80像素。

Step 06 绘制白色圆形 ❶设置好羽化值后，单击“确定”按钮，并填充选区为白色。❷设置该图层的不透明度为80%，得到透明的白色圆形。

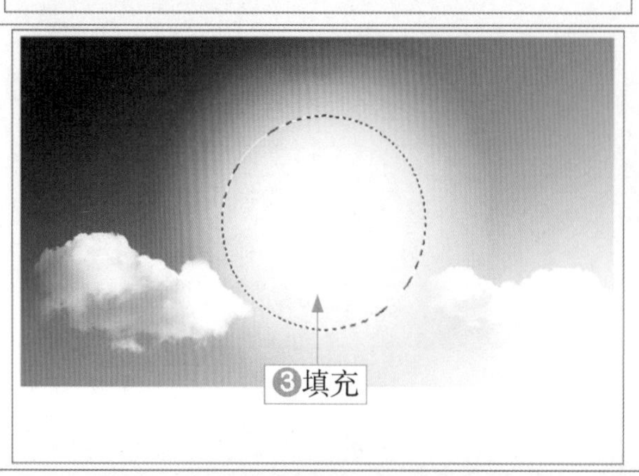

Step 07 羽化选区 ❶新建一个图层，选择“选择”|“变换选区”菜单命令，中心缩小选区。❷按【Shift+F6】组合键打开“羽化选区”对话框，设置半径为20像素。❸单击“确定”按钮，并将选区填充为白色。

Step 08 添加素材图像 ❶打开“圆形花纹.psd”素材图像，使用移动工具将图像拖曳到当前编辑窗口中。❷适当调整图像大小，放到如左图所示的位置。

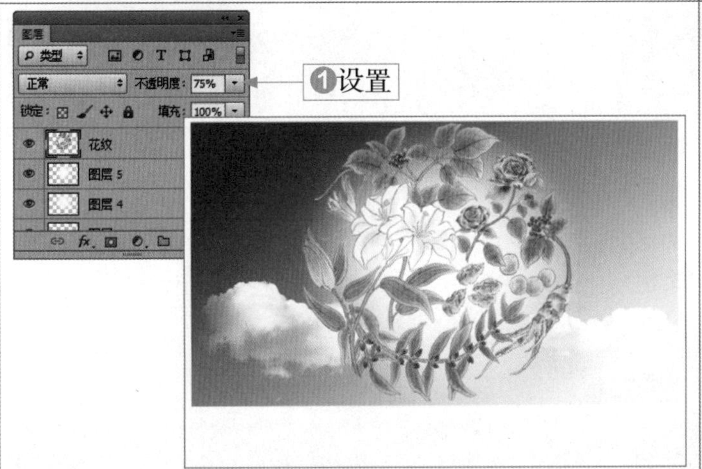

Step 09 设置图层不透明度 ❶在“图层”面板中设置圆形花纹的不透明度为75%。❷得到透明花纹图像，效果如左图所示。

知识链接

在设置图层不透明度参数时，可以直接按小键盘区的数字键进行设置。

6.3.2 添加酒瓶图像

Step 01 添加素材图像 ❶打开“酒瓶.psd”素材图像，使用移动工具将图像拖曳到当前编辑窗口中。❷适当调整素材图像的大小，放到花纹图像中间。

经验分享

作为一个广告设计人员，需要了解设计的含义。设计是科技与艺术的结合，是商业社会的产物，在商业社会中需要艺术设计与创作理想的平衡，需要客观与克制，需要借作者之口替委托人说话；设计与美术不同，因为设计既要符合审美性又要具有实用性、替人设想、以人为本，设计是一种需要而不仅仅是装饰和装潢。

Step 02 绘制椭圆选区 ❶新建一个图层，将该图层放到酒瓶图像所在图层的下方。❷选择椭圆选框工具，在属性栏中设置羽化值为8像素，在酒瓶底部绘制一个椭圆形选区。

Step 03 填充选区 ❶设置前景色为黑色，按【Alt+Delete】组合键填充选区。❷设置该图层的混合模式为“正片叠底”，得到酒瓶的投影效果，如左图所示。

Step 04 添加水珠图像 ❶打开“红色水珠.psd”素材图像，使用移动工具将图像拖曳到当前编辑窗口中。❷调整素材图像的大小，将其放到酒瓶底部，如左图所示。

Step 05 复制水珠图像 ❶设置该图层的混合模式为“正片叠底”。❷按【Ctrl+J】组合键复制一次水珠图像所在图层，并设置该图层的混合模式为“柔光”，得到如左图所示的效果。

Step 06 复制酒瓶图像 ❶选择酒瓶图像所在图层，按【Ctrl+J】组合键复制一次该图层。❷选择“编辑”|“变换”|“垂直翻转”菜单命令，对图像进行翻转，然后将翻转后的图像放到酒瓶图像下方。

Step 07 制作倒影图像 ❶选择橡皮擦工具，在属性栏中设置“不透明度”为70%，❷使用橡皮擦工具对翻转后的酒瓶图像进行涂抹，特别是擦除图像下方部分，得到倒影图像效果。

Step 08 输入文字 ❶选择横排文字工具，在图像下方的白色部分输入文字。❷设置文字颜色为黑色，在属性栏中设置合适的字体，再调整其字号大小，得到如左图所示的效果。

Step 09 输入文字 ❶打开“印章.psd”素材图像，使用移动工具将其拖曳到白色图像中，放到文字右下方。❷选择横排文字工具，在印章图像右侧输入一段说明性文字，并设置字体为楷体、颜色为黑色。

Step 10 添加素材图像 ❶打开“标.psd”素材图像，使用移动工具将其拖曳到白色图像中。❷适当调整素材图像的大小，将其放到图像右下方，即可完成广告牌平面部分的制作，效果如左图所示。

6.3.3 广告牌立体制作

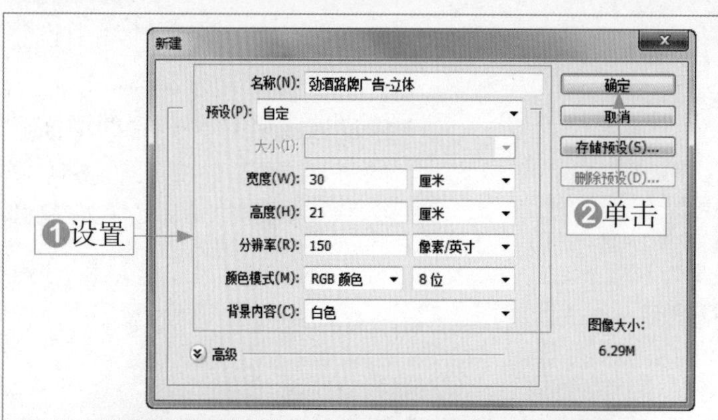

Step 01 新建图像文件 ❶新建一个图像文件，设置名称为“劲酒路牌广告-立体”，设置宽度为30厘米、高度为21厘米、分辨率为150。❷单击“确定”按钮，得到新建的图像文件。

Step 02 设置渐变颜色 ❶选择渐变工具，单击属性栏中的渐变色条，打开“渐变编辑器”对话框。❷设置渐变颜色从深蓝色（R11，G64，B110）到浅蓝色（R190，G209，B219），对图像从上向下应用线性渐变填充。

Step 03 添加素材图像 ❶打开“云彩.psd”素材图像，使用移动工具将该图像拖曳到当前编辑窗口中。❷适当调整素材图像的大小，并将其放到画面中的合适位置。

Step 04 添加广告架 ❶打开“广告架.psd”素材图像，使用移动工具将其移动到当前编辑窗口中。❷适当调整素材图像的大小，放到画面中的合适位置。

Step 05 合并图层并移动图像 ❶切换到“劲酒路牌广告”图像文件中，选择“图层”|“合并可见图层”菜单命令，得到合并后的背景图层。❷使用移动工具将合并后的图像拖曳到立体广告牌图像中。

Step 06 透视变换图像 ❶选择“编辑”|“变换”|“透视”菜单命令，图像四周将出现变换控制框。❷拖动变换控制框四个角的控制点，分别与广告架画面的四个角吻合。

Step 07 应用渐变填充 ❶按住【Ctrl】键单击广告平面图所在图层，载入图像选区。❷新建一个图层，选择渐变工具，设置颜色从浅灰色到深灰色，在选区中从左向右做线性渐变填充。

Step 08 设置图层属性 ❶设置该图层的"混合模式"为"正片叠底"、不透明度为37%。❷得到的图像效果如左图所示。

知识链接

为图像添加一个灰色图像图层是为了让画面的明暗关系更加清晰。

Step 09 添加射灯图像 ❶打开"射灯.psd"素材图像，使用移动工具将图像拖曳到当前编辑窗口中。❷适当调整素材图像的大小，将其放到广告牌中，并复制3次对象，调整大小后，参照左图所示的样式进行摆放。

Step 10 添加树叶图像 ❶打开"树叶.psd"素材图像，使用移动工具将图像拖曳到当前编辑窗口中。❷适当调整素材图像的大小，放到广告牌中，参照左图所示的样式进行摆放。

Step 11 添加图层蒙版 ❶选择多边形套索工具，在右侧树叶图像中绘制选区，将遮盖住广告牌的大部分图像框选出来。❷选择"图层"|"图层蒙版"|"显示全部"菜单命令，得到隐藏图像后的效果。

Step 12 制作树叶投影 ❶使用套索工具框选出图像右上方的树叶，然后按【Ctrl+J】组合键复制选区中的图像到新图层中。❷按住【Ctrl】键单击复制后的图层，载入树叶图像选区，将其填充为灰色，放到如左图所示的位置，得到树叶的投影。

Step 13 擦除图像 ❶设置该图层的不透明度为50%，得到透明图像效果。❷选择橡皮擦工具，在属性栏中设置“不透明度”为60%，对投影图像进行涂抹，擦除部分图像。

Step 14 制作其他投影 ❶选择左侧树叶图像，使用与前两个步骤相同的操作方法，绘制出左侧树叶的投影。❷至此，完成本实例的制作，其立体效果如左图所示。

知识链接

在广告牌中添加树叶的投影，可以让画面更具真实感。

经验分享

户外广告设计与其他广告有相同的地方，但也有不一样的地方，用户需要首先了解以下两个特点，才能更好地设计画面。

- 户外广告一方面可以根据地区的特点选择广告形式，如在商业街、广场、公园或交通工具上选择不同的广告表现形式，也可以根据某地区消费者的共同心理特点、风俗习惯来设置；另一方面，户外广告可为经常在此区域内活动的固定消费者提供反复的宣传，使其印象深刻。
- 户外广告具有一定的强迫诉求性质，即使匆匆赶路的消费者也可能因对广告的随意一瞥而留下一定的印象，并通过多次反复而对某些商品留下较深印象。

6.4 影楼宣传灯箱广告

案例效果

源文件路径：
光盘\源文件\第6章

素材路径：
光盘\素材\第6章

教学视频路径：
光盘\视频教学\第6章

制作时间：
45分钟

设计与制作思路

本实例制作的是一个影楼宣传灯箱广告，由于是影楼广告，所以在设计上需要具有浪漫的色彩，所有的素材图像都具有一个特色——清爽、淡雅，将这些图像融合在一起，突出了影楼的特色。在图像右侧更设计了文字说明，让广告画面和表达的信息更加完整。

6.4.1 制作梦幻画面

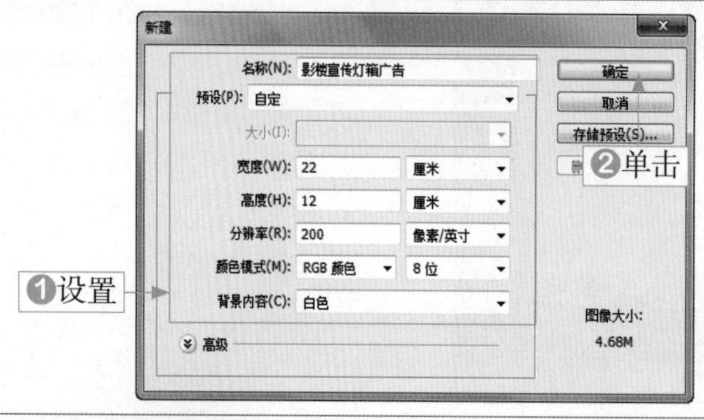

Step 01 新建图像文件 ❶新建一个图像文件，设置文件名称为“影楼宣传灯箱广告”，设置宽度为22厘米、高度为12厘米、分辨率为200。❷单击“确定”按钮，得到新建的图像文件。

Step 02 添加素材图像 ❶打开“美女.psd”素材图像，使用移动工具将图像移动到当前编辑的图像中。❷适当调整素材图像的大小，放到画面左侧。

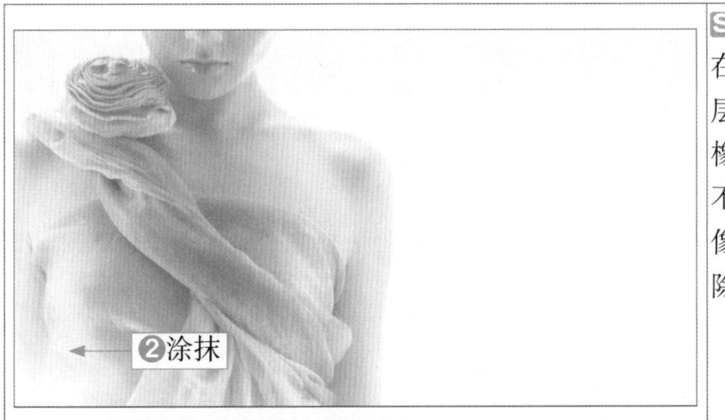

Step 03 调整图像透明程度 ❶在“图层”面板中设置当前图层的不透明度为40%。❷选择橡皮擦工具，在属性栏中设置不透明度为50%，然后对人物图像的左下方进行涂抹，适当擦除图像。

Step 04 添加云彩图像 ❶打开“绿色云彩.psd”素材图像，使用移动工具将其拖曳到当前编辑的图像中。❷适当调整素材图像的大小，放到画面右侧，此时会遮盖住部分人物图像。

Step 05 添加图层蒙版 ❶单击“图层”面板中的“添加图层蒙版”按钮，为绿色云彩图层添加图层蒙版。❷选择画笔工具，对云彩图像左侧进行涂抹，隐藏部分图像，让下一层的人物图像显现出来。❸这时在“图层”面板中将得到图层蒙版效果。

Step 06 添加黄色图像 ❶打开“黄色图像.psd”素材图像，使用移动工具将其拖曳到当前编辑的图像中。❷适当调整素材图像的大小，放到画面左侧人物图像下方。

Step 07 添加黄色图像的蒙版效果 ❶设置该图层的不透明度为50%。❷参照前面使用的方法，添加图层蒙版，并使用画笔工具对黄色图像进行涂抹，得到如左图所示的图像效果。

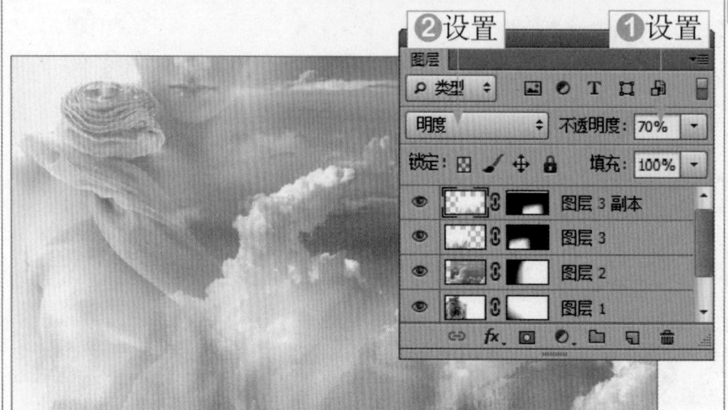

Step 08 设置图层属性 ❶按【Ctrl+J】组合键复制一次黄色图像，适当向右移动，设置复制图层的不透明度为70%。❷设置复制图层的“混合模式”为“明度”，得到的效果如左图所示。

Step 09 添加水滴图像 ❶打开“水滴.psd”素材图像，使用移动工具将其拖曳到当前编辑的图像中。❷调整素材图像的大小后，放到图像右下方，并设置该图层的“混合模式”为“明度”，得到的效果如左图所示。

Step 10 添加瓶子图像 ❶打开“瓶子.psd”素材图像，使用移动工具将其拖曳到当前编辑的图像中。❷适当调整素材图像的大小后，放到画面右侧。

Step 11 制作透明瓶身 ①为瓶子图像图层添加图层蒙版。②选择画笔工具，在属性栏中设置画笔样式为柔边机械65像素，在图像中进行涂抹，得到瓶身的透明效果。

Step 12 调整图层不透明度 ①在“图层”面板中设置该图层的不透明度为50%。②执行上述操作后，可以使瓶子图像看起来更加具有通透感。

经验分享

在制作玻璃之类的透明图像时，经常会为其添加图层蒙版，让图像更具真实感。

Step 13 复制并垂直翻转图像 ①按【Ctrl+J】组合键复制瓶子图层，然后按【Ctrl+T】组合键，在变换控制框中单击鼠标右键，在弹出的快捷菜单中选择“垂直翻转”选项。②将翻转后的图像向下移动，效果如左图所示。

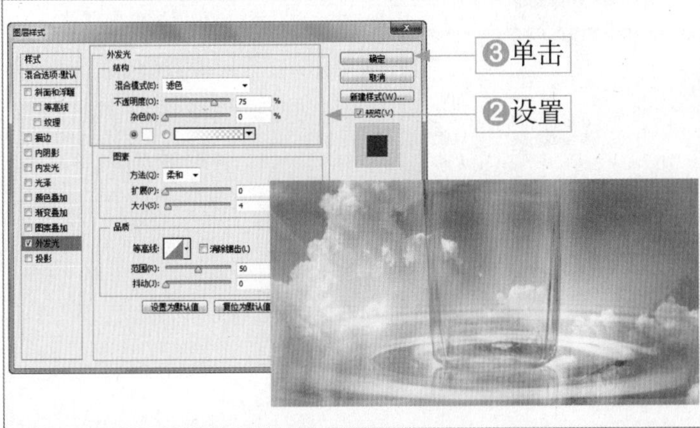

Step 14 添加外发光 ①调整当前图层的不透明度为30%。②选择“图层”|“图层样式”|“外发光”菜单命令，打开“图层样式”对话框，设置外发光颜色为淡黄色（R255，G251，B199），其他参数设置如左图所示。③单击“确定”按钮，得到外发光为黄色的倒影图像。

Step 15 添加素材图像 ❶打开“舞者.psd”素材图像，使用移动工具将其拖曳到当前编辑的图像中。❷适当调整素材图像的大小，将其放到瓶子图像中。

Step 16 擦除人物图像 ❶选择橡皮擦工具，在属性栏中设置不透明度为70%，对人物图像背景进行擦除。❷在“图层”面板中设置当前图层的不透明度为79%，得到透明图像效果。

Step 17 绘制绿色图像 ❶新建一个图层，选择钢笔工具，在瓶子图像中绘制一个如左图所示的图形。❷按【Ctrl+Enter】组合键将路径转换为选区，填充为浅绿色（R185，G206，B155）。

Step 18 添加图层蒙版 ❶为该图层添加图层蒙版，选择画笔工具，对绿色图像左侧进行涂抹，让人物图像显示出来。❷涂抹后得到如左图所示的图像效果。

Step 19 绘制曲线 ❶新建一个图层，选择钢笔工具，在瓶子图像中绘制一条曲线路径。❷选择铅笔工具，在属性栏中设置大小为2像素，再设置前景色为蓝色（R71，G173，B188）。❸切换到"路径"面板中，单击"用画笔描边路径"按钮，得到描边效果。

Step 20 绘制其他曲线图像 ❶使用与上一步骤相同的方法，绘制其他曲线路径。❷分别设置前景色为白色和紫色，使用铅笔工具描边路径，得到如左图所示的效果。

Step 21 添加素材图像 ❶打开"蝴蝶花.psd"素材图像，使用移动工具将该图像拖曳到当前编辑的图像中。❷适当调整素材图像的大小，放到瓶子图像右上方。❸设置该图层的不透明度为70%，得到较为透明的图像效果。

经验分享

蒙版最大的用途就是可以将图像中的部分区域处理成透明或半透明效果，而且可以随时恢复已经处理过的图像。在Photoshop中有三种蒙版，分别是图层蒙版、快速蒙版和矢量蒙版，这里主要介绍图层蒙版。

使用图层蒙版可以隐藏或显示图层中的部分图像，用户可以通过图层蒙版显示下一层图像中原来已经遮罩的部分。

Step 22 调整蝴蝶图像 ❶复制两次蝴蝶花图像，选择“编辑”|“变换”|“垂直翻转”和“水平翻转”菜单命令对其进行翻转。❷将翻转后的图像放到瓶子两侧，并设置图层的不透明度为40%。❸选择橡皮擦工具，对翻转后的图像进行擦除，将超出瓶身的部分擦除掉，效果如左图所示。

Step 23 复制图像 ❶再复制一次蝴蝶花图像，将其不透明度调整为100%。❷适当调整图像大小后，放到瓶子左侧，得到如左图所示的效果。

Step 24 添加蝴蝶素材 ❶打开“蝴蝶.psd”素材图像，使用移动工具将其拖曳到当前编辑的图像中。❷适当调整图像大小后，放到瓶子左侧的蝴蝶花图像中。

Step 25 绘制圆形图像 ❶选择椭圆选框工具，围绕着瓶子绘制多个圆形选区，并填充为不同深浅的绿色。❷再绘制一部分圆形选区，填充为白色。

Step 26 添加小鸟素材 ❶打开“小鸟.psd”素材图像，使用移动工具将其拖曳到当前编辑的图像中。❷适当调整图像大小后，放到图像左侧，并调整其图层不透明度为70%。

Step 27 输入文字 ❶选择横排文字工具，在小鸟图像下方输入文字“梦”。❷在属性栏中设置字体为华文行楷、颜色为黑色。

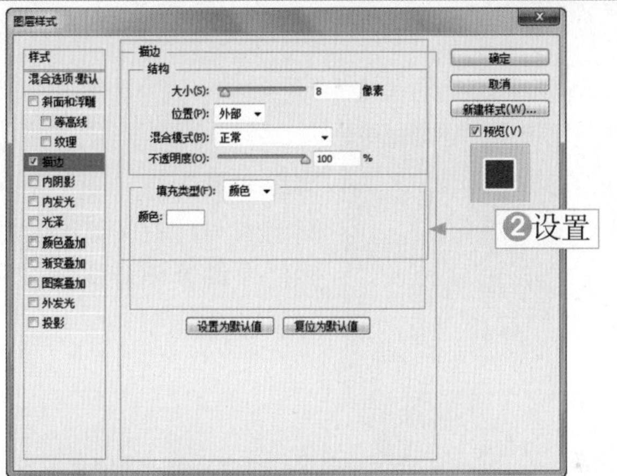

Step 28 设置描边参数 ❶选择“图层”|“图层样式”|“描边”菜单命令，打开“图层样式”对话框。❷设置描边“大小”为8像素、颜色为白色。

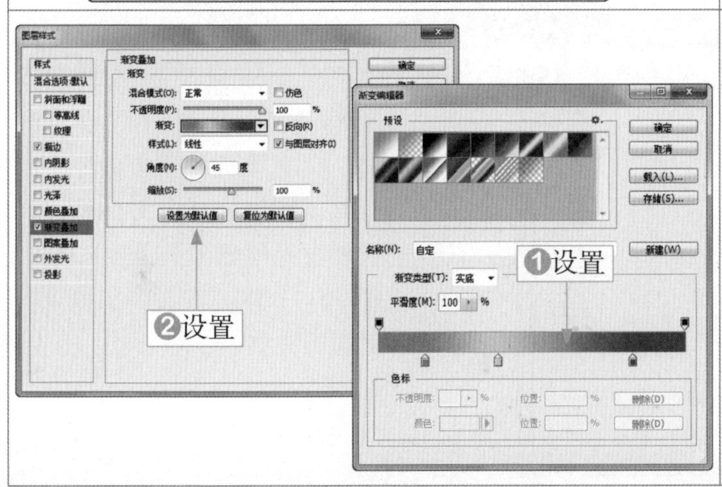

Step 29 设置渐变叠加 ❶选择“渐变叠加”选项，单击渐变色条，打开“渐变编辑器”对话框，设置颜色从黄色（R180，G156，B28）到淡绿色（R214，G217，B169）到绿色（R84，G102，B13）。❷单击“确定”按钮，回到“图层样式”对话框中，设置其他各项参数如左图所示。

Step 30 输入文字 ❶设置好各项参数后，单击“确定”按钮，得到添加图层样式后的文字效果。❷选择横排文字工具，在“梦”字右侧输入“·童话”，在属性栏中设置字体为方正粗倩简体、颜色为绿色（R148，G185，B99）。

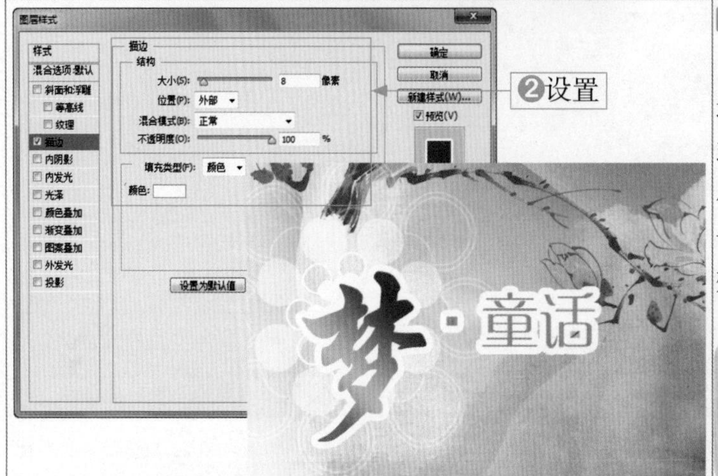

Step 31 添加描边效果 ❶选择“图层”|“图层样式”|“描边”菜单命令，打开“图层样式”对话框。❷设置描边“大小”为8像素、颜色为白色，单击“确定”按钮应用设置，其效果如左图所示。

知识链接

在设置描边选项时，默认情况下其“位置”为“外部”。

Step 32 输入英文文字 ❶选择横排文字工具，在“童话”右侧输入一行英文文字。❷在属性栏中设置相应的英文字体，并填充为黑色。

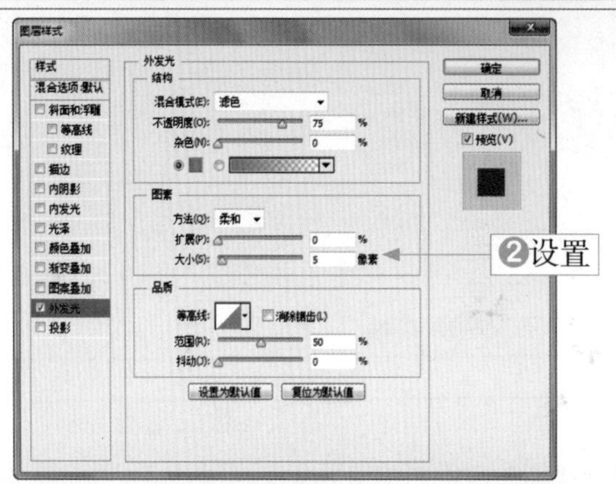

Step 33 设置文字外发光参数 ❶选择“图层”|“图层样式”|“外发光”菜单命令。❷打开“图层样式”对话框，设置外发光颜色为黄色（R255，G135，B38），其他参数设置如左图所示。

Step 34 设置文字图层属性 ❶设置好外发光参数后，单击“确定”按钮，得到图像外发光效果。❷在“图层”面板中设置图层的“混合模式”为“叠加”，文字效果如左图所示。

Step 35 输入英文文字 ❶选择横排文字工具，在英文文字下方输入一段说明性文字。❷在属性栏中设置字体为黑体、颜色为白色，效果如左图所示。

Step 36 绘制矩形图像 ❶新建一个图层，使用矩形选框工具在图像右侧绘制一个矩形选区，并填充为白色。❷设置图层的不透明度为50%，得到透明的白色矩形。

Step 37 输入文字 ❶在白色的透明矩形上方再绘制一个矩形选区，填充为绿色（R133，G156，B121）。❷选择横排文字工具，在绿色矩形中输入文字，并在属性栏中设置字体为方正粗圆简体、颜色为白色。

知识链接

Photoshop CS6中的某些命令和工具（如滤镜命令和绘画工具）不可应用于文字图层。在应用这些命令或工具之前，需要将文字图层转换为普通图层。选择“图层”面板，在需要转换的文字图层上单击鼠标右键，在弹出的快捷菜单中选择“栅格化图层”选项即可。

Step 38 输入文字 ①选择横排文字工具，在白色矩形中分别输入广告标语、影楼信息等文字。②参照左图所示的样式设置字体和颜色。

Step 39 输入数字 ①选择横排文字工具，在"婚纱摄影"后面输入数字2999，在"个性写真"后面输入数字199。②在属性栏中设置字体为CommercialScRIPT、颜色为绿色（R133，G156，B121）。

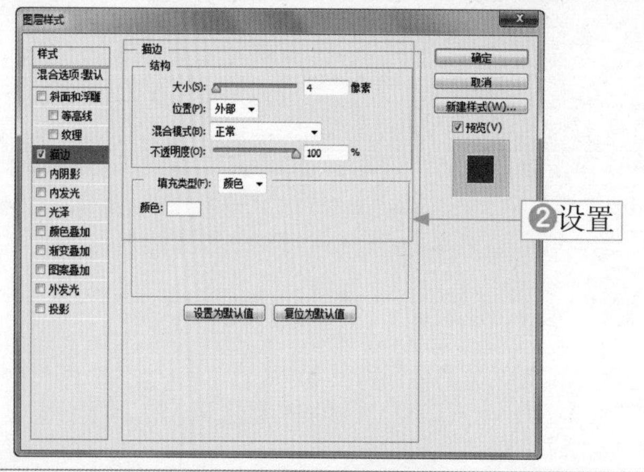

Step 40 设置描边参数 ①选择"图层"|"图层样式"|"描边"菜单命令，打开"图层样式"对话框。②设置描边"大小"为4像素、"位置"为"外部"、颜色为白色，如左图所示。

Step 41 设置投影参数 ①选择"投影"选项，设置投影颜色为黑色，其他参数设置如左图所示。②单击"确定"按钮，得到添加图层样式后的文字效果。

经验分享

这里为数字添加图层样式，目的是为了突出显示价格，让其更具有竞争力。

Step 42 合并图层❶双击缩放工具，显示整个图像，完成灯箱广告平面图的制作。❷选择“图层”|“合并可见图层”菜单命令，合并所有图层，如左图所示。

6.4.2　制作立体灯箱效果

Step 01 移动图像❶打开“灯箱.jpg”素材图像。❷切换到“影楼宣传灯箱广告”平面图中，使用移动工具将图像移动到“灯箱”图像中，并适当调整图像的大小。

Step 02 变换图像❶按【Ctrl+T】组合键，图像四周将出现变换控制框。❷按住【Ctrl】键分别调整图像的四个角，让灯箱平面图与立体图中的灯箱画面重合。

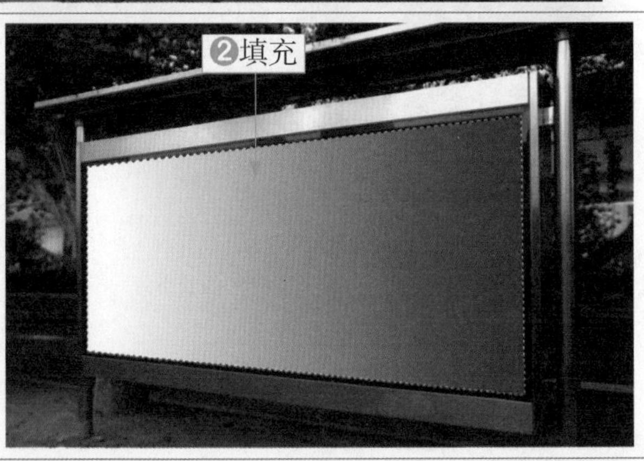

Step 03 绘制渐变颜色选区❶新建一个图层，选择多边形套索工具，沿灯箱图像四个角绘制出选区。❷选择渐变工具，对选区从左向右应用线性渐变填充，设置渐变颜色为从白色到灰色。

Step 04 设置图层属性 ❶选择“图层”面板，设置该图层的“混合模式”为“正片叠底”、不透明度为50%。❷得到具有明暗效果的灯箱画面。

Step 05 绘制绿色图像 ❶新建一个图层，使用多边形套索工具在灯箱图像中绘制两个不规则选区。❷设置前景色为绿色（R87，G116，B29），按【Alt+Delete】组合键填充选区。

Step 06 添加图层蒙版 ❶单击“图层”面板底部的“添加图层蒙版”按钮，添加图层蒙版。❷选择画笔工具，在属性栏中设置“不透明度”参数为50%，对绿色图像底部进行涂抹，得到的图像效果如左图所示。

Step 07 绘制淡黄色图像 ❶新建一个图层，使用多边形套索工具在灯箱图像左侧绘制一个四边形图像。❷设置前景色为淡黄色（R218，G208，B155），按【Alt+Delete】组合键填充选区。

Step 08 制作透明图像❶选择橡皮擦工具，在黄色图像下方进行擦除，得到擦除后的图像效果。❷设置图层的不透明度为58%，得到透明图像效果。至此，完成本实例的制作，灯箱广告的立体效果如左图所示。

6.5 Photoshop技术库

在本章案例的制作过程中，运用到了图层的编辑操作，虽然在前面第2章的技术库部分简单介绍了图层的基本操作，但还不全面，下面将针对图层的编辑进行重点介绍。

6.5.1 图层的类型

Photoshop CS6中常用的图层有以下5种类型。

❁ 普通图层：普通层是最基本的图层类型，它就相当于一张透明纸。

❁ 背景图层：Photoshop中的背景图层相当于绘图时最下层不透明的画纸。在Photoshop中，一幅图像只能有一个背景图层。背景图层无法与其他图层交换堆叠次序，但背景图层可以与普通图层相互转换。

❁ 文本图层：使用文本工具在图像中创建文字后，Photoshop自动新建一个文本图层。在“图层”面板中，如果图层的最左侧有一个T.图标，则该图层为文本图层。文本图层主要用于编辑文字的内容、属性和取向。文本图层可以进行移动、调整、堆叠和拷贝等操作，但部分编辑工具和命令不能在文本图层中使用。要使用这些工具和命令，首先要将文本图层转换成普通图层。

❁ 调整图层：在“图层”面板上，调整图层的左侧有一个图标。双击该图标，可以切换到“属性”面板中，通过设置参数调整其下所有图层的色调、亮度、饱和度等。

❁ 效果图层：当为图层应用图层效果后，在“图层”面板上该图层右侧将出现一个图标，表示该图层是一个效果图层。

6.5.2 图层的调整

了解了图层的类型后，就需要学习对图层的编辑与调整。在操作过程中图层的顺序、链接以及分组都会为用户带来很多便利，下面就来介绍图层的调整方法。

1. 合并图层

在编辑完成后，如果不需要再对图像进行修改，可以将图层合并，从而减小图像的大小。选择“图层”菜单，即可看到如下图所示的合并图层命令，选择相应的命令，即可进行不同类型的合并图层操作。

❁ 合并图层：在“图层”面板中选择两个或两个以上要合并的图层，然后选择“图层”|“合并图层”菜单命令或按【Ctrl+E】组合键即可。

合并图层(E)	Ctrl+E
合并可见图层	Shift+Ctrl+E
拼合图像(F)	

合并图层命令

❁ 合并可见图层：选择“图层”|“合并可见图层”菜单命令，可将“图层”面板中所有的可见图层进行合并，而隐藏的图层将不被合并。

❁ 拼合图像：选择“图层”|“拼合图像”菜单命令，可将“图层”面板中所有的可见图层进行合并，而隐藏的图层将被丢弃，并以白色填充所有透明区域。

2. 调整图层排列顺序

图层在Photoshop中按类似堆叠的形式放置，先建立的图层在下，后建立的图层在上。图层的叠放顺序会直接影响图像显示的效果，上面的图层总是会遮盖下面的图层，用户可以通过改变图层的顺序来调整图像的效果。

单击要移动的图层，选择“图层”|“排列”菜单命令，从打开的子菜单中选择一个需要的命令，即可调整图层顺序，如下图所示。

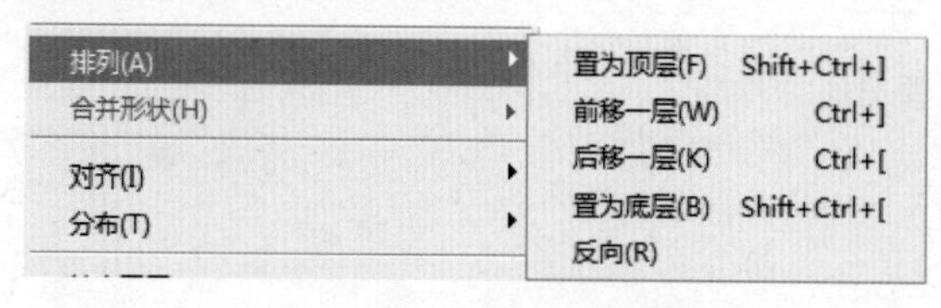

“排列”子菜单

❁ 置为顶层：将当前正在编辑的活动图层移动到最顶部。

❁ 前移一层：将当前正在编辑的活动图层向上移动一层。

❁ 后移一层：将当前正在编辑的活动图层向下移动一层。

❁ 置为底层：将当前正在编辑的活动图层移动到最底部。

3. 链接图层

链接图层的作用是固定当前图层和链接图层，以使对当前图层所作的变换、颜色调整、滤镜变换等操作也能同时应用到链接图层上，还可以对不相邻图层进行合并。

在“图层”面板中，按住【Shift】键的同时单击需要链接的图层，使它们同时处于选取的状态，如左下图所示，单击“图层”面板中的“链接图层”按钮，即可将它们链接起来，如右下图所示。

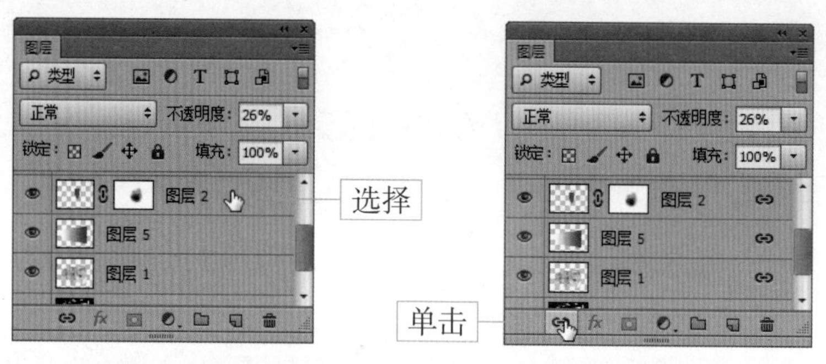

选择多个图层　　　　链接图层

4. 锁定、显示与隐藏图层

根据需要将图层锁定后，可以防止编辑图层被误操作而破坏图像效果。在“图层”面板中有4个选项用于设置锁定图层内容。

- 锁定透明像素：单击该按钮，当前图层上原本透明的部分被保护起来，不允许被编辑，后面的所有操作只对不透明图像起作用。
- 锁定图像像素：单击该按钮，当前图层被锁定，不管是透明区域还是图像区域都不允许填色或进行色彩编辑。此时，如果将绘图工具移动到该图层的图像上会出现图标。该功能对背景图层无效。
- 锁定位置：单击该按钮，当前图层的变形操作将被锁住，使图层上的图像不允许被移动或进行各种变形编辑。但仍然可以对该图层进行填充或描边等操作。
- 锁定全部：单击该按钮，当前图层的所有编辑将被锁住，不允许对图层上的图像进行任何操作，此时只能改变图层的叠放顺序。

单击“图层”面板中的眼睛图标可以隐藏或显示图层。关闭眼睛可以隐藏对应图层中的图像，显示眼睛可以显示对应图层中的图像。

5. 创建图层组

用户可以将多个图层组织在一次，放到一个图层组中。使用图层组可以有效地管理和组织图层，用户可以像处理图层一样，对图层组中的多个图层进行统一的移动、复制和删除等编辑操作。

打开一个图像文件，单击“图层”面板底部的“创建新组”按钮，可以新建一个图层组，其默认名为“组1”，如左下图所示。创建图层组后，在选择图层组的情况下创建的图层，都将包含在“组1”中，如右下图所示。

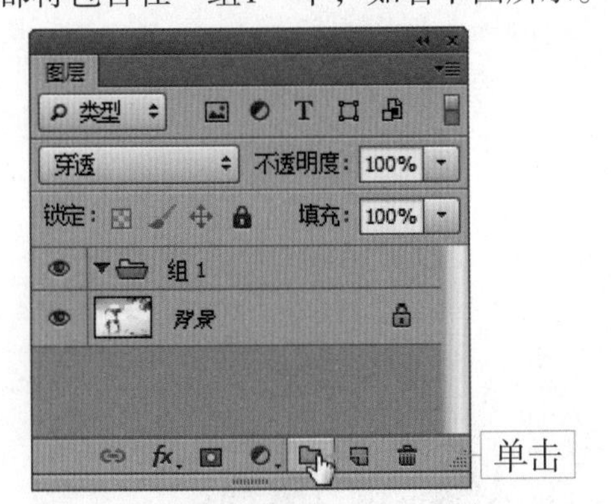

创建图层组

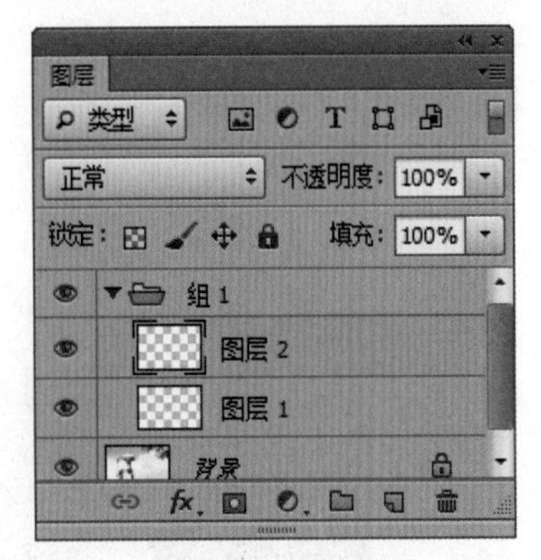

图层组中的图层

经验分享

单击图层组前面的▼标记可以折叠图层组，同时▼标记变为▶标记；单击▶标记又可以展开图层组。对图层组进行移动、隐藏或显示等操作，也将同时被应用于该组中的所有图层。

除了新建图层组外，还可以将已经存在的图层编成图层组。在“图层”面板中选择需要编组的图层，如左下图所示，选择“图层”|“图层编组”菜单命令或按【Ctrl+G】组合键，即可将所选的图层组成一个组，如右下图所示。

选择图层

创建图层组

6.6 设计理论深化

一个优秀的广告，在画面中都充满了令人羡慕的创意。所以，在设计广告之前，首先要了解广告创意的几点原则。

1. 务实原则

了解了应该知道的信息之后，再开启智慧思想。一定要有耐心去探求消费者、市场情况、产品的详细说明以及制定下来的广告策略，不要让客户感觉所做广告是外行人做的。

2. 骨气原则

每个创意人都渴望设计出叫座又叫好的广告，个人天分固然是关键，客户能否接受以及个人的机遇也是影响因素。无论你的天分是否被埋没，无论你是否自认平凡，既然你选择了创意这个行业，就不要有抄袭的想法，其目的在于激励自己超越平凡，避免满足自己六十分创意的惰性。下图所示为一个具有很好创意的饮料广告。

饮料创意广告

3. 效率原则

由于创意是主观的思维产物，如果设计师把时间花到苦思一个想法，容易钻进牛角尖而不自觉，即使想法有问题，你主观上对这个想法的执著往往会阻碍其他想法的产生，以及接受其他想法的肚量。所以，在思考创意的时候，不妨先三百六十度地思索，从不同的角度去切入生成不同的想法，不要着急计较一个想法的文字和视觉表现。宁可多想一些点子，再筛选出几个最好的进行仔细推敲。你会发现，这种先求广再求精的原则会让你想创意的时候事半功倍。

4. 余地原则

创意人求好的心理是不容置疑的，一般是不到最后时限绝不拍板。但等到有问题被发现的时候却没有时间修改了，只有硬着头皮照做不误，这有违专业精神。所以一般情况下，任何创意都应该在时间流程上留出两天时间冷静反省再做决定。

5. 负责原则

想法和执行之间还有一条很长的路要走，许多想法在转为设计稿的时候没有什么问题，但在执行的时候因为技术限制或者预算限制根本无法完成，如果不在创意成型要实现的时候估量执行因素，会在后期出现很多麻烦。大家应该记住，想到的创意，要卖得出去也要做得出来。

Chapter 第07章

海报宣传设计

课前导读

海报是人们极为常见的一种招贴形式，多用于电影、戏剧、比赛、文艺演出等活动。海报中通常要写清楚活动的性质、主办单位、时间及地点等内容。海报的语言要求简明扼要，形式要做到新颖美观。本章将介绍海报广告的特点和常用表现技法，并结合现代经典案例对海报的设计与制作进行详细讲解。

本章学习要点

- 海报宣传设计基础
- 电器宣传海报
- 儿童节公益海报
- 纯净水宣传海报

精彩效果赏析

7.1 海报宣传设计基础

在进行海报广告设计创作之前，本节将先介绍一下海报广告设计的基础知识，包括海报广告的特点和海报广告的常用表现技法。

7.1.1 海报的特点

海报与广告一样，具有向群众介绍某一物体、事件的特性，所以海报又是广告的一种。但海报具有在放映或演出场所、街头广以张贴的特性，加以美术设计的海报，又是电影、戏剧、体育宣传画的一种。

通常而言，海报包括“广告宣传性”和“商业性”两大特点。

1. 广告宣传性

海报希望社会各界的参与，它是广告的一种。有的海报加以美术的设计，以吸引更多的人加入活动。海报可以在媒体上刊登、播放，但大部分是张贴于人们易于见到的地方。其广告性色彩极其浓厚。

2. 商业性

海报是为某项活动作的前期广告和宣传，其目的是让人们参与其中，演出类海报占海报中的大部分，而演出类广告又往往着眼于商业性目的。当然，学术报告类的海报一般是不具有商业性的。

7.1.2 海报设计的常用表现技法

一幅海报作品本身必须能激发起观众的兴趣及注意力。即使是最简单的图片及文字，如果设计不当都会让人不知所云。

下面将介绍海报设计中的常用表现技法。

1. 富于幽默法

幽默法是指广告作品中巧妙地再现喜剧性特征，抓住生活现象中局部性的东西，通过人们的性格、外貌和举止的某些可笑特征表现出来。

幽默的表现手法，往往运用富有风趣的情节，巧妙地安排，把某种需要肯定的事物，无限延伸到漫画的程度，造成一种充满情趣、引人发笑而又耐人寻味的幽默意境。幽默的矛盾冲突可以达到出乎意料，又在情理之中的艺术效果，引起观赏者会心的微笑，以别具一格的方式，发挥艺术感染力的作用。

2. 借用比喻法

比喻法是指在设计过程中选择两个在本拷贝各不相同，而在某些方面又有些相似性的事物，“以此物喻彼物”，比喻的事物与主题没有直接的关系，但是某一点上与主题的某些特征有相似之处，因而可以借题发挥，进行延伸转化，获得“婉转曲达”的艺术效果。

与其他表现手法相比，比喻手法比较含蓄隐伏，有时难以一目了然，但一旦领会其意，便能给人以意味无尽的感受。

3. 以小见大法

在广告设计中对立体形象进行强调、取舍、浓缩，以独到的想象抓住一点或一个局部加以集中描写或延伸放大，以更充分地表达主题思想。这种以一点观全面、以小见大、从不全到全的表现手法，给设计者带来了很大的灵活性和无限的表现力，同时为接受者提供了广阔的想象空间，获得生动的情趣和丰富的联想。

以小见大中的“小”，是广告画面描写的焦点和视觉兴趣中心，它既是广告创意的浓缩和生发，也是设计者匠心独具的安排，因而它已不是一般意义的“小”，而是小中寓大、以小胜大的高度提炼的产物，是简洁的刻意追求，如下图所示的纸质广告和酒类广告。

纸质广告

酒类广告

4. 联想法

在审美的过程中通过丰富的联想，能突破时空的界限，扩大艺术形象的容量，加深画面的意境。

通过联想，人们在审美对象上看到自己或与自己有关的经验，美感往往显得特别强烈，从而使审美对象与审美者融合为一体，在产生联想过程中引发了美感共鸣，其感情的强度总是激烈的、丰富的。

5. 直接展示法

这是一种最常见的运用十分广泛的表现手法。它将某产品或主题直接如实地展示在广告版面上，充分运用摄影或绘画等技巧的写实表现能力，细致刻画和着力渲染产品的质感、形态和功能用途，将产品精美的质地引人入胜地呈现出来，给人以逼真的现实感，使消费者对所宣传的产品产生一种亲切感和信任感。

这种手法由于直接将产品推向消费者面前，所以要十分注意画面上产品的组合和展示角度，应着力突出产品的品牌和产品本身最容易打动人心的部位，运用色光和背景进行烘托，使产品置身于一个具有感染力的空间，这样才能增强广告画面的视觉冲击力，如左下图所示。

6. 谐趣模仿法

这是一种创意的引喻手法，别有意味地采用以新换旧的借名方式，把世间一般大众所熟悉的名画等艺术品和社会名流等作为谐趣的图像，经过巧妙的整形，使名画名人产生谐趣感，给消费者一种崭新奇特的视觉印象和轻松愉快的趣味性，以其异常、神秘感提高广告的诉求效果，增加产品身价和注目度。

这种表现手法将广告的说服力，寓于一种近乎漫画化的诙谐情趣中，使人赞叹，令人发笑，让人过目不忘，留下饶有奇趣的回味，如右下图所示。

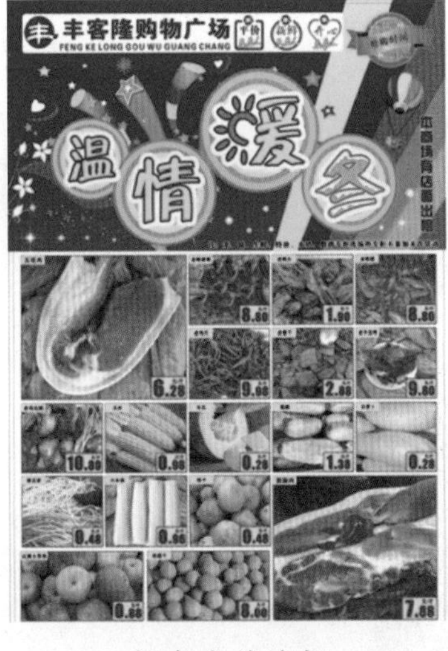

超市宣传海报

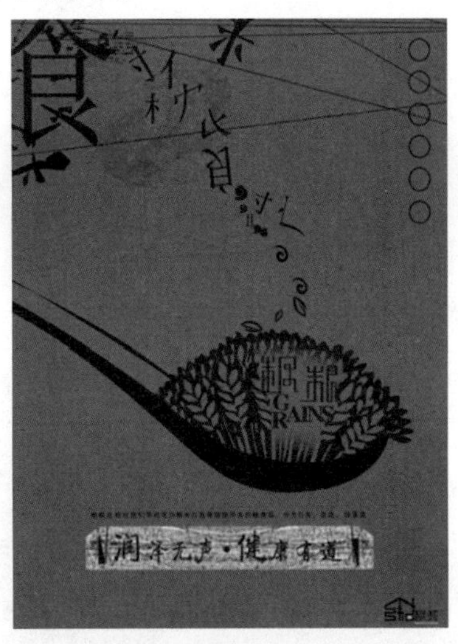

公益广告

7.2　电器宣传海报

案例效果

源文件路径：
光盘\源文件\第7章

素材路径：
光盘\素材\第7章

教学视频路径：
光盘\视频教学\第7章

制作时间：
25分钟

设计与制作思路

本实例制作的是一个电器宣传海报。海报设计主要是为了达到给产品做一个形象宣传的目的，所以在产品图像的选择上使用了两款最为常见的电饭煲和电磁炉，再配以米饭、蔬菜等图像，让整个设计充满温馨的感觉。

7.2.1 制作背景图像

Step 01 新建图像文件 ❶选择“文件”|“新建”菜单命令，打开“新建”对话框。❷设置文件名称为“电器宣传海报”，设置宽度为16厘米、高度为16厘米、分辨率为200。❸单击“确定”按钮，即可得到新建的空白图像文件。

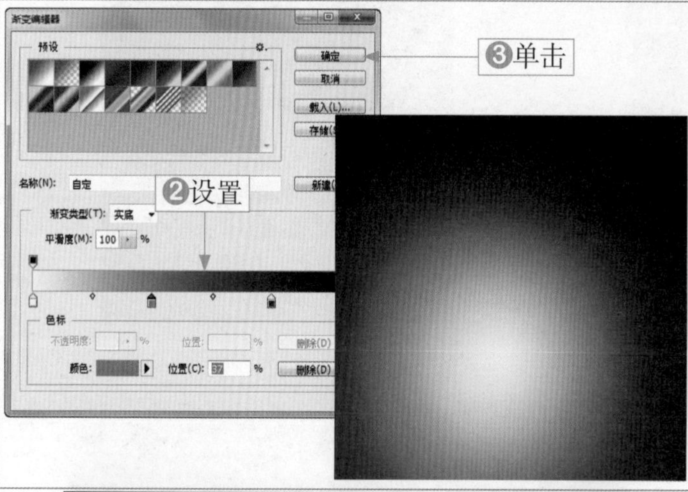

Step 02 填充图像 ❶选择渐变工具，单击属性栏左侧的渐变色条，打开“渐变编辑器”对话框。❷设置渐变颜色为淡蓝色（R230，G244，B252）到浅蓝色（R30，G148，B209）到蓝色（R2，G50，B109）到深蓝色（R9，G12，B31）。❸单击“确定”按钮，对图像应用径向渐变填充，得到渐变图像。

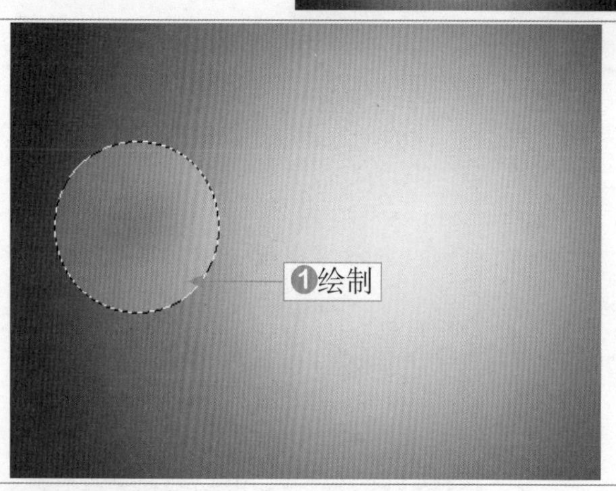

Step 03 绘制白色透明圆形 ❶新建图层1，选择椭圆选框工具，在图像左下方绘制一个圆形选区。❷设置前景色为白色，选择画笔工具，在属性栏中设置不透明度为20%，在选区中绘制图像。

经验分享

选择画笔工具后，在属性栏中可以设置“不透明度”和“流量”参数。如果选择画笔样式为常用的“柔边”，则降低这两个选项的参数值，绘制出的图像效果基本一样；如果选择其他特殊画笔样式，降低“流量”参数值，即可减少画笔排列数量，而降低“不透明度”参数值，只能降低绘制的颜色明度。

	**Step 04** 复制多个白色圆形 ❶设置该图层的不透明度为50%。❷多次按【Ctrl+J】组合键复制透明圆形，适当调整复制得到的圆形，放到如左图所示的位置，得到光晕图像效果。
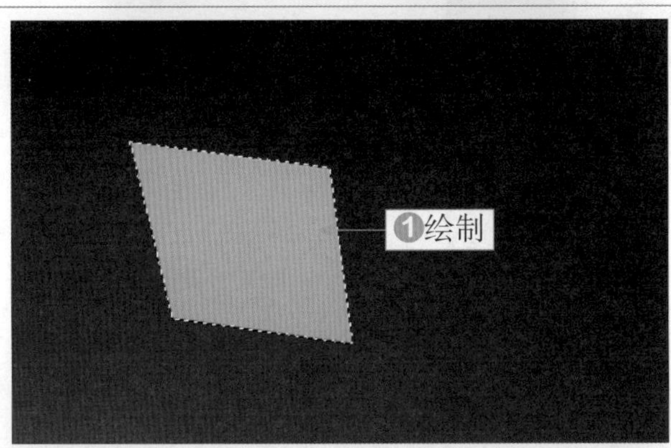	**Step 05** 绘制蓝色图像 ❶新建一个图层，选择多边形套索工具，在图像右上方绘制一个四边形选区。❷设置前景色为浅蓝色（R118，G188，B233），按【Alt+Delete】组合键填充选区。
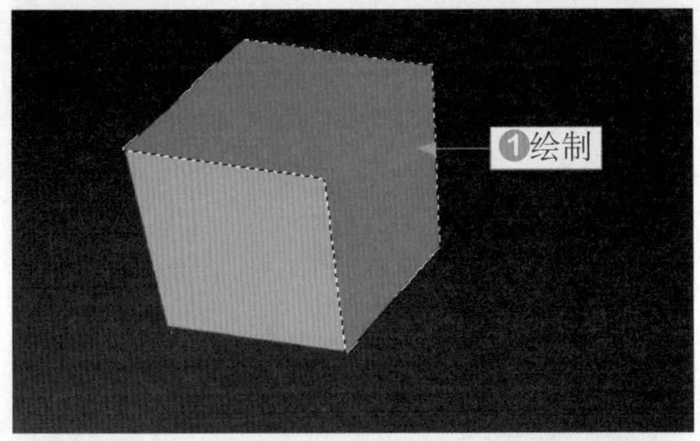	**Step 06** 绘制蓝色图像 ❶继续使用多边形套索工具在四边形图像周围绘制其他图像选区。❷设置前景色为从浅蓝色（R118，G188，B233），按【Alt+Delete】组合键填充选区，得到立体矩形。
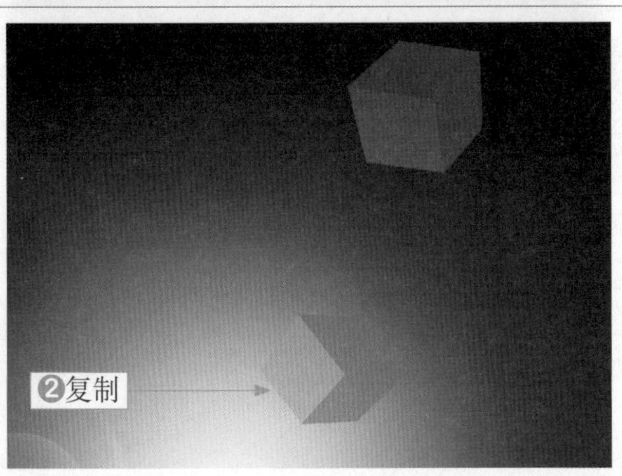	**Step 07** 复制图像 ❶设置该图层的不透明度为50%，得到较为透明的图像效果。❷复制一次对象，按【Ctrl+T】组合键，适当旋转图像，得到如左图所示的效果。

Step 08 复制图像 ❶多次复制立体矩形图像，分别调整图像大小。❷按【Ctrl+T】组合键，适当旋转和翻转图像，参照左图所示的方式进行排列。

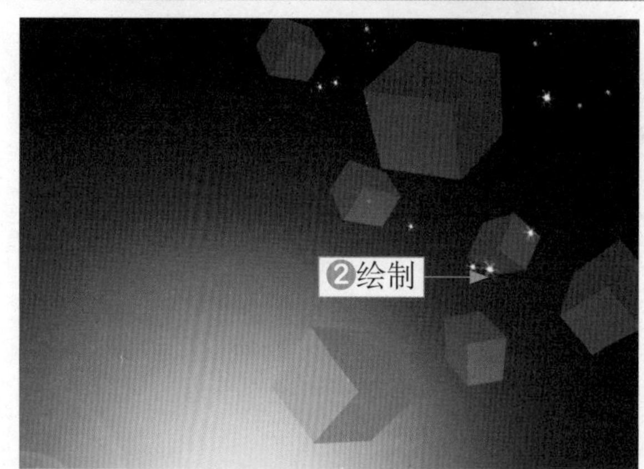

Step 09 绘制星光 ❶新建一个图层，选择画笔工具，在属性栏中设置画笔样式为“星爆-大”。❷设置前景色为白色，用设置好的画笔工具在立体矩形图像周围进行单击，绘制出星光图像，效果如左图所示。

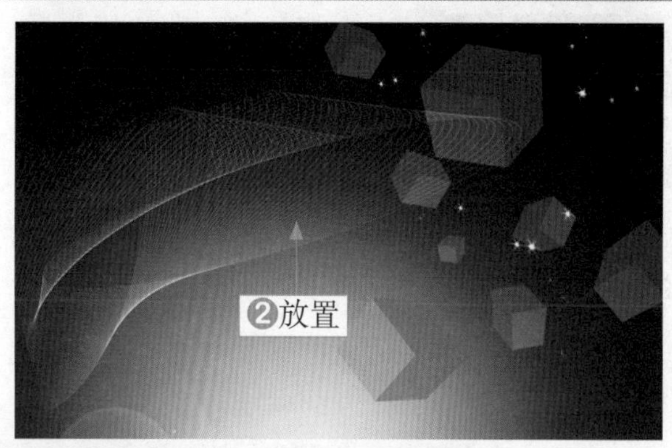

Step 10 添加素材图像 ❶打开“曲线.psd”素材图像，使用移动工具将其拖曳到当前编辑的图像中。❷适当调整素材图像的大小，放到画面左上方。

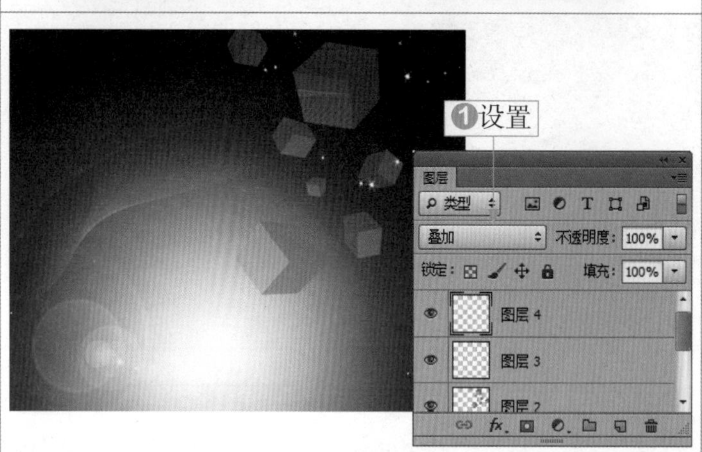

Step 11 设置图层混合模式 ❶在“图层”面板中设置该图层的混合模式为“叠加”。❷得到如左图所示的图像效果。

知识链接

用户在设置图层混合模式时，可以多选择几种模式进行查看，直至选择到最合适的效果。

7.2.2 添加素材图像

Step 01 添加米饭图像❶打开“米饭.psd”素材图像，使用移动工具将其拖曳到当前编辑的图像中。❷适当调整素材图像的大小，将其放到画面底部，如左图所示。

Step 02 绘制曲线图像❶新建一个图层，使用钢笔工具在图像底部绘制一个闭合的曲线路径。❷按【Ctrl+Enter】组合键将路径转换为选区，设置前景色为深蓝色（R4，G27，B77），按【Alt+Delete】组合键填充选区。

Step 03 绘制蓝色图像❶选择钢笔工具，在曲线图像左上方绘制一个尖角的曲线路径。❷切换到“路径”面板中，单击面板底部的“将路径作为选区载入”按钮载入选区，然后将选区填充为蓝色（R0，G106，B183），得到的图像效果如左图所示。

经验分享

作为一个有经验的设计师，应该明白，在素材图像的选择和运用上，必须使用与广告主题相符的图像，并且这些素材图像能够对画面起到一定的修饰作用，在与其他图像配合使用过程中，也要有取舍地进行调整或者遮盖。

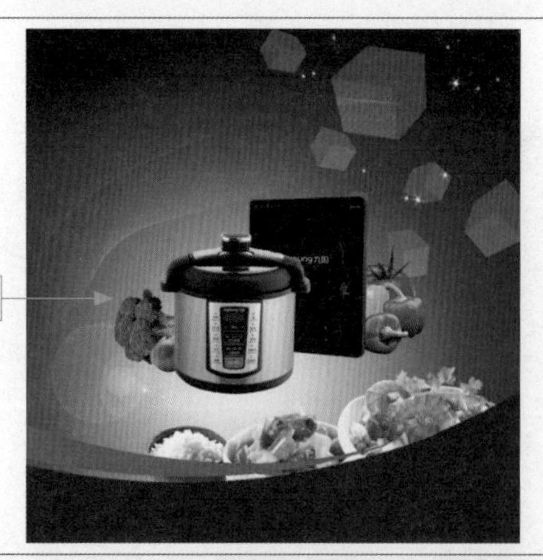	Step 04 添加电器图像 ❶打开“电器.psd”素材图像，使用移动工具将其拖曳到当前编辑的图像中。❷适当调整素材图像的大小，放到画面底部，如左图所示。
	Step 05 复制曲线图像 ❶在“图层”面板中选择图像左上方的曲线图像所在图层，按【Ctrl+J】组合键复制图层。❷选择“编辑”|“变换”|“垂直翻转”菜单命令，在属性栏中设置旋转角度为120度。❸使用移动工具将曲线图像放到图像右下方。
	Step 06 输入文字 ❶选择横排文字工具，在图像左上方输入文字“智能新品惠五一”。❷在属性栏中设置字体为方正粗黑简体、颜色为粉蓝色（R75，G103，B160），再分别调整文字大小。❸打开“字符”面板，单击底部的“仿斜体”按钮，得到倾斜文字效果。
	Step 07 编辑文字造型 ❶选择“文字”|“转换为形状”菜单命令，将文字图层转换为形状图层。❷使用钢笔工具组中的相应工具对文字造型进行编辑，效果如左图所示。

Step 08 设置描边选项❶选择“图层”|“图层样式”|“描边”菜单命令，打开“图层样式”对话框。❷设置描边“大小”为8像素、颜色为白色，其他参数设置如左图所示。❸单击“确定”按钮，得到文字描边效果。

Step 09 编辑文字造型❶选择横排文字工具，在“新品惠五一”的上方输入一行文字。❷在属性栏中设置字体为方正大标宋体、颜色为粉蓝色（R75，G103，B160），再适当倾斜文字。

Step 10 复制图层样式❶选择“智能新品惠五一”图层，在该图层中单击鼠标右键，在弹出的快捷菜单中选择“拷贝图层样式”选项。❷选择“健康饮食 智能升级”图层，单击鼠标右键，在弹出的快捷菜单中选择“粘贴图层样式”选项，得到文字描边效果。

Step 11 添加文字图像❶打开“文字.psd”素材图像，使用移动工具将其拖曳到当前编辑的图像中。❷适当调整素材图像的大小，将其放到画面左上方。

	**Step 12** 添加素材图像❶打开"产品1.psd"素材图像，使用移动工具将其拖曳到当前编辑的图像中。❷适当调整素材图像的大小，将其放到画面左下方。
	**Step 13** 添加其他素材图像❶分别打开"产品2.psd"、"产品3.psd"和"产品4.psd"素材图像，使用移动工具将其拖曳到当前编辑的图像中。❷适当调整素材图像的大小，将其分别放到如左图所示的位置，即可完成本实例的制作，最终效果如左图所示。

7.3 儿童节公益海报

案例效果

源文件路径：
光盘\源文件\第7章

素材路径：
光盘\素材\第7章

教学视频路径：
光盘\视频教学\第7章

制作时间：
35分钟

设计与制作思路

本实例制作的是一个儿童节公益海报。儿童的世界是色彩缤纷的，所以在背景图像中采用了多种颜色来营造出童话般的世界。在设计文字时，特意设计了立体文字效果，并通过色彩的渐变，让文字更富有变化。最后，在图像周围添加了多个卡通形像，这些元素都深受小朋友的喜欢，能够起到很好的宣传推广作用。

7.3.1 制作七彩图像

Step 01 新建文件 ❶选择"文件"|"新建"菜单命令，打开"新建"对话框。❷设置文件名为"六一儿童节公益海报"，设置宽度为20厘米、高度为14厘米、分辨率为200。❸单击"确定"按钮，得到新建的空白图像文件。

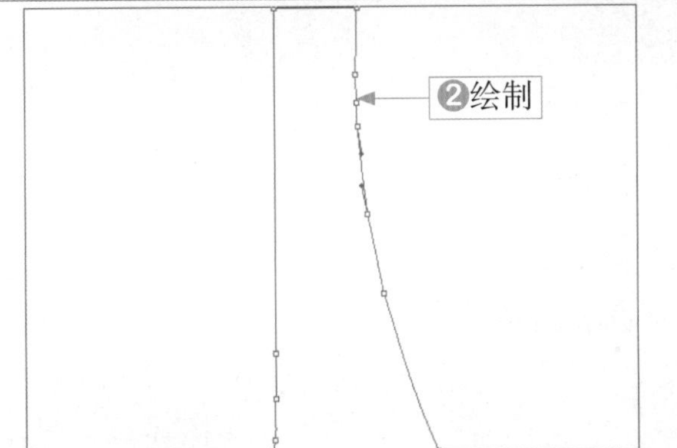

Step 02 绘制路径 ❶单击"图层"面板底部的"创建新图层"按钮，新建图层1。❷使用钢笔工具在图像中绘制一个曲线路径，如左图所示。

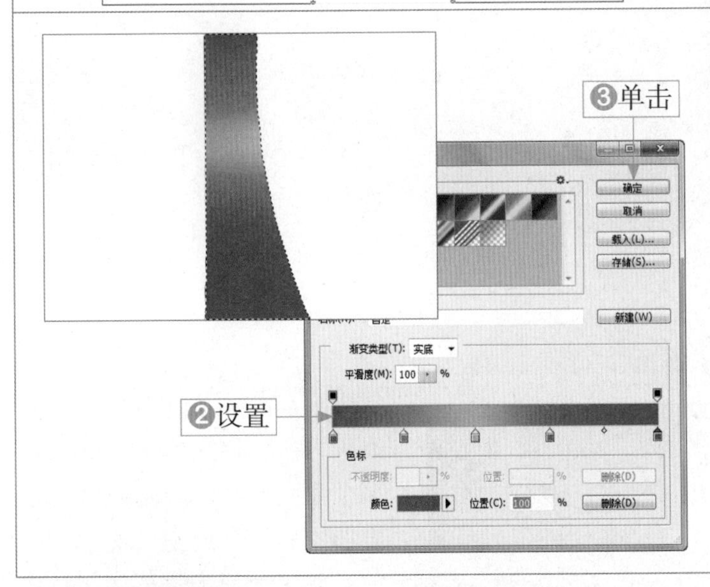

Step 03 渐变填充 ❶按【Ctrl+Enter】组合键将路径转换为选区。❷选择渐变工具，单击属性栏左侧的渐变色条，打开"渐变编辑器"对话框，设置颜色从红色（R229，G48，B83）到橘红色（R239，G130，B101）到粉色（R247，G188，B164）到橘红色（R234，G89，B52）到洋红色（R229，G20，B61）。❸单击"确定"按钮，在选区中从上到下应用线性渐变填充。

经验分享

在"渐变编辑器"对话框中设置渐变颜色时，可以看到在渐变色条上下两端都有色标图像。下面的色标用于编辑颜色，在渐变色条下方单击即可增加一个色标，按住该色标向外拖动即可删除该色标，双击该色标可以打开"拾色器"对话框，对颜色进行精确设置；上面的色标用于设置对应颜色的透明度，选择该色标后，即可在"不透明度"数值框中输入参数，其添加和删除色标的方法与下面的色标一样。

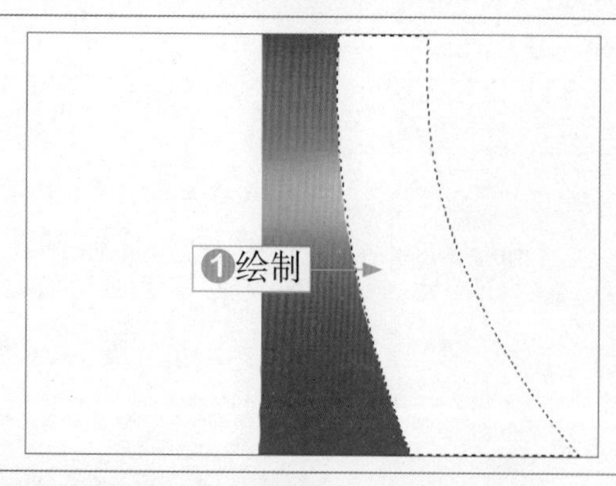

Step 04 绘制其他曲线图像①使用钢笔工具在红色渐变图像右侧再绘制一个曲线路径。②按【Ctrl+Enter】组合键将路径转换为选区，如左图所示。

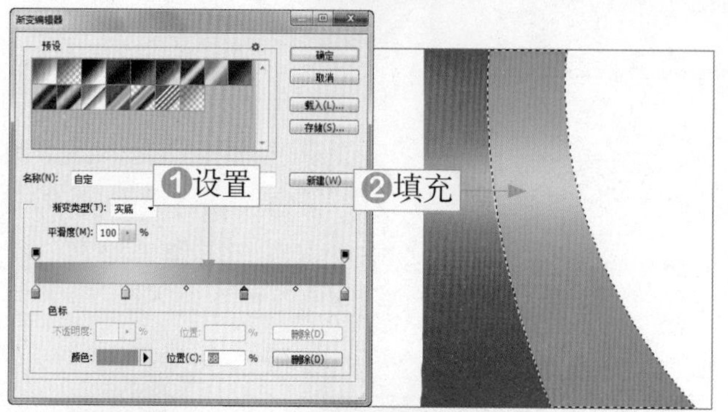

Step 05 渐变填充图像①选择渐变工具，打开渐变编辑器，设置不同深浅的绿色。②在选区中从上向下应用线性渐变填充，填充后的图像效果如左图所示。

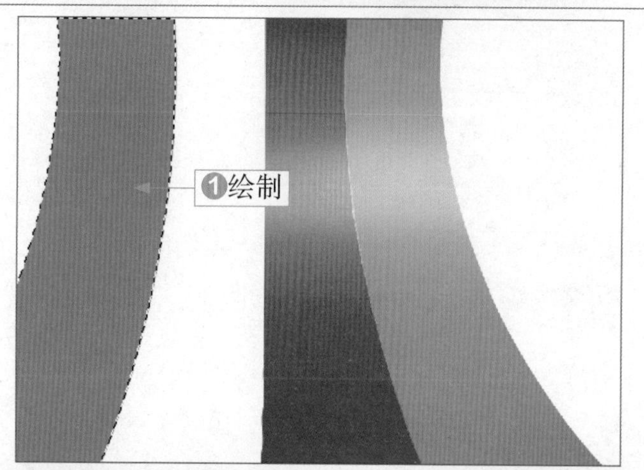

Step 06 绘制图像①使用钢笔工具在图像左侧再绘制一个曲线路径。②将路径转换为选区后，设置前景色为蓝色（R0，G160，B211），按【Alt+Delete】组合键填充选区。

Step 07 绘制彩色图像①参照上述方法，使用钢笔工具绘制多个曲线路径。②将路径转换为选区后，参照左图所示的颜色，使用渐变工具依次对选区应用黄色渐变填充、紫色渐变填充和绿色渐变填充等。

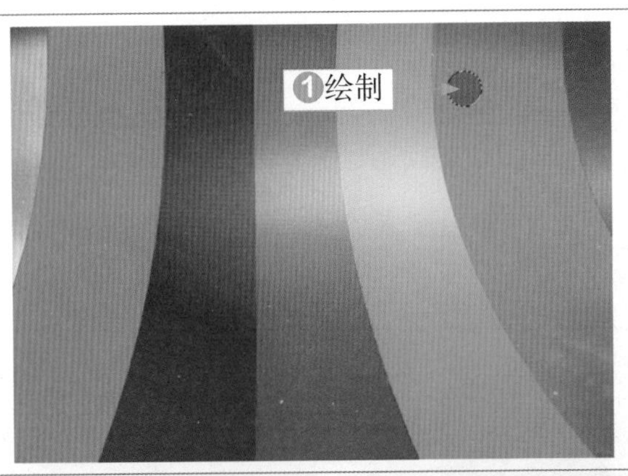

Step 08 绘制圆形❶新建一个图层，使用椭圆选框工具在图像右上方绘制圆形选区。❷设置前景色为紫色（R191，G80，B152），按【Alt+Delete】组合键填充选区。

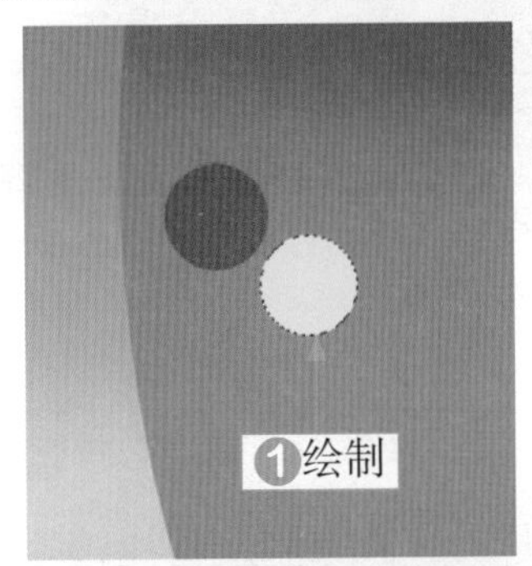

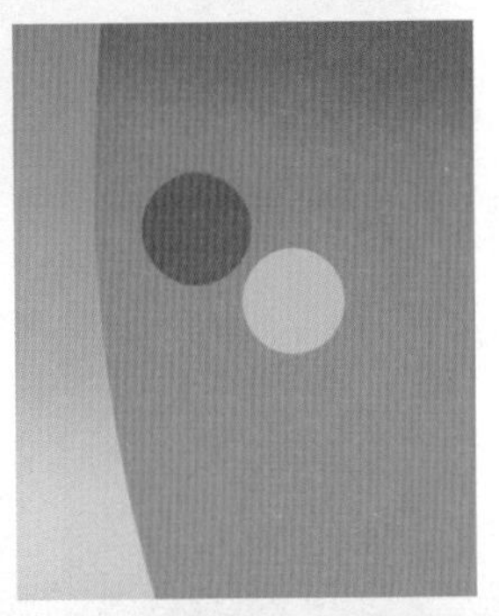

Step 09 绘制多个圆形❶新建一个图层，再绘制一个圆形选区，将其填充为黄色（R255，G241，B0）。❷设置该图层的不透明度为60%，得到透明的黄色圆形效果。

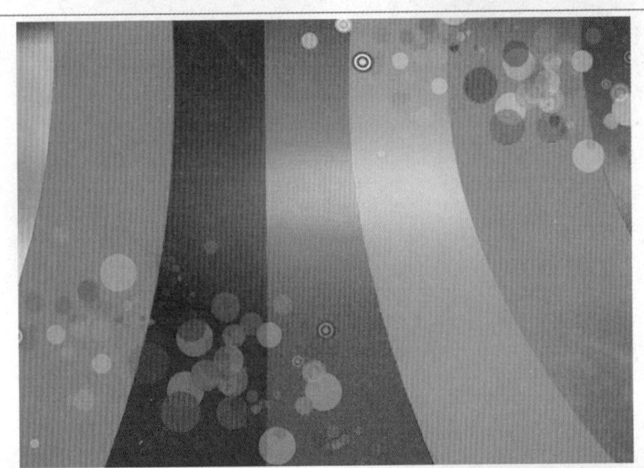

Step 10 绘制多个圆形❶新建多个图层，分别绘制多个圆形，并将其填充为不同的颜色。❷适当调整每个图层的不透明度，让一部分圆形得到颜色重叠的效果。

Step 11 合并图层❶按住【Ctrl】键选择所有圆形图像所在的图层。❷按【Ctrl+E】组合键合并图层，并将合并后的图层重命名为“彩色圆形”。

经验分享

因为这里创建的圆形图层太多，这样会让文件变大，减慢电脑的运行速度，而合并图层是最好的方法。

Step 12 绘制多边形 ❶新建一个图层，使用多边形套索工具，在属性栏中设置羽化参数为20像素。❷在图像中绘制一个多边形选区，并填充为白色。

知识链接

当用户在套索工具属性栏中设置了羽化值后，下一次使用时将默认该参数，仍然能绘制出具有羽化效果的图像。

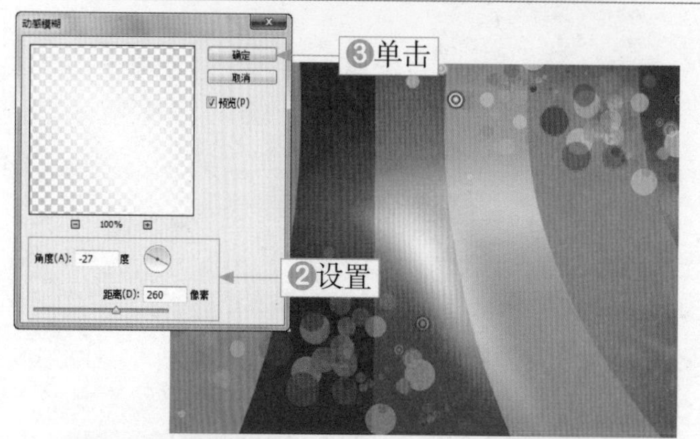

Step 13 动感模糊图像 ❶选择"滤镜"|"模糊"|"动感模糊"菜单命令，打开"动感模糊"对话框。❷设置"角度"为-27度、"距离"为260像素。❸单击"确定"按钮，得到动感模糊图像效果。

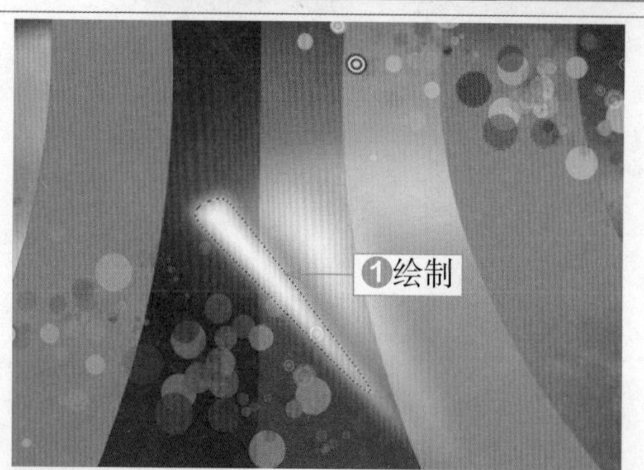

Step 14 绘制三角形图像 ❶再新建一个图层，绘制一个三角形选区。❷将选区填充为白色，得到羽化图像效果。

Step 15 绘制多个白色图形 ❶使用与上述操作相同的方法，绘制多个羽化选区，并填充为白色。❷再为图像添加动感模糊效果，并调整图层的不透明度，组合后即可创建出光束图像效果，如左图所示。

7.3.2 制作立体文字

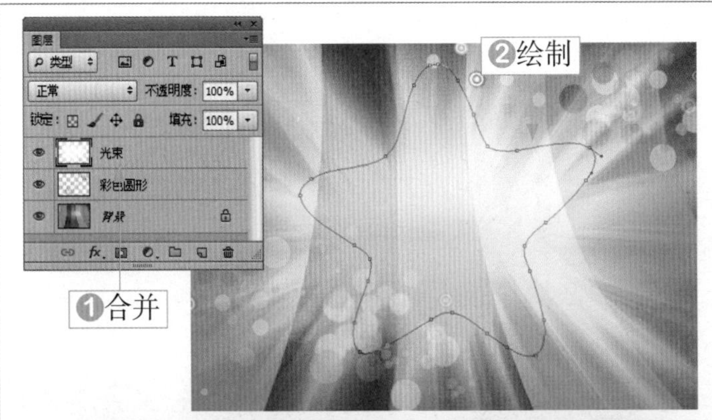

Step 01 绘制五角星图形❶在"图层"面板中选择光束图像所在图层，按【Ctrl+E】组合键合并图层，将合并后的图层命名为"光束"。❷新建一个图层，使用钢笔工具在图像中绘制一个五角星图形。

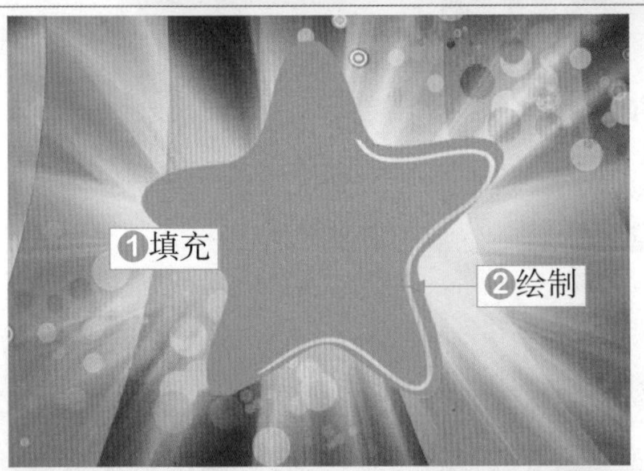

Step 02 填充图像❶按【Ctrl+Enter】组合键将路径转换为选区，填充为橘黄色（R245，G180，B25）。❷在五角星内部再绘制一条曲线图形，填充为淡黄色（R247，G237，B138），效果如左图所示。

Step 03 加深和减淡图像❶按住【Ctrl】键单击五角星所在图层，载入图像选区。❷使用加深工具对五角星边缘进行涂抹，再使用减淡工具对五角星中间进行涂抹，得到图像的立体效果。

Step 04 添加星光图像❶打开"星光.psd"素材图像，使用移动工具将其拖曳到当前编辑的图像中。❷适当调整素材图像的大小，将其放到画面底部。

	Step 05 添加其他素材图像 ❶打开“卡通.psd”和“彩虹.psd”素材图像，使用移动工具将其拖曳到当前编辑的图像中。❷适当调整素材图像的大小，参照左图所示的方式进行排列。
	Step 06 输入文字 ❶选择横排文字工具，在图像中输入文字。❷在属性栏中设置字体为方正综艺简体，参照左图所示的样式排列文字，并适当调整文字大小。
	Step 07 编辑文字路径 ❶选择“文字”|“创建工作路径”菜单命令，得到文字路径后隐藏文字图层。❷使用钢笔工具组中的工具对文字进行编辑，得到如左图所示的图形效果。
	Step 08 填充选区 ❶新建一个图层，命名为“6.1”，单击“路径”面板底部的“将路径作为选区载入”按钮，得到文字选区。❷将选区填充为绿色（R168，G209，B130），效果如左图所示。

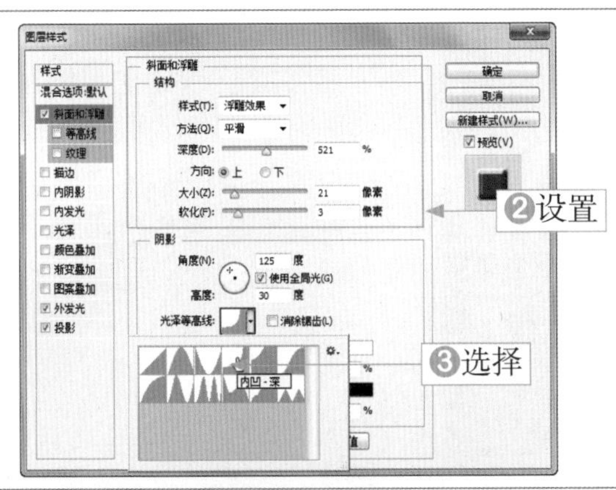

Step 09 设置斜面和浮雕 ❶选择“图层”|“图层样式”|“斜面和浮雕”菜单命令，打开“图层样式”对话框。❷设置样式为“浮雕效果”，再设置其他选项参数。❸单击“光泽等高线”右侧的三角形，在弹出的面板中选择“内凹-深”选项。

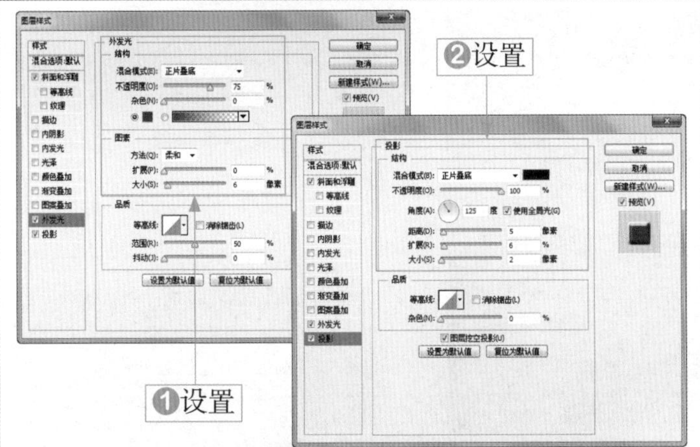

Step 10 设置其他图层样式 ❶选择“外发光”选项，设置外发光颜色为深绿色（R0，G100，B40），再设置其他选项参数。❷选择“投影”选项，设置投影颜色为黑色，再设置其他选项参数，如左图所示。

Step 11 图像效果设置好图层外发光和投影样式后，单击“确定”按钮，得到添加图层样式后的图像效果。

知识链接

适当地为图像添加图层样式，可以为画面增添一些变化。

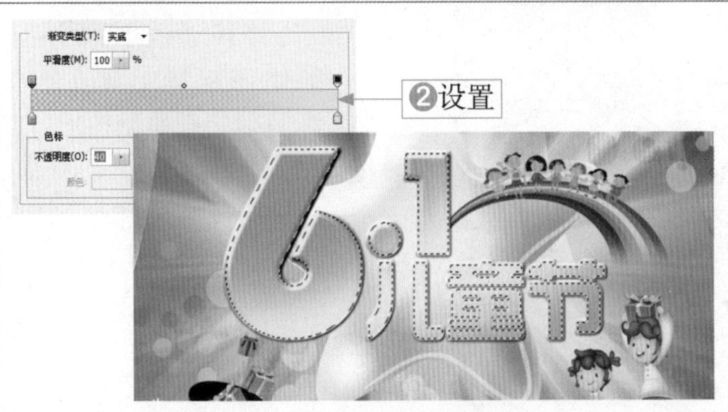

Step 12 渐变填充 ❶按住【Ctrl】键单击“6.1”图像图层，载入文字选区。❷新建一个图层，使用渐变工具从选区左上方向右下方拖曳鼠标，为其应用线性渐变填充，设置颜色为从透明到黄色（R255，G242，B0）。

Step 13 创建剪贴蒙版❶选择"图层"|"创建剪贴蒙版"菜单命令，在"图层"面板中将得到一个剪贴蒙版图层。❷此时在文字图像中将产生蒙版效果，如左图所示。

Step 14 绘制曲线图像❶新建一个图层，选择钢笔工具，在文字中绘制一个尖角曲线路径。❷将路径转换为选区后，填充为白色。

知识链接

在文字图像中绘制一些图形，可以让文字更富有变化。

Step 15 创建剪贴蒙版图层❶选择"图层"|"创建剪贴蒙版"菜单命令，在"图层"面板中将创建一个剪贴蒙版图层。❷将白色图像变为剪贴图层后，效果如左图所示。

Step 16 绘制图形❶新建一个图层，将其放到文字图层下方。❷使用钢笔工具在图像"6"的外部轮廓绘制图形，以制作出文字的厚度感。

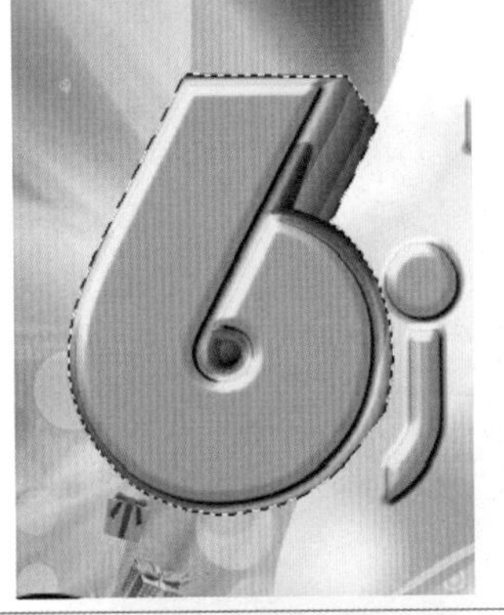

Step 17 填充选区 ❶按【Ctrl+Enter】组合键将路径转换为选区，填充为绿色（R0，G128，B42）。❷选择画笔工具，分别使用黄色和淡绿色在选区内涂抹，得到渐变颜色图像效果。

Step 18 绘制其他图形 ❶参照上一步的方法，使用钢笔工具绘制其他文字的外部轮廓。❷将路径转换为选区后，使用画笔工具对选区图像进行涂抹，得到有颜色变化的图像效果。

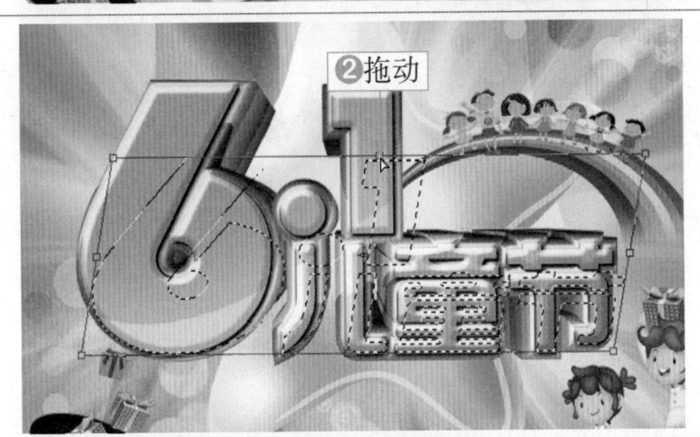

Step 19 变换选区 ❶新建一个图层，按住【Ctrl】键单击“6.1”图层，载入图像选区。❷选择“选择”|“变换选区”菜单命令，显示变换控制框，然后按住【Ctrl】键拖动上方中间的控制点。

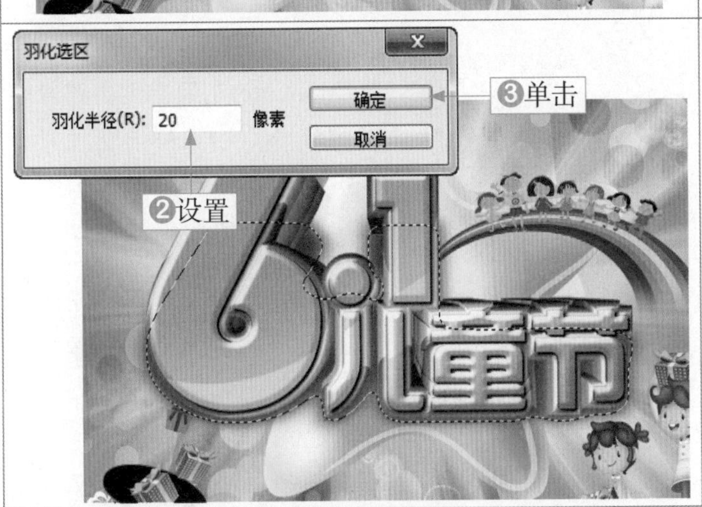

Step 20 羽化选区 ❶变换选区后，按【Enter】键确定。❷选择任意一个选框工具，在选区中单击鼠标右键，在弹出的快捷菜单中选择“羽化”选项，将打开“羽化选区”对话框，设置“羽化半径”为20像素。❸单击“确定”按钮，为选区填充绿色（R0，G128，B42）。

Step 21 添加图层蒙版 ❶单击“图层”面板底部的“添加图层蒙版”按钮，为该图层添加图层蒙版。❷再使用画笔工具对投影上方图像进行涂抹，隐藏部分图像。

Step 22 设置图层属性 ❶设置该图层的混合模式为“正片叠底”、图层不透明度为60%。❷按【Ctrl+D】组合键取消选区，得到如左图所示的投影图像。

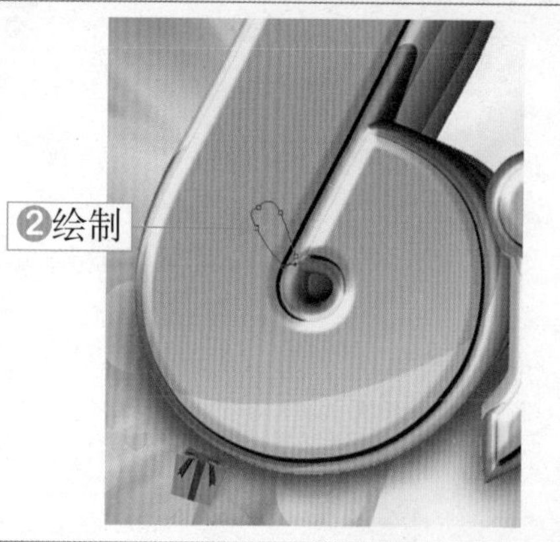

Step 23 绘制花瓣图形 ❶单击“图层”面板底部的“创建新图层”按钮，新建一个图层。❷使用钢笔工具在“6”中间绘制一个花瓣图形，如左图所示。

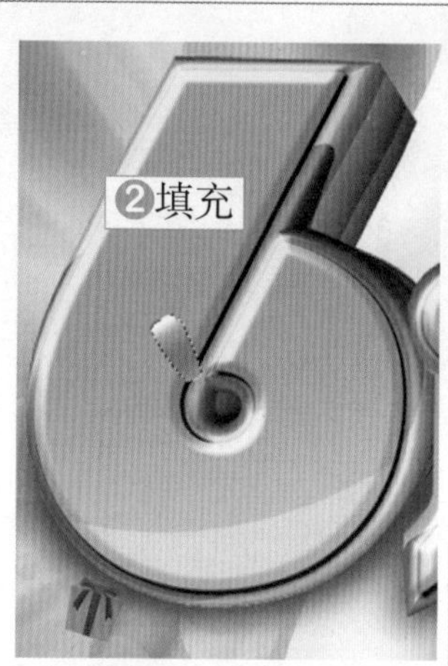

Step 24 渐变填充选区 ❶按【Ctrl+Enter】组合键将路径转换为选区。❷选择渐变工具，单击属性栏中的“线性渐变”按钮，为其应用白色到绿色系的渐变填充。

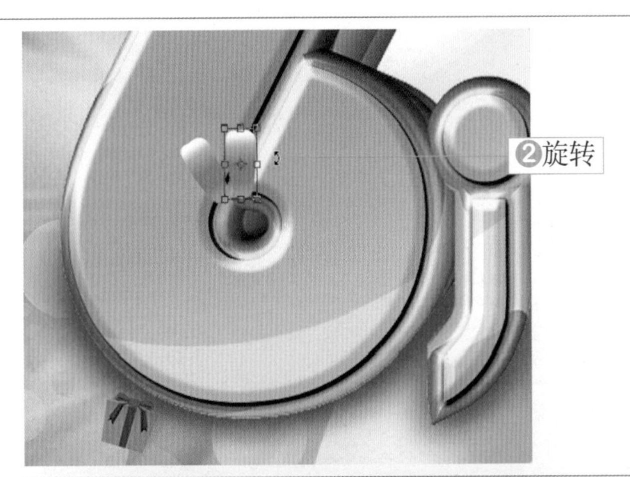

Step 25 复制并旋转图像❶按【Ctrl+J】组合键复制一次花瓣图像。❷按【Ctrl+T】组合键显示变换控制框，再适当旋转图像，将其放到花瓣图像右侧。

知识链接

对图像应用自由变换时，可以调整变换控制框中间的圆心点位置，旋转时将以该点为中心进行旋转。

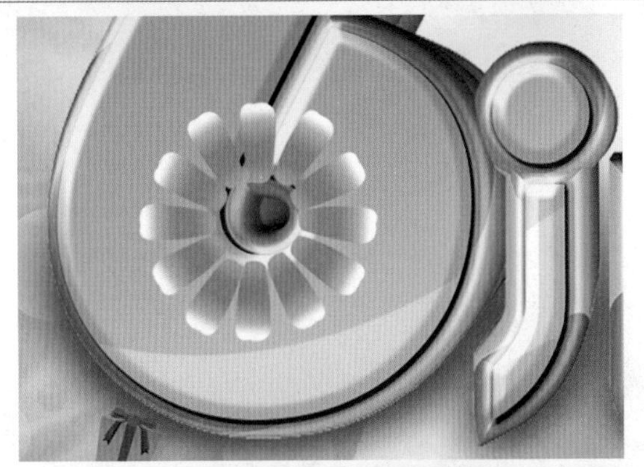

Step 26 复制多个图像❶复制多个花瓣图像。❷参照左图所示的方式，分别对每一个花瓣图像进行旋转，得到圆形环绕的状态。

Step 27 绘制圆形❶新建一个图层，选择椭圆选框工具，在花瓣图像中间绘制一个圆形选区。❷使用渐变工具对其应用径向渐变填充，设置颜色为从白色到蓝色系。

Step 28 复制圆形❶复制多个圆形图像，分别缩小图像。❷参照左图所示的样式排列复制的圆形图像。

知识链接

将绘制的花瓣图像放到“6”图像中，主要是为了增加文字变化魅力。

	Step 29 绘制圆形 ❶新建一个图层，选择椭圆选框工具，按住【Shift】键绘制一个圆形选区。❷选择渐变工具为选区应用径向渐变填充，设置颜色从淡黄色（R255，G251，B209）到黄色（R253，G214，B3），放到“6”右侧。
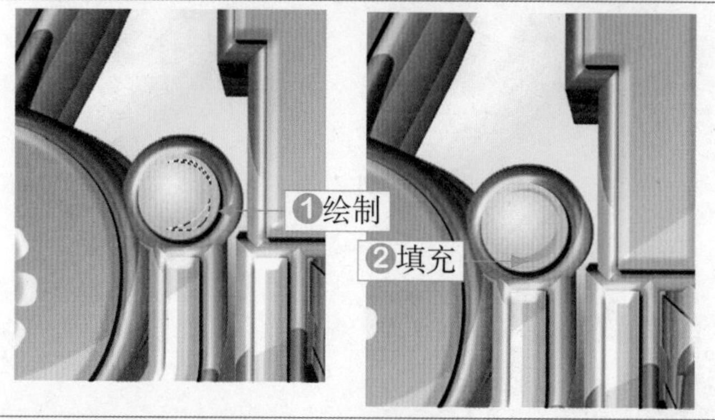	Step 30 绘制月牙图像 ❶选择钢笔工具，在圆形右方绘制两个月牙图形，并将路径转换为选区。❷设置前景色为橘黄色（R245，G191，B39），按【Alt+Delete】组合键填充选区。
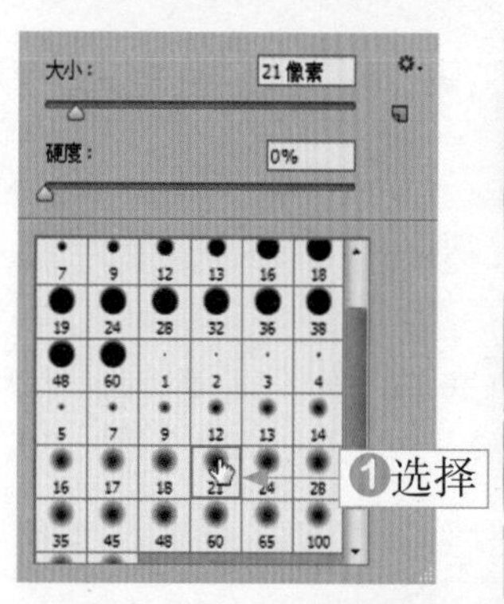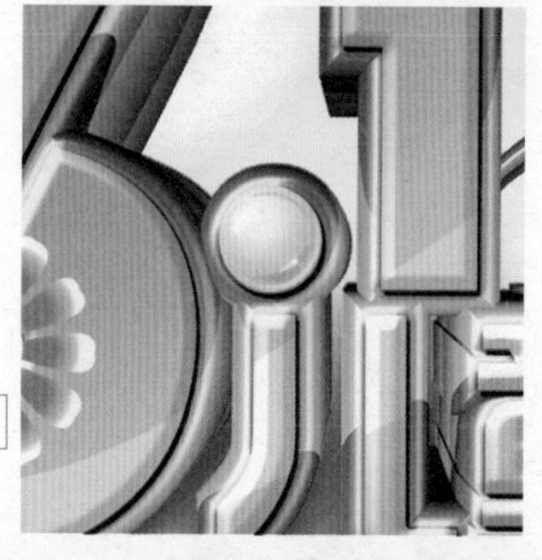	Step 31 绘制高光图像 ❶选择画笔工具，在属性栏中设置画笔为“柔边机械21”。❷设置前景色为白色，使用画笔工具在圆球中绘制出白色高光部分，如左图所示。
	Step 32 添加素材图像 ❶打开“小孩.psd”素材图像，使用移动工具将其拖曳到当前编辑的图像中。❷适当调整素材图像的大小，放到“1”图像的右下方，即可完成本实例的制作，效果如左图所示。

7.4 纯净水宣传海报

案例效果

源文件路径：
光盘\源文件\第7章

素材路径：
光盘\素材\第7章

教学视频路径：
光盘\视频教学\第7章

制作时间：
30分钟

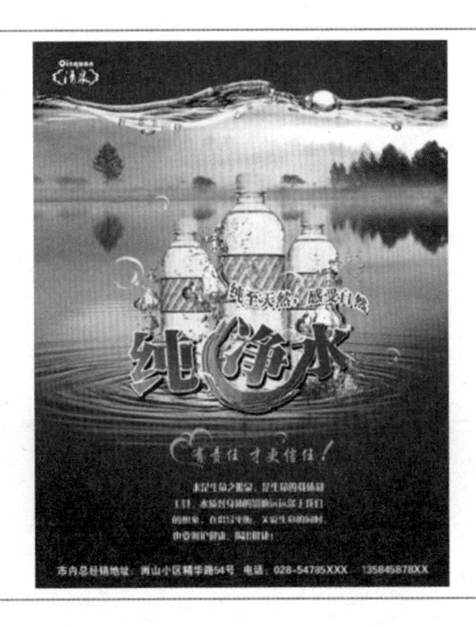

设计与制作思路

本实例制作的是一个纯净水宣传海报。水一直给人一种纯净、蓝色的感觉，特别是纯净水，除了干净之外，还能给人美好的向往。在画面背景中，添加了水墨山水画与湖面图像相结合的效果，让整个画面有一种雅致的感觉。

在设计过程中，设计师将整体色调定位为蓝色调，加上素材图像的烘托，与主题搭配合适，再将产品放到主要位置，配以文字说明，画面版式设计也简洁大方，整个设计一气呵成，让人对产品诉求一目了然，起到了广告宣传的作用。

7.4.1 制作自然背景

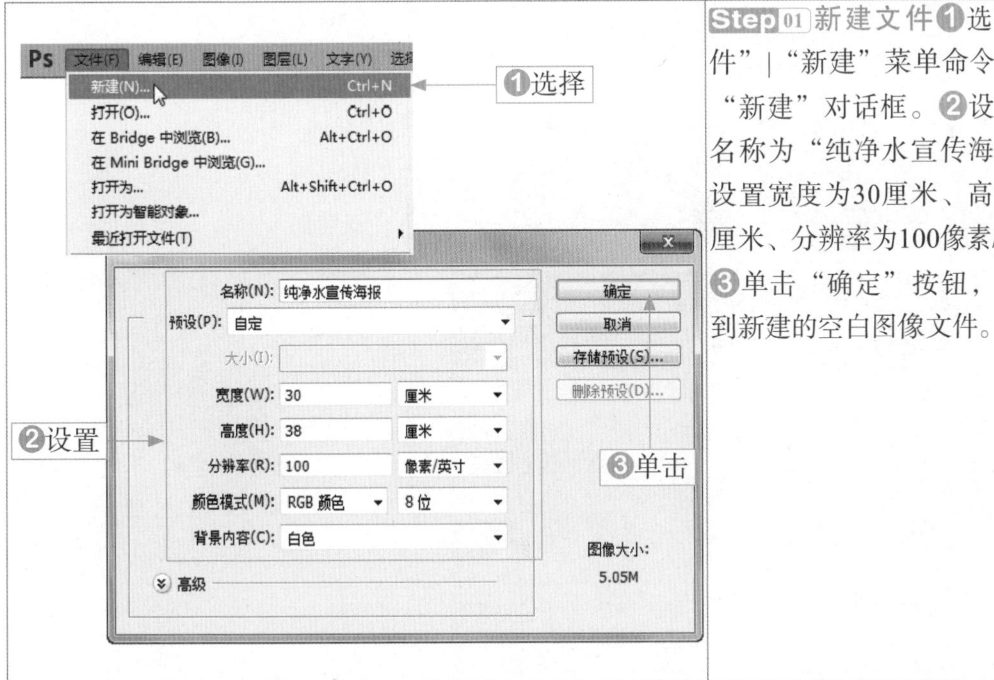

Step 01 新建文件❶选择“文件”|“新建”菜单命令，打开“新建”对话框。❷设置文件名称为“纯净水宣传海报”，设置宽度为30厘米、高度为38厘米、分辨率为100像素/英寸。❸单击“确定”按钮，即可得到新建的空白图像文件。

Step 02 添加素材图像 ❶打开“水面.jpg”素材图像，使用移动工具将其拖曳到新建的图像中。❷适当调整图像大小，放到画面的上方。❸这时“图层”面板中将自动得到图层1，如左图所示。

Step 03 应用图层蒙版 ❶打开“水滴.jpg”素材图像，使用移动工具将其拖曳到新建图像中。❷适当调整素材图像的大小，放到水面图像下方。❸单击“图层”面板底部的“添加图层蒙版”按钮，使用画笔工具对水滴图像上方进行涂抹，隐藏部分图像。

Step 04 填充选区图像 ❶新建一个图层，选择多边形套索工具，在图像上方绘制选区。❷为选区填充深蓝色（R26，G44，B96），然后再使用加深工具在选区上方进行涂抹，加深部分图像。

Step 05 添加素材图像 ❶打开“水花.psd”素材图像，使用移动工具将其拖曳到当前编辑的图像中。❷适当调整素材图像的大小，放到蓝色图像中，将其底部遮盖，效果如左图所示。

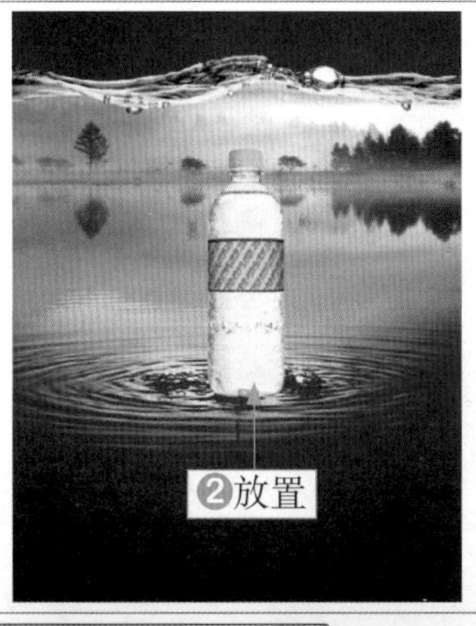

Step 06 添加素材图像 ❶打开“纯净水.psd”素材图像，使用移动工具将其拖曳到当前编辑的图像中。❷适当调整素材图像的大小后，放到水滴图像中间。

知识链接

通常情况下，在制作宣传广告时，都需要将产品本身作为主体元素添加到画面中。

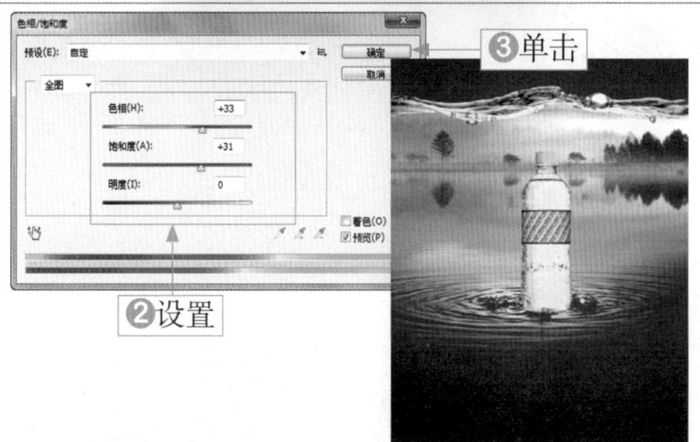

Step 07 调整图像色调 ❶选择“图像”|“调整”|“色相/饱和度”菜单命令，打开“色相/饱和度”对话框。❷设置“色相”为33、“饱和度”为31、“明度”为0。❸单击“确定”按钮，得到调整色彩后的图像效果。

Step 08 复制图像 ❶按【Ctrl+J】组合键两次，复制出两幅纯净水图像。❷分别调整其大小，放到原有纯净水图像的两侧，如左图所示。

知识链接

调整纯净水图像的大小可以增强画面透视感。

Step 09 添加素材图像 ❶打开“飞溅.psd”素材图像，使用移动工具将其拖曳到当前编辑的图像中。❷适当调整素材图像的大小，放到纯净水图像中。

知识链接

在设计中，遮盖住部分图像，可以更好地表达广告效果。

Step 10 添加图层蒙版 ❶在"图层"面板中设置当前图层的不透明度为87%。❷单击"图层"面板底部的"添加图层蒙版"按钮，为当前图层添加蒙版。❸使用画笔工具对飞溅的水花图像底部进行涂抹，让图像与水面自然融合。

Step 11 复制图像 ❶复制3次飞溅的水花图像，分别调整其大小，放到纯净水图像周围。❷参照前面的方法，再分别调整每个飞溅水花图像的蒙版程度和不透明度参数。

7.4.2 制作文字特效

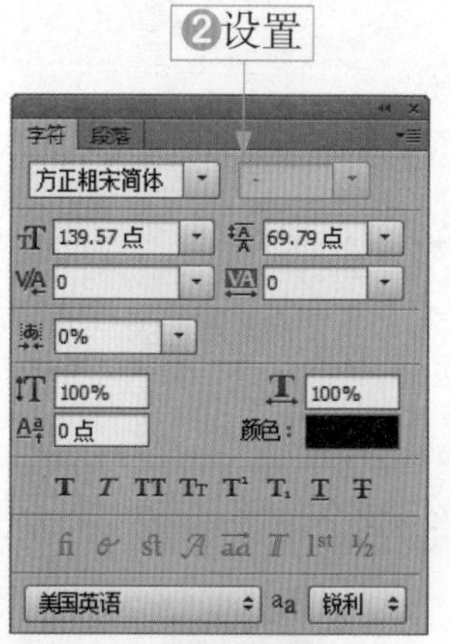

Step 01 输入文字 ❶选择横排文字工具，在图像中分别输入单个文字"纯净水"。❷选择"窗口"|"字符"菜单命令，打开"字符"面板，设置字体为方正粗宋简体、颜色为黑色。

Step 02 调整文字 ❶分别选择每一个文字，按【Ctrl+T】组合键适当旋转文字。❷再分别选择每一个文字图层，选择"文字"|"栅格化文字图层"菜单命令，将文字图层转换为普通图层。

Step 03 渐变填充图像 ①选择"纯"图层，按住【Ctrl】键单击该图层，载入图像选区。②使用渐变工具在选区中从左下方向右上方应用线性渐变填充，设置颜色从蓝色（R0，G161，B196）到青色（R69，G23，B121）。

Step 04 填充第二个文字图像 ①选择"净"图层，载入该图像选区。②使用渐变工具在选区中应用相同的线性渐变填充，效果如左图所示。

Step 05 绘制路径图形 ①使用钢笔工具沿"水"字绘制出一个如左图所示的造型。②单击"水"图层前面的眼睛图标，将该图层隐藏。

Step 06 渐变填充图像 ①按【Ctrl+Enter】组合键将路径转换为选区。②新建一个图层，使用渐变工具对选区应用线性渐变填充，设置颜色从蓝色（R0，G161，B196）到青色（R69，G23，B121）。

知识链接

在设计文字时可以为其应用一些特殊效果，让文字看起来更富有变化。

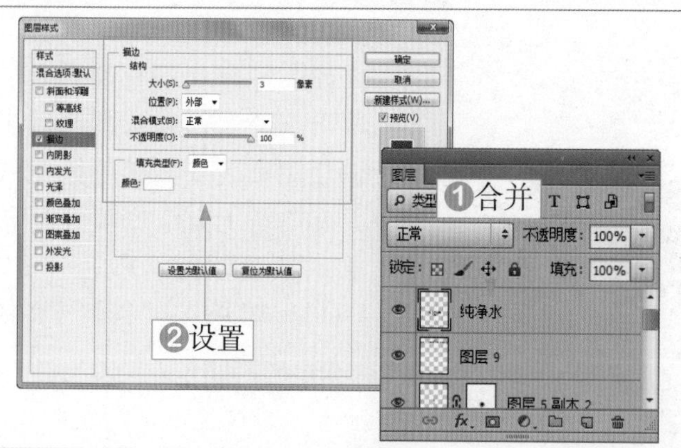

Step 07 添加描边 ❶按住【Ctrl】键选择三个可见文字图层，按【Ctrl+E】组合键合并图层。❷选择“图层”|“图层样式”|“描边”菜单命令，打开“图层样式”对话框，设置描边颜色为白色，其他参数设置如左图所示。

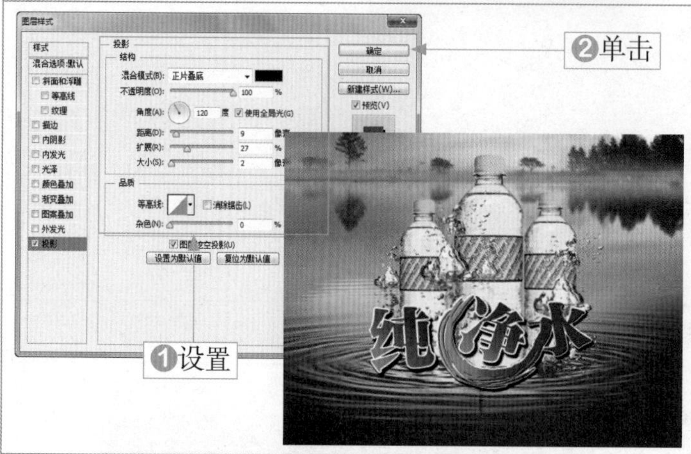

Step 08 添加投影 ❶选择“投影”选项，设置投影颜色为黑色、“混合模式”为“正片叠底”、“距离”为9、“扩展”为27、“大小”为2。❷单击“确定”按钮，得到添加图层样式后的文字效果。

Step 09 绘制图像 ❶新建一个图层，使用椭圆选框工具绘制一个圆形选区。❷选择画笔工具，设置前景色为白色，在选区中绘制出月牙图像。

Step 10 复制图像 ❶复制多个圆形图像，分别调整为不同的大小，参照左图所示的样式排列图像。

知识链接

绘制多个水泡图像，能够为画面营造出水雾、浪漫的气息。

Step 11 输入文字 ❶选择横排文字工具，在图像中输入文字“纯至天然，感受自然”。❷在属性栏中设置字体为方正粗宋简体、颜色为深蓝色（R25，G53，B108）。

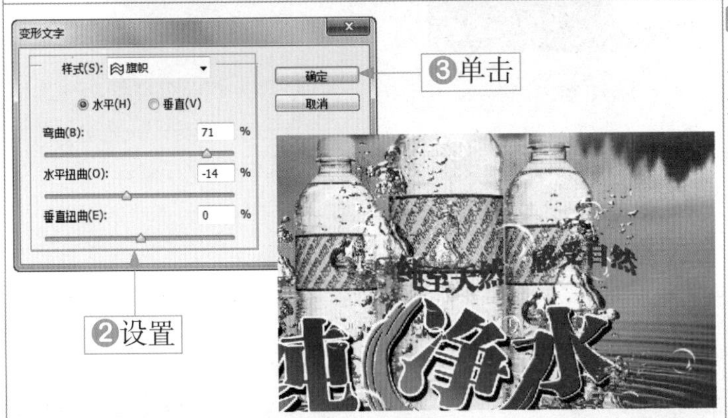

Step 12 变形文字 ❶单击文字工具属性栏中的“创建文字变形”按钮，打开“变形文字”对话框。❷设置“样式”为“旗帜”，再选中“水平”单选按钮，设置“弯曲”为71%、“水平扭曲”为-14%、“垂直扭曲”为0%。❸单击“确定”按钮，得到变形文字效果。

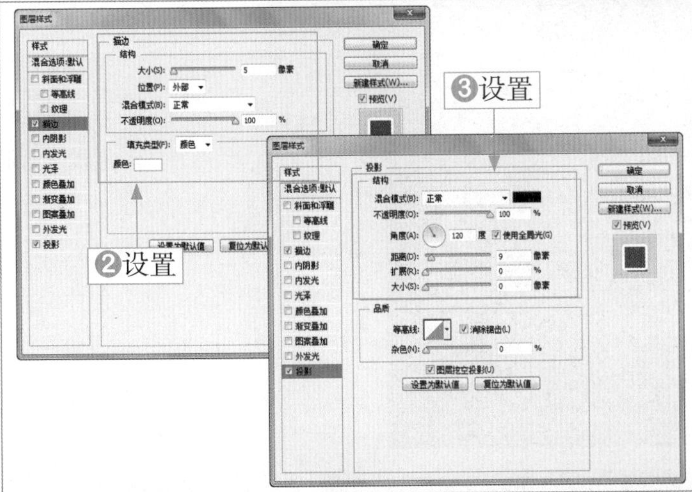

Step 13 设置图层样式 ❶选择“图层”|“图层样式”|“描边”菜单命令，打开“图层样式”对话框。❷设置描边“大小”为5、颜色为白色、“位置”为“外部”。❸选择“投影”选项，设置投影颜色为黑色、“距离”为9像素、“扩展”和“大小”都为0。

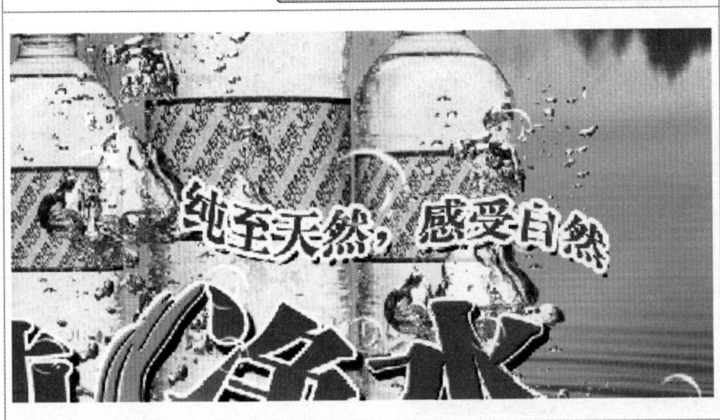

Step 14 文字效果 ❶单击“确定”按钮。❷得到添加图层样式后的文字效果，如左图所示。

Step 15 输入文字 ❶选择横排文字工具，在矿泉水图像下方输入文字“有责任 才更信任！”。❷在属性栏中设置字体为华文行楷、颜色为橘黄色（R239，G192，B51），再适当调整文字大小。

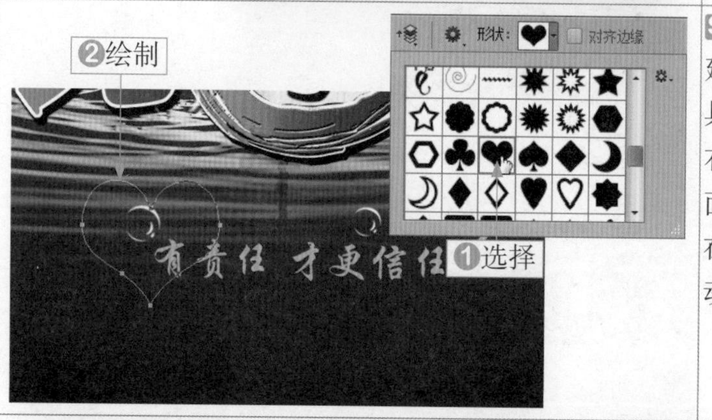

Step 16 绘制心形图形 ❶新建一个图层，选择自定形状工具，在属性栏中单击“形状”右侧的三角形按钮，在弹出的面板中选择“红心形卡”。❷在文字左侧按住鼠标左键并拖动，绘制出心形。

Step 17 变换选区 ❶按【Ctrl+Enter】组合键将路径转换为选区，填充为橘黄色（R239，G192，B51）。❷选择“选择”|“变换选区”菜单命令，适当缩小选区，并移动位置。

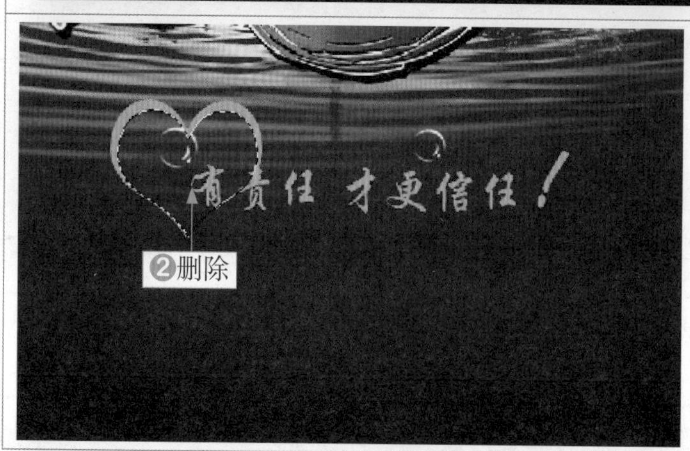

Step 18 删除选区中的图像 ❶按【Enter】键确定选区的变换。❷再按下【Delete】键删除选区中的图像，得到心形的边缘部分，效果如左图所示。

Step 19 变换图像　按【Ctrl+T】组合键适当旋转图像，并缩小图像，放到如左图所示的位置。

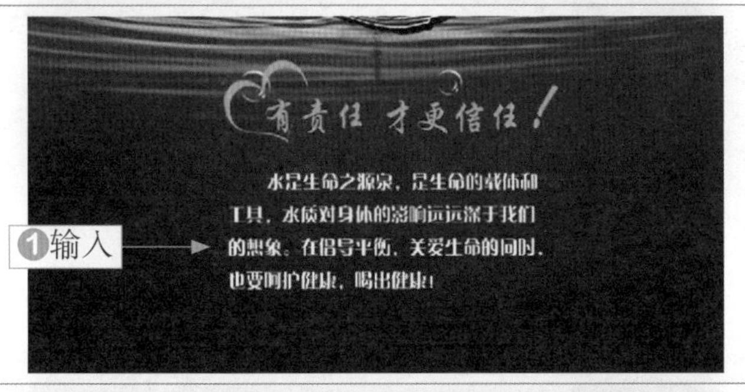

Step 20 输入文字 ❶选择横排文字工具，在图像下方输入一段说明性文字。❷在属性栏中设置字体为方正粗倩简体、颜色为白色，如左图所示。

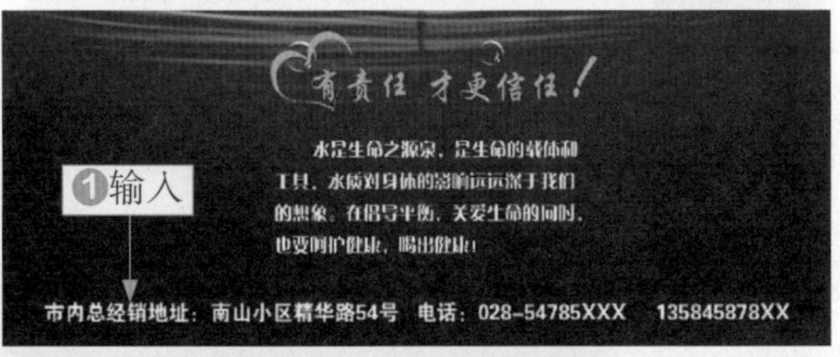

Step 21 输入文字 ❶在图像最底部再输入地址和电话等文字信息。❷在属性栏中设置字体为黑体、颜色为白色，适当调整文字大小，如左图所示。

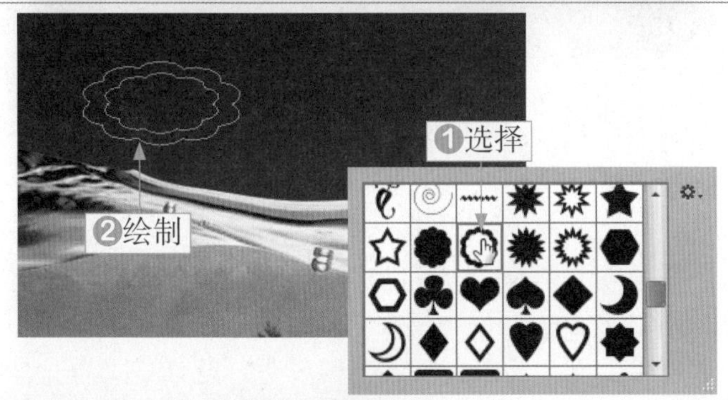

Step 22 绘制图形 ❶下面来制作产品商标图像。选择自定形状工具，单击属性栏中“形状”右侧的三角形按钮，在弹出的面板中选择“花1边框”。❷在图像左上方绘制出圆形边框图形。

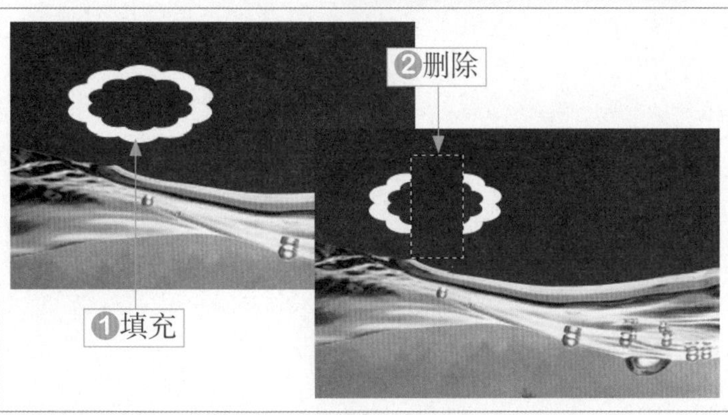

Step 23 填充并删除图像 ❶按【Ctrl+Enter】组合键将路径转换为选区，然后新建一个图层，填充选区为白色。❷选择矩形选框工具在图像中绘制一个矩形选区，按【Delete】键删除选区中的图像。

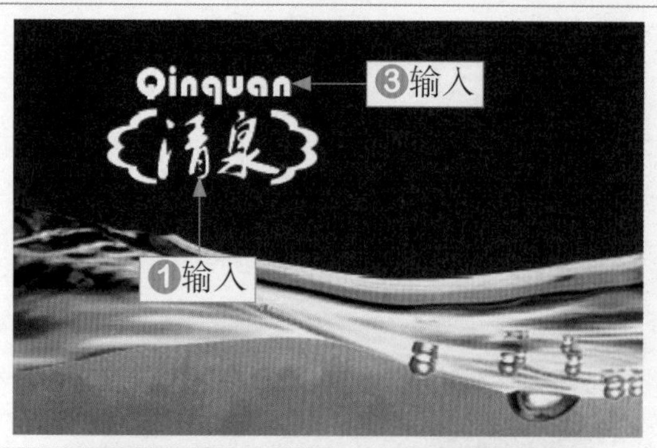	Step 24 输入文字 ❶适当缩小图像，使用横排文字工具在图像中输入文字“清泉”。❷在属性栏中设置字体为叶根友毛笔行书、颜色为白色。❸在中文上方再输入一行英文文字，设置字体为Bauhaus 93、颜色为白色。
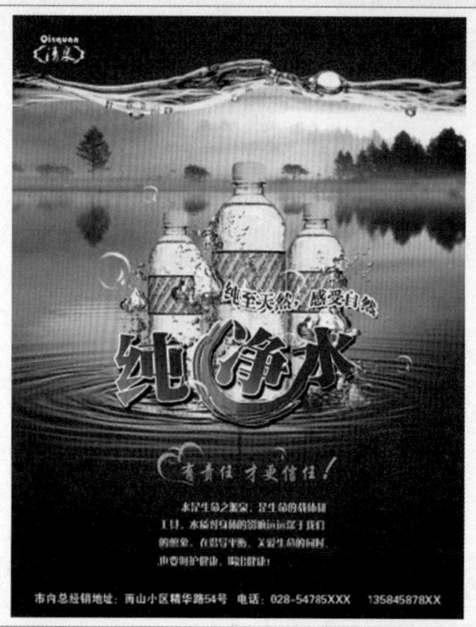	Step 25 显示所有图像 ❶双击工具箱中的抓手工具，显示所有图像。❷至此，即可完成本实例的制作，其最终效果如左图所示。 **知识链接** 选择工具箱中的抓手工具后，可以在图像中单击鼠标右键，在弹出的菜单中选择查看图像的“实际像素”或“打印尺寸”效果。

7.5 Photoshop技术库

在本章案例的制作过程中，运用到了图层混合模式和图层样式，使用图层混合模式和图层样式可以制作出许多丰富的图像效果，并为图像增加层次感、透明感和立体感。下面将针对这两种功能的应用进行重点介绍。

7.5.1 应用图层混合模式

当用户在使用Photoshop进行图像合成时，图层混合模式是使用最为频繁的技术之一，它是用来设置图层中的图像与下面图层中的图像像素进行混合的方法，设置不同的混合模式，所产生的效果也会不同。在Photoshop CS6中提供了多种图层混合模式，在混合图层之前，用户应先对以下的颜色概念进行了解。

- 基色：即图像中原稿的颜色。
- 混合色：即通过绘画和填充应用的颜色。
- 结果色：即混合后得到的颜色。

Photoshop CS6提供了20多种图层混合模式，它们全部位于“图层”面板左上角的“正常”下拉列表中。为图像设置混合模式非常简单，只需将各个图层排列好，然后选择要设置混合模式的图层，并为其选择一种混合模式即可。下面将介绍Photoshop CS6中常用的几种混合模式的含义。

1. “正常”模式

这是系统的默认模式，选中该模式时，绘图工具使用前景色完全代替原图像。当透明度设置为100%时，该模式将显示当前图层，且不受其他图层的影响；而当透明度的设置小于100%时，当前图层所有像素点的颜色都将受到其他图层的影响，如左下图所示。

2. “溶解”模式

“溶解”模式能编辑或绘制每个像素，使其成为结果色，但是根据任何像素位置的不透明度，结果色由基色或混合色的像素随机替换，如右下图所示。

“正常”模式

“溶解”模式

3. “变亮”模式

该模式与“变暗”模式作用相反，它将查看每个通道中的颜色信息，并选择基色或混合色中较亮的颜色作为结果色。比混合色暗的像素被替换，比混合色亮的像素将保持不变，如左下图所示。

4. “滤色”模式

该模式将上面图层与下面图层中相对应的较亮颜色进行合成，从而生成一种漂白增亮的效果，如右下图所示。

“变亮”模式

“滤色”模式

5. “叠加”模式

该模式根据下层图层的颜色，与上面图层中相对应的颜色进行相乘或覆盖，产生变亮或变暗的效果，如左下图所示。

6. “柔光”模式

该模式根据下面图层中颜色的灰度值与上面图层中相对应的颜色进行处理，高亮度的区域更亮，暗部区域更暗，从而产生一种柔和光线照射的效果，如右下图所示。

“叠加”模式

“柔光”模式

7. “强光”模式

该模式与“柔光”模式类似，也是将下面图层中的灰度值与上面图层中相对应的颜色进行处理，所不同的是，产生的效果就像一束强光照射在图像上一样，如左下图所示。

8. “亮光”模式

该模式通过增加或减小上下图层中颜色的对比度来加深或减淡颜色，具体取决于混合色。如果混合色比50%灰色亮，则通过减小对比度使图像变亮；如果混合色比50%灰色暗，则通过增加对比度使图像变暗，如右下图所示。

“强光”模式

“亮光”模式

9. “线性光”模式

该方式将通过减小或增加上下图层中颜色的亮度来加深或减淡颜色，具体取决于混合色。如果混合色比50%灰色亮，则通过增加亮度使图像变亮；如果混合色比50%灰色暗，则通过减小亮度使图像变暗，如左下图所示。

10. “点光”模式

该模式与“线性光”模式相似，是根据上面图层与下面图层的混合色来决定替换部分较暗或较亮像素的颜色，如右下图所示。

“线性光”模式

“点光”模式

7.5.2 设置图层的不透明度

通过设置图层的不透明度可以使图层产生透明或半透明效果。在“图层”面板右上方的“不透明度”数值框中可以输入数值来进行设置，范围是0%～100%。

要设置某图层的不透明度，应先在“图层”面板中选择该图层，当图层的不透明度小于100%时，将显示该图层下面的图像，不透明度值越小，就越透明；当不透明度值为0%时，该图层将不会显示，完全显示其下面图层的内容。

下图所示为具有两个图层的图像，背景图层为绿叶图像，其上为一个文字图层，将文字图层的不透明度分别设置为60%和20%时，该图层与背景图层叠加后的效果分别如左下图和右下图所示。

不透明度为60%

不透明度为20%

7.5.3 设置图层样式

Photoshop CS6提供了多种图层样式，用户可以应用其中一种或多种样式，使用它们只需简单设置几个参数就可以轻易地制作出投影、外发光、内发光、浮雕、描边等效果。下面分别介绍几种常用的图层样式，包括混合选项、投影、斜面和浮雕、内外发光、描边等。

1. 混合选项

混合选项是图层样式的默认选项，选择“图层”|“图层样式”|“混合选项”菜单命令或者单击“图层”面板底部的“添加图层样式”按钮 fx，即可打开“图层样式”对话框，如下图所示。在该对话框中可以调节整个图层的不透明度与混合模式参数，其中有些设置可以直接在“图层”面板上调节。

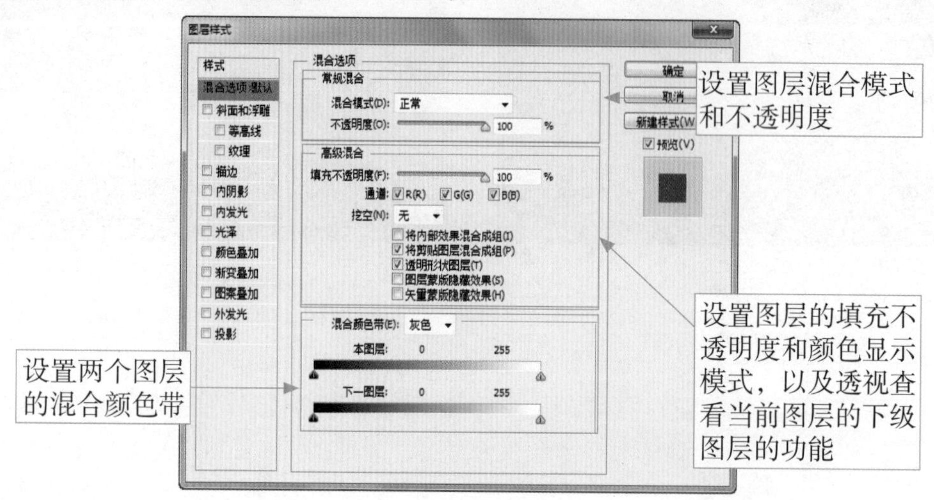

混合选项设置界面

经验分享

在“图层”面板中双击普通图层，即可打开“图层样式”对话框，默认进入到混合选项设置界面。但双击背景图层不会打开“图层样式”对话框。

2. 投影

投影样式用于模拟物体受光后产生的投影效果，可以为图像增加层次感，如左下图所示。选择“图层”|“图层样式”|“投影”菜单命令，打开“图层样式”对话框，其具体参数如右下图所示，该对话框中各选项的含义如下。

文字投影效果

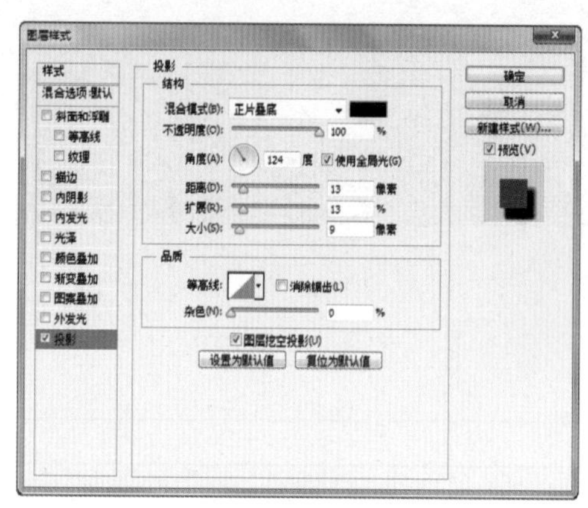

投影参数控制区

❀ 混合模式：用来设置投影图像与原图像间的混合模式。单击后面的小三角按钮，可在弹出的菜单中选择不同的混合模式，通常默认模式产生的效果最理想。其右侧的颜色块用来控制投影的颜色，单击它可在打开的“选择阴影颜色”对话框中设置另一种颜色，系统默认为黑色。

❀ 不透明度：用来设置投影的不透明度。

❀ 角度：用来设置光照的方向，投影在该方向的对面出现。

❀ ☑使用全局光(G)：选中该复选框，图像中所有图层效果使用相同光线照入角度。

❀ 距离：用来设置投影与原图像间的距离，值越大，距离越远。

❀ 扩展：用来设置投影的扩散程度，值越大扩散越多。

❀ 大小：用来设置投影的模糊程度，值越大越模糊。

❀ 等高线：用来设置投影的轮廓形状。

❀ ☑消除锯齿(L)：用来消除投影边缘的锯齿。

❀ 杂色：用于设置是否使用噪声点来对投影进行填充。

在参数设置过程中可以在图像窗口中预览投影的效果，最后单击“确定”按钮即可。

3. 内阴影

内阴影图层样式的参数设置与投影图层样式的参数设置基本相同，选择“图层”|“图层样式”|“内阴影”菜单命令，为图像应用内阴影效果如左下图所示，其对应的具体参数如右下图所示。

文字内阴影效果

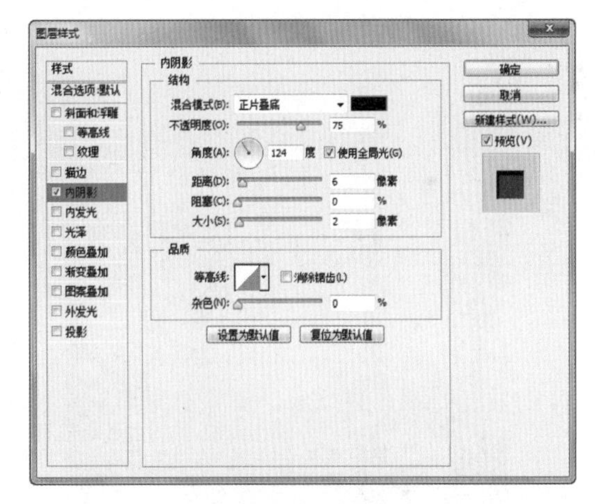

内阴影参数控制区

知识链接

用户也可以通过菜单命令来选择图层样式，选择“图层”|“图层样式”菜单命令，然后在弹出的子菜单中选择相应的图层样式命令即可。

4. 外发光

外发光图层样式就是沿图像边缘向外产生发光效果，如左下图所示。选择“图层”|“图层样式”|“外发光”菜单命令，打开“图层样式”对话框的外发光参数控制区，如右下图所示，其中各选项的含义如下。

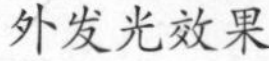
外发光效果

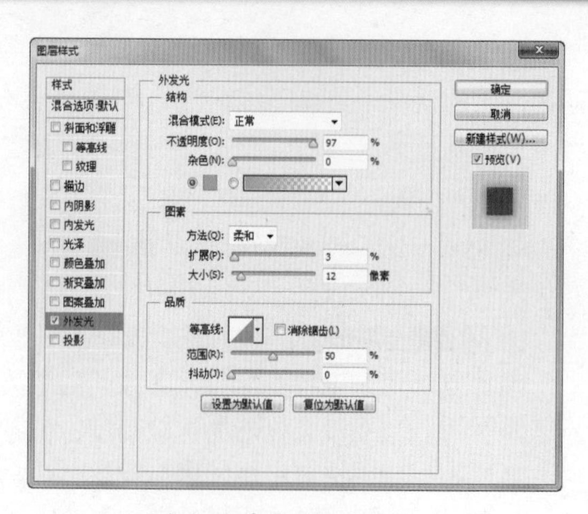

外发光参数控制区

❀ ◉ 单选按钮：选中该单选按钮，则使用单一的颜色作为发光效果的颜色，单击其中的色块，在打开的“拾色器”对话框中可以选择其他颜色。

❀ ◉ 单选按钮：选中该单选按钮，则使用一个渐变颜色作为发光效果的颜色，单击按钮，可在弹出的下拉列表框中选择其他渐变色作为发光颜色。

❀ 方法：用于设置对外发光效果应用的柔和技术，可以选择“柔和”或“精确”选项。

❀ 范围：用于设置外发光效果的轮廓范围。

❀ 抖动：改变渐变颜色和不透明度的应用。

5. 内发光

内发光与外发光样式刚好相反，它是沿图像边缘向内产生发光效果，如左下图所示。选择“图层”|“图层样式”|“内发光”菜单命令，打开“图层样式”对话框，其中的内发光参数控制区如右下图所示。

内发光效果

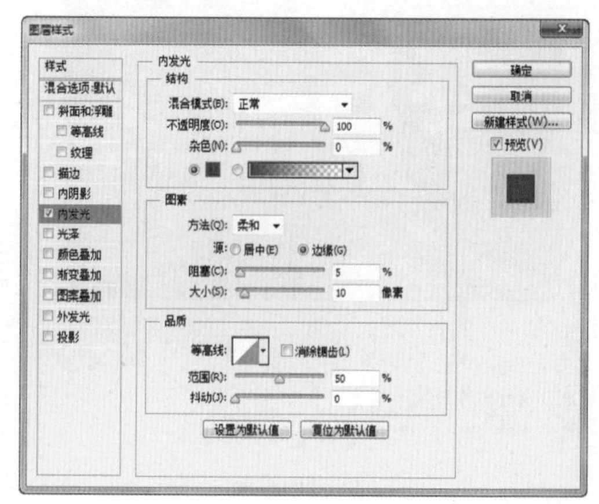

内发光参数控制区

6. 斜面和浮雕

斜面和浮雕图层样式可以为图层中的图像产生凸出和凹陷的斜面和浮雕效果，还可以添加不同组合方式的高光和阴影，如左下图所示。选择“图层”|“图层样式”|“斜面和浮雕”菜单命令，打开“图层样式”对话框，如右下图所示，其中各选项的含义如下。

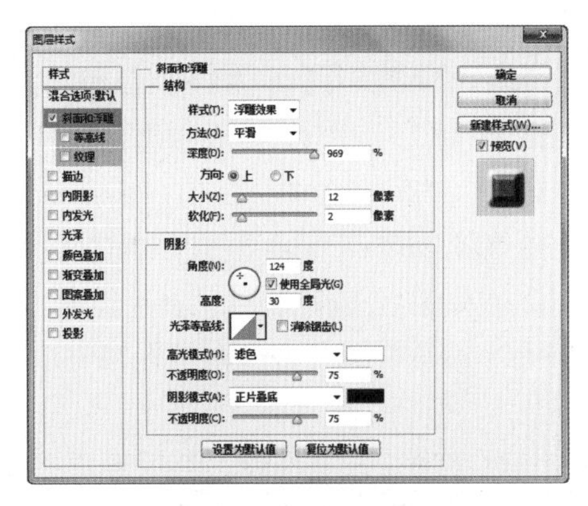

内斜面效果　　　　斜面和浮雕参数控制区

❁ 样式：用于设置斜面和浮雕的样式，其中包括“内斜面”、“外斜面”、“浮雕效果”、“枕状浮雕”和“描边浮雕”5个选项。“内斜面”可在图层内容的内边缘上创建斜面的效果；“外斜面”可在图层内容的外边缘上创建斜面的效果；“浮雕效果”可使图层内容相对于下层图层呈现浮雕状的效果；“枕状浮雕”可产生将图层边缘压入下层图层中的效果；“描边浮雕”可将浮雕效果仅应用于图层的边界。

❁ 方法：“平滑”表示将生成平滑的浮雕效果，“雕刻清晰”表示将生成一种线条较生硬的雕刻效果，“雕刻柔和”表示将生成一种线条柔和的雕刻效果。

❁ 深度：用于控制斜面和浮雕的效果深浅程度，取值范围在1%～1000%之间。

❁ 方向：选中⊙上，表示高光区在上，阴影区在下；选中⊙下则相反。

❁ 高度：用于设置光源的高度。

❁ 高光模式：用于设置高光区域的混合模式。单击右侧的颜色块可设置高光区域的颜色，下侧的“不透明度”数值框用于设置高光区域的不透明度。

❁ 阴影模式：用于设置阴影区域的混合模式。单击右侧的颜色块可设置阴影区域的颜色，下侧的“不透明度”数值框用于设置阴影区域的不透明度。

7. 描边

描边样式是指使用颜色、渐变色或图案为图像制作轮廓效果，适用于处理边缘效果清晰的形状。描边样式与使用“描边”命令描边图像边缘或选区边缘一样，其参数控制区如左下图所示，使用默认颜色描边图像后的效果如右下图所示。

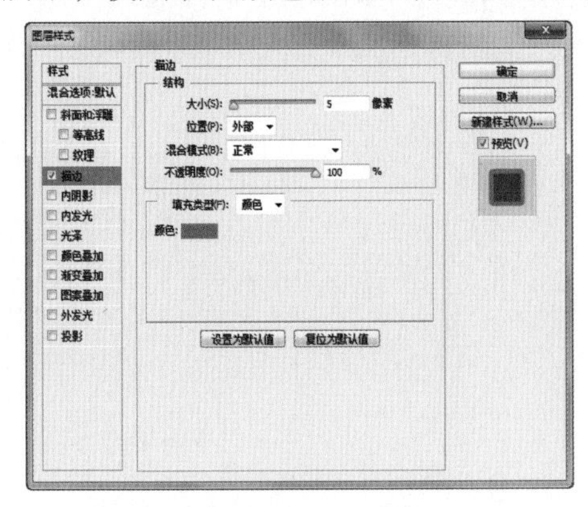

描边参数控制区　　　　图像描边效果

7.6 设计理论深化

通过本章的学习，为了提升读者的设计理念，掌握更多的设计理论知识，为以后的设计工作提供理论指导和参考，做到有的放矢，需要理解和熟悉以下知识内容。

对于全国数以百万计中小型零售店主来讲，如何选择一种既不能太贵，也不能太麻烦，而且要有效果的促销方法，是一个共同面临的难题。其实，对于他们而言，店内卖场张贴海报是一种最有效及最经济的促销方法。事实上，很多店主早就尝试用海报来促销自己的商品。

海报招贴张贴于公共场所，会受到周围环境和各种因素的干扰，所以必须以大画面及突出的形象和色彩展现在人们面前。下图所示是夜总会招贴和舞厅海报设计，在画面中使用光束的视觉效果，十分冲击人们的视觉感受，让人产生一种很炫的感觉。

宣传招贴

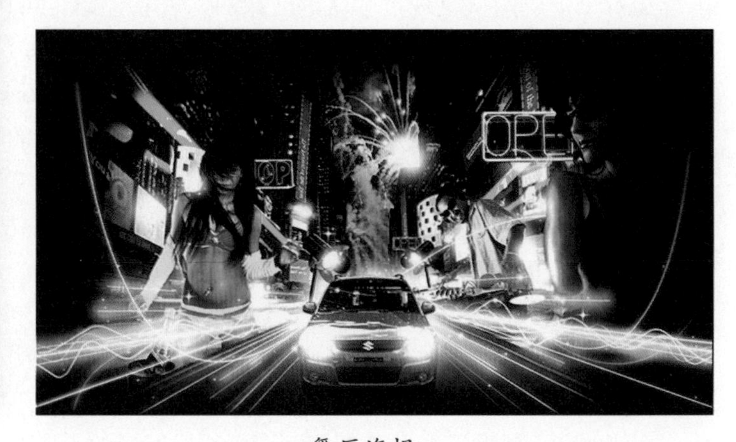

舞厅海报

就海报的整体而言，它包括商业海报和非商业海报两大类。其中，商业海报的表现形式以具有艺术表现力的摄影、造型写实的绘画或漫画为主，给消费者留下真实感人的画面和幽默诙谐的感受。

非商业海报内容广泛、形式多样，艺术表现力丰富。特别是文化艺术类的海报画，根据广告主题可以充分发挥想象力，尽情施展艺术手段。许多追求形式美的画家都积极投身到海报画的设计中，并且在设计中充分发挥自己的绘画语言，设计出风格各异、形式多样的海报。

Chapter 第08章

精美封面设计

课前导读

封面设计的成败取决于设计定位，即要做好前期的客户沟通，具体内容包括：封面设计的风格定位、企业文化及产品特点分析、行业特点定位、画册操作流程、客户的观点等，这些都可能影响封面设计的风格。所以，好的封面设计一半来自于前期的沟通，这样才能体现客户的消费需要，为客户带来更大的销售业绩。本章将介绍封面设计的基础理论，并结合现代经典案例对封面设计与制作的方法进行详细讲解。

本章学习要点

- 书籍封面设计基础
- 书籍封面设计
- 图书立体效果

精彩效果赏析

8.1 书籍封面设计基础

在进行书籍封面设计创作之前，本节将先介绍一下封面设计的基础知识，包括封面的构思设计和创意理论。

8.1.1 封面的构思设计

封面设计首先应确立表现的形式是要为书的内容服务的形式，是用感人、形象、易被视觉接受的表现形式，所以封面的构思就显得十分重要，要充分弄通书稿的内涵、风格、体裁等，做到构思新颖、切题，有感染力。如下图所示的封面，在设计上充满了艺术风格。

插画封面设计

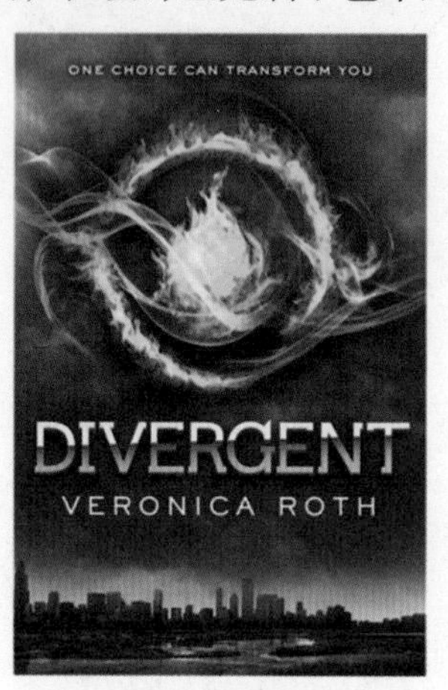

国外书籍封面

构思的过程与方法可以有以下几种：

1. 想象

想象是构思的基点，想象以造型的知觉为中心，能产生明确的有意味形象。我们所说的灵感，也就是知识与想象的积累与结晶，它对设计构思是一个开窍的源泉。

2. 舍弃

构思的过程往往“叠加容易，舍弃难”，构思时往往想得很多，堆砌得很多，对多余的细节爱不忍弃。张光宇先生说“多做减法，少做加法”，就是真切的经验之谈。对不重要的、可有可无的形象与细节，坚决忍痛割爱。

3. 象征

象征性的手法是艺术表现最得力的语言，可用具体形象来表达抽象的概念或意境，也可用抽象的形象来意喻表达具体的事物，这都能为人们所接受。

4. 探索创新

流行的形式、常用的手法、俗套的语言要尽可能避开不用；熟悉的构思方法、常见的构图、习惯性的技巧，都是创新构思表现的大敌。构思要新颖，就需要不落俗套、标新立异，要有创新的构思，就必须有孜孜不倦的探索精神。

8.1.2 封面的文字设计

封面文字中除书名外，均选用印刷字体，所以这里主要介绍书名的字体。常用于书名的字体分三大类：书法体、美术体和印刷体。

1. 书法体

书法体笔划间追求无穷的变化，具有强烈的艺术感染力、鲜明的民族特色以及独到的个性，且字迹多出自社会名流之手，具有名人效应，受到广泛的喜爱。如《求实》、《娃娃画报》等书刊均采用书法体作为书名字体。

2. 美术体

美术体又可分为规则美术体和不规则美术体两种。前者作为美术体的主流，强调外形的规整、点线变化统一，具有便于阅读、便于设计的特点，但较呆板。不规则美术体则在这方面有所不同，它强调自由变形，无论从点线处理或字体外形均追求不规则的变化，具有变化丰富、个性突出、设计空间充分、适应性强、富有装饰性的特点。不规则美术体与规则美术体及书法体比较，它既具有个性又具有适应性，所以许多书刊均选用这类字体。

3. 印刷体

印刷体沿用了规则美术体的特点，早期的印刷体较呆板、僵硬，现在的印刷体在这方面有所突破，吸纳了不规则美术体的变化规则，大大丰富了印刷体的表现力，而且借助电脑使印刷体处理方法上既便捷又丰富，弥补了其个性上的不足，如《译林》、《TIME》等刊物均采用印刷体作为书名字体。下图所示为两个封面设计，都采用了印刷体文字。

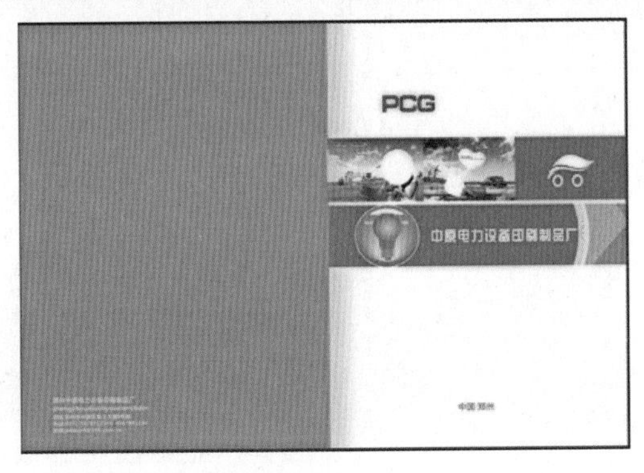

公司画册封面设计

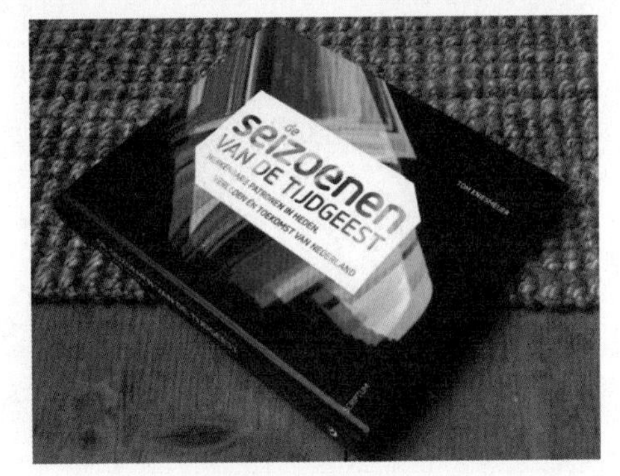

国外书籍封面设计

8.1.3 封面的图片设计

封面的图片以其直观、明确、视觉冲击力强、易与读者产生共鸣的特点，成为设计要素中的重要部分。图片的内容丰富多彩，最常见的是人物、动物、植物、自然风光，以及一切人类活动的产物。

图片是书籍封面设计的重要环节，它往往在画面中占很大面积，成为视觉中心，所以图片设计尤为重要。一般青年杂志、女性杂志均为休闲类书刊，它的标准是大众审美，通常选择当红影视歌星、模特的图片做封面；科普刊物选图的标准是知识性，常选用与大自然有关的、先进科技成果的图片；而体育杂志则选择体坛名将及竞技场面图片；新闻杂志选择新闻人物和有关场面，它的标准既不是年青美貌，也不是科学知识，而是新闻价值；摄影、美术刊物的封面选择优秀摄影和艺术作品，它的标准是艺术价值。

8.1.4 封面的色彩设计

封面的色彩处理是设计的重要一关，得体的色彩表现和艺术处理，能在读者的视觉中产生夺目的效果。色彩的运用要考虑内容的需要，用不同色彩对比的效果来表达不同的内容和思想。在对比中求统一协调，以间色互相配置为宜，使对比色统一于协调之中。书名的色彩运用在封面上要有一定的分量，纯度如不够，就不能产生显著夺目的效果。另外，除了绘画色彩用于封面外，还可用装饰性的色彩表现。

一般来说，设计幼儿刊物的色彩，要针对幼儿娇嫩、单纯、天真和可爱的特点，色调往往处理成高调，减弱各种对比的力度，强调柔和的感觉；女性书刊的色调可以根据女性的特征，选择温柔、妩媚、典雅的色彩系列；体育杂志的色彩则强调刺激、对比，追求色彩的冲击力；而艺术类杂志的色彩就要求具有丰富的内涵，要有深度，切忌轻浮、媚俗；科普书刊的色彩可以强调神秘感；时装杂志的色彩要新潮，富有个性；专业性学术杂志的色彩要端庄、严肃、高雅，体现权威感，不宜强调高纯度的色相对比。

8.2 书籍封面设计

案例效果

源文件路径：
光盘\源文件\第8章

素材路径：
光盘\素材\第8章

教学视频路径：
光盘\视频教学\第8章

制作时间：
35分钟

设计与制作思路

本实例制作的是一个以儿童教育为主的书籍装帧设计，包括书籍的封面、封底和书脊设计。在封面素材图像的选择上，特意选择了一个具有代表性的小男孩形象，并配以向日葵、草地和小树苗等图像，寓意儿童像朝阳一样茁壮成长，与书名能够起到呼应的作用。

在颜色方面，以蓝色为主色调，让封面整体设计更加明朗化，更能吸引人们的目光。

8.2.1 绘制封面与封底背景

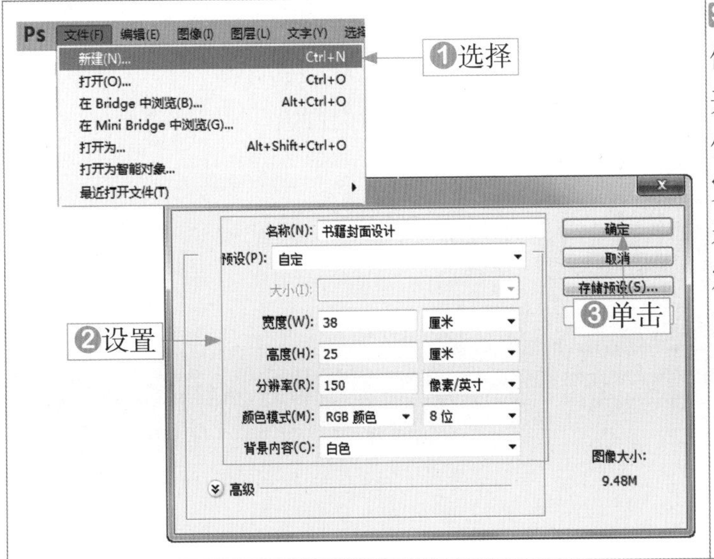

Step 01 新建文件❶选择“文件”|“新建”菜单命令，打开“新建”对话框。❷设置文件名称为“书籍封面设计”、宽度为38厘米、高度为25厘米、分辨率为150。❸单击“确定”按钮，即可得到新建的空白图像文件。

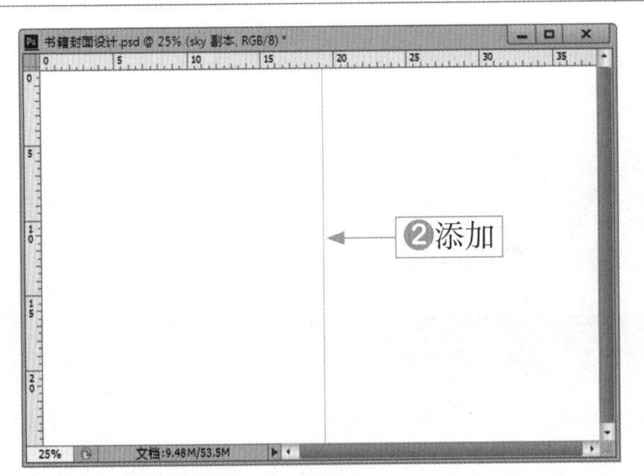

Step 02 添加参考线❶按【Ctrl+R】组合键显示标尺。❷选择移动工具，在图像左侧标尺中按住鼠标左键并向右拖动，添加一条参考线。

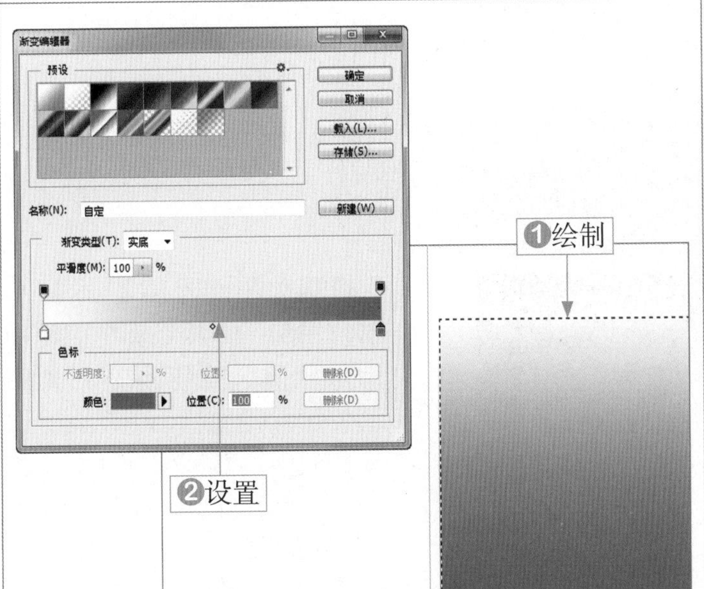

Step 03 绘制渐变矩形❶新建一个图层，使用矩形选框工具在参考线右侧绘制一个矩形选区。❷使用渐变工具对选区进行线性渐变填充，设置颜色从淡蓝色（R243，G251，B254）到天蓝色（R0，G129，B213），在选区中从上到下拖动鼠标，进行渐变填充，效果如左图所示。

	**Step 04** 复制渐变矩形 ❶按【Ctrl+J】组合键复制一次渐变矩形图层。❷使用移动工具将其移动到左侧，放到如左图所示的位置。
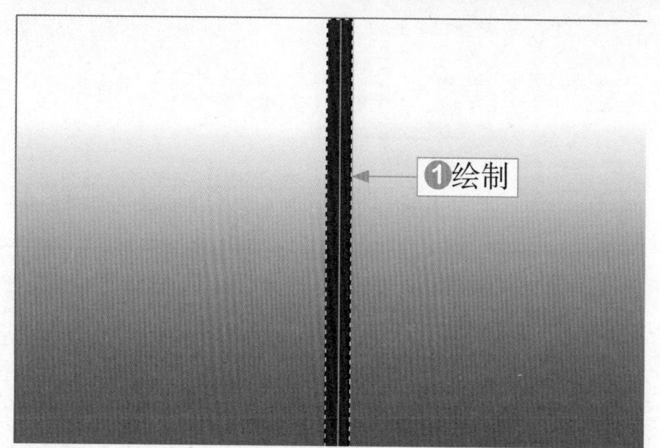	**Step 05** 绘制并填充矩形 ❶新建一个图层，使用矩形选框工具在两个渐变矩形中间绘制一个矩形选区。❷设置前景色为蓝色（R0，G73，B134），按【Alt+Delete】组合键为选区填充颜色。
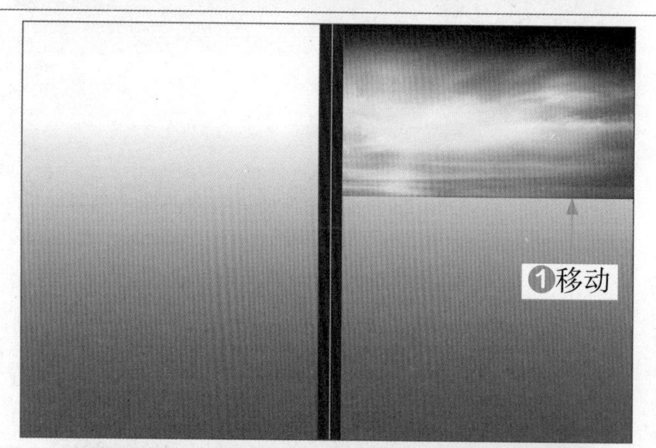	**Step 06** 添加素材图像 ❶打开“天空.jpg”素材图像，使用移动工具将其拖曳到当前编辑的图像中。❷适当调整素材图像的大小，放到封面图像上方，如左图所示。
	**Step 07** 添加图层蒙版 ❶单击“图层”面板底部的“添加图层蒙版”按钮，添加图层蒙版。❷选择画笔工具，在属性栏中设置画笔为“柔边机械”、大小为200像素，在天空图像底部涂抹，使背景图像与天空图像自然地融合起来。

Step 08 绘制淡蓝色矩形 ❶新建一个图层，使用矩形选框工具在封底图像上方绘制一个矩形选区。❷设置前景色为淡蓝色（R102，G172，B207），按【Alt+Delete】组合键填充选区，效果如左图所示。

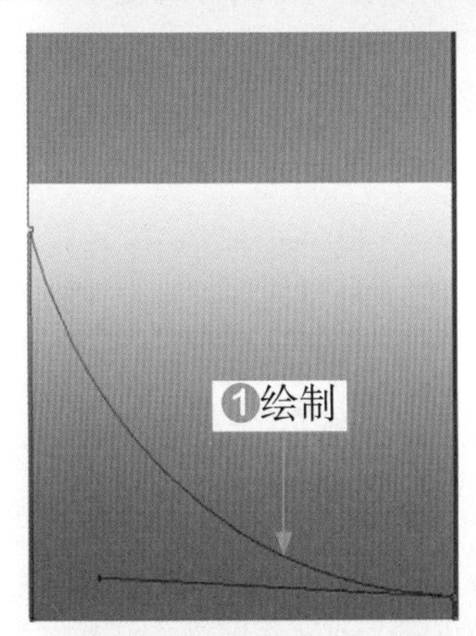

Step 09 绘制白色图像 ❶新建一个图层，使用钢笔工具在封底图像中绘制一个圆弧路径。❷按【Ctrl +Enter】组合键将路径转换为选区，设置前景色为白色，使用画笔工具在选区边缘进行涂抹，得到如左图所示的效果。

Step 10 复制白色图像 ❶复制两次白色图像，适当将图像缩小。❷使用移动工具向图像左下方移动，放到如左图所示的位置。

知识链接

这里制作多个白色透明图像，主要是为了给封面和封底图像添加一些艺术效果。

Step 11 合并和复制图层 ❶选择白色图像所在图层，按【Ctrl+E】组合键合并图层。❷再按【Ctrl+J】组合键复制一个白色透明图像，此时的“图层”面板如左图所示。

Step 12 翻转图像 ❶使用移动工具将复制的图像放到封面图像中。❷选择“编辑”|“变换”|“水平翻转”和“垂直翻转”菜单命令，对图像进行翻转，其效果如左图所示。

8.2.2 添加素材和文字

Step 01 绘制路径 ❶新建一个图层，选择钢笔工具，在封面图像中绘制一个倾斜的圆角矩形。❷按住【Alt+Ctrl】组合键移动复制一个路径，然后按【Ctrl+T】组合键适当缩小复制的路径，效果如左图所示。

Step 02 填充颜色 ❶按【Ctrl+Enter】组合键将路径转换为选区，填充为蓝色（R102，G203，B231）。❷使用加深工具对图像选区下方进行涂抹，加深图像颜色，效果如左图所示。

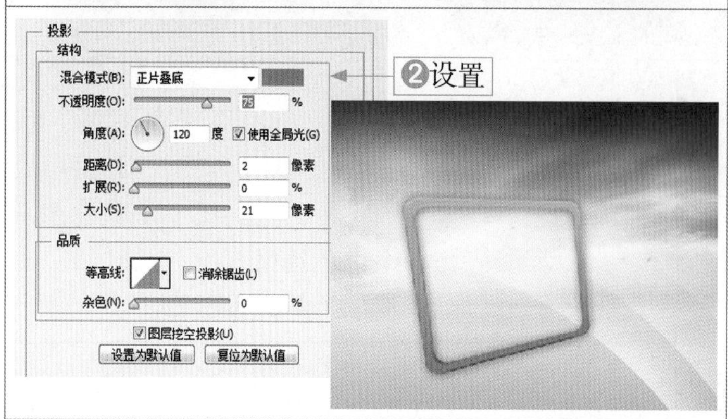

Step 03 设置投影效果 ❶选择“图层”|“图层样式”|“投影”菜单命令，打开“图层样式”对话框。❷设置投影颜色为深蓝色（R8，G151，B177），其他参数设置如左图所示，得到方框投影效果。

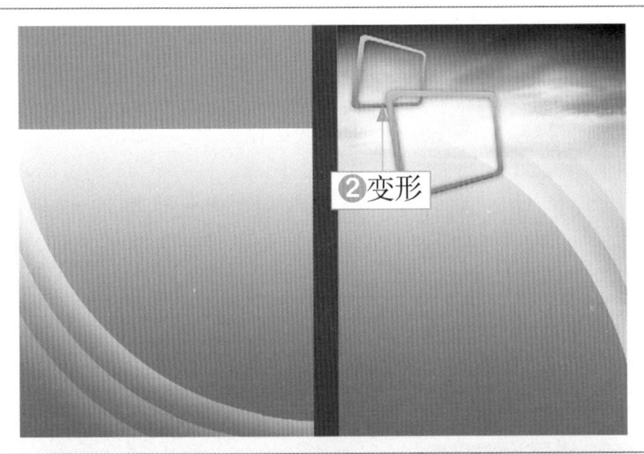	Step 04 复制和调整方框图像❶按【Ctrl+J】组合键复制一次方框图像。❷选择“编辑”|“变换”|“扭曲”菜单命令，此时图像四周出现一个变换控制框，分别调整四个角的控制点，得到如左图所示的图像。
	Step 05 添加素材图像❶打开“多个图像.psd”素材图像，使用移动工具将其拖曳到当前编辑的图像中。❷适当调整素材图像的大小，分别将图像放到如左图所示的位置。
	Step 06 添加素材图像❶打开“向日葵.psd”素材图像，使用移动工具将其拖曳到当前编辑的图像中。❷适当调整素材图像的大小，分别将图像放到封面图像下方。
	Step 07 添加素材图像❶打开“小孩.psd”素材图像，使用移动工具将其拖曳到当前编辑的图像中。❷适当调整素材图像的大小，分别将小孩和白鸽图像放到封面图像对应的位置。

Step 08 设置羽化参数 ①新建一个图层，选择椭圆选框工具，在小孩手部区域绘制一个圆形选区。②在该选区中单击鼠标右键，在弹出的快捷菜单中选择“羽化”选项，打开“羽化选区”对话框，设置参数为20像素。

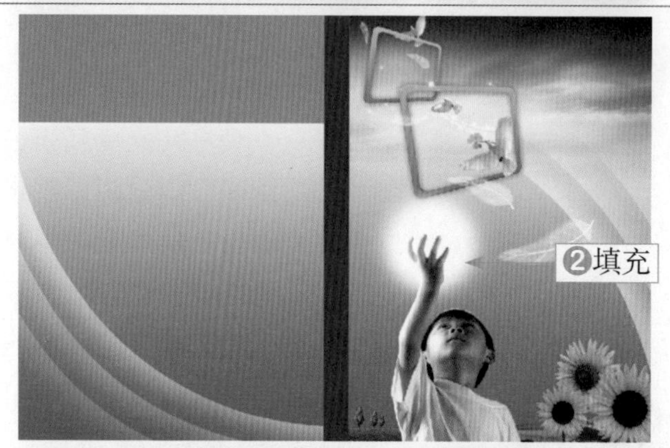

Step 09 填充羽化选区 ①单击“确定”按钮，得到羽化选区。②设置前景色为白色，按【Alt+Delete】组合键填充选区，得到羽化图像效果，如左图所示。

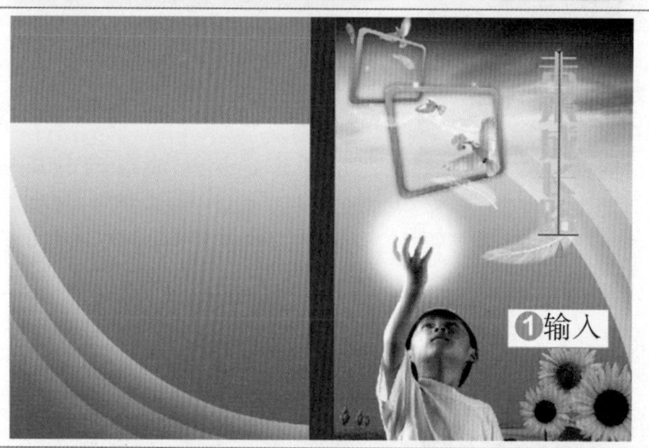

Step 10 输入图书名称 ①选择直排文字工具，在封面图像中输入图书名称为“未来成长路”。②在属性栏中设置文字字体为方正粗倩简体、填充为淡蓝色（R155，G216，B244）。

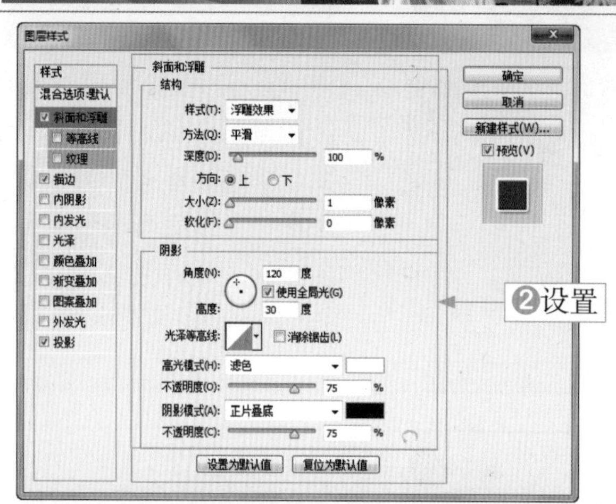

Step 11 设置浮雕效果 ①选择“图层”|“图层样式”|“斜面和浮雕”菜单命令，打开“图层样式”对话框。②设置“样式”为“浮雕效果”，其他参数设置如左图所示。

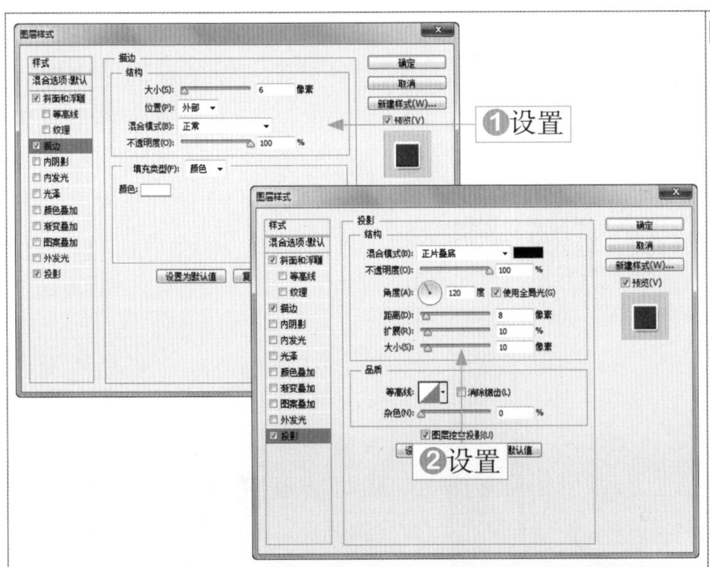

Step 12 设置其他图层样式❶选择“描边”选项，设置描边颜色为白色、“大小”为6像素、“位置”为“外部”。❷选择“投影”选项，设置投影颜色为黑色、“混合模式”为“正片叠底”、“距离”为8像素、“扩展”为10%、“大小”为10像素。

Step 13 文字效果❶单击“确定”按钮。❷得到添加图层样式后的文字效果，如左图所示。

知识链接

在文字上做一些特殊效果，能够让图书名称更加突出，更能吸引人的眼球。

Step 14 输入文字❶选择直排文字工具，在书名左侧输入作者名称，在属性栏中设置字体为方正行楷简体、颜色为黑色。❷选择横排文字工具，在封面图像底部输入出版社名称，并设置字体为黑体、颜色为黑色。

Step 15 添加条形码❶打开“条形码.psd”素材图像。❷使用移动工具将其拖曳到封底图像中，放到图像右下方。

Step 16 输入文字 ❶选择横排文字工具，在条形码上方输入图书定价。❷在属性栏中设置字体为方正美黑简体、颜色为黑色。

Step 17 输入文字 ❶选择横排文字工具，在封底图像上方输入文字。❷在属性栏中设置字体为方正美黑简体、颜色为白色。

Step 18 添加素材图像 ❶打开"飞鸽.psd"素材图像，使用移动工具将其拖曳到当前编辑的图像中。❷适当调整素材图像的大小，放到封底图像上方。

Step 19 输入文字 ❶选择直排文字工具，在中间细长的深蓝色矩形中输入图书名称。❷在属性栏中设置字体为方正粗倩简体、颜色为白色。至此，完成本实例的制作，效果如左图所示。

经验分享

书籍设计要体现设计者和书本身的个性，只有贴近内容的设计才有表现力。脱离了书的自身，设计也就失去了意义。好的设计带给人良好的第一印象，而且还能体现出这本书的实用目的和艺术个性。作为一个合格的书籍设计人员，要尽量多地获取多方面的知识和生活经验，并用新鲜的信息丰富滋养自己的想象力。现在的书籍装帧变得越来越丰富多彩了，让我们大胆创新，使直接设计的书籍装帧走向创意。整个封面是书籍设计中的一小部分，正反和书脊的相互关系有着统一的构思和表现，这种关系处理得成败，同样影响着书籍装帧设计的整体效果。

8.3 图书立体效果

案例效果

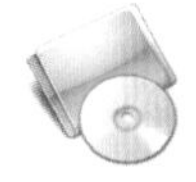

源文件路径：
光盘\源文件\第8章

素材路径：
光盘\素材\第8章

教学视频路径：
光盘\视频教学\第8章

制作时间：
35分钟

设计与制作思路

本实例制作的是一个书籍装帧设计的立体效果。在制作过程中只展示了图书的封面和书脊两部分图像，通过透视变换的方式对图像进行拉伸操作，组合得到立体效果。

得到图书立体造型后，再为图书添加各种投影效果，并添加一幅背景图像作为立体图的背景，让整体设计不至于太单调。

8.3.1 制作立体效果

Step 01 新建文件 ❶新建一个图像文件，设置文件名称为“图书立体效果”、宽度为38厘米、高度为25厘米、分辨率为150。❷打开8.2小节中制作的“书籍封面设计.psd”文件。❸按住【Ctrl】键，选择除背景图层外的所有图层，再按【Ctrl+E】组合键合并所有图层，此时的“图层”面板如左图所示。

Step 02 剪切图层 ❶使用矩形选框工具框选封面图像，按【Shift+Ctrl+J】组合键剪切图层，在“图层”面板中得到图层1。❷继续使用矩形选框工具框选书脊图像，按【Shift+Ctrl+J】组合键剪切图层，在“图层”面板中得到图层2，如左图所示。

Step 03 缩小图像 ❶在“图层”面板中关闭“四川花之洋出版社”图层前面的眼睛图标，隐藏该图层。❷选择图层1和图层2，按【Ctrl+T】组合键适当缩小图像，然后按【Enter】键确定，效果如左图所示。

Step 04 透视变换封面图像 ❶选择图层1，按【Ctrl+T】组合键显示变换控制框，再按住【Ctrl】键调整封面图像四个角的控制点。❷按【Enter】键确定，得到透视效果。

Step 05 透视变换书脊图像 ❶选择图层2，按【Ctrl+T】组合键显示变换控制框，再按住【Ctrl】键调整书脊图像四个角的控制点，按【Enter】键确定，得到透视效果。❷选择图层1和图层2，按【Ctrl+E】组合键合并图层。

Step 06 复制图书图像❶按两次【Ctrl+J】组合键，复制两次制作的立体书籍图像。❷使用移动工具调整复制图像的位置，效果如左图所示。

Step 07 绘制投影图像❶新建一个图层，放到背景图层上方，选择多边形套索工具，在属性栏中设置羽化值为30像素。❷在图书底部绘制一个不规则选区，填充为深蓝色（R4，G27，B38），得到投影图像。

Step 08 擦除投影图像❶选择橡皮擦工具，在属性栏中设置不透明度为10%。❷在投影图像左侧进行擦除，得到更加真实的投影效果。

Step 09 填充羽化选区❶在图层顶部新建一个图层，选择矩形选框工具，在属性栏中设置羽化参数为10像素，绘制一个矩形选区。❷填充选区为深蓝色（R10，G36，B48），得到图书立体投影效果。

	**Step 10** 复制投影图像 ❶复制立体投影图像，放到右侧第一本书和第二本书重叠的位置。❷适当调整图像大小，效果如左图所示。

8.3.2 添加背景图像

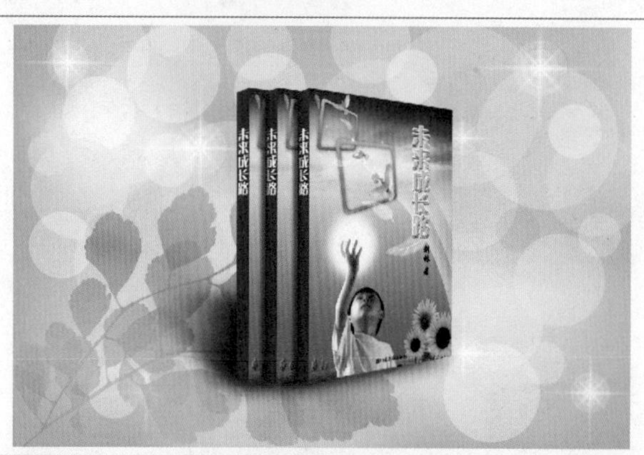	**Step 01** 添加素材图像 ❶打开"背景.jpg"素材图像，使用移动工具将其拖曳到当前编辑的图像中。❷适当调整素材图像的大小，将背景部分铺满，得到如左图所示的效果。
	**Step 02** 加深图像颜色 ❶选择加深工具，在属性栏中设置"范围"为"高光"、"不透明度"为100%。❷设置画笔大小为600，对背景图像底部进行涂抹，加深图像颜色，完成本实例的制作，最终效果如左图所示。

经验分享

好的封面设计在内容的安排上应该做到繁而不乱，就是要有主有次，层次分明，简而不空，这就意味着简单的图形中要有内容，增加一些细节来丰富它们。例如，在色彩上、印刷上、图形的有机装饰设计上多做些文章，使人看后有一种气氛、意境或者格调。

书籍不是一般商品，而是一种文化。因而在封面设计中，哪怕是一条线、一行字、一个抽象符号、一两块色彩，都要具有一定的设计思想，既要有内容，同时又要具有美感，达到雅俗共赏。

8.4 Photoshop技术库

Photoshop CS6软件提供了很多绘图工具，如“画笔工具”、“钢笔工具”、“自定形状工具”等，利用这些绘图工具不仅可以进行图像的创建，还可以利用自定义的画笔样式和铅笔样式创建各种图形特效。

8.4.1 画笔工具

画笔工具用于创建比较柔和的线条，其效果类似水彩笔或毛笔的效果。单击工具箱中的画笔工具按钮，就可显示出画笔工具属性栏，如下图所示，通过属性栏可设置画笔的各种属性参数。

画笔工具属性栏

其中各选项的含义如下。

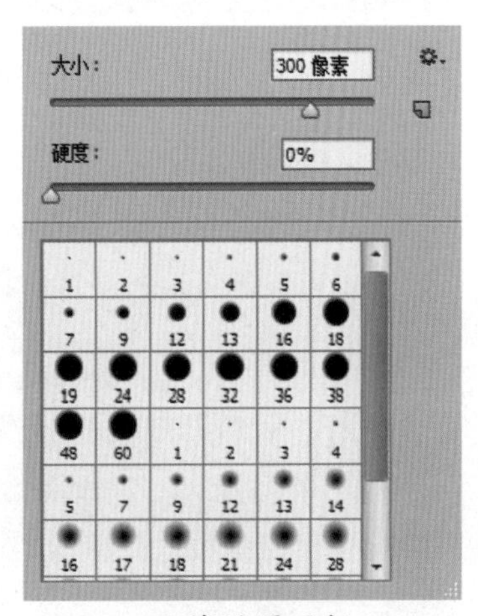

画笔设置面板

❁ 画笔：用来设置画笔的笔头大小和样式，单击“画笔”右侧的按钮，打开如右图所示的画笔设置面板。

❁ 大小：用来设置画笔笔头的大小，可在其右侧的文本框中输入数字，或者拖动其底部滑杆上的滑块来设置画笔的大小。

❁ 硬度：用来设置画笔边缘的晕化程度，值越小晕化越明显，就像毛笔在宣纸上绘制后产生的湿边效果一样。

❁ 模式：用于设置画笔工具对当前图像中像素的作用形式，即当前使用的绘图颜色与原有底色之间进行混合的模式。

❁ 不透明度：用于设置画笔颜色的透明度，数值越大，不透明度越高。单击其右侧的按钮，在弹出的滑动条上拖动滑块也可实现透明度的调整。

❁ 流量：用于设置绘制时颜色的压力程度，值越大，画笔笔触越浓。

❁ 喷枪工具：单击该按钮可以启用喷枪工具进行绘图。

使用画笔工具可以绘制出预设的画笔效果。选取画笔工具，将前景色设置为所需的颜色，然后单击属性栏中的按钮，在弹出的“画笔”面板中选择需要的画笔样式，如具有形状动态、散布、颜色动态、半径等属性，也可对这些属性进行更改或添加新的属性，如右图所示。设置适当的画笔大小和间距后，将光标移动到图像中单击，或者按住鼠标左键并拖动，即可绘制图像。

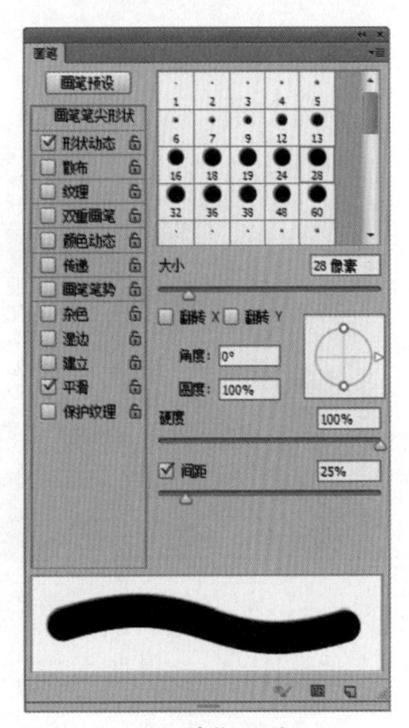

“画笔”面板

8.4.2 铅笔工具

使用铅笔工具可绘制硬边的直线或曲线。它与画笔工具的设置与使用方法完全一样，只是在工具属性栏中增加了一个“自动抹除”参数设置，如下图所示。

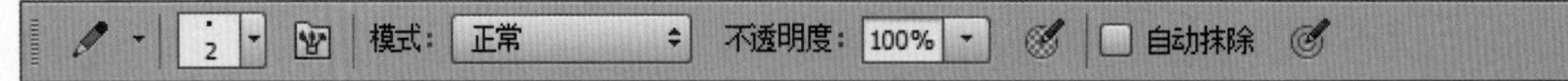

铅笔工具属性栏

8.4.3 历史记录画笔工具

历史记录画笔工具能够依照“历史记录”面板中的快照和某个状态，将图像的局部或全部还原到以前的状态。选择该工具，其属性栏与画笔工具类似，如下图所示。

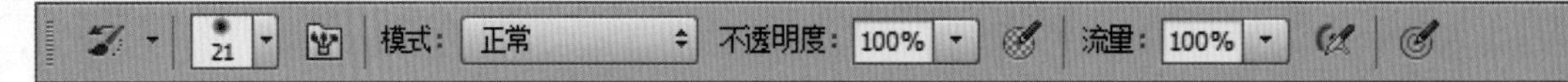

历史记录画笔工具属性栏

知识链接

历史记录艺术画笔工具与历史记录画笔工具的操作方法类似，其工具属性栏也相似。但历史记录艺术画笔工具能绘制出更加丰富的图像效果，如油画效果。

下面介绍历史记录画笔工具的使用方法，其具体操作步骤如下：

Step 01 打开“饮料.jpg”图像，如左下图所示。

Step 02 选择“滤镜”|“模糊”|“动感模糊”菜单命令，在打开的“动感模糊”对话框中设置相应参数，并单击“确定”按钮，为图像添加动感模糊效果，如右下图所示。

饮料图像

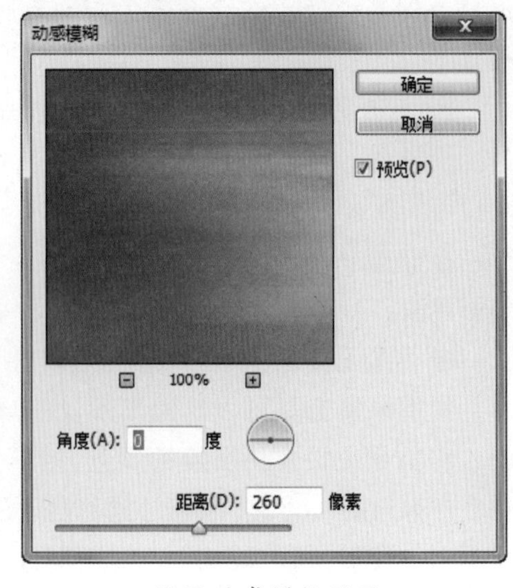

设置动感模糊效果

Step 03 选择历史记录画笔工具，设置背景色为白色，然后在属性栏中设置画笔大小为200，如左下图所示。在图像中间按住鼠标左键并拖动鼠标，涂抹饮料图像区域，即可得到部分恢复的图像，效果如右下图所示。

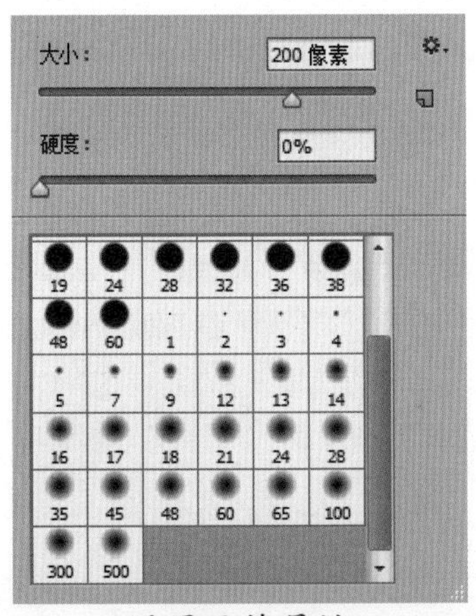

设置画笔属性

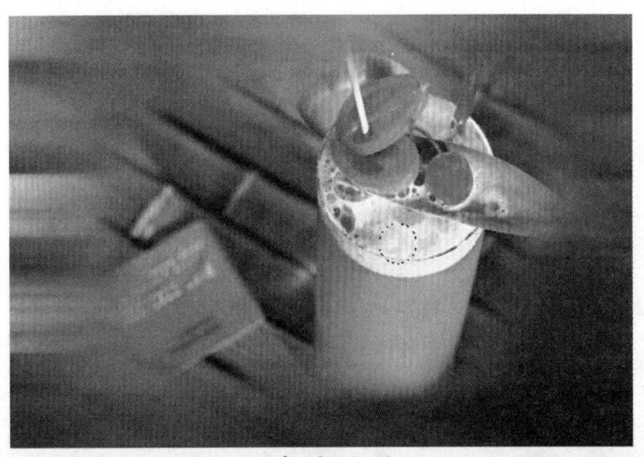

涂抹效果

8.5　设计理论深化

为了提升读者的设计理念，掌握更多的设计理论知识，为以后的设计工作提供理论指导和参考，做到有的放矢，需要理解和熟悉以下的知识内容。

在书籍封面设计的诸多因素中，决定其成败的重要因素是立意。封面设计的立意，要求作者熟悉生活并且具有多方面的生活感受，要广泛地学习和借鉴中外艺术的精华，要深刻地研究和理解书籍的内容，同时也要考虑读者对象、装帧材料、印刷工艺等诸多因素，达到立书之意。只有这样，才能在封面设计中体现出恰如其分的艺术境界。

所谓立意，即指封面作者对于书籍内容的理解和感受，在头脑中所形成的主题思想以及如何通过艺术形象来表现主题的想法。

如果说立意是封面设计的灵魂，那么构图就是封面设计的骨肉，深邃的立意只有通过完美的构图、精巧的造型才能体现出艺术效果。

掌握书籍封面设计的基本方法，绝不能教条地套用，而要有针对性，才能设计出优秀的书籍封面，使读者一见钟情，爱不释手。

封面设计中立意的最终目的，就是创造意境。意境的形成无非是从尚形到尚意、从景物到情感，然后又以尚意、达情为主，即离不开物对心的刺激和心对物的感受。情中景，景中情，情景交融。

封面设计的意境，只能通过形象思维来完成。形象与情感交融于艺术想象的活动之中，离开形象的情感不是艺术的情感，离开情感的形象也不是艺术的形象。意境的创造，必须经过作者与欣赏者的思想交流，产生精神共鸣，才能达到情真意切、感人肺腑的理想效果。封面设计要确切地表现书籍的主题，必须突破封面自身容量的局限，借助于艺术联想去扩大意境，使读者不单就封面看封面，而是通过封面所表现的形象去联想到更多的内容。这既能使读者加深对书籍主题的理解，同时也能丰富设计的表现力，获得更多的创造自由。

Chapter

第09章

时尚界面设计

课前导读

现在是一个网络的时代，随着网络技术的迅猛发展，和网络息息相关的各种界面设计也成为了各大商家对产品推销的一种手段。界面设计包括公司网页设计、播放器设计等，一个漂亮的界面设计能够很好地展示出公司的经营理念，并且对推销、展示商品都起到非常重要的作用。本章将介绍界面设计的要素和网页界面设计的特点，并结合现代经典案例对界面的设计与制作进行详细讲解。

本章学习要点

- 界面设计基础
- 界面按钮设计
- 西餐厅订餐网页设计
- 楼盘门户网站设计

精彩效果赏析

9.1 界面设计基础

界面设计是为了满足软件专业化和标准化的需求而产生的对软件使用界面进行美化、优化、规范化的设计分支。具体包括软件启动界面设计、软件框架设计、按钮设计、面板设计、菜单设计、标签设计、图标设计、滚动条及状态栏设计、安装过程设计和包装及商品化等。

9.1.1 界面设计要素

在界面设计的过程中有很多需要注意的关键问题，以下列出几点：

1. 软件启动界面设计

应使软件启动界面最终为高清晰度的图像，如软件启动界面需在不同的平台、操作系统上使用，还要考虑转换为不同的格式，并且选用的色彩不宜超过256色，最好为216色安全色。软件启动界面大小多为主流显示器分辨率的1/6大。如果是系列软件将考虑整体设计的统一和延续性。在上面应该醒目地标注制作或支持的公司标志、产品商标、软件名称、版本号、网址、版权声明、序列号等信息，以树立软件形象。

2. 软件框架设计

软件的框架设计就复杂得多，因为涉及软件的使用功能，应该对该软件产品的程序和使用比较了解，这就需要设计师有一定的软件跟进经验，能够快速地学习软件产品，并且和软件产品的程序开发员及程序使用对象进行共同沟通，以设计出友好的、独特的、符合程序开发原则的软件框架。软件框架设计应该简洁明快，尽量少用无谓的装饰，应该考虑节省屏幕空间、各种分辨率的大小、缩放时的状态和原则，并且为将来设计的按钮、菜单、标签、滚动条及状态栏预留位置。设计中将整体色彩组合进行合理搭配，将软件商标放在显著位置，主菜单应放在左边或上方，滚动条放在右边，状态栏放在下方，以符合视觉流程和用户使用心理。

3. 软件按钮设计

软件按钮设计应该具有交互性，即应该有3～6种状态效果：点击时状态；鼠标放在上面但未点击的状态；点击前鼠标未放在上面时的状态；点击后鼠标未放在上面时的状态；不能点击时状态；独立自动变化的状态。按钮应具备简洁的图示效果，应能够让使用者产生功能关联反应，群组内按钮应该风格统一，功能差异大的按钮应该有所区别。

4. 软件面板设计

软件面板设计应该具有缩放功能，面板应该对功能区间划分清晰，应该和对话框、提示信息框等风格匹配，尽量节省空间，切换方便。

5. 菜单设计

菜单设计一般有选中状态和未选中状态，左边应为名称，右边应为快捷键，如果有下级菜单应该有下级箭头符号，不同功能区间应该用线条分割。

6. 标签设计

标签设计应该注意转角部分的变化，状态可参考按钮。

7. 图标设计

图标设计色彩不宜超过64色，大小为16×16、32×32两种，图标设计是方寸艺术，应该着重考虑视觉冲击力，它需要在很小的范围内表现出软件的内涵，所以很多图标设计师在设计图标时使用简单的颜色，利用眼睛对色彩和网点的空间混合效果，做出了许多精彩的图标。

8. 滚动条及状态栏设计

滚动条主要是为了对区域性空间的固定大小中内容量的变换进行设计，应该有上下箭头、滚动标等，有些还有翻页标。状态栏是为了对软件当前状态的显示和提示。

9. 安装过程设计

安装过程设计主要是将软件安装的过程进行美化，包括对软件功能进行图示化。

10. 包装及商品化

最后，软件产品的包装应该考虑保护好软件产品，功能的宣传融合于美观中，可以印刷部分产品介绍、产品界面设计。

9.1.2 网页界面设计特点

网页界面设计不同于一般的平面设计，其拥有自身的设计特征。网页界面设计应时刻围绕“信息传达”这一主题，如左下图所示。

目前，网页界面传达的信息主要是视觉信息。因此从设计类型上来看，网页界面设计属于视觉传达的领域，故而网页界面设计的主要视觉元素和设计指导原则都要遵循视觉传达的一般规律。网页界面设计师的工作，就是通过有效吸引视线的艺术形式使信息得以清晰、准确、有力地传达，如右下图所示。

网页的信息传达

网页的艺术效果

9.2 界面按钮设计

案例效果

源文件路径：
光盘\源文件\第9章

素材路径：
光盘\素材\第9章

教学视频路径：
光盘\视频教学\第9章

制作时间：
35分钟

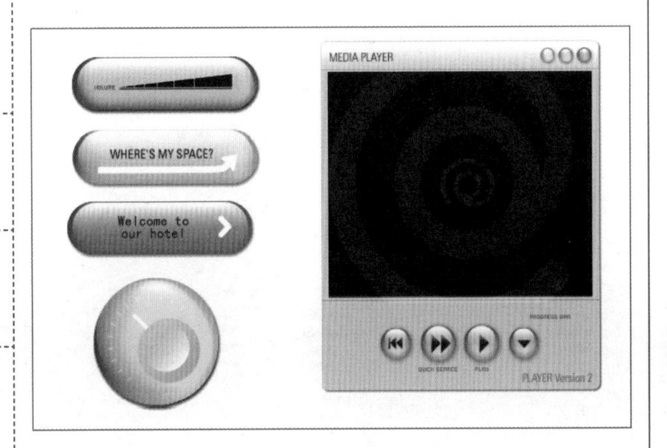

设计与制作思路

本实例制作的是一组界面按钮和音乐播放器。界面按钮为水晶按钮，分别制作了蓝色、黄色和紫红色三种椭圆形，还制作了一个圆形水晶按钮，通过这一组按钮的制作，用户可以了解一些按钮制作方法。另外，还特别安排绘制了一个音乐播放器，在播放器中添加了一些基本功能按钮，界面造型也较为方正，是最为常见的一种播放器。

9.2.1 绘制单个按钮

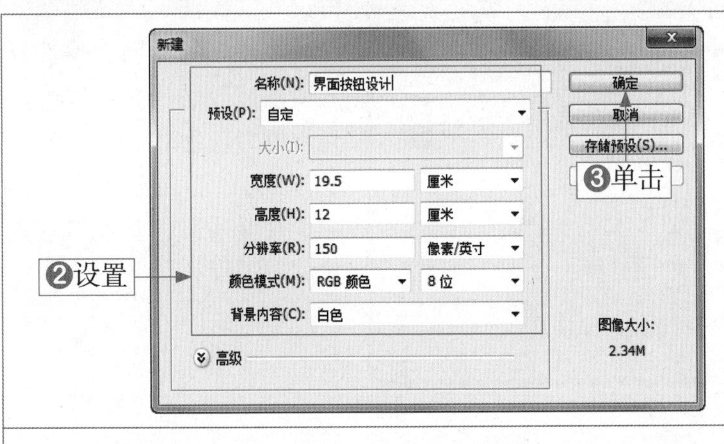

Step 01 新建文件❶选择“文件”|“新建”菜单命令，打开“新建”对话框。❷设置文件名称为“界面按钮设计”，设置宽度为19.5厘米、高度为12厘米、分辨率为150。❸单击“确定”按钮，即可得到新建的空白图像文件。

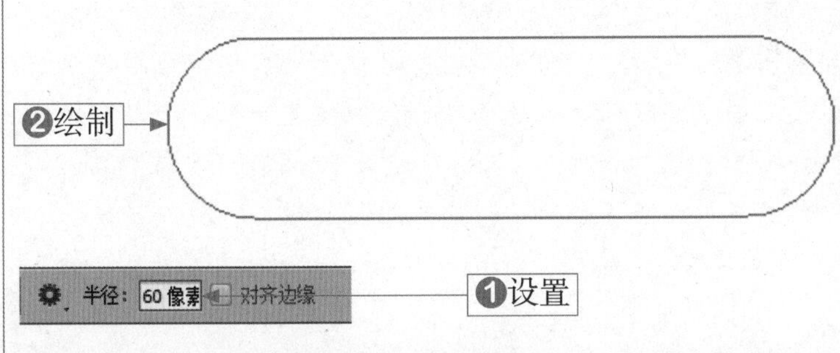

Step 02 绘制圆角矩形❶首先来绘制按钮，选择圆角矩形工具，在属性栏中设置“半径”为60像素。❷在图像左上方绘制一个圆角矩形。

Step 03 填充颜色新建一个图层，按【Ctrl+ Enter】组合键将路径转换为选区，填充为蓝色（R96，G208，B255）。

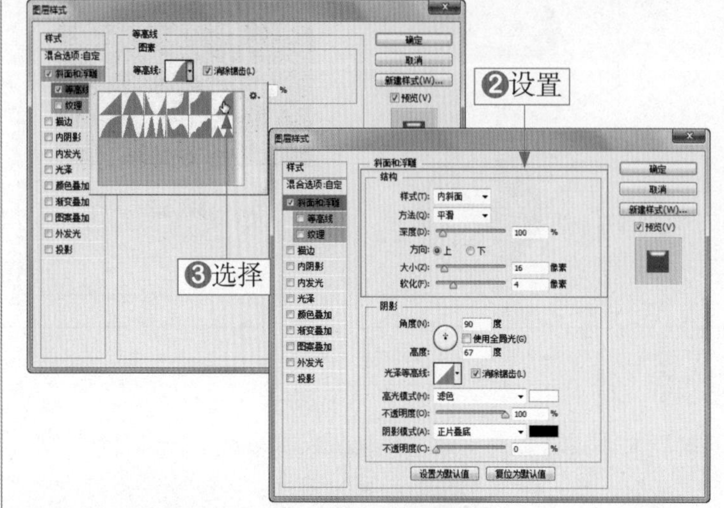

Step 04 设置浮雕样式❶选择“图层”|“图层样式”|“斜面和浮雕”菜单命令，打开“图层样式”对话框。❷设置“样式”为“内斜面”，其他参数设置如左图所示。❸选择“等高线”选项，单击“等高线”右侧的三角形按钮，在弹出的面板中选择“高斯”样式，再设置“范围”为90%。

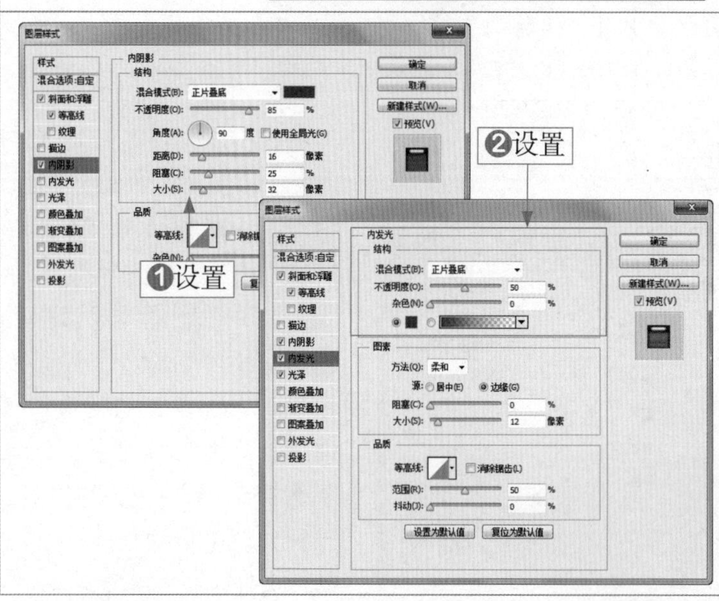

Step 05 设置内阴影和内发光样式❶选择“内阴影”选项，设置内阴影颜色为蓝色（R48，G75，B152），再设置“距离”、“阻塞”和“大小”等参数。❷选择“内发光”选项，设置内发光颜色为蓝色（R48，G75，B152）、“混合模式”为“正片叠底”，其他参数设置如左图所示。

知识链接

当用户在制作图像时，如果图层过多，可以将图层进行分组管理。将多个图层组织在一起，放到一个图层组中，使用图层组可以有效地管理和组织图层，用户可以像处理图层一样，对图层组中的多个图层进行统一的移动、复制和删除等编辑操作。

打开一个图像文件，单击“图层”面板底部的“创建新组”按钮，可以新建一个图层组，默认组名为“组1”，创建图层组后，在选择图层组的情况下创建的图层，都将包含在“组1”中。

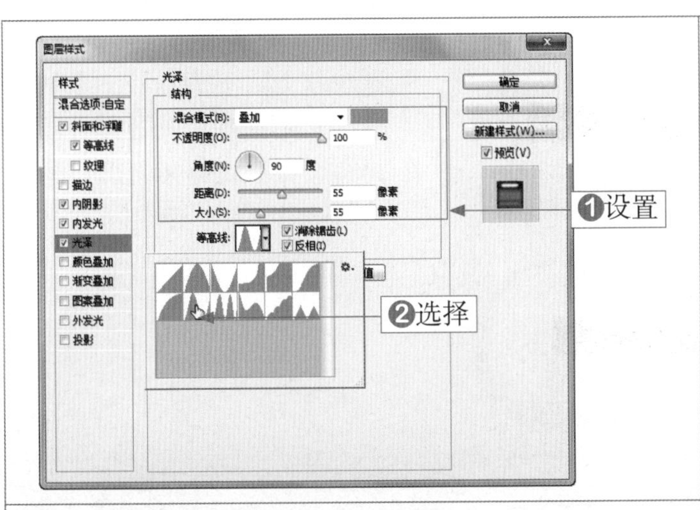

Step 06 设置光泽样式❶选择“光泽”选项，设置光泽的颜色为天蓝色（R96，G172，B255），再设置“混合模式”为“叠加”。❷单击“等高线”右侧的三角形按钮，在弹出的面板中选择“环形”样式。

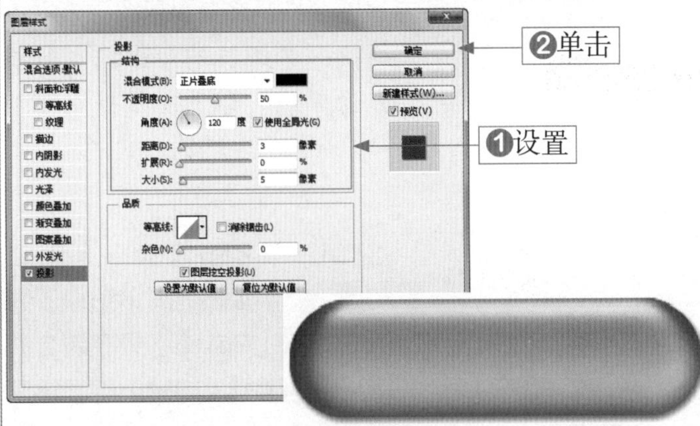

Step 07 设置投影样式❶选择“投影”选项，设置投影颜色为黑色、“混合模式”为“正片叠底”，再设置其他参数。❷单击“确定”按钮，得到水晶按钮效果。

Step 08 缩小选区❶按住【Ctrl】键单击图层1，载入按钮图像选区。❷选择“选择”|“变换选区”菜单命令，然后按【Alt+Shift】组合键中心缩小选区。

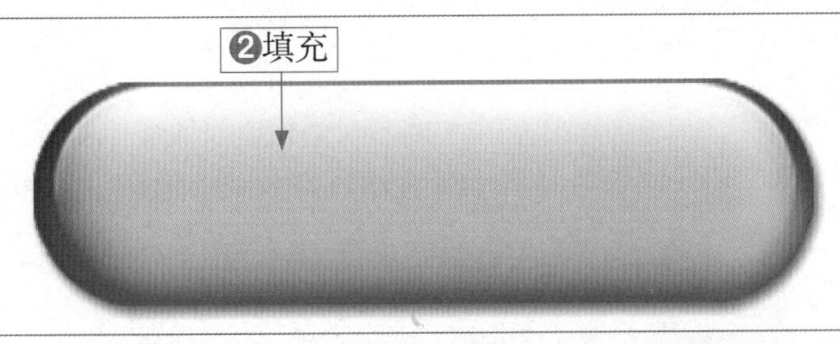

Step 09 填充选区❶按【Enter】键确定选区的变换。❷新建一个图层，使用渐变工具对其从上向下应用线性渐变填充，设置颜色为从白色到透明。

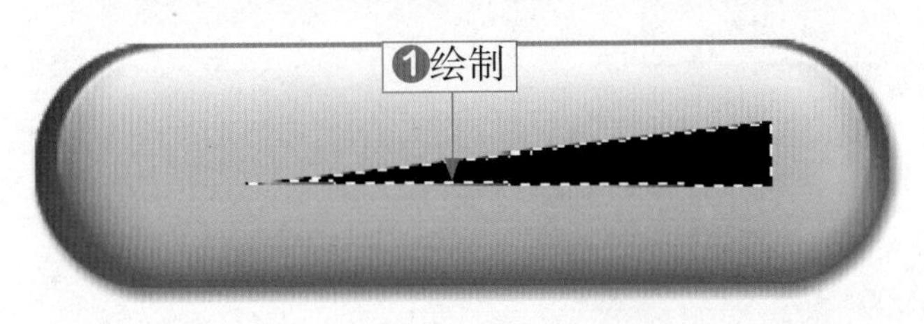

Step 10 绘制选区❶新建一个图层，选择多边形套索工具，在按钮图像中绘制一个三角形选区。❷设置前景色为黑色，按【Alt+ Delete】组合键填充选区。

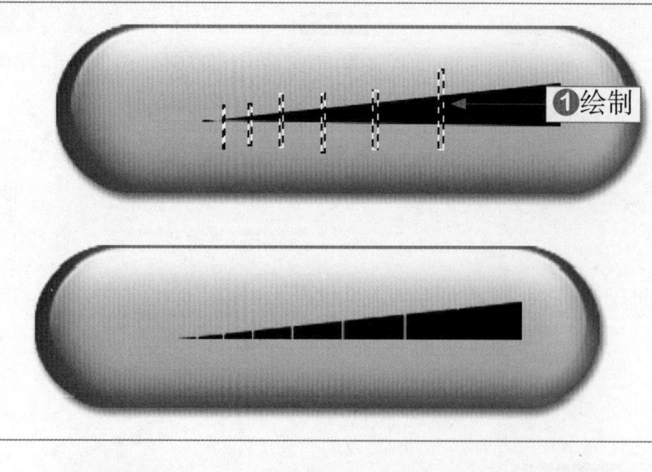

Step 11 删除图像 ❶选择矩形选框工具，按住【Ctrl】键，在三角形图像中通过加选绘制出多个细长的矩形选区。❷按【Delete】键删除选区中的图像。

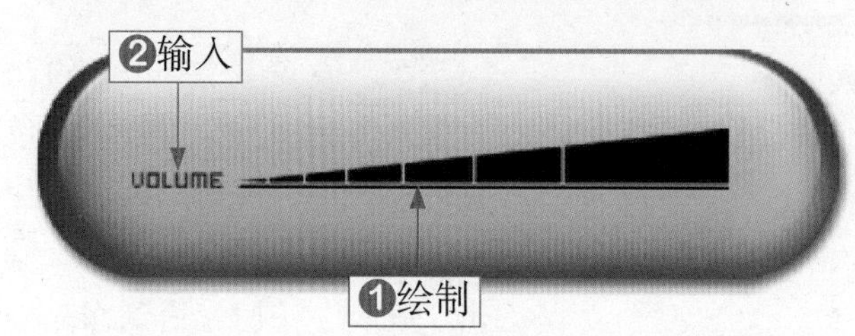

Step 12 绘制图像 ❶选择矩形选框工具，在三角形图像下方再绘制一个细长的矩形选区，填充为黑色。❷选择横排文字工具，在按钮左侧输入文字。

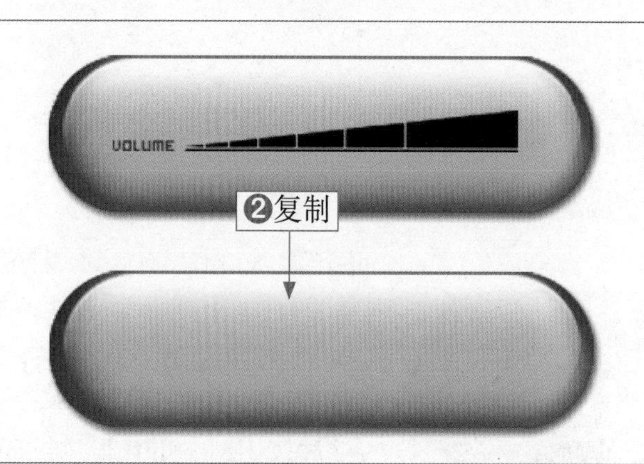

Step 13 复制图像 ❶选择图层1和图层2，也就是按钮图像所在图层，按【Ctrl+E】组合键合并图层。❷按【Ctrl+J】组合键复制一次按钮图像，并使用移动工具将其向下移动。

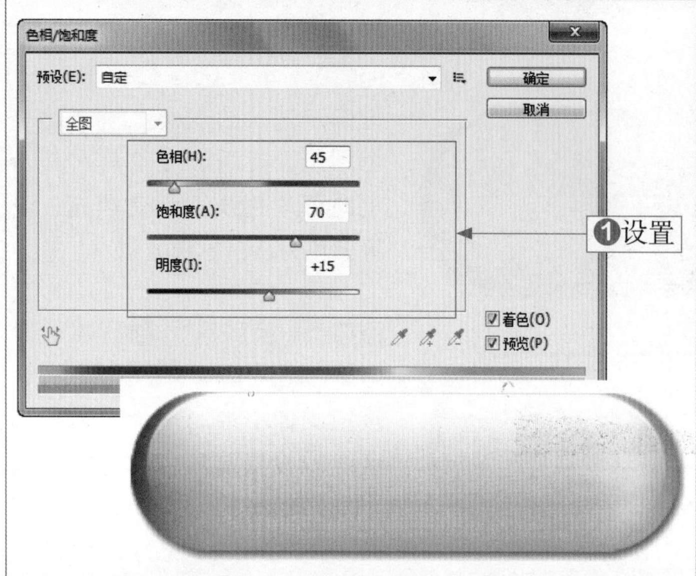

Step 14 调整图像颜色 ❶选择"图像"|"调整"|"色相/饱和度"菜单命令，打开"色相/饱和度"对话框，设置各项参数分别为45、70、15。❷单击"确定"按钮，得到调整颜色后的按钮图像。

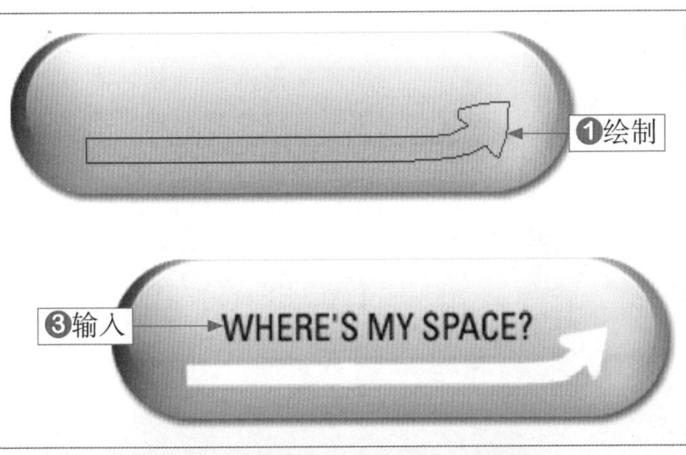	**Step 15** 绘制箭头图形❶新建一个图层，选择钢笔工具，绘制一个箭头图形。❷按【Ctrl+T】组合键将路径转换为选区，填充为白色。❸选择横排文字工具，在箭头图像上方输入文字，然后将其填充为深红色（R77，G40，B78）。
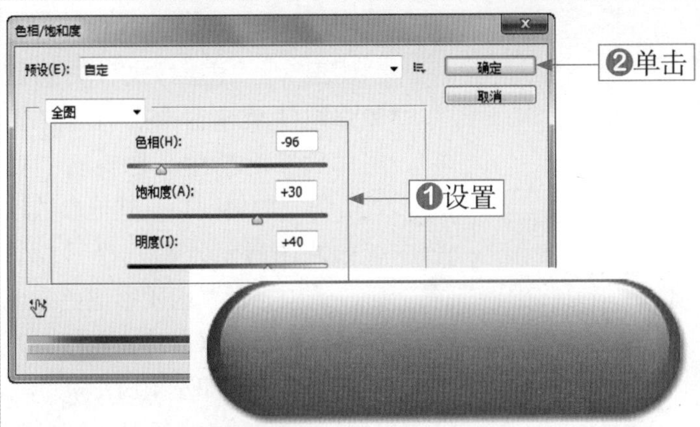	**Step 16** 调整按钮颜色❶再复制一次按钮图像，打开"色相/饱和度"对话框，设置参数分别为-96、30、40。❷单击"确定"按钮，得到改变颜色后的按钮效果。
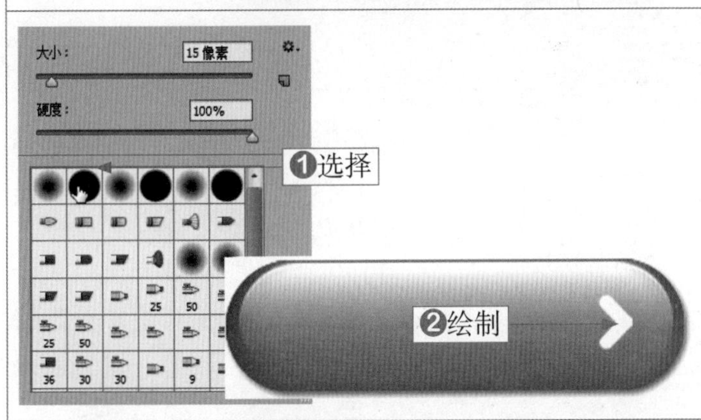	**Step 17** 绘制箭头图像❶选择画笔工具，在属性栏中设置画笔样式为"硬边圆"。❷设置前景色为白色，在按钮右侧绘制一个箭头图像。
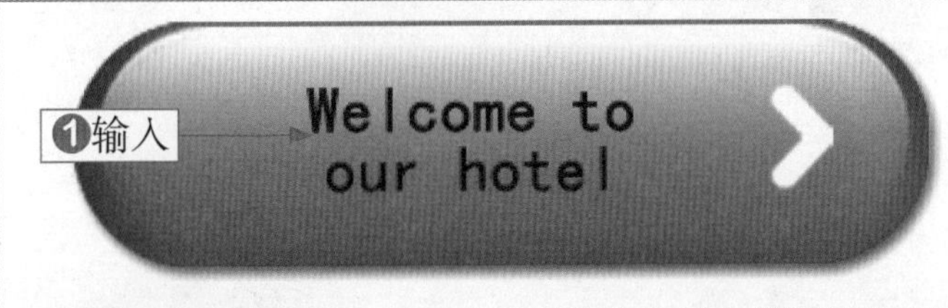	**Step 18** 输入文字❶选择横排文字工具，在按钮图像中输入文字。❷设置文字颜色为深灰色。

知识链接

如果用户在图像中建立了图层组，单击图层组前面的▼标记可以折叠图层组，同时▼标记变为▶标记，单击▶标记又可以展开图层组。对图层组进行移动、隐藏或显示等操作也将同时被应用于该组中的所有图层。

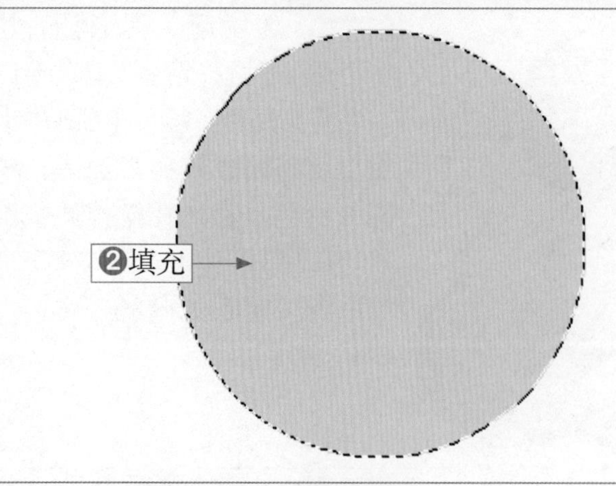

Step 19 绘制圆形图像 ❶下面来绘制圆形按钮，新建一个图层，选择椭圆选框工具，在水晶按钮下方绘制一个圆形选区。❷设置前景色为黄色（R255，G236，B70），按【Alt+Delete】组合键填充选区颜色。

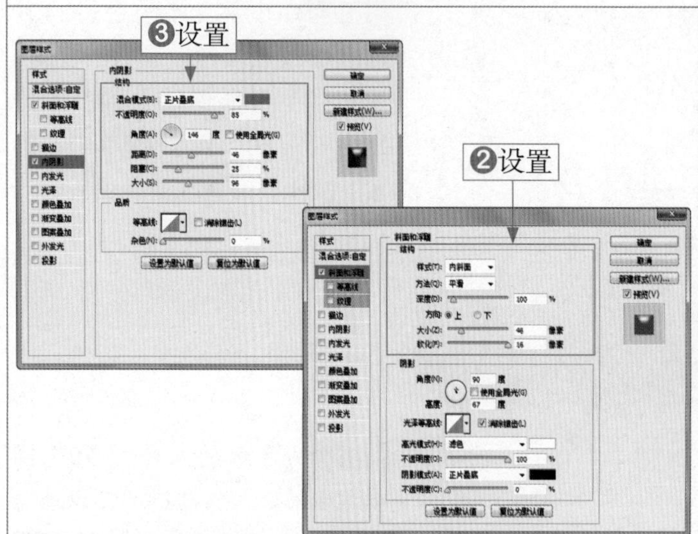

Step 20 设置图层样式 ❶选择"图层"|"图层样式"|"斜面和浮雕"菜单命令，打开"图层样式"对话框。❷设置"样式"为"内斜面"，其他参数设置如左图所示。❸选择"内阴影"选项，设置内阴影颜色为土黄色（R153，G151，B49），其他参数设置如左图所示。

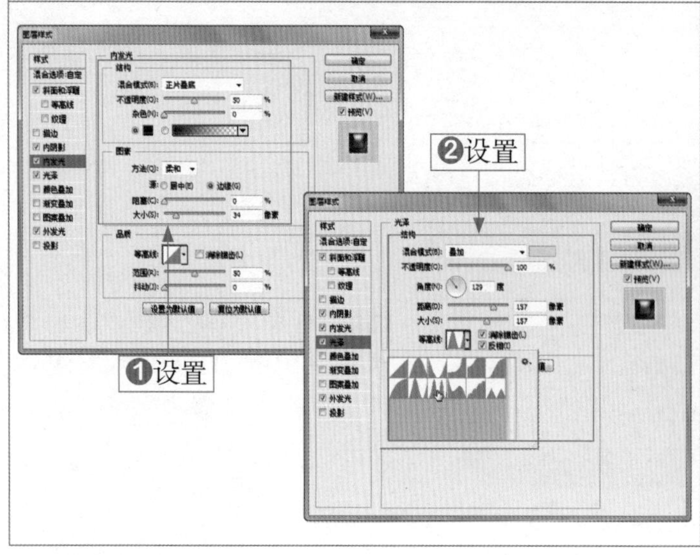

Step 21 设置图层样式 ❶选择"内发光"选项，设置内发光颜色为深黄色（R70，G53，B0）、"混合模式"为"正片叠底"，再设置其他参数。❷选择"光泽"选项，设置光泽颜色为黄色（R255，G250，B7），再单击"等高线"右侧的三角形按钮，在弹出的面板中选择"环形"样式。

知识链接

用户可以在"图层"面板中创建剪贴图层，按住【Alt】键在"图层"面板中需要过滤的两个图层之间单击，即可创建剪贴图层。

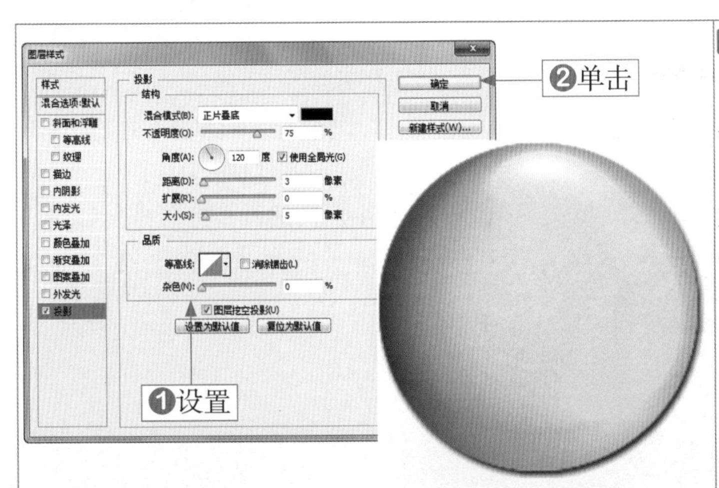

Step 22 设置投影效果①选择"投影"选项，设置投影颜色为黑色，再设置"混合模式"为"正片叠底"，其他参数设置如左图所示。②单击"确定"按钮，得到按钮的投影效果。

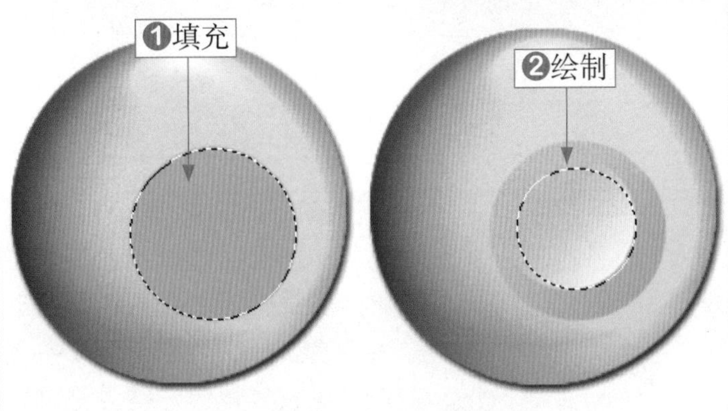

Step 23 绘制圆形图像①选择椭圆选框工具，在按钮中绘制一个圆形选区，并填充为橘黄色（R242，G204，B53）。②再绘制一个较小的圆形选区，使用渐变工具从选区左上角向右下角拖动，应用线性渐变填充，设置渐变颜色从透明到白色。

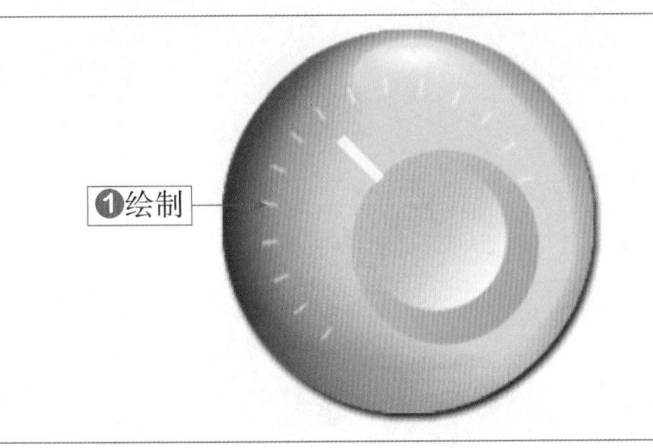

Step 24 绘制指针①选择多边形套索工具，在按钮中绘制多个矩形，并填充为白色，作为指针图形。②参照左图所示的样式进行排列。

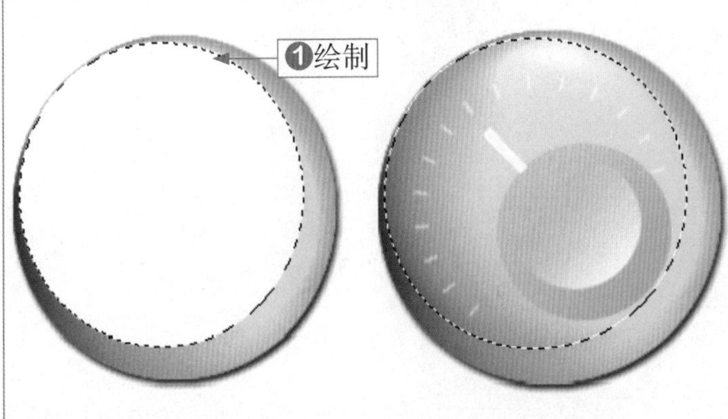

Step 25 制作高光效果①新建一个图层，选择椭圆选框工具，在按钮中再绘制一个椭圆选区，填充为白色。②设置该图层的不透明度为15%，使用橡皮擦工具对图像右下方进行擦除，得到透明半圆形，即可为按钮制作出高光效果。

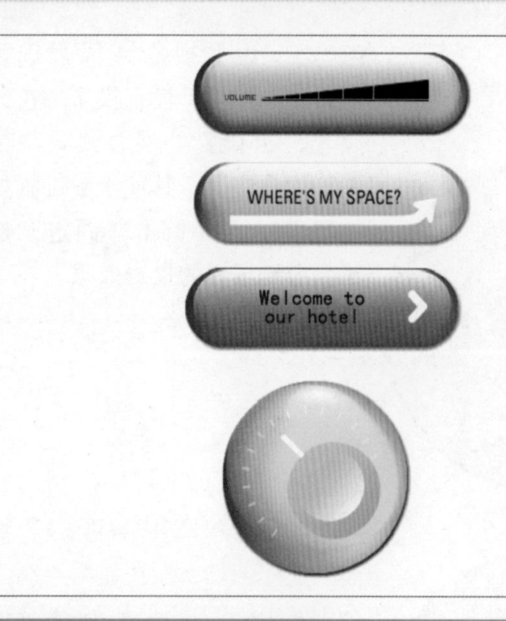

Step 26 显示所有图像 ❶完成圆形按钮的绘制后，双击抓手工具，显示所有图像。❷至此，完成所有按钮图像的绘制，参照左图所示的样式进行排列。

9.2.2 绘制播放器

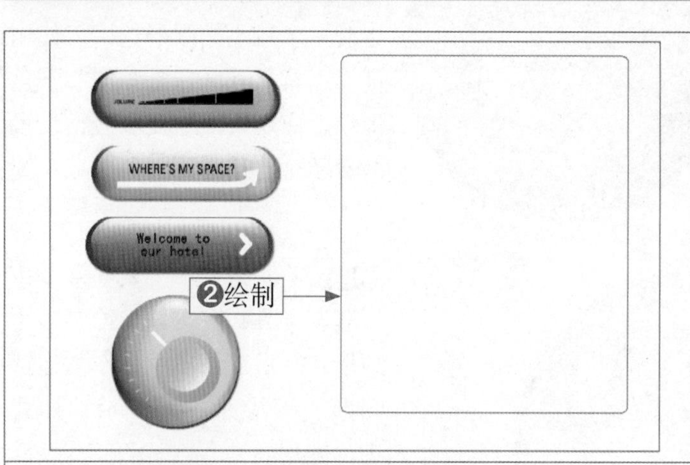

Step 01 绘制圆角矩形 ❶新建一个图层，选择圆角矩形工具，在属性栏中设置“半径”参数为12像素。❷在按钮图像右侧按住鼠标左键并拖动鼠标，绘制出一个圆角矩形。

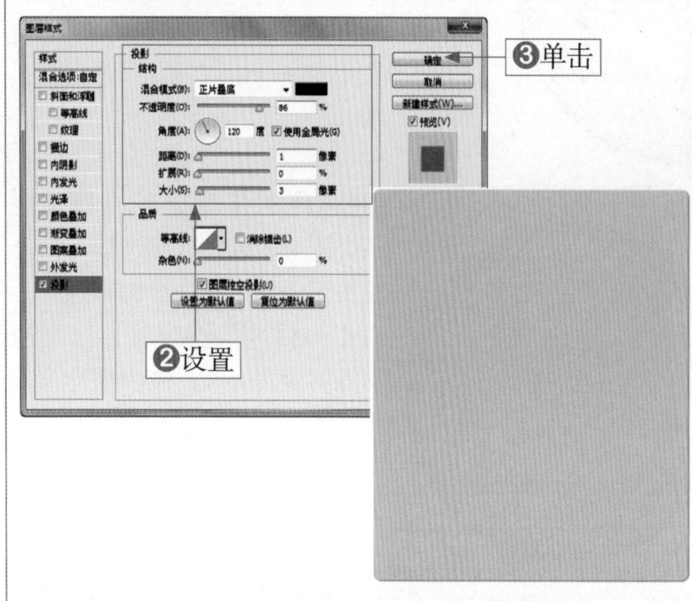

Step 02 设置图像投影效果 ❶按【Ctrl+Enter】组合键将路径转换为选区，填充为浅灰色。❷选择“图层”|“图层样式”|“投影”菜单命令，打开“图层样式”对话框，设置投影颜色为黑色、“混合模式”为“正片叠底”、不透明度为86%，其他参数设置如左图所示。❸单击“确定”按钮，得到图像投影效果。

Step 03 对选区进行涂抹❶按住【Ctrl】键单击灰色圆角矩形所在图层，载入该图像选区。❷设置前景色为白色，选择画笔工具，在属性栏中设置画笔样式为“柔边”、大小为25像素，对选区顶部进行涂抹。

Step 04 填充矩形❶选择矩形选框工具，在圆角矩形上下两端分别绘制一个矩形选区。❷将上面的矩形填充为白色，下面的矩形填充为深灰色，效果如左图所示。

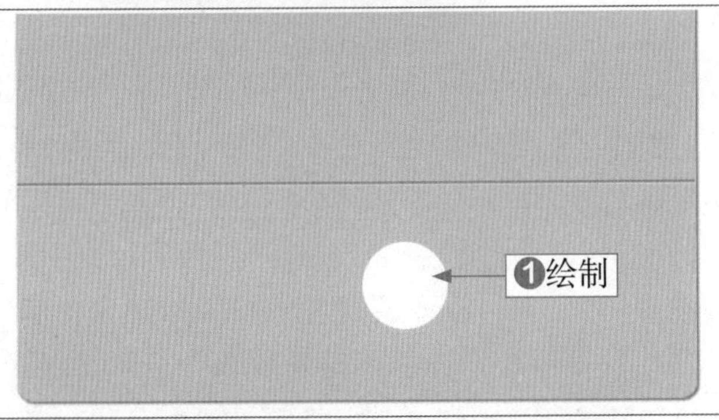

Step 05 填充圆形❶新建一个图层，选择椭圆选框工具，在圆角矩形下方绘制一个圆形选区。❷设置前景色为白色，按【Alt+ Delete】组合键将选区填充为白色。

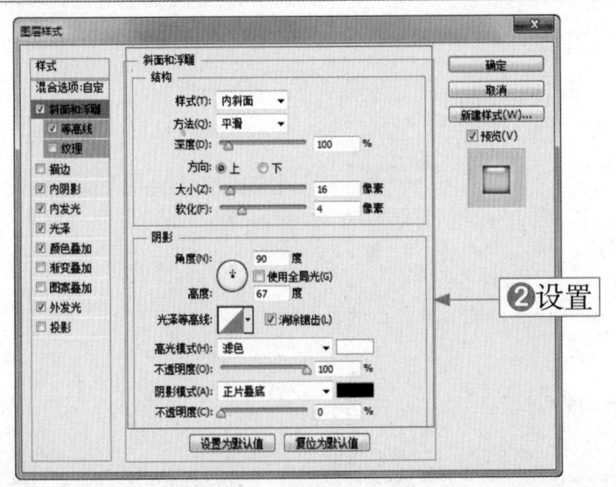

Step 06 设置斜面和浮雕参数❶选择“图层”|“图层样式”|“斜面和浮雕”菜单命令，打开“图层样式”对话框。❷设置“样式”为“内斜面”、“深度”为100%、“大小”为16像素、“软化”为4像素，其他参数设置如左图所示。

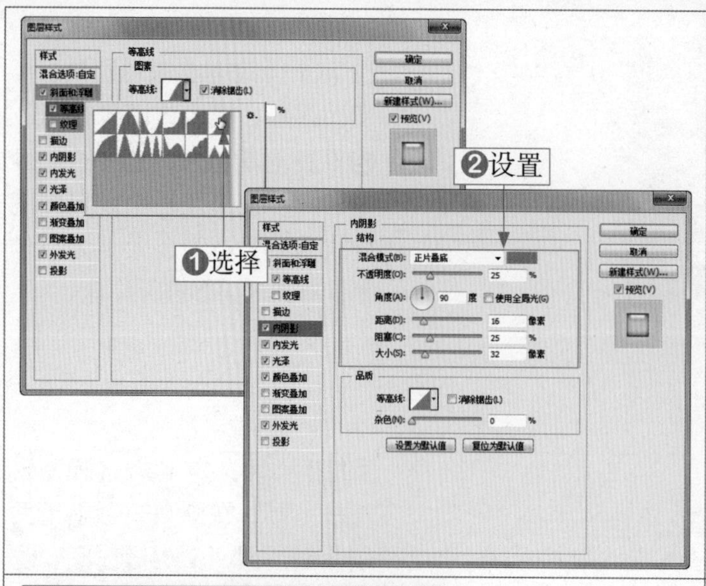

Step 07 设置等高线和内阴影参数❶选择“等高线”选项，单击“等高线”右侧的三角形按钮，在弹出的面板中选择“高斯”样式，设置“范围”参数为100%。❷选择“内阴影”选项，设置内阴影颜色为灰色，再设置“混合模式”为“正片叠底”、“不透明度”为25，其他参数设置如左图所示。

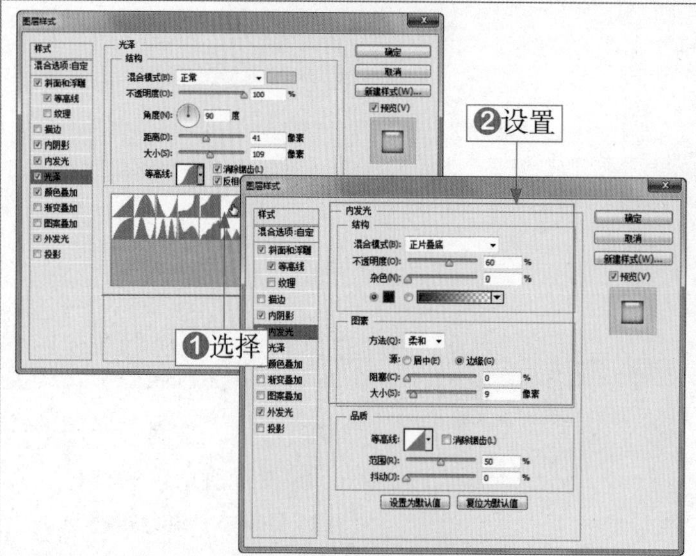

Step 08 设置光泽和内发光参数❶选择“光泽”选项，设置光泽颜色为浅灰色，设置参数后，再单击“等高线”右侧的三角形按钮，在弹出的面板中选择“高斯”样式。❷选择“内发光”选项，设置内发光颜色为浅灰色，再分别设置各项参数。

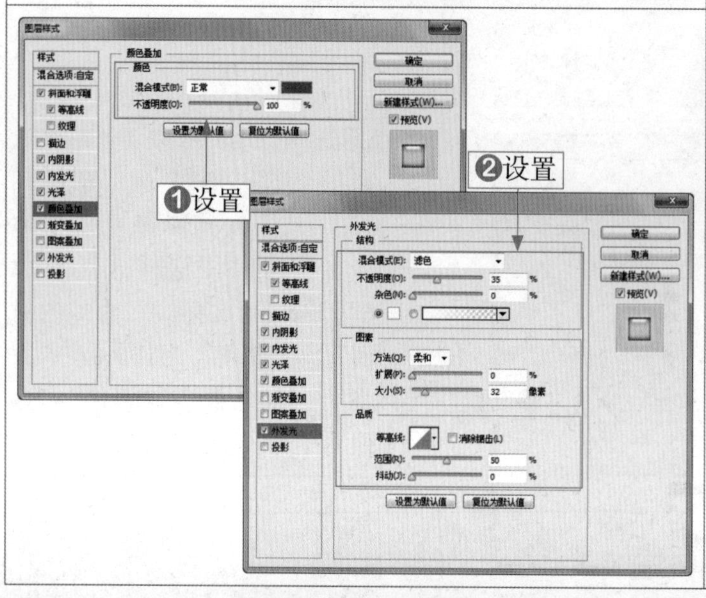

Step 09 设置颜色叠加和外发光参数❶选择“颜色叠加”选项，设置叠加颜色为深灰色，再设置“不透明度”为100%。❷选择“外发光”选项，设置“混合模式”为“滤色”、外发光颜色为浅灰色，其他参数设置如左图所示。

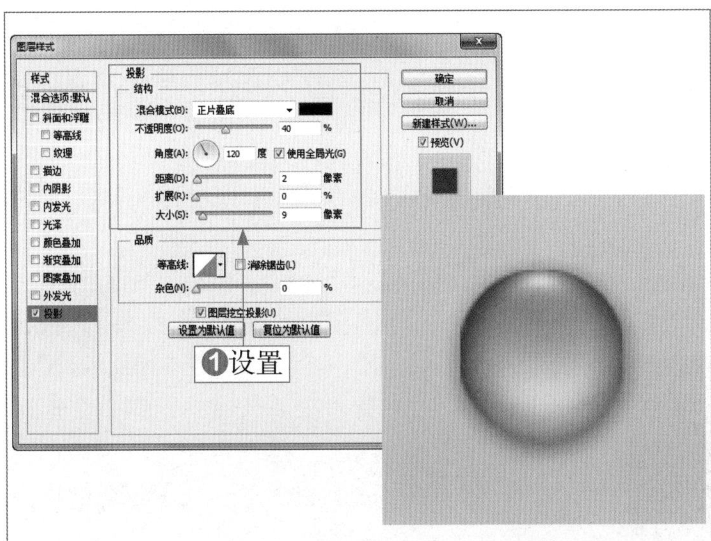

Step 10 得到添加图层样式后的按钮效果 ❶选择“投影”选项，设置投影颜色为黑色、“混合模式”为“正片叠底”、不透明度为40%、距离为2像素、扩展为0%、大小为9像素。❷单击“确定”按钮，得到添加图层样式后的按钮效果。

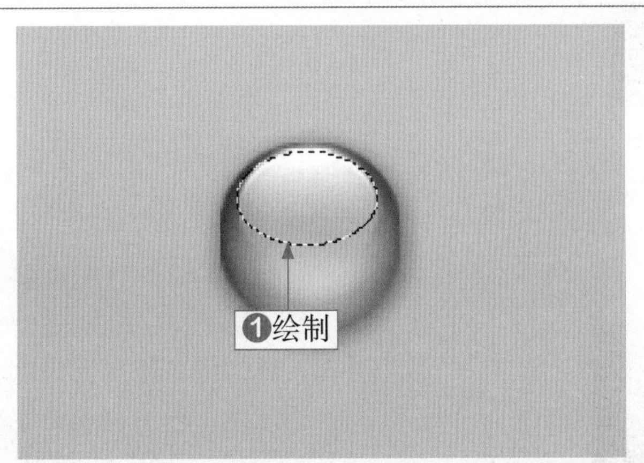

Step 11 绘制高光图像 ❶选择椭圆选框工具，在按钮图像中绘制一个椭圆形选区，用于制作高光图像。❷选择渐变工具，设置颜色为从白色到透明，对其从上向下应用线性渐变填充。

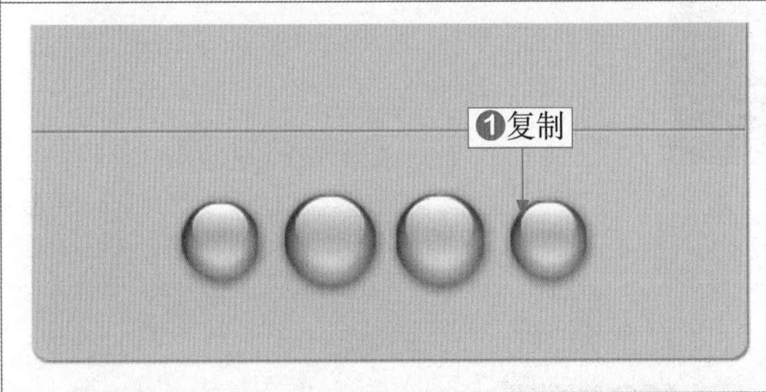

Step 12 复制按钮图像 ❶多次按【Ctrl+J】组合键复制多个按钮图像。❷分别调整复制按钮的大小，参照左图所示的方式进行排列。

Step 13 绘制箭头图形 ❶结合多边形套索工具和矩形选框工具，绘制出水晶按钮中的箭头图像选区。❷将创建的选区都填充为黑色。

Step 14 绘制彩色按钮❶参照之前绘制按钮的操作方法，绘制出三个不同颜色的按钮。❷将其放到播放器的右上角。

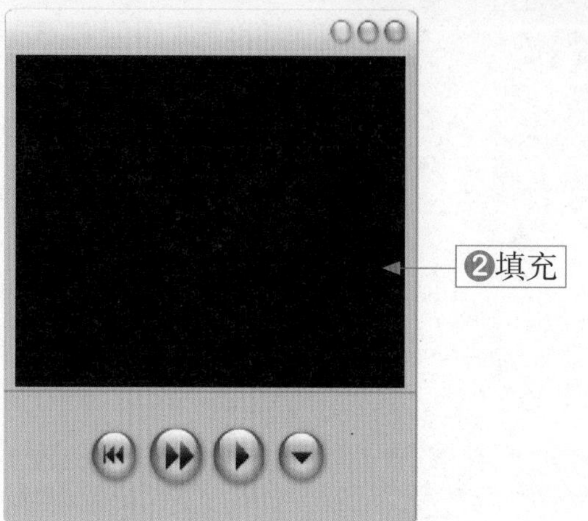

Step 15 绘制黑色矩形❶新建一个图层，选择矩形选框工具，在播放器中绘制一个矩形选区。❷设置前景色为黑色，按【Alt+ Delete】组合键填充选区。

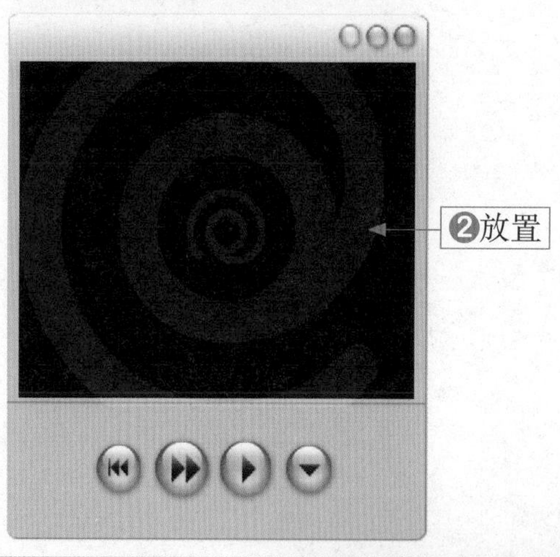

Step 16 添加素材图像❶打开“图形.psd”素材图像，选择移动工具，将其拖曳到当前编辑的图像中。❷适当调整素材图像的大小，将其放到黑色矩形中。

经验分享

这里添加素材图像，主要是为了让播放器有播放时的韵律光感效果，使其更加逼真。

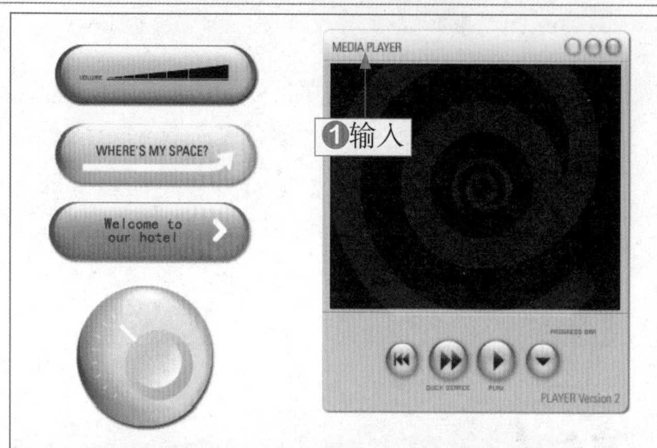

Step 17 输入文字❶选择横排文字工具，在播放器中输入相关文字。❷在属性栏中设置合适的字体，参照左图所示的样式进行排列。❸双击工具箱中的抓手工具，显示所有图像，即可完成本实例的制作。

9.3　西餐厅订餐网页设计

案例效果

源文件路径：
光盘\源文件\第9章

素材路径：
光盘\素材\第9章

教学视频路径：
光盘\视频教学\第9章

制作时间：
45分钟

设计与制作思路

本实例制作的是一个西餐厅的订餐网站首页，用户可以通过网络直接在该网站预订餐厅食品。在设计网页画面时，考虑到餐厅主要以西式食物为主，所以在颜色上采用了淡绿色，给人一种小清新的感觉，非常符合时下青年人群追求低调品质的特点，而在图案上特意添加了一些曲线、树叶和花瓣等作为背景，更增添了温馨浪漫的气息。

9.3.1　绘制背景

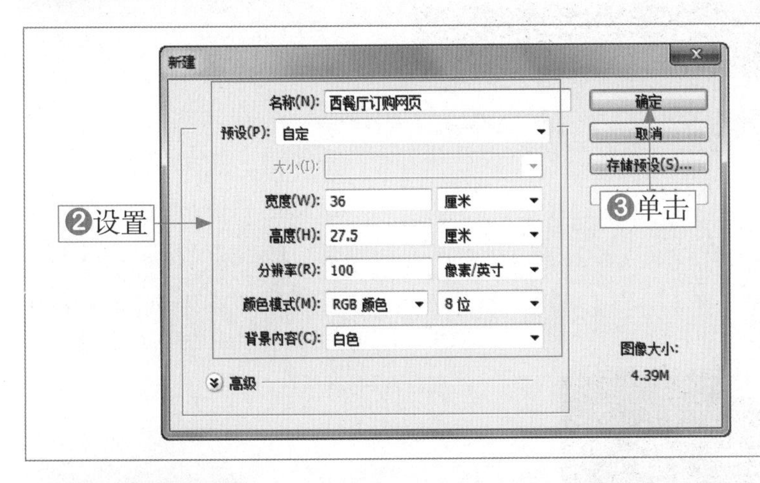

Step 01 新建文件❶ 选择“文件”|“新建”菜单命令，打开“新建”对话框。❷设置文件名称为“西餐厅订购网页”，设置宽度为36厘米、高度为27.5厘米、分辨率为100。❸单击“确定”按钮，即可得到新建的空白图像文件。

经验分享

作为一个成功的现代设计师，必须具有宽广的文化视角、深邃的智慧和丰富的知识；必须是具有创新精神、知识渊博、敏感并能解决问题的人，应考虑社会反映、社会效果，力求设计作品对社会有益，能提高人们的审美能力，心理上获得愉悦和满足，应概括当代的时代特征，反映真正的审美情趣和审美理想。起码你应当明白，优秀的设计师有他们“自己”的手法、清晰的形象、合乎逻辑的观点。

Step 02 填充选区颜色 ❶设置前景色为浅黄色（R250，G252，B241），按【Alt+Delete】组合键填充背景。❷新建一个图层，选择矩形选框工具，在图像底部绘制一个矩形选区，然后填充为绿色（R32，G91，B6）。

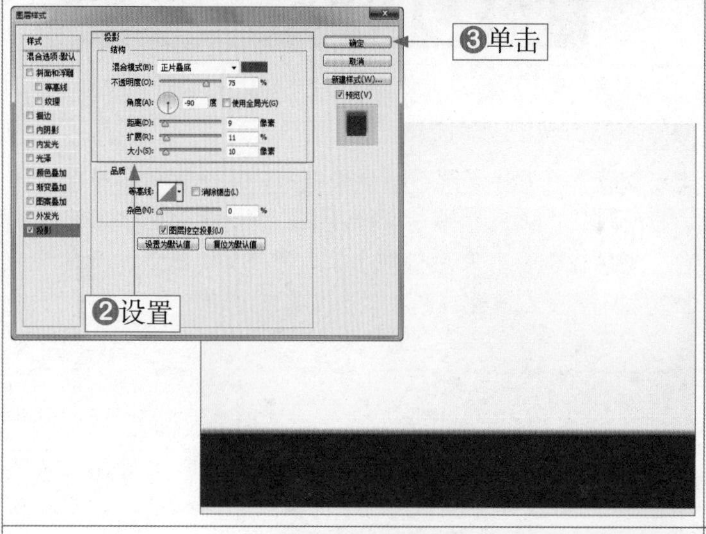

Step 03 设置投影样式 ❶选择"图层"|"图层样式"|"投影"菜单命令，打开"图层样式"对话框。❷设置投影颜色为绿色（R83，G125，B65）、距离为9像素、扩展为11%、大小为10像素，其他参数设置如左图所示。❸单击"确定"按钮，得到图像投影效果。

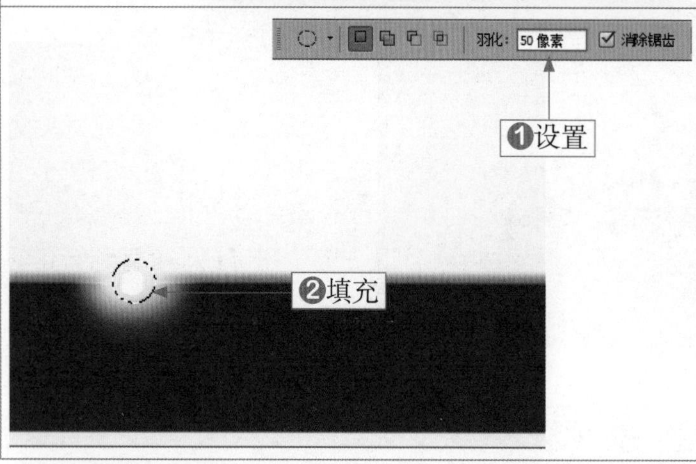

Step 04 绘制羽化图像 ❶新建一个图层，选择椭圆选框工具，在属性栏中设置羽化值为50像素。❷在绿色矩形左侧绘制一个圆形羽化选区，填充颜色为淡黄色（R250，G252，B241）。

经验分享

在绘制羽化图像时，除了可以通过填充羽化选区得到羽化图像外，还可以选择画笔工具，设置柔角画笔样式，然后在属性栏中单击"启用喷枪模式"按钮，在图像中按住鼠标左键单击并停留1～2秒钟，即可得到羽化的图像效果。

Step 05 删除图像❶选择矩形选框工具，在亮光图像上方与绿色图像相接处绘制一个矩形选区。❷按下【Delete】键删除图像，效果如左图所示。

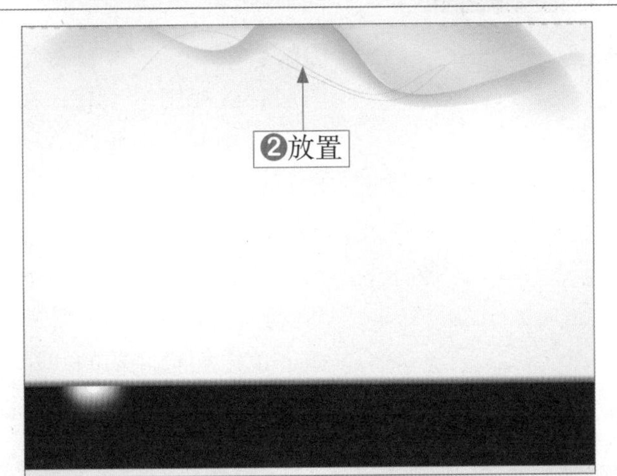

Step 06 添加彩带图像❶打开“彩带.psd”素材图像，选择移动工具，将其拖曳到当前编辑的图像中。❷适当调整素材图像的大小，将其放到图像顶部。

经验分享

如果用户熟悉软件操作，也可以通过画笔工具绘制彩带图像，但较为费时。

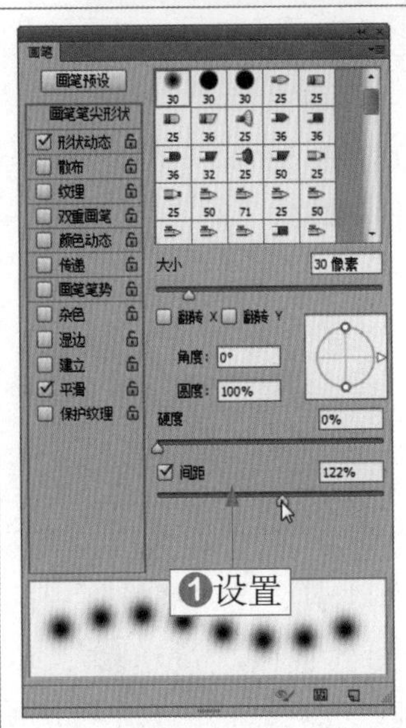

Step 07 设置画笔样式❶新建一个图层，选择画笔工具，打开“画笔”面板，设置画笔样式为“柔角”，再设置“大小”为30像素、间距为122%。❷选择“散布”选项，选中“两轴”复选框，设置参数为1000%。

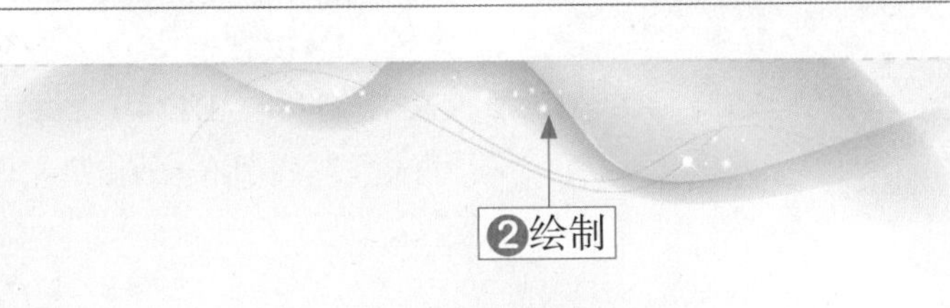

Step 08 绘制白色圆点❶设置前景色为白色。❷使用画笔工具在图像上方的彩带图像中绘制出白色圆点，效果如左图所示。

Step 09 添加素材图像❶打开“花瓣.psd”素材图像，使用移动工具将其拖曳到当前编辑的图像中。❷适当调整素材图像的大小，分别将树叶和花瓣图像放到画面顶部。

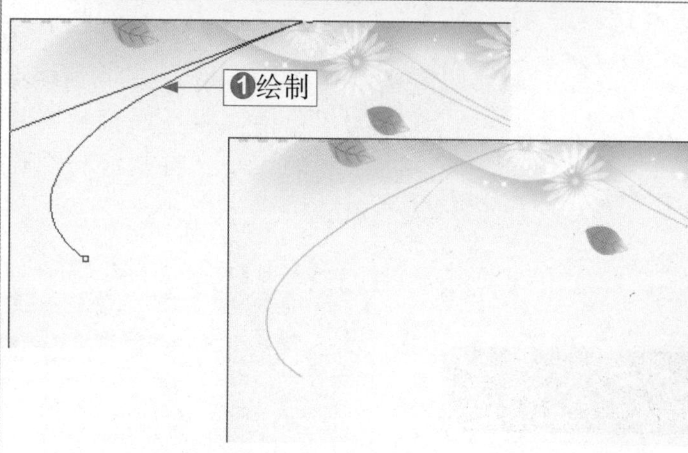

Step 10 绘制曲线❶新建一个图层，选择钢笔工具，在画面左上方绘制一条曲线路径。❷设置前景色为绿色（R219，G227，B189），选择铅笔工具，在属性栏中设置画笔大小为2像素。❸切换到“路径”面板，单击面板底部的“用画笔描边路径”按钮，得到描边效果。

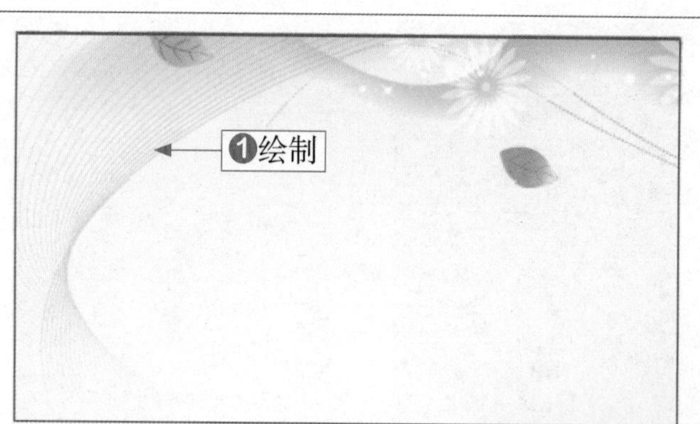

Step 11 绘制多条曲线❶使用与上一步骤相同的方法，绘制多条曲线。❷参照左图所示的样式排列曲线图像。

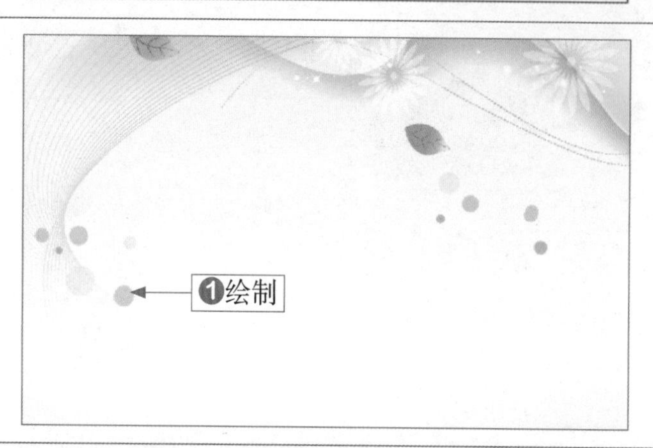

Step 12 绘制圆形❶选择椭圆选框工具，单击属性栏中的“添加到选区”按钮，然后在曲线图像下方绘制多个圆形选区。❷设置前景色为绿色（R224，G248，B134），填充圆形选区，得到的效果如左图所示。

Step 13 绘制心形图形 ❶选择自定形状工具，单击属性栏中“形状”右侧的三角形按钮，在弹出的下拉面板中选择“红心形卡”图形。❷在图像中绘制出心形图像。

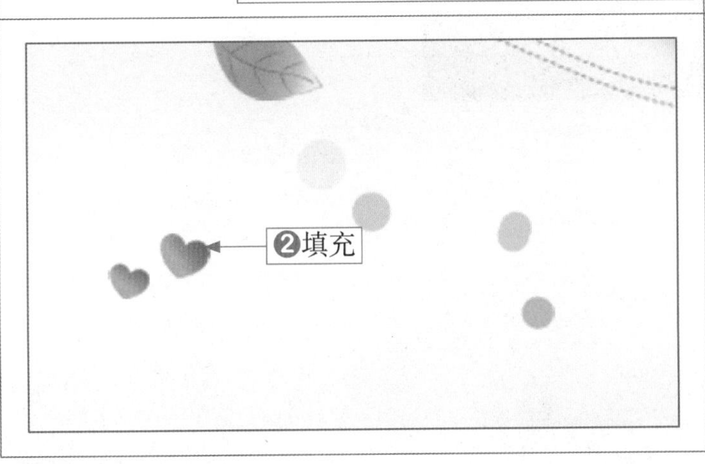

Step 14 渐变填充图像 ❶按【Ctrl+Enter】组合键，将路径转换为选区。❷使用渐变工具为选区应用线性渐变填充，设置颜色从深绿色（R84，G169，B29）到浅绿色（R206，G218，B0）。❸选择绘制的心形图像，对其进行复制，放到另一侧，如左图所示。

9.3.2 添加餐盘

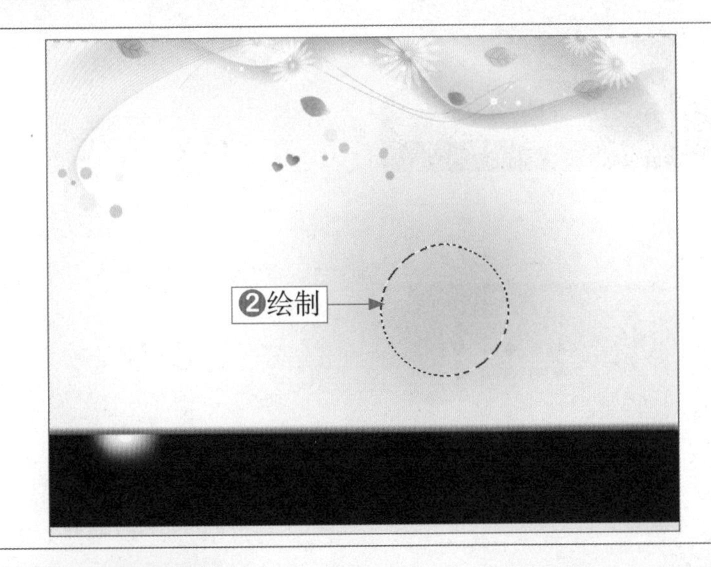

Step 01 绘制羽化圆形 ❶新建一个图层，选择椭圆选框工具，在属性栏中设置羽化值为200像素。❷在图像中绘制一个圆形羽化选区，填充为浅绿色（R232，G248，B125），得到羽化图像效果，如左图所示。

经验分享

在设计图像画面时，首先要考虑的是整个图像布局，因为图像的位置能更好地表达出广告内容，将产品放到主要位置，能够加深读者对产品的印象；其次还要考虑整体色调，适合的颜色能让整个设计显得更有格调，而太突兀的颜色，则会降低产品档次。

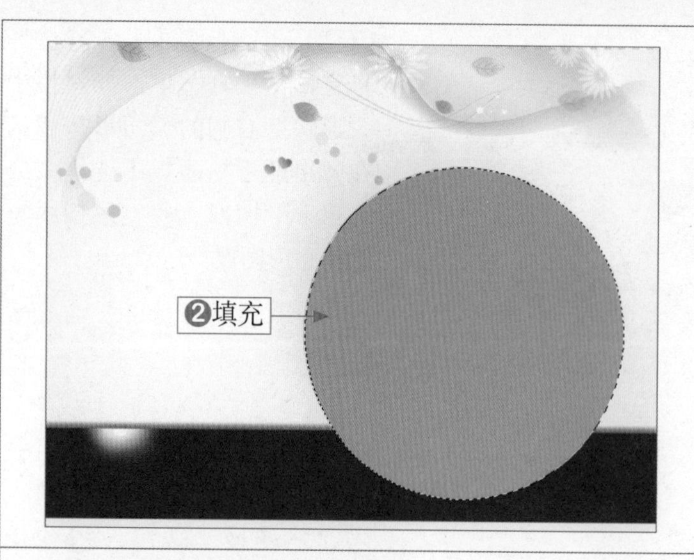

Step 02 绘制圆形图像 ❶新建一个图层，选择椭圆选框工具，在属性栏中设置羽化值为0像素。❷在羽化图像中再绘制一个圆形选区，并填充为绿色（R169，G201，B32）。

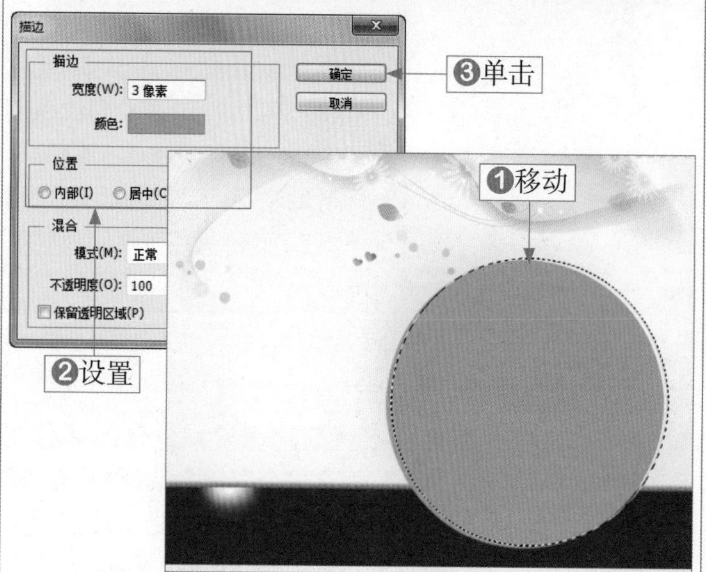

Step 03 设置描边效果 ❶选择任意一个选框工具，适当向右上方移动圆形。❷选择"编辑"|"描边"菜单命令，打开"描边"对话框，设置描边"宽度"为3像素、颜色为（R169，G201，B32）、"位置"为"居外"。❸单击"确定"按钮，得到描边效果。

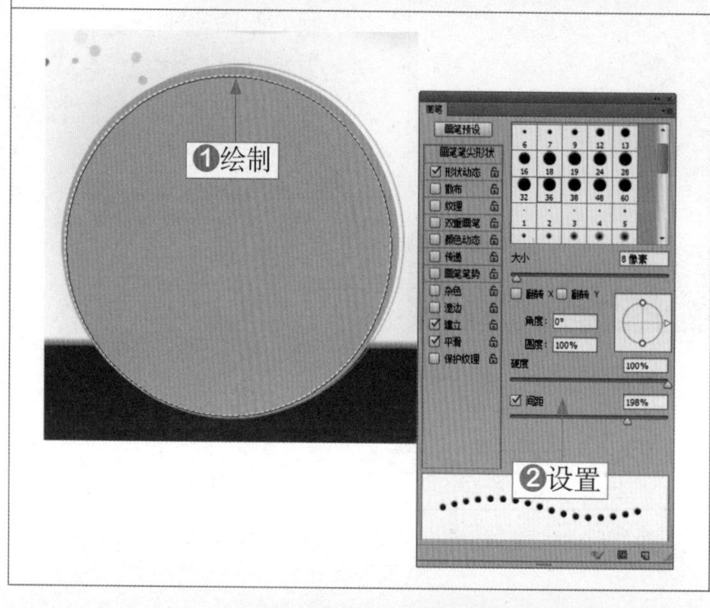

Step 04 绘制路径并描边 ❶新建一个图层，选择椭圆工具，在绿色圆形图像中绘制一个正圆形路径。❷选择画笔工具，打开"画笔"面板，设置画笔样式为"尖角"、"大小"为8像素、"间距"为198%。❸设置前景色为白色，切换到"路径"面板中，单击面板底部的"用画笔描边路径"按钮，得到描边路径效果。

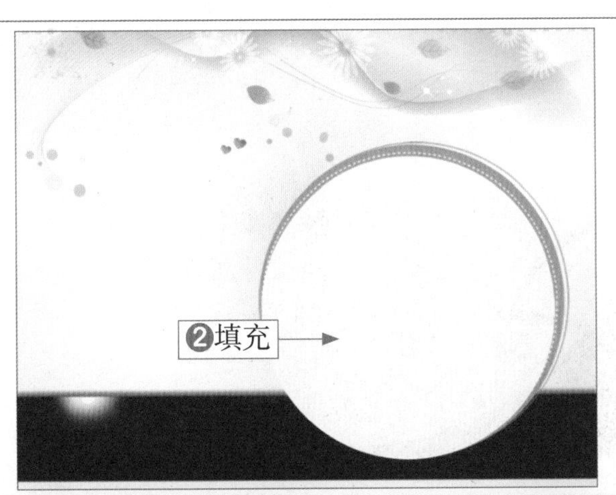

Step 05 绘制圆形❶新建一个图层，选择椭圆选框工具，绘制一个圆形选区。❷设置前景色为白色（R255，G250，B247），按【Alt+Delete】组合键填充选区。

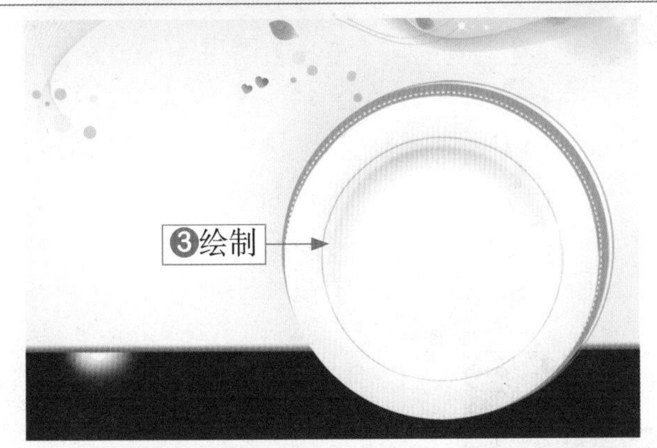

Step 06 加深和减淡图像❶选择加深工具，对圆形图像内部进行涂抹，绘制出阴影部分。❷选择减淡工具，对圆形图像内部进行涂抹，绘制出高光部分。❸再绘制一个圆形选区，为其应用描边效果，如左图所示。

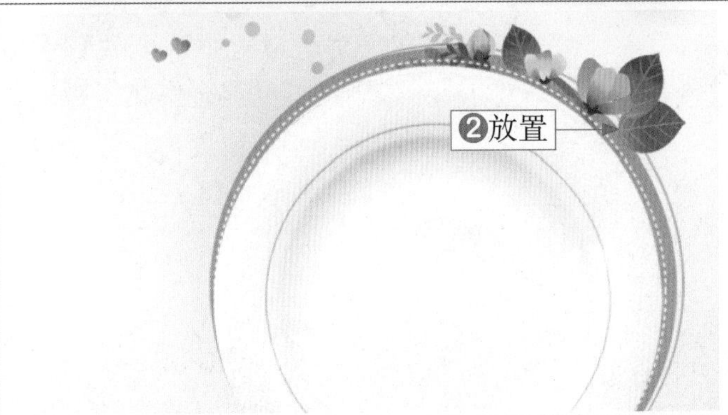

Step 07 添加素材图像❶打开“绿叶.psd”素材图像，使用移动工具将其拖曳到当前编辑的图像中。❷适当调整素材图像的大小，放到餐盘的右上方。

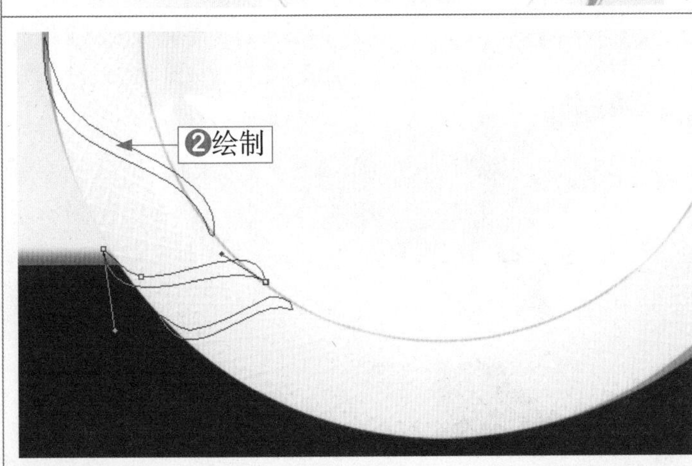

Step 08 绘制曲线路径❶新建一个图层。❷选择钢笔工具，在餐盘左下方绘制三个曲线路径，作为环绕在餐盘外侧的图像。

知识链接

绘制该图像，是为了给画面增添一些美观度。

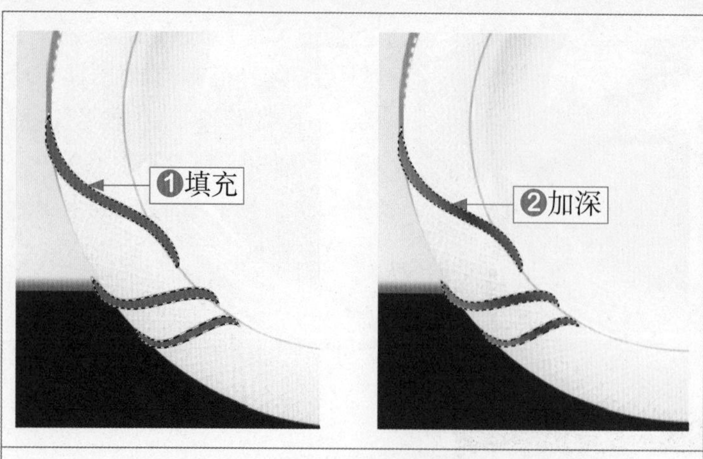

Step 09 填充选区颜色 ❶按【Ctrl+Enter】组合键将路径转换为选区，并将其填充为绿色（R102，G163，B13）。❷选择加深工具，在选区中间进行涂抹，加深图像颜色，效果如左图所示。

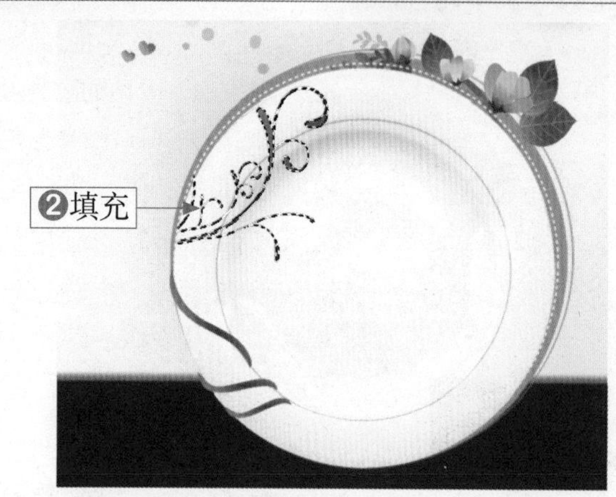

Step 10 绘制花纹图像 ❶新建一个图层，选择钢笔工具，绘制一个较为复杂的花纹图形。❷按【Ctrl+ Enter】组合键将路径转换为选区，并使用渐变工具为其应用线性渐变填充，设置颜色从深绿色（R84，G169，B29）到浅绿色（R206，G218，B0）。

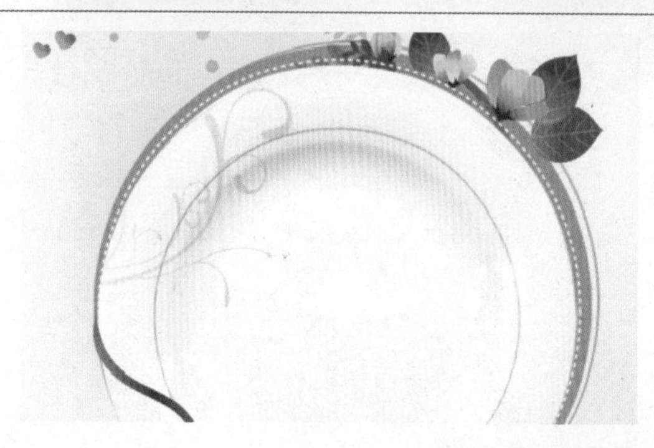

Step 11 设置图层属性 ❶设置该图层的"混合模式"为"明度"、不透明度为15%。❷得到的图像效果如左图所示。

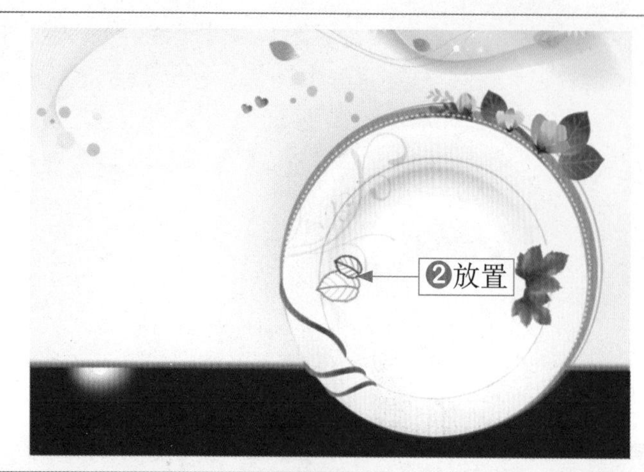

Step 12 添加素材图像 ❶打开"树叶.psd"素材图像，使用移动工具将其分别拖曳到当前编辑的图像中。❷适当调整素材图像的大小，放到如左图所示的位置。

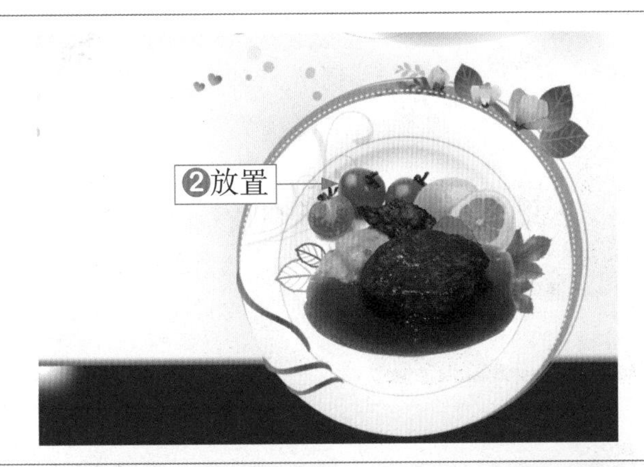	Step 13 添加素材图像❶打开"食物.psd"素材图像，使用移动工具将其分别拖曳到当前编辑的图像中。❷适当调整素材图像的大小，放到如左图所示的位置。
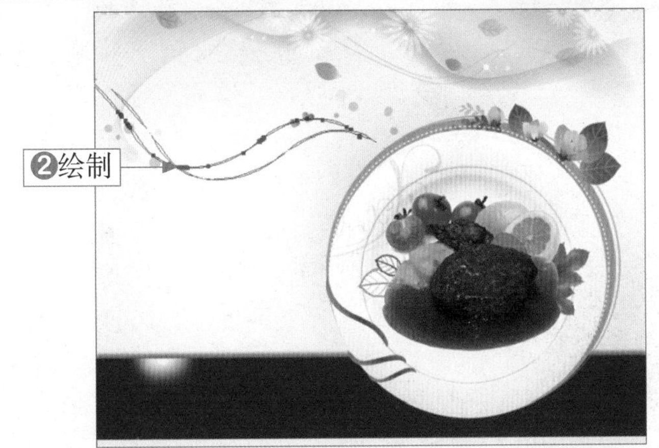	Step 14 绘制曲线路径❶单击"图层"面板底部的"创建新图层"按钮，创建一个新图层。❷选择钢笔工具，在餐盘左上方绘制一条曲线图形。❸按住【Alt+Ctrl】组合键移动复制一次曲线，将其放到左上方。
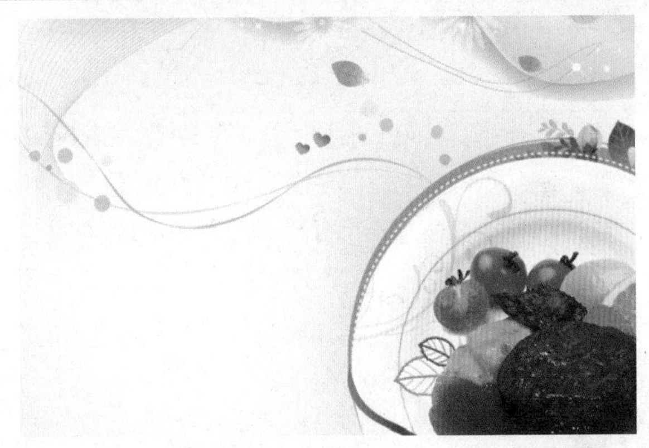	Step 15 填充选区❶适当调整曲线路径，按【Ctrl+Enter】组合键将路径转换为选区。❷设置前景色为深浅不一的绿色，使用画笔工具在选区中进行涂抹，填充选区，效果如左图所示。
	Step 16 添加素材图像❶打开"蝴蝶花.psd"素材图像，使用移动工具将其拖曳到当前编辑的图像中。❷适当调整素材图像的大小，放到餐盘的右下方，效果如左图所示。

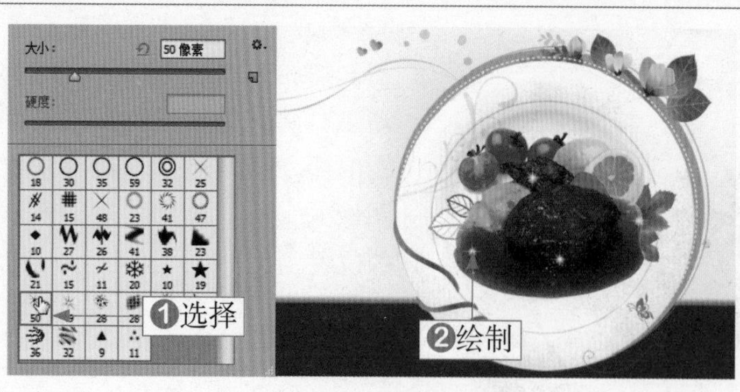

Step 17 绘制星光图像❶选择画笔工具，在属性栏中设置画笔样式为“星爆-小”。❷设置前景色为白色，在食物图像中单击鼠标左键，绘制出多个星光图像，效果如左图所示。

Step 18 绘制重叠圆形❶新建一个图层，选择椭圆选框工具，在餐盘右上方绘制一个圆形选区，填充为绿色（R148，G186，B24）。❷降低该图层的“不透明度”为30%，然后按【Ctrl+J】组合键复制一次该图层，中心缩小图像，调整其“不透明度”为100%，得到一个重叠圆形图像。

9.3.3 添加文字

Step 01 输入文字❶选择横排文字工具，在绿色圆形中输入文字“01”。❷在属性栏中设置文字颜色为白色，再设置合适的字体，效果如左图所示。

Step 02 绘制圆形❶再新建一个图层，选择椭圆选框工具，在绿色圆形下方绘制一个圆形选区，填充为灰色。❷设置该图层的“不透明度”为30%，然后复制一次图层，中心缩小图像，调整“不透明度”为100%。

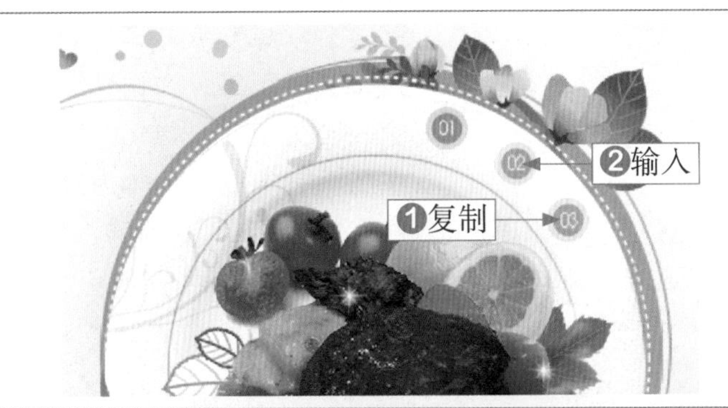

Step 03 输入文字 ①复制一次灰色重叠圆形，将其移动到右下方。②选择横排文字工具，分别在这两个灰色重叠圆形中输入文字“02”和“03”，设置其字体和颜色与“01”相同。

Step 04 输入文字 ①选择横排文字工具，在餐盘图像底部输入一行英文文字，并在属性栏中设置字体为CommercialScript BT、颜色为浅灰色。②再输入几行说明性文字，填充为浅灰色，参照左图所示的样式排列。

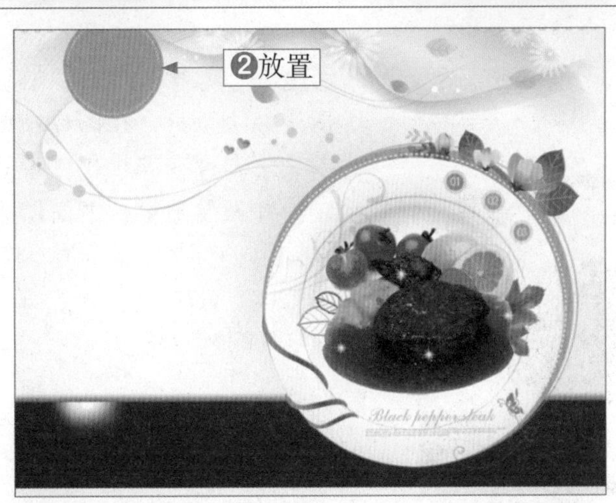

Step 05 复制移动图像 ①参照如左图所示的效果，复制餐盘中的部分图像。②适当调整其大小和图像重叠位置后，放到图像左上方。

知识链接

在选择图像所在图层时，可以选择移动工具，将鼠标指针放到要选择的图像上，单击鼠标右键，在弹出的菜单中选择第一个图层，就是当前图像所在图层。

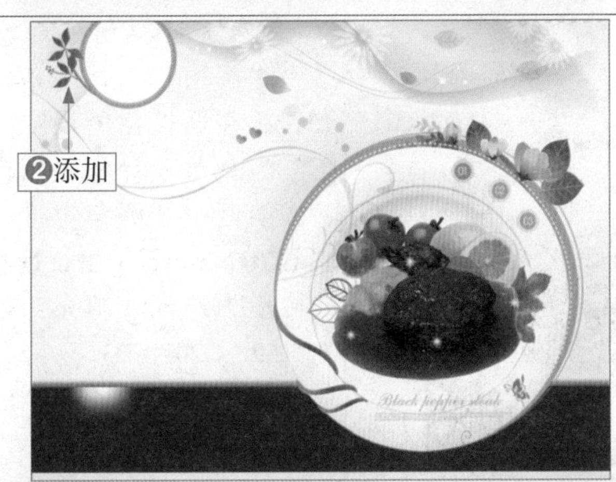

Step 06 添加素材图像 ①选择椭圆选框工具，在左上角的圆形图像中再绘制一个圆形，填充为白色。②打开“花藤.psd”素材图像，使用移动工具将其拖曳到当前编辑的图像中，适当调整素材图像大小后，放到圆形左侧。

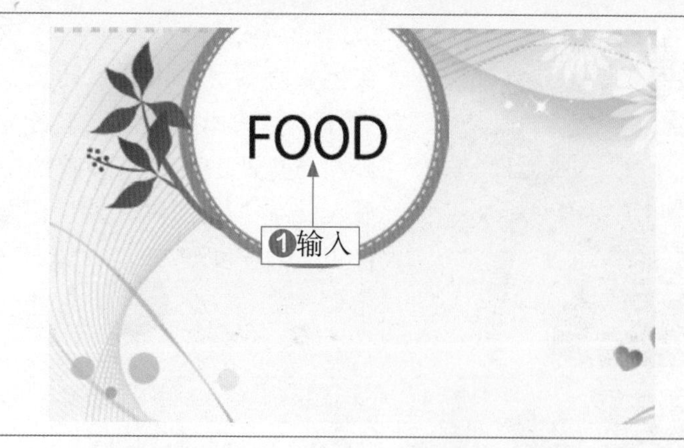

Step 07 输入英文文字 ❶选择横排文字工具，在白色圆形中输入英文文字“FOOD”。❷在属性栏中设置字体为Myriad Pro，颜色为绿色（R47，G85，B12），效果如左图所示。

Step 08 输入中文文字 ❶在英文字母上下两端分别输入中文。❷设置上方的中文字体为华文新魏、下方的字体为隶书、颜色均为绿色（R47，G85，B12），效果如左图所示。

Step 09 输入中文文字 ❶选择横排文字工具，在图像左侧输入文字，并在属性栏中设置字体为叶根友毛笔行书简体。❷设置第一行文字的颜色为红色（R242，G77，B11），第二行文字的颜色为黑色。

Step 10 绘制圆角矩形 ❶新建一个图层，选择圆角矩形工具，在属性栏中设置“半径”为30像素。❷在图像左下方绘制一个圆角矩形，并按【Ctrl+Enter】组合键将路径转换为选区，填充为绿色（R169，G201，B32）。

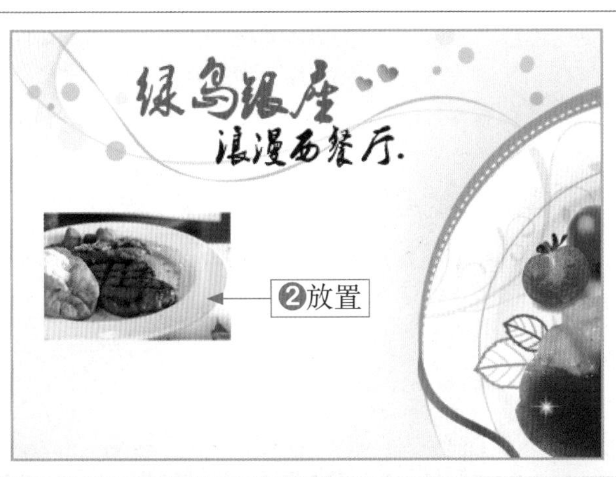

Step 11 添加素材图像❶打开“西餐1.psd”素材图像，使用移动工具将其拖曳到当前编辑的图像中。❷适当调整素材图像的大小，将其放到刚才绘制的圆角矩形上，将矩形遮盖。

Step 12 创建剪贴蒙版图层❶选择“图层”|“创建剪贴蒙版”菜单命令，在“图层”面板中将得到剪贴图层。❷这时可以移动西餐图像，直至得到合适的效果，如左图所示。

Step 13 绘制圆环❶新建一个图层，选择椭圆选框工具，在西餐图像上方绘制一个圆形选区，填充为绿色（R67，G139，B0）。❷选择“选择”|“变换选区”菜单命令，中心缩小选区，再删除选区中的图像，得到圆环图像效果。

Step 14 输入文字❶选择横排文字工具，在圆环后面输入一行英文文字，并在属性栏中设置字体为黑体、颜色为绿色（R67，G139，B0）。❷再输入一行较小的中文文字，在属性栏中设置字体为宋体、颜色为浅灰色。

Step 15 输入文字❶选择横排文字工具，在西餐图像右侧输入食物名称，并在属性栏中设置字体为方正准圆简体、颜色为黑色。❷再输入一段说明性文字，在属性栏中设置字体为黑体、颜色为灰色，参照左图所示的样式进行排列。

Step 16 绘制三角形❶选择多边形套索工具，在食物名称右侧绘制一个三角形选区。❷设置前景色为红色，按【Alt+Delete】组合键填充选区。

Step 17 绘制圆角矩形❶选择圆角矩形工具，在属性栏中设置“半径”为25像素，然后在西餐图像下方绘制出圆角矩形。❷按【Ctrl+Enter】组合键将路径转换为选区，使用渐变工具从上到下应用线性渐变填充，设置颜色从绿色到淡绿色。

Step 18 输入文字❶选择横排文字工具，在圆角矩形右侧输入两行文字。❷设置上方的英文字体为黑体、颜色为浅绿色（R167，G192，B144），设置下方的中文字体为黑体、颜色为绿色（R67，G139，B0）。

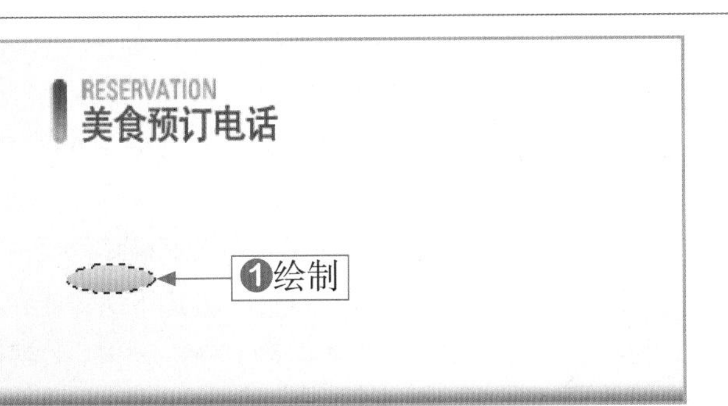

Step 19 绘制椭圆形 ❶新建一个图层，选择椭圆选框工具，在“美食预订电话”下方绘制一个椭圆形选区。❷选择渐变工具，对选区从上向下应用线性渐变填充，设置颜色从浅灰色到灰色。

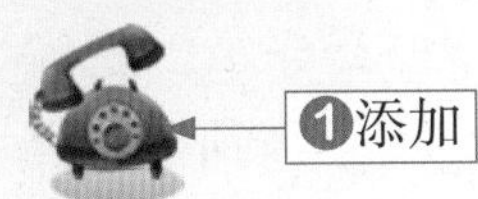

Step 20 添加素材图像 ❶打开“电话.psd”素材图像，使用移动工具将其拖曳到当前编辑的图像中。❷适当调整素材图像的大小，将其放到灰色圆形上方。

Step 21 输入文字 ❶选择横排文字工具，在电话图像右侧输入电话号码，并填充为深灰色。❷在电话号码下方再输入一段文字，设置字体为黑体，然后填充为浅灰色。

Step 22 输入文字 再使用横排文字工具，在电话图像下方输入营业时间，并在属性栏中设置字体为黑体、颜色为红色（R158，G28，B40）。

Step 23 绘制圆角矩形 ❶新建一个图层，选择圆角矩形工具，在属性栏中设置“半径”为15像素，在电话号码右侧绘制一个圆角矩形。❷将路径转换为选区后，将其填充为淡绿色（R230，G237，B211）。

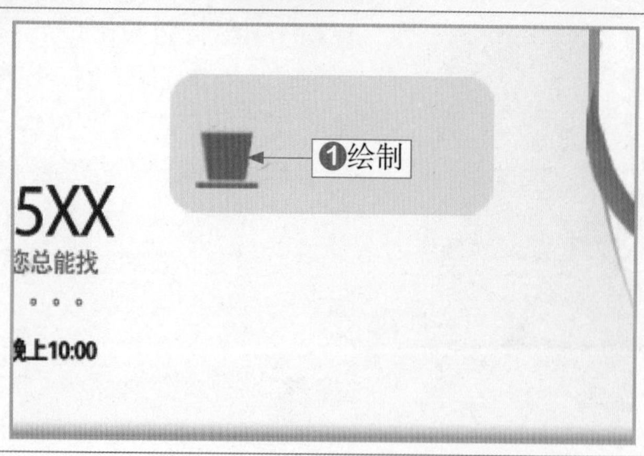

Step 24 绘制咖啡杯图像 ❶新建一个图层，选择多边形套索工具，在圆角矩形中绘制梯形选区，填充为绿色（R134，G165，B4）。❷再选择矩形选框工具，在其下方绘制一个细长矩形，填充为相同的颜色。

Step 25 绘制其他图像 ❶选择钢笔工具，绘制出咖啡杯的手柄和烟雾图像。❷按【Ctrl+Enter】组合键将路径转换为选区后，填充为绿色（R134，G165，B4）。

Step 26 输入文字 ❶选择横排文字工具，在咖啡杯右侧输入文字，并在属性栏中设置字体为黑体、颜色为黑色。❷选择多边形套索工具，在文字右侧绘制一个三角形选区，填充为朱红色（R243，G88，B26）。

Step 27 输入文字 ❶选择横排文字工具，在中文文字下方输入一行英文文字。❷在属性栏中设置字体为CommercialScript BT、填充为深灰色。

Step 28 复制图像 ❶复制一次圆角矩形，使用移动工具将其放到下方。❷打开“蝴蝶.psd”素材图像，将图像拖曳到当前编辑的图像中，适当调整素材图像的大小，放到复制的圆角矩形中。

Step 29 输入文字 ❶选择横排文字工具，在圆角矩形中输入文字，并设置与上一个圆角矩形相同的字体和颜色。❷选择多边形套索工具，在文字右侧绘制三角形，填充为朱红色（R243，G88，B26）。

Step 30 绘制白色圆形 ❶选择椭圆选框工具。❷在图像左下方绘制一个圆形选区，填充为白色。

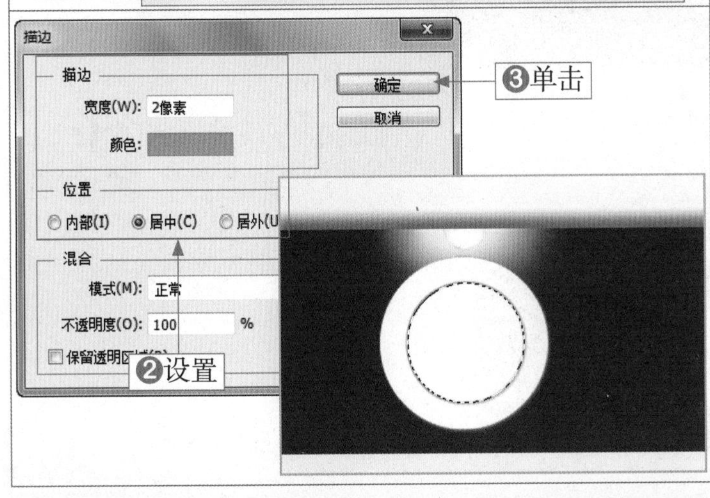

Step 31 设置描边选项 ❶选择椭圆选框工具，在白色圆形中绘制一个圆形选区。❷选择“编辑”|“描边”菜单命令，打开“描边”对话框，设置颜色为橘黄色（R236，G195，B106）、“宽度”为2像素、“位置”为“居中”。❸单击“确定”按钮，得到描边效果。

Step 32 添加素材图像❶打开"菜品1.psd"素材图像，使用移动工具将其拖曳到当前编辑的图像中。❷适当调整素材图像的大小，放到白色圆形中，如左图所示。

Step 33 输入文字❶使用钢笔工具绘制一条路径。❷选择横排文字工具，在路径中单击，输入文字。❸在属性栏中设置字体为方正细圆简体、颜色为深绿色（R15，G44，B2）。

知识链接

在路径中输入文字时，要注意光标插入的位置，这将决定文字输入的起点位置。

Step 34 添加叉子素材图像❶打开"叉子.psd"素材图像，使用移动工具将其拖曳到当前编辑的图像中。❷适当调整素材图像的大小，放到白色圆形右侧。

Step 35 复制餐盘图像❶复制两次白色餐盘和描边图像。❷适当调整图像大小，放到图像右侧，参照左图所示的样式进行排列。

Step 36 添加素材图像❶打开“菜品2.psd”和“菜品3.psd”素材图像，使用移动工具将其拖曳到当前编辑的图像中。❷适当调整素材图像的大小，分别放到复制的两个白色餐盘中。

Step 37 输入文字❶在两个餐盘中分别绘制曲线路径，然后输入文字。❷设置文字颜色为灰色、字体为方正细圆简体，效果如左图所示。

Step 38 绘制箭头图像❶选择多边形套索工具，在餐盘左侧绘制一个箭头选区，填充为淡绿色（R169，G201，B32）。❷复制一次箭头对象，选择“编辑”|“变换”|“水平翻转”菜单命令，将翻转后的图像放到餐盘右侧，如左图所示。

Step 39 显示所有图像❶在工具箱中双击抓手工具，显示所有图像。❷至此，完成本实例的制作，最终效果如左图所示。

知识链接

如果双击缩放工具，可以让图像以实际像素显示，也就是显示比例为100%。

9.4 楼盘门户网站设计

案例效果

源文件路径：
光盘\源文件\第9章

素材路径：
光盘\素材\第9章

教学视频路径：
光盘\视频教学\第9章

制作时间：
40分钟

设计与制作思路

本实例制作的是一个楼盘网站首页。在现在这个网络信息时代，许多信息的获取都来源于网络，所以楼盘网站的建立能够更好地让人们全面了解楼盘信息。针对环保这一主题，选择绿色作为主要颜色，并且在画面中间添加了形象广告，展示了楼盘的外部效果图，在下面介绍了公司主要楼盘的信息，以及户型说明等情况。

9.4.1 绘制网页背景

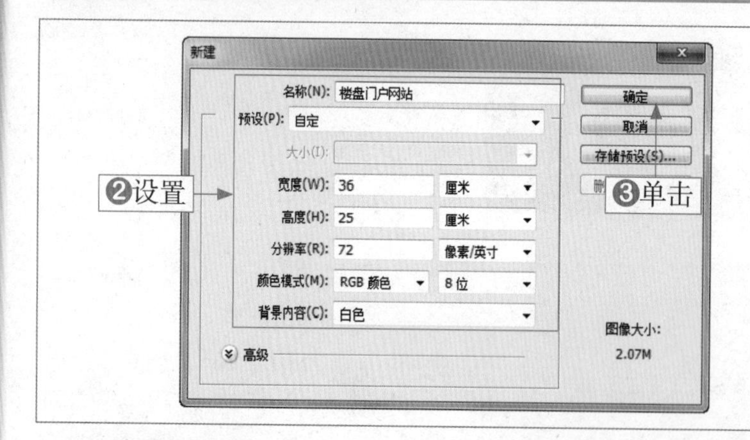

Step 01 新建文件❶ 选择“文件”|“新建”菜单命令，打开“新建”对话框。❷设置文件名称为“楼盘门户网站”、宽度为36厘米、高度为25厘米、分辨率为72。❸单击“确定”按钮，即可得到新建的空白图像文件。

知识链接

平面设计作为一种职业，设计师职业道德的高低和设计师人格的完善有很大的关系，往往决定一个设计师设计水平的就是人格的完善程度，程度越高，其理解能力、把握权衡能力、辨别能力、协调能力、处事能力越高，这将协助他在设计生活中越过一道又一道障碍，所以设计师必须注重个人的修为。

设计的提高必须在不断地学习和实践中进行，设计师的广泛涉猎和专注是相互矛盾又统一的，前者是灵感和表现方式的源泉，后者是工作的态度。

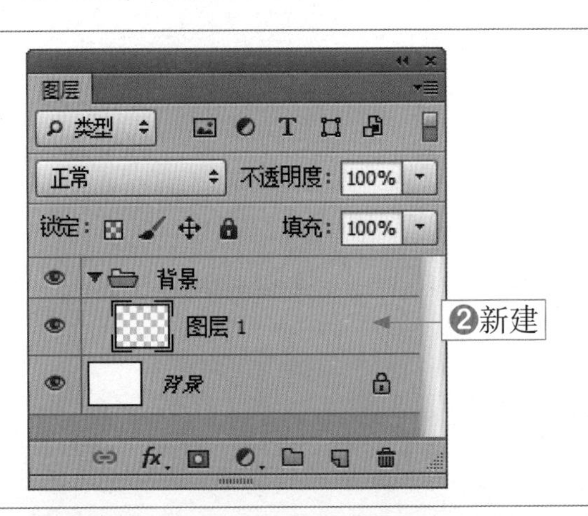	Step 02 创建图层组 ❶单击"图层"面板底部的"创建新组"按钮，得到一个新的图层组，将其命名为"背景"。❷单击"图层"面板底部的"创建新图层"按钮，在"背景"组中创建图层1。
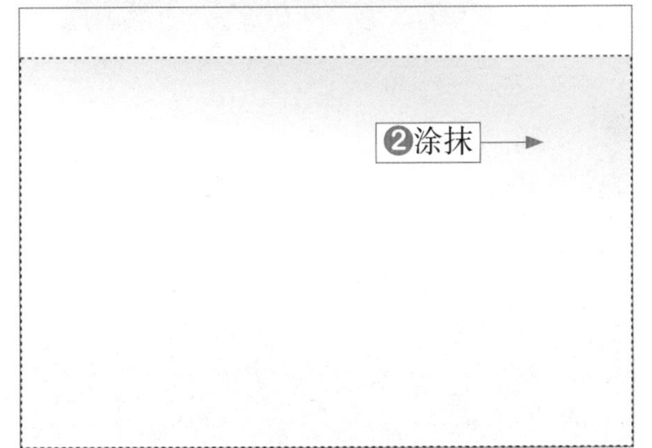	Step 03 绘制图像 ❶选择矩形选框工具，在图像中绘制一个矩形选区。❷设置前景色为浅蓝色（R208，G240，B249），选择画笔工具，在属性栏中设置画笔样式为"柔角"、大小为20像素，然后在选区上方进行涂抹，绘制出蓝色图像。
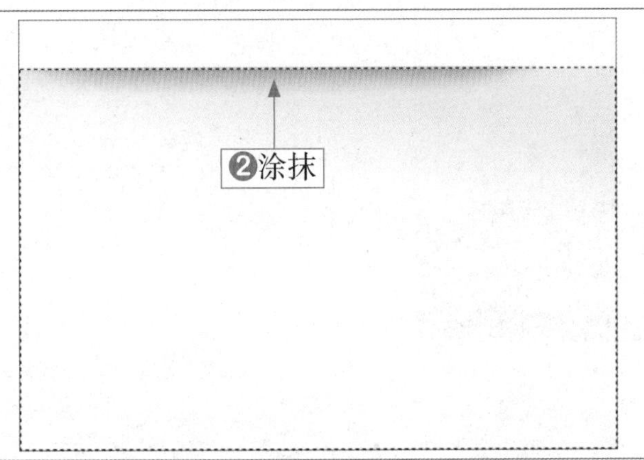	Step 04 加深图像颜色 ❶选择加深工具，在属性栏中设置"曝光度"为28%。❷在矩形上方蓝色图像顶部进行涂抹，加深图像颜色，效果如左图所示。
	Step 05 绘制白云图像 ❶设置前景色为白色，选择画笔工具，在属性栏中设置画笔样式为"柔角"、大小为60像素。❷在蓝色图像中绘制几朵白云图像，效果如左图所示。

Step 06 添加星光图像❶打开“星光.psd”素材图像，使用移动工具将其拖曳到当前编辑的图像中。❷适当调整素材图像的大小，放到白云图像中，如左图所示。

Step 07 添加楼房图像❶打开“楼房.psd”素材图像，使用移动工具将其拖曳到当前编辑的图像中。❷适当调整素材图像的大小，放到白云图像下方，如左图所示。

Step 08 添加草地图像❶打开“草地.psd”素材图像，使用移动工具将其拖曳到当前编辑的图像中。❷适当调整素材图像的大小，放到楼房图像下方，如左图所示。

Step 09 复制草地图像❶复制一次草地图像，使用移动工具将其向下移动，得到重叠的图像效果。❷使用橡皮擦工具对复制图像的上边缘进行擦除，使两幅草地图像更自然地融合在一起。

	Step 10 添加素材图像❶打开“公路.psd”和“树木.psd”素材图像，使用移动工具将其分别拖曳到当前编辑的图像中。❷适当调整素材图像的大小，放到草地图像右上方。
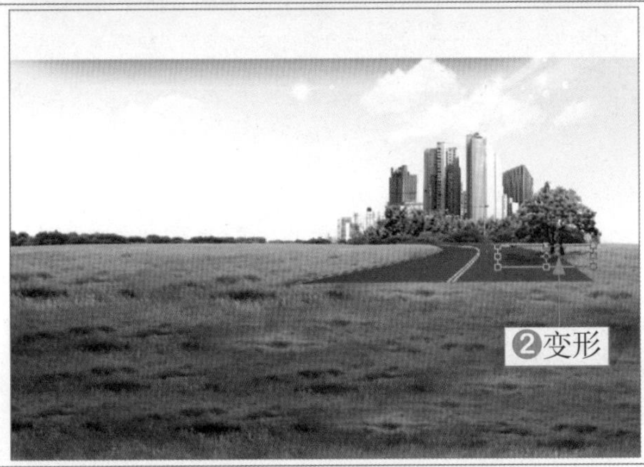	Step 11 制作倒影效果❶选择树木图像所在图层，按【Ctrl+J】组合键复制一次图层，并将该图层的“不透明度”设置为36%。❷按【Ctrl+T】组合键调出变换控制框，按住【Ctrl】键对图像进行变换，以制作出树的倒影效果。
	Step 12 添加人物图像❶打开“人物.psd”素材图像，使用移动工具将其拖曳到当前编辑的图像中，并放到草地图像上方。❷选择套索工具，绘制出一个人物投影选区。
	Step 13 制作投影效果❶新建一个图层，设置前景色为黑色，按【Alt+Delete】组合键填充选区。❷设置该图层的“不透明度”为42%，得到人物投影效果。

Step 14 添加其他素材图像 ❶打开“合成图像.psd”素材图像，使用移动工具分别将树叶、草地和飞机图像拖曳到当前编辑的图像中。❷分别调整素材图像的大小，参照左图所示的样式排列图像位置。

Step 15 添加光圈图像 ❶打开“光圈.psd”素材图像，使用移动工具将其移动到当前编辑的图像中。❷适当调整素材图像的大小，放到左侧的树叶图像中，这时在“图层”面板中将得到新的图层，将其命名为“阳光”。

Step 16 设置图层混合模式 ❶设置“阳光”图层的混合模式为“正片叠底”。❷设置图层混合模式后，得到的图像效果如左图所示。

9.4.2 绘制网页标题图像

Step 01 绘制渐变色矩形 ❶新建一个图层组，命名为“上方”，再新建一个图层，在图像上方绘制一个矩形选区。❷选择渐变工具，在属性栏中设置颜色从绿色（R70，G80，B42）到深绿色（R41，G47，B22），然后在选区中从上向下拖曳鼠标，应用线性渐变填充。

Step 02 绘制梯形图像 ❶新建一个图层，选择多边形套索工具，在绿色渐变矩形中绘制一个梯形选区。❷设置前景色为果绿色（R164，G164，B29），按【Alt +Delete】组合键填充选区，效果如左图所示。

Step 03 复制图像 ❶多次按【Ctrl+J】组合键复制梯形图像。❷改变图像颜色，分别设置颜色为蓝色（R28，G168，B166）、草绿色（R80，G166，B28）和紫色（R124，G100，B159），参照左图所示的样式排列。

Step 04 输入文字 ❶选择横排文字工具，分别在每一个梯形图像中输入文字。❷在属性栏中设置字体为黑体、颜色为白色，效果如左图所示。

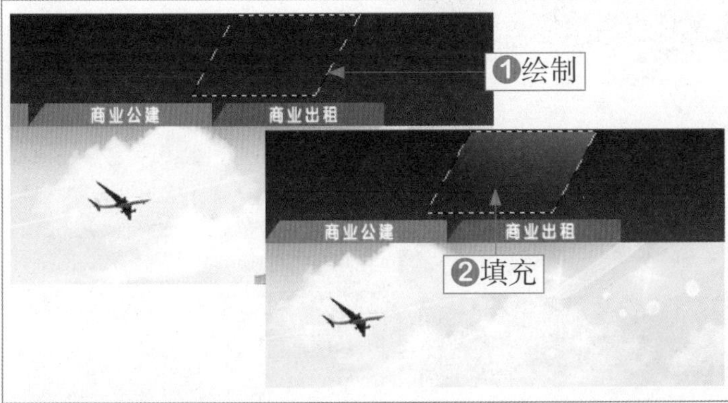

Step 05 绘制透明渐变图像 ❶新建一个图层，选择多边形套索工具，在图像中绘制出一个倾斜的多边形选区。❷选择渐变工具，对多边形选区应用线性渐变填充，设置颜色为从白色到透明。

经验分享

这里设置渐变颜色为白色到透明时，可以先设置前景色为白色，然后打开“渐变编辑器”对话框，直接设置渐变样式为“前景色到透明渐变”。

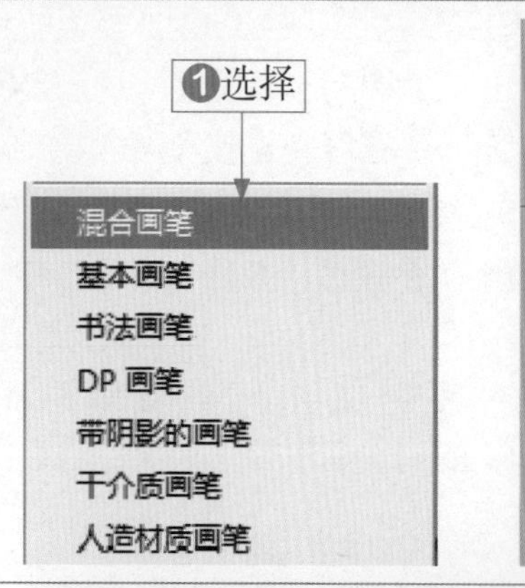

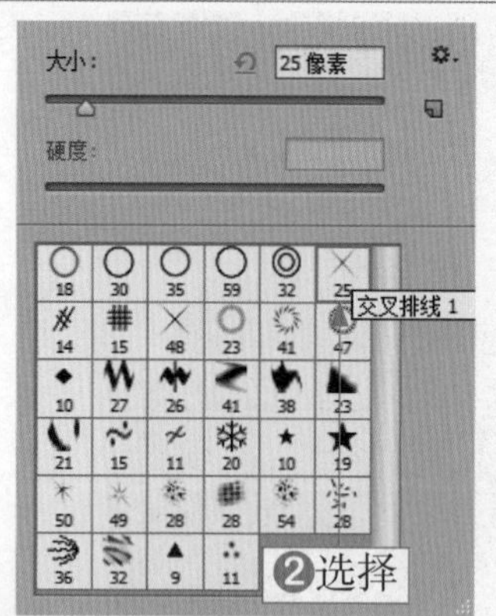

Step 06 设置画笔样式❶选择画笔工具，单击画笔样式右侧的三角形按钮，在弹出的面板中单击右上方的按钮，在弹出的快捷菜单中选择“混合画笔”选项。❷这时在弹出的提示信息框中单击“确定”按钮，在面板中选择“交叉排线1”样式。

Step 07 绘制十字图像❶设置好画笔样式后，单击属性栏中的“启用喷枪模式”按钮。❷设置前景色为白色，在透明图像中单击鼠标左键，绘制出交叉十字图像效果。

Step 08 复制图像复制几次绘制好的白色透明图像，参照左图所示的方式排列图像，得到分散排列的图像效果。

Step 09 输入中文文字❶选择横排文字工具，在每一个透明图像中分别输入文字。❷在属性栏中设置字体为黑体、颜色为白色。

Step 10 输入英文文字❶继续使用横排文字工具，在中文文字下方输入相对应的英文文字。❷在属性栏中设置字体为黑体、颜色为白色。

Step 11 添加符号图像❶打开"符号.psd"素材图像，使用移动工具将其拖曳到当前编辑的图像中。❷适当调整素材图像的大小，将其放到网页图像左上方。

Step 12 输入文字❶选择横排文字工具，在符号图像左侧输入公司的中英文名称。❷在属性栏中设置中文字体为华文彩云和宋体、颜色分别为黄色（R255，G234，B0）和白色；再设置英文字体为Myriad Pro、颜色为黄色（R255，G234，B0）。

9.4.3 绘制楼盘内容图像

Step 01 输入文字❶选择横排文字工具，在人物图像右上方输入两行文字。❷设置中文字体为方正楷体简体、英文字体为Monotype Corsiva、填充为橘黄色（R255，G180，B0）。

Step 02 绘制绿色矩形❶新建一个图层组，将其命名为"中间"，在图层组中新建一个图层。❷选择矩形选框工具，在图像中间绘制一个矩形选区，填充为绿色（R92，G129，B40），效果如左图所示。

Step 03 绘制矩形选区 ❶设置该图层的不透明度为75%，得到透明矩形效果。❷选择矩形选框工具，在透明绿色矩形中再绘制一个矩形选区，如左图所示。

Step 04 设置图层不透明度 ❶选择渐变工具，在选区中从上向下应用线性渐变填充，设置颜色从白色到透明。❷在“图层”面板中设置图层的不透明度为60%，如左图所示。

Step 05 绘制矩形选区 ❶选择矩形选框工具，在绿色矩形左侧绘制一个矩形选区，填充为深绿色（R51，G78，B38）。❷在其中再绘制一个矩形选区，填充为浅绿色（R112，G131，B102）。

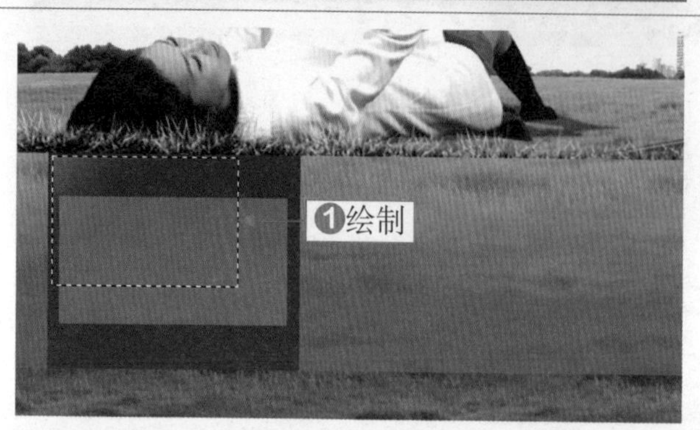

Step 06 绘制矩形选区 ❶新建一个图层，选择矩形选框工具，在深绿色矩形左上方绘制一个矩形选区。❷设置前景色为白色，选择画笔工具，在属性栏中设置“不透明度”为60%，在选区左上方涂抹，得到类似光照的效果。

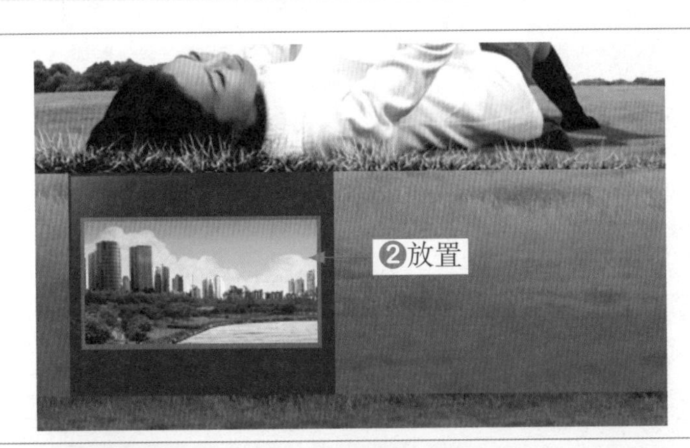

Step 07 添加效果图❶打开"效果图.jpg"素材图像，使用移动工具将其拖曳到当前编辑的图像中。❷适当调整素材图像的大小，放到浅绿色矩形图像中，如左图所示。

Step 08 为图像描边❶选择"图层"|"图层样式"|"描边"菜单命令，打开"图层样式"对话框。❷设置描边"大小"为2像素、颜色为白色，其他参数设置如左图所示，单击"确定"按钮，应用描边效果。

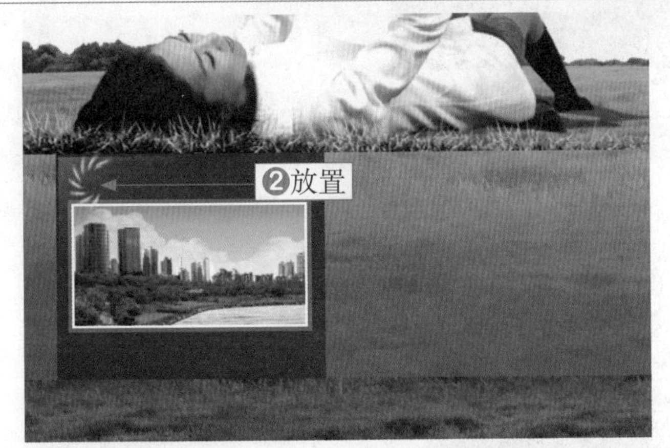

Step 09 添加素材图像❶打开"旋转花瓣.psd"素材图像，使用移动工具将其拖曳到当前编辑的图像中。❷适当调整素材图像的大小，放到浅绿色矩形图像左上方，如左图所示。

Step 10 输入文字❶选择横排文字工具，在深绿色矩形上下两边输入文字，并设置上方的文字字体为黑体、下方的字体为宋体。❷参照左图所示的样式填充文字颜色为白色和橘黄色（R255，G180，B0）。

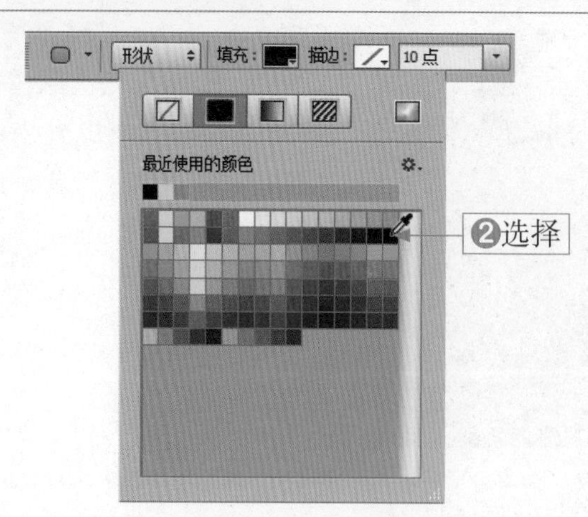

Step 11 设置工具属性 ❶选择圆角矩形工具，在属性栏中设置“半径”为3像素。❷单击属性栏左侧的下拉按钮，选择“形状”样式，再单击“填充”右侧的色块，在弹出的面板中单击“纯色”按钮，并设置颜色为黑色。

Step 12 绘制圆角矩形 ❶在图像中绘制一个圆角矩形，并设置图层的不透明度为42%，得到透明黑色圆角矩形。❷按【Ctrl+J】组合键，复制一次圆角矩形图像，并适当向右移动，效果如左图所示。

Step 13 复制圆角矩形 ❶再复制一次圆角矩形，将其移动到矩形右侧。❷按【Ctrl+T】组合键适当缩短该图像。

知识链接

用户可以直接选择“编辑”|“变换”|“缩放”菜单命令，然后对图像进行缩放。

Step 14 输入文字 ❶选择横排文字工具，在每个圆角矩形中输入文字。❷设置中文字体为方正准圆简体、英文字体为黑体、颜色均为白色，效果如左图所示。

Step 15 输入文字❶选择横排文字工具，在左右两侧的圆角矩形下方输入段落文字。❷参照左图所示的方式排列文字，并设置字体为黑体、颜色为白色。

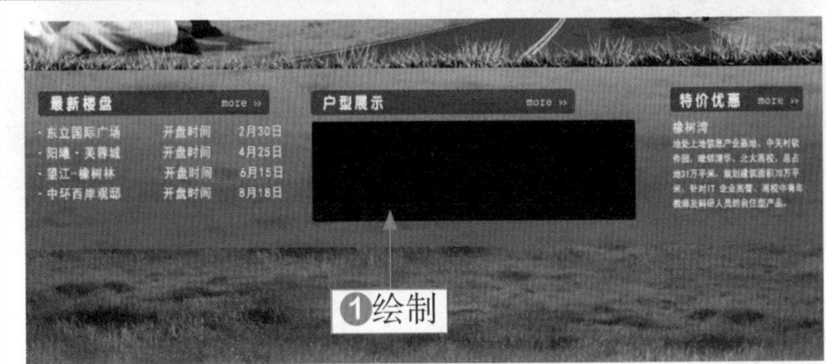

Step 16 绘制矩形❶选择矩形选框工具，在中间的圆角矩形下方绘制一个矩形选区。❷设置前景色为黑色，按【Alt+Delete】组合键填充选区。

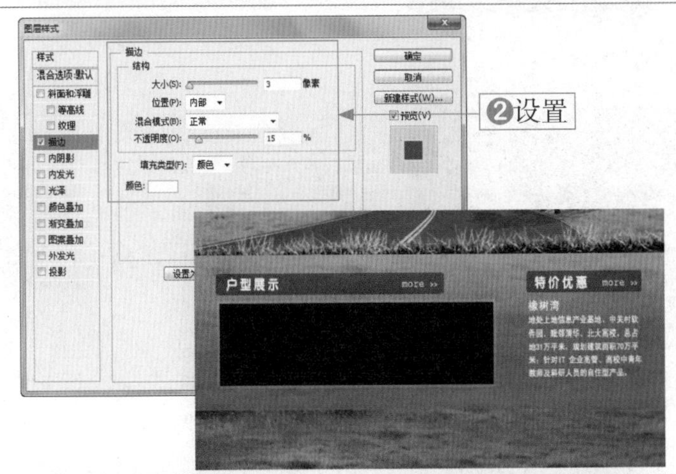

Step 17 添加描边效果❶选择"图层"｜"图层样式"｜"描边"菜单命令，打开"图层样式"对话框。❷设置描边"大小"为3像素、"位置"为"内部"、"混合模式"为"正常"、"不透明度"为15%、"颜色"为白色，单击"确定"按钮应用描边效果。

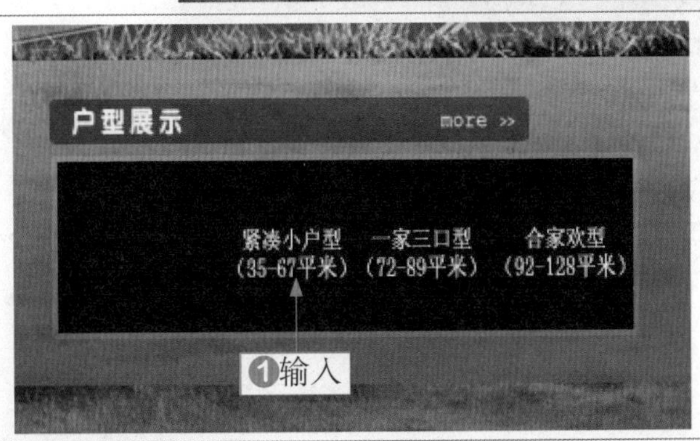

Step 18 输入文字❶选择横排文字工具，在黑色矩形中输入文字。❷在属性栏中设置字体为宋体、颜色为白色，并适当调整文字大小，参照左图所示的样式进行排列。

经验分享

用户在输入文字后，可以按【Ctrl+T】组合键缩放文字，也可以在属性栏中设置文字的字号大小。

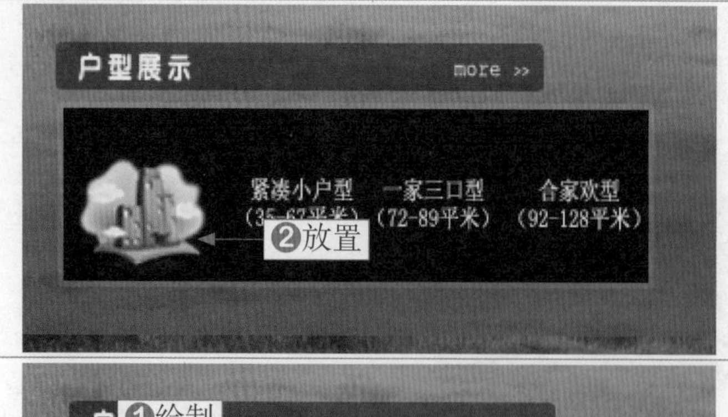

Step 19 添加素材图像❶打开"卡通图像.psd"素材图像，使用移动工具将其拖曳到当前编辑的图像中。❷适当调整素材图像的大小，放到黑色矩形左侧。

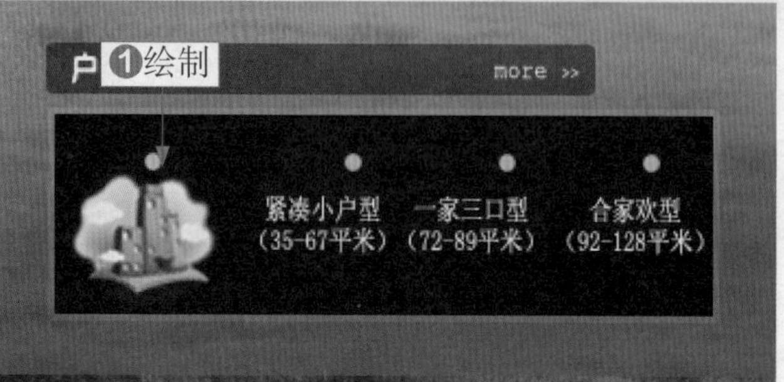

Step 20 绘制圆形❶选择椭圆选框工具，在黑色矩形中绘制一个圆形选区，填充为橘黄色（R255，G209，B47）。❷复制三次圆形图像，并参照左图所示的方法排列图像。

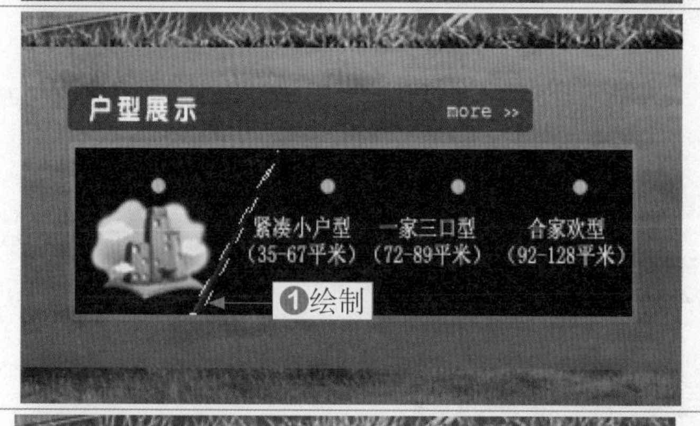

Step 21 绘制三角形图像❶新建一个图层，选择多边形套索工具，在黑色矩形中绘制一个三角形选区。❷设置前景色为白色，选择画笔工具，在属性栏中设置"不透明度"为60%，在选区中进行涂抹，得到如左图所示的效果。

Step 22 复制三角形图像❶按两次【Ctrl+J】组合键复制三角形图像。❷分别将其移动到文字中间，参照左图所示的样式进行排列。

经验分享

设计是科技与艺术的结合，是商业社会的产物，在商业社会中需要艺术设计与创作理想的平衡，需要客观与克制，需要借设计者之口替委托人说话。设计与美术不同，因为设计既要符合审美性，又要具有实用性、替人设想、以人为本，设计是一种需要而不仅仅是装饰、装潢。设计没有完成的概念，设计需要精益求精，不断地完善，需要挑战自我，向自己宣战。

9.4.4 绘制下方图像

Step 01 创建图层组 ❶新建一个图层组，将其命名为“下方”。❷单击“图层”面板底部的“创建新图层”按钮，在“下方”图层组中创建一个普通图层。

Step 02 绘制透明矩形 ❶选择矩形选框工具，在图像底部绘制一个矩形选区，填充为黑色。❷设置该图层的“不透明度”为50%，得到的图像效果如左图所示。

Step 03 添加素材图像 ❶打开“草.psd”素材图像，使用移动工具将其拖曳到当前编辑的图像中，放到图像底部。❷复制网页图像左上方的标志和文字图像，将其放到图像右下方。

Step 04 输入文字 ❶选择横排文字工具，分别在透明黑色矩形左上方和右侧输入文字，设置字体为宋体、颜色为白色。❷选择矩形选框工具，在文字之间绘制细长的矩形，填充为白色，即可完成本实例的制作，效果如左图所示。

9.5 Photoshop技术库

当用户在Photoshop中绘制和处理图像时，除了“图层”的操作外，还需要学习“通道”的基本操作，下面就来简单介绍一下通道的使用方法。

9.5.1 通道的基本知识

通道中的内容取决于当前图像的颜色模式。用户可以对图像中的任何一个通道进行编辑操作，以产生各种特殊的图像效果。在Photoshop CS6中，通道包括颜色信息通道、Alpha通道和专色通道3种类型。

1. 颜色信息通道

打开一个图像文件，该图像自动创建的通道为颜色信息通道，颜色信息通道的数目是由图像的颜色模式决定的。例如，RGB图像中的每种颜色（红、绿和蓝）各为一个通道，如左下图所示；CMYK图像中的每种颜色（青色、洋红、黄色和黑色）也各为一个通道，如右下图所示；Lab模式的图像中有“明度”、a和b三个颜色通道，而位图、灰度和索引颜色模式的图像则只有1个通道。

RGB通道

CMYK通道

2. Alpha通道

Alpha通道是用来存储图像选区的蒙版，它不能存储图像的颜色信息。在“通道”面板中，新创建的通道为Alpha通道。

3. 专色通道

在印刷中常常会用到某些特殊的颜色，这时用户可以在“通道”面板中创建专色通道。专色通道是指用于专色油墨印刷的附加印版，它是用特殊的预混油墨来补充CMYK印刷色。专色通道常用于印刷中的烫金、烫银或覆膜等工艺。

9.5.2 “通道”面板

在Photoshop中，通道的管理是通过系统提供的“通道”面板来实现的，因此要掌握通道的使用和编辑，必须先熟悉“通道”面板，如下图所示。

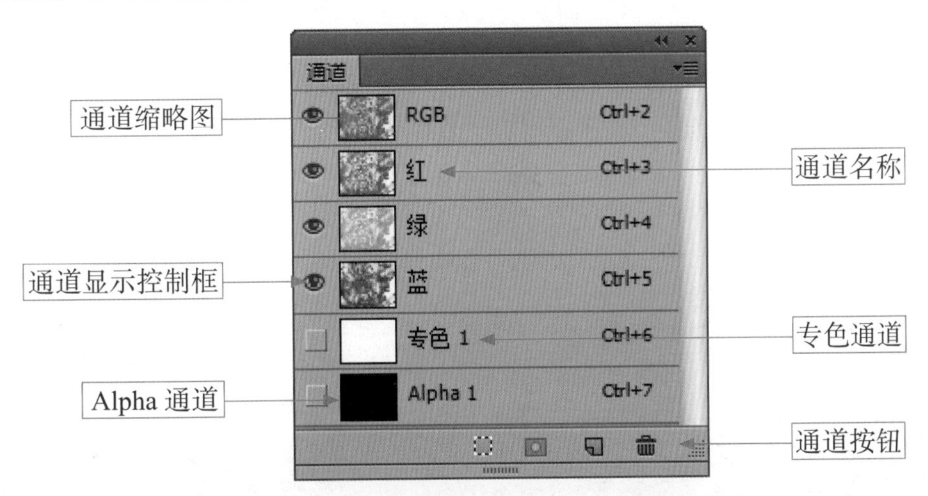

"通道"面板

经验分享

Alpha通道是在进行图像编辑时所创建的通道，它不是用来存放图像颜色信息的，而是用来保存选区信息的。

9.5.3 新建Alpha通道

用户可在"通道"面板中创建新的Alpha通道来存储图像的选区，以便随时载入使用。新建Alpha通道的方法有以下两种。

方法一：单击"通道"面板下方的"创建新通道"按钮，即可新建一个Alpha通道。新建的Alpha通道显示为黑色，如左下图所示。

方法二：单击"通道"面板右上角的按钮，在弹出的菜单中选择"新建通道"命令，弹出"新建通道"对话框，如右下图所示。设置好各项参数后单击"确定"按钮，即可新建一个Alpha通道。

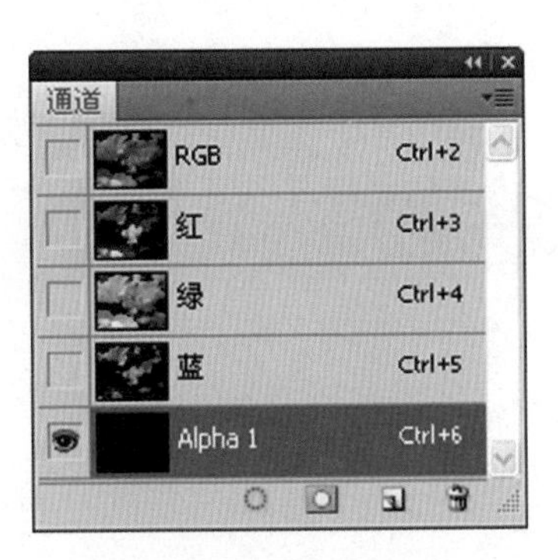

新建的Alpha通道

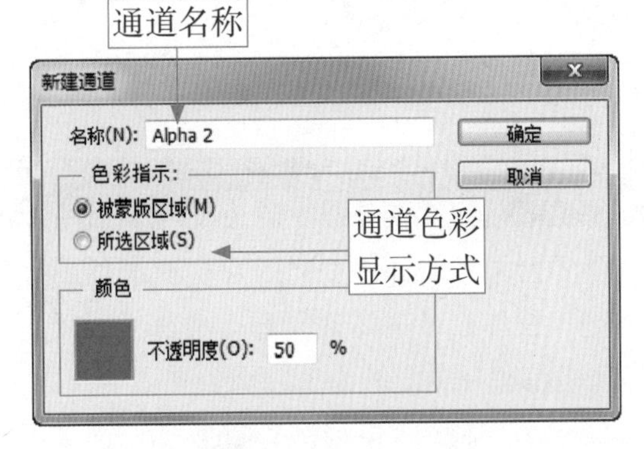

"新建通道"对话框

❁ "将通道作为选区载入"按钮：单击该按钮可以将当前通道中的图像内容转换为选区。使用该按钮载入选区的操作比选择"选择"|"载入选区"菜单命令更为方便快捷。

❁ "将选区存储为通道"按钮：单击该按钮可以将图像中的选区存储为一个遮罩，并将选区保存在自动创建的Alpha通道中。使用该按钮存储选区比选择"选择"|"存储

选区”菜单命令更快捷。

- “创建新通道”按钮：用于创建新的Alpha通道。
- “删除通道”按钮：用于删除选择的通道。
- 面板选项按钮：单击该按钮，可弹出通道的部分菜单命令。

经验分享

如果直接单击“创建新通道”按钮创建通道，则系统会自动为创建后的通道指定名称，依次为Alpha1、Alpha2、Alpha3、Alpha4等。

9.5.4 新建专色通道

单击“通道”面板右上角的按钮，在弹出的快捷菜单中选择“新建专色通道”命令，可打开“新建专色通道”对话框，如左下图所示。输入新通道名称后，单击“确定”按钮，即可新建一个专色通道，如右下图所示。

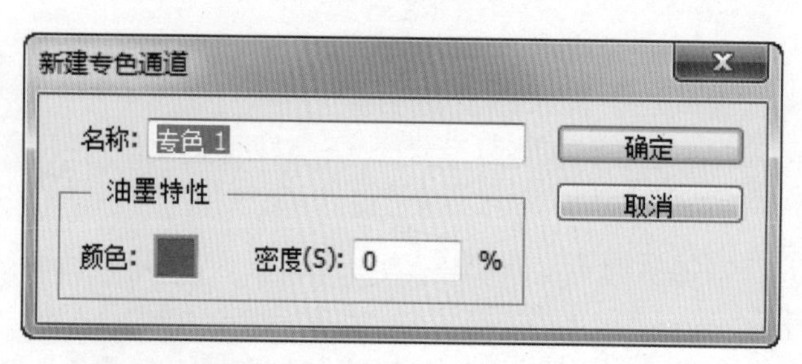

“新建专色通道”对话框

创建的专色通道

经验分享

打开Photoshop CS6后，如果“通道”面板没有显示出来，可以通过选择“窗口”|“通道”菜单命令来显示它。

9.6 设计理论深化

软件界面是指软件用于和用户交流的外观、部件和程序等。在上网时，经常会看到很多网页浏览软件设计很朴素，看起来给人一种很舒服的感觉，有些软件很有创意，能给人带来意外的惊喜和视觉的冲击。

软件界面的设计，既要从外观上进行创意以达到吸引眼球的目的，还要结合图形和版面设计的相关原理，从而使得软件设计变成一门独特的艺术。通常情况下，软件用户界面的设计应遵循以下几个基本原则：

1. 用户导向原则

设计网页首先要明确到底谁是使用者，要站在用户的观点和立场上来考虑设计软件。

要做到这一点，必须要和用户来沟通，了解他们的需求、目标、期望和喜好等。

2. KISS（Keep It Simple and Stupid）原则

KISS原则就是“Keep It Simple and Stupid”的缩写，简洁和易于操作是网页设计的最重要的原则。毕竟，网页设计出来是用于普通网民来查阅信息和使用网络服务，所以没有必要在网页上设置过多的操作，堆放上很多复杂而花哨的图片。

3. 布局控制

关于网页排版布局方面，很多网页设计者重视不够，网页排版设计得过于死板，甚至照抄他人。如果网页的布局凌乱，仅仅把大量的信息堆放在页面上，会干扰浏览者的阅读。

4. 视觉平衡

网页设计时，各种元素（如图形、文字、空白）都会有视觉作用。根据视觉原理，图形与一块文字相比较，图形的视觉作用要大一些。所以，为了达到视觉平衡，在设计网页时需要以更多的文字来平衡一幅图片。另外，由于中国人的阅读习惯是从左到右、从上到下，因此视觉平衡也要遵循这个道理。在网页设计上，适当增加一些空白，精选网页内容，使页面变得简洁。

5. 色彩的搭配和文字的可阅读性

颜色是影响网页的重要因素，不同的颜色对人的感觉有不同的影响。例如，红色和橙色使人兴奋并心跳加速；黄色使人联想到阳光，是一种快活的颜色；黑色显得比较庄重。考虑到你希望对浏览者产生什么影响，为网页设计选择合适的颜色（包括背景色、元素颜色、文字颜色、链接颜色等）。

6. 和谐与一致性

软件设计上要保持一致性，通过对软件的各种元素（颜色、字体、图形、空白等）使用一定的规格，使得设计良好的网页看起来和谐统一。或者说，软件的众多单独网页应该看起来像一个整体。

7. 个性化

企业软件不同于传统的企业商务活动，要符合Internet网络文化的要求。首先，网络最早是非正式性、非商业化的，只是科研人员用来交流信息的；其次，网络信息是只在计算机屏幕上显示而没有打印出来阅读，网络上的交流具有隐蔽性，谁也不知道对方的真实身份。另外，许多人在上网的时候，是在家中或网吧等一些比较休闲、随意的环境下，此时网络用户的使用环境所蕴含的思维模式与坐在办公室里的时候大相径庭。因此，整个互联网的文化是一种休闲的、非正式性的、轻松活泼的文化。在网页上使用幽默的网络语言，创造一种休闲的、轻松愉快的、非正式的氛围会使网站的访问量大增。另外，软件的整体风格和整体气氛表达要同企业形象相符，并应该很好地体现企业CI。

亲爱的读者：

衷心感谢您购买和阅读了我们的图书，为了给您提供更好的服务，帮助我们改进和完善图书出版，请您抽出宝贵时间填写本表，十分感谢。

读者资料

姓名：____________性别：□男 □女　　年龄：______文化程度：__________

职业：____________电话：________________电子信箱：____________________

通信地址：______________________________邮编：______________________

调查信息

1. 您是如何得知本书的：

□网上书店　□书店　□图书网站　□网上搜索

□报纸/杂志　□他人推荐　□其他

2. 您对电脑的掌握程度：

□不懂　□基本掌握　□熟练应用　□专业水平

3. 您想学习哪些电脑知识：

□基础入门　□操作系统　□办公软件　□图像设计

□网页设计　□三维设计　□数码照片　□视频处理

□编程知识　□黑客安全　□网络技术　□硬件维修

4. 您决定购买本书有哪些因素：

□书名　□作者　□出版社　□定价

□封面版式　□印刷装帧　□封面介绍　□书店宣传

5. 您认为哪些形式使学习更有效果：

□图书　□上网　□语音视频　□多媒体光盘　□培训班

6. 您认为合理的价格：

□低于 20 元　□20～29 元　□30～39 元　□40～49 元

□50～59 元　□60～69 元　□70～79 元　□80～100 元

7. 您对配套光盘的建议：

光盘内容包括：□实例素材　□效果文件　□视频教学　□多媒体教学

□实用软件　□附赠资源　□无需配盘

8. 您对我社图书的宝贵建议：____

____

您可以通过以下方式联系我们。

邮箱：北京市 2038 信箱　　邮编：100026

网址：http://www.china-ebooks.com　　电话：010-80127216

E-mail：joybooks@163.com　　传真：010-81789962